普通高等教育“十三五”规划教材

中国石油和化学工业优秀教材奖一等奖

生物反应工程原理

夏　杰　白云鹏 | 编著

许建和 | 主审

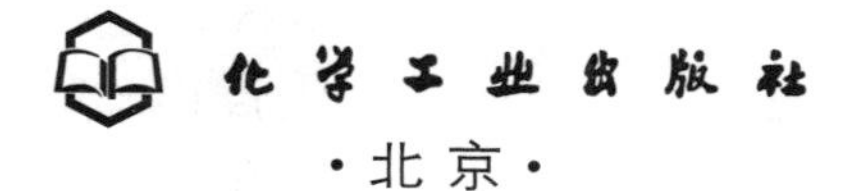

·北京·

本书全面叙述了酶反应和细胞反应过程的基本动力学特性、生物反应器的操作方式和操作模型、生物反应器传递特性和放大原理、生物反应器的基本配置等生物反应工程学的基本概念和原理，重点介绍了非水相酶催化、动物细胞培养和微型生物反应器技术等方面的基础知识。在编写上注重应用数学模型法对过程作透彻的工程分析，强调对学科最新发展和应用内容的重视。每章列出了重点内容提示，附有例题和习题。

本书可作为高等学校生物工程有关专业的教材，也用作生物技术过程生产和研究人员的参考书。

图书在版编目（CIP）数据

生物反应工程原理/夏杰，白云鹏编著．—北京：化学工业出版社，2019.9（2024.7重印）

普通高等教育“十三五”规划教材

ISBN 978-7-122-34504-2

Ⅰ.①生… Ⅱ.①夏…②白… Ⅲ.①生物工程-化学工程-高等学校-教材 Ⅳ.①Q81②Q939.97

中国版本图书馆CIP数据核字（2019）第093062号

责任编辑：赵玉清　　文字编辑：焦欣渝

责任校对：边　涛　　装帧设计：关　飞

出版发行：化学工业出版社（北京市东城区青年湖南街13号　邮政编码100011）

印　　装：河北延风印务有限公司

787mm×1092mm　1/16　印张18½　字数467千字　2024年7月北京第1版第6次印刷

购书咨询：010-64518888　　售后服务：010-64518899

网　　址：http://www.cip.com.cn

凡购买本书，如有缺损质量问题，本社销售中心负责调换。

定　　价：59.00元

序言

生物反应过程是在生物催化剂的催化作用下通过酶反应和细胞代谢反应生成有价值的目标产物的过程。生物反应过程的研究不仅涉及酶和细胞的生物化学反应特征，也涉及生物反应器中混合和传递过程等方面的物理过程特性。因此，不同学科背景的研究人员对生物反应过程的研究，通常采用不同的观点和方法，研究内容各有侧重。从化学工程学科的观点看，可采用“集总”的方法将复杂的生物反应简化为化学反应，由此对生物反应过程的各种工程问题，可沿用化学反应工程学的方法来解决。这就是生物反应工程学科建立的基本目的。生物反应工程是一门工程学科，它的研究对象是以工业规模进行的生物反应过程，其目的是实现过程的最优化。各种生物反应过程是在生物反应器中进行的，故生物反应过程的操作等同于生物反应器的操作，对反应过程提供工程学条件等同于为生物反应器确定最优的反应器类型、操作方式和操作条件，因此也可将生物反应工程称为生物反应器工程。生物反应器在生物制造过程中处于中心位置，是生物技术成果从实验室走向产业化的桥梁，对此相关工程问题的研究在生物过程工程中具有极其重要的意义。

华东理工大学生物工程专业在20世纪90年代就开设了生物反应工程和生物反应器工程等相关课程，积累了长期的教学经验。为立足生物反应工程学科的最新前沿，满足内容更新和提高教学质量的需要，本书两位作者基于他们长期的课堂教学和丰富的科研工作经历，花费大量的精力编著了《生物反应工程原理》一书，值得高兴和祝贺。

本人通过对全书内容的审阅，感到此书内容全面，难易适中。此书在编排方式上，不采用逐个叙述单个过程工艺的路线，而采用生物反应工程的数学模型分析方法，将内容展开为生物反应动力学和反应器物理过程两大部分的形式，有利于学生对学科核心概念和基本原理的掌握。在反应器操作模型部分，介绍了补料操作最优化控制的内容。在反应器放大原理上，透彻地讨论了过程机制分析和特征时间分析的缩小-放大法原理。在开拓学生知识面方面，还介绍了最新的微型生物反应器技术。对过程研究中涉及的工艺问题，重点介绍了非水相酶催化和动物细胞培养过程的基础知识，比较注重理论联系实际的应用。总体上本书不但完善了现有课程教学知识点，还根据目前生物反应工程学科的发展动态，较大幅度更新了教学内容，因而非常适合当前课程教学使用，特此推荐本书作为高校生物工程相关专业的教科书，也可作为从事相关工作的科研和工程技术人员的参考书。

华东理工大学
生物反应器工程国家重点实验室
许建和
2019年3月

前言

生物反应过程是生物化学产品制造的上游过程，其作用是通过酶催化和细胞反应将底物转化为抗生素、有机酸和重组蛋白质等有价值的目标产物。它还与下游产物分离和纯化过程一起组成整个生物加工过程，由其反应结果决定下游过程的成本和产品质量。生物反应工程学以化学工程学的研究方法，针对不同性质的生物反应，选择不同类型的生物反应器，确定操作方式和最优化操作条件，充分发挥生物催化剂的催化能力，以达到高产、高效和低成本的目的。随着21世纪生物技术产业的不断发展，作为生物过程工程学的一个重要分支，生物反应工程已受到高度重视，其研究领域和内容正在不断拓展。

对全国生物工程或生物技术专业而言，生物反应工程课程已开设了将近20多年，与此同时，生物反应工程的知识正在得到不断的更新。因此，本教材的编著意图是在以往教学经验的基础上，根据当前学科发展的状况，既保留现有教学内容，也吸收最新的研究成果，为高质量的教学提供一部适用教材。本书也可作为生物技术从业人员的参考书。

本书将内容分为生物反应动力学和生物反应器两部分。前者包括均相酶、固定化酶和细胞反应动力学；后者包括生物反应器的操作方式和操作模型、物理过程特性、基本配置与设计、放大研究原理和计算方法。生物反应工程以数学模型法为其研究方法，强调以简化的方法对研究对象作定量分析，为此，本书以此为核心准则作透彻的分析和讨论，注重以工程观点揭示生物反应过程的本质和规律。在动力学部分主要讨论基本动力学概念和规律，在反应器部分着重以物理过程机制分析为基础介绍反应器设计与放大方法。考虑到生物反应工程研究还涉及过程工艺和实验技术，为方便教学，因此还重点介绍了非水相酶催化、动物细胞培养和微型生物反应器等相对较新的过程技术的基础知识。

本书每章附有重点内容提示，配有典型的例题和习题，并提供习题参考答案，以帮助读者理解和掌握有关知识点。对习题求解的步骤和配套的教学课件，可向化学工业出版社教学资源网免费索取。

本书在编写中参考了大量的国内外相关教材和研究论文。特别参考了戚以政等《生物反应工程》第一版和第二版、Villadsen《生物反应工程原理（原著第3版）》、van’t Riet 等的《Basic Bioreactor Design》等教材，也参考了如参考文献所列的一些其他重要著作和论文。在写作准备过程中，得到化学工业出版社、华东理工大学生物反应器工程国家重点实验室和生物工程系的同行和教师的支持和关心。特别是严希康教授始终对本书编写表示鼓励，许建和教授在百忙中审阅了本书全稿，提出了许多宝贵的建议并欣然为本书作序。在此一并表示衷心感谢。

编著者

2019年4月

目录

1 绪　论　/ 1

1.1　生物反应工程概论 …… 1
1.1.1　生物反应工程的对象与优化目标 …… 1
1.1.2　生物反应工程研究内容 …… 3
1.1.3　生物反应工程研究方法 …… 4
1.2　生物反应器简介 …… 5
1.2.1　反应器类型 …… 5
1.2.2　操作方式 …… 6
1.2.3　理想生物反应器模型 …… 7
重点内容提示 …… 10
习题 …… 11

2 酶反应动力学　/ 12

2.1　酶催化反应特性 …… 12
2.2　Michaelis-Menten 动力学 …… 13
2.2.1　反应机理与反应速率 …… 13
2.2.2　米氏方程的基本特性 …… 15
2.2.3　米氏方程参数的测定 …… 17
2.2.4　双底物酶反应的简化分析 …… 18
2.2.5　可逆酶反应动力学 …… 19
2.3　受抑制的酶反应动力学 …… 20
2.3.1　竞争性抑制 …… 20
2.3.2　非竞争性抑制 …… 22
2.3.3　反竞争性抑制 …… 24
2.3.4　混合型抑制 …… 26
2.3.5　不可逆抑制 …… 27
2.4　变构酶反应动力学 …… 28
2.5　反应条件对酶反应速率的影响 …… 29
2.5.1　pH 对酶反应速率的影响 …… 29
2.5.2　温度对酶反应速率的影响 …… 30
2.6　线性多步酶反应动力学 …… 32

2.6.1 代谢控制分析的基本概念 32
2.6.2 线性两步酶反应的分析 34
重点内容提示 37
习题 37

3 固定化酶反应过程动力学 / 40

3.1 固定化酶及其催化特性 40
3.1.1 酶的固定化方法 40
3.1.2 固定化酶的催化特性与影响因素 43
3.2 外扩散对反应速率的限制 45
3.2.1 表观反应速率及其控制 45
3.2.2 外扩散有效因子的求取 46
3.2.3 外扩散对受抑制反应的速率限制 49
3.3 内扩散对反应速率的限制 50
3.3.1 颗粒内的浓度分布 50
3.3.2 内扩散有效因子和表观反应速率 54
3.3.3 内扩散对受抑制反应的速率限制 59
3.3.4 内扩散对颗粒内 pH 梯度的影响 61
3.4 内外扩散同时存在时的反应速率 63
3.5 固定化酶的表观稳定性 64
3.6 动力学和传质参数的测定 66
3.6.1 本征动力学参数的测定 66
3.6.2 传递系数和有效扩散系数的测定 68
重点内容提示 69
习题 69

4 细胞反应动力学 / 72

4.1 概述 72
4.1.1 细胞反应的基本特性 72
4.1.2 细胞反应的速率表示 73
4.1.3 动力学模型的分类 74
4.2 化学计量学 74
4.2.1 化学计量方程 74
4.2.2 得率系数 76
4.2.3 底物消耗的质量衡算 79
4.2.4 黑箱计量模型的一般形式 80
4.2.5 细胞反应热 82
4.3 非结构生长模型 83
4.3.1 基本生长过程 83
4.3.2 Monod 方程 84

4.3.3 其他非结构的生长模型 …… 87
4.3.4 受抑制的生长模型 …… 88
4.3.5 环境因素对生长的影响 …… 91
4.3.6 细胞死亡动力学 …… 95
4.4 产物生成动力学 …… 96
4.4.1 产物生成的非结构模型 …… 96
4.4.2 产物生成过程的机制分析 …… 99
4.5 结构模型 …… 102
4.5.1 动力学模型的一般结构 …… 102
4.5.2 分室生长模型 …… 104
4.5.3 控制模型 …… 106
4.5.4 形态结构模型 …… 108
4.5.5 重组细胞生长模型 …… 110
4.6 代谢反应的通量分析模型 …… 112
4.6.1 基本概念与方法 …… 112
4.6.2 简单网络的代谢通量分析 …… 114
4.6.3 代谢网络速率模型的一般矩阵形式 …… 115
重点内容提示 …… 118
习题 …… 118

5 生物反应器的操作特性 / 121

5.1 分批操作 …… 121
5.1.1 分批操作的特点 …… 121
5.1.2 分批操作的反应时间 …… 121
5.1.3 反应器有效体积的计算 …… 126
5.2 连续操作 …… 126
5.2.1 连续操作的特点 …… 126
5.2.2 连续操作的酶反应 …… 127
5.2.3 单级 CSTR 中的连续培养 …… 131
5.2.4 基于单级 CSTR 的连续培养优化设计 …… 135
5.3 半分批操作 …… 142
5.3.1 半分批操作概论 …… 142
5.3.2 补料分批培养的操作模型 …… 145
5.4 补料分批操作的最优化 …… 152
5.4.1 补料分批操作优化概论 …… 152
5.4.2 优化问题的表示与求解方法 …… 154
5.4.3 细胞生物质生成过程的优化 …… 158
5.4.4 产物生成过程的优化 …… 161
5.5 连续培养过程的动态特性 …… 163
5.5.1 CSTR 连续培养的稳定性 …… 163
5.5.2 CSTR 连续培养的瞬态响应动力学 …… 165

5.6 反应-分离耦合过程 ········ 167
5.6.1 膜透析培养过程 ········ 168
5.6.2 萃取发酵过程 ········ 170
重点内容提示 ········ 171
习题 ········ 171

6 生物反应器的物理过程特性 / 174

6.1 流体力学 ········ 174
6.1.1 反应介质的流变特性 ········ 174
6.1.2 反应器中的流体剪切作用 ········ 177
6.2 气液传质过程特性 ········ 183
6.2.1 氧传递的基本过程与速率方程 ········ 183
6.2.2 氧传递速率的影响因素 ········ 186
6.2.3 体积氧传递系数的计算 ········ 189
6.2.4 反应器操作时的氧传递过程分析 ········ 191
6.2.5 体积氧传递系数的测定 ········ 194
6.3 传热过程基本原理 ········ 195
6.3.1 反应过程的传热 ········ 195
6.3.2 灭菌过程的传热 ········ 197
6.4 反应器的混合特性 ········ 200
6.4.1 混合的概念 ········ 200
6.4.2 宏观混合模型 ········ 201
6.4.3 反应器的混合性能分析 ········ 205
6.5 生物反应器的放大 ········ 210
6.5.1 放大原理与方法 ········ 210
6.5.2 基于过程机制分析的放大研究 ········ 213
重点内容提示 ········ 219
习题 ········ 219

7 生物反应器的设计 / 221

7.1 设计要求与内容 ········ 221
7.2 通气式机械搅拌反应器 ········ 222
7.2.1 反应器结构与操作参数 ········ 222
7.2.2 搅拌功率计算 ········ 226
7.2.3 放大计算 ········ 227
7.3 气流搅拌塔式反应器 ········ 229
7.3.1 鼓泡塔反应器 ········ 230
7.3.2 气升式反应器 ········ 231
7.4 固定床和流化床反应器 ········ 234
7.4.1 填充床反应器 ········ 235

7.4.2 滴流床反应器 …… 236
7.4.3 流化床反应器 …… 237
7.5 膜生物反应器 …… 238
7.5.1 膜生物反应器概述 …… 238
7.5.2 膜生物反应器的设计 …… 240
7.6 动物细胞培养反应器 …… 241
7.6.1 动物细胞培养反应器概述 …… 241
7.6.2 基于机械搅拌的反应器设计 …… 242
7.6.3 基于气流搅拌的反应器设计 …… 247
7.6.4 中空纤维细胞培养反应器 …… 247
7.6.5 固定化动物细胞培养反应器 …… 248
7.7 植物细胞培养反应器 …… 250
7.7.1 植物细胞培养反应器概述 …… 250
7.7.2 反应器类型 …… 251
重点内容提示 …… 253
习题 …… 253

8 生物反应过程技术 / 255

8.1 非水相酶催化反应过程 …… 255
8.1.1 非水介质与酶的制备方法 …… 255
8.1.2 影响非水相酶催化反应的因素 …… 257
8.1.3 酶的种类及其催化反应过程 …… 261
8.2 动物细胞培养过程 …… 265
8.2.1 动物细胞的种类与特点 …… 265
8.2.2 培养过程的影响因素 …… 266
8.2.3 基本代谢过程特性 …… 268
8.2.4 培养过程的类型 …… 269
8.3 高通量生物反应器技术 …… 270
8.3.1 高通量技术与微型生物反应器 …… 270
8.3.2 微型生物反应器主要类型 …… 271
8.3.3 微流控生物反应器 …… 274
8.3.4 微型生物反应器在缩小-放大研究中的应用 …… 278
重点内容提示 …… 278

部分习题参考答案 / 279

参考文献 / 282

1 绪论

1.1 生物反应工程概论

1.1.1 生物反应工程的对象与优化目标

生物技术是指应用生物学原理，利用有活性生物体系统的作用或对生物体系统进行遗传操作，进行新技术发明或生物技术产品生产，以促进人类健康和改善生活质量的一类技术。其中，将游离酶或固定化酶、微生物细胞、动物细胞和植物细胞用作生物催化剂，应用化学工程技术，进行抗生素、氨基酸、有机酸、酶制剂、具有治疗性作用的工程蛋白质等产品制造的过程，称为生物过程工程。生物过程工程是生物技术最重要的发展领域之一。一般生物技术产品生产过程如图 1-1 所示。

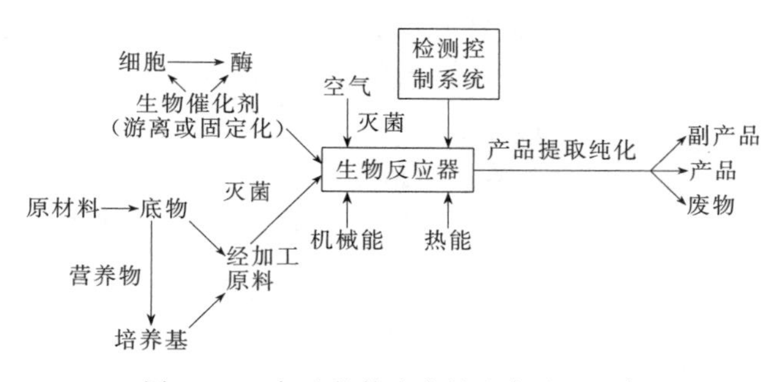

图 1-1　一般生物技术产品生产过程示意

一般生物技术产品生产过程包括原材料预处理、生物催化剂的制备、生物反应器进行生物反应、产品的分离与纯化四个步骤。其中，生物反应器操作之前的步骤称为上游过程，对反应物系进行产物分离和纯化的步骤称为下游步骤。在整个过程中，生物反应器操作主要通过为生物催化剂提供适宜的反应环境而达到反应的目的。反应器的结构、操作方式和反应条件对原料的转化率、产品的生产能力、生产成本、下游纯化产品质量等有密切的关系，因此通常认为生物反应过程是整个生物加工过程的核心。

生物反应工程学是在研究生物反应器设计与操作过程中发展起来的一门学科。20 世纪 40 年代，在青霉素的工业发酵过程开发中，首次采用了深层培养技术，并且建立了无菌技术和高效的通气和搅拌方式的供氧技术，使青霉素的产量大幅度增加，过程成本急剧下降。从此生物反应器的概念得以明确，其基本的操作手段和性能的研究得到充分的重视，高效能的各类生物反应器类型及相关技术得到研究与开发，由此获得了大量的工业生产、实验研究和基础理论研究等各方面的成果，生物反应工程学科得到不断的发展和完善。

生物反应工程的研究对象是以工业规模进行的生物反应过程，它的目标是实现生物反应过程的优化，确定反应器的最佳设计、最优反应条件和对反应器的高效控制。因此，优化过程涉及优化目标确定、约束条件判别和决策变量选择等问题。对生物反应过程，主要考虑下述三个优化指标：

(1) 产物体积生产速率 (volumetric productivity) 即单位时间、单位反应器有效体积的目标产物生成量，kg/(m^3 · s) 或 mol/(m^3 · s)。它表示反应器的生产能力。

由于生物反应相对化学反应产物生成速率较慢，为达到一定的产量，需要的反应时间较长或反应器体积较大，为此建立速率上的优化目标，有利于在时间和空间上的优化过程。因此，产物体积生产速率也称为空时产率（space time yield，S. T. Y）。对空时产率较大的过程，由于所需的反应器体积较小，或反应时间较短，反应器的设备投资费用和操作费用较小。

(2) 产物浓度 各种工业过程对产物浓度有各种表示方法，例如单位液体体积的活性或滴度（titer）等。目标产物浓度一方面与操作周期时间内的反应器生产能力有关，在一定反应时间内，产物浓度越高，反应器生产能力越大；另一方面，产物浓度也是下游纯化过程所要求的质量指标。下游过程一般要求反应液中的产物浓度越高越好。产物浓度既影响分离和纯化工艺过程及其操作成本，也与环境保护、能源消耗有密切的关系。因此，在生物过程开发过程中，通常把生物反应过程和下游过程相联系，考虑整个过程的合理性。

(3) 产物对关键底物的得率系数 若计算消耗底物 S 质量下的产物 P 的生成质量，定义得率系数 Y_{PS}，可用其评估各种底物在反应过程中转化为细胞和代谢产物的潜力。如果将某个复杂的生物反应认作为由某一关键底物转化为目标产物的简单反应，并认为由底物转化为各种副产物的所有反应为副反应，则对于酶反应过程，得率系数 Y_{PS} 表示产物对底物的收率和选择性；而对于细胞反应，它既表示收率和选择性，也表示对形成目标产物的代谢途径的迁移程度。

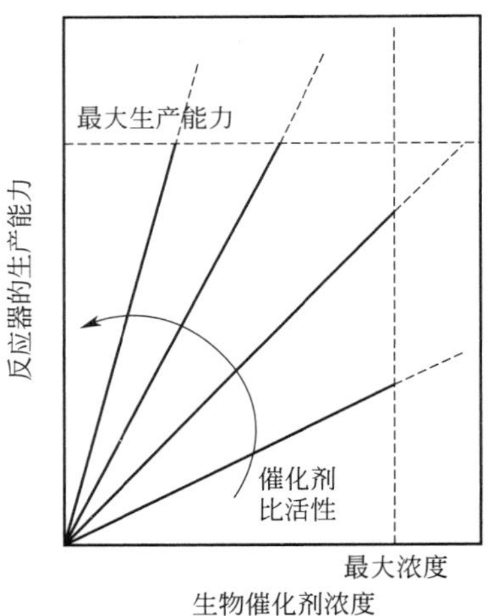

图 1-2　生物反应器的生产能力与限制条件

对上述指标，在各种过程优化时有不同的侧重。对反应液为大体积、产物是低价值的过程（high-volume low-value products），例如乙醇、乳酸、工业酶制剂和单细胞蛋白等生产过程，一般必须考虑这三项指标，原因是此类过程的工程可行性对过程的经济性起关键的作用。而对产物为小体积和高价值的过程（low-volume high-value products），例如由重组菌分泌至培养液的治疗性蛋白质的过程，通常不太考虑产物体积生产速率和产物得率，而一般考虑产品质量和纯化产物是否符合药检规定的问题。由于该类产物的下游纯化过程占总成本的 90%以上，因此主要考虑产物的浓度。

一般生物反应过程的操作性能实际受到各种因素的约束，它既受反应器物理条件的限制，又受可能达到的最大生物催化剂浓度和活性的限制，如图 1-2 所示。物理条件的约束表现常见的有：细胞形态变化和培养基有关介质的黏度会影响反应器的通气和搅拌效果；反应器中的流体剪切力较大时，会造成对剪切力有敏感性的动物细胞的损伤与死亡；在重组菌高密度培养时，培养系统热量释放速率较大，存在反应器传热限制问题；与细胞生长和产物生成速率与氧传递速率密切相关的过程，反应器的氧传递效率往往是其生产能力的主要限制。如表1-1所示，一方面细胞有生理学和催化活性的限度，另一方面生物反应器存在如表中所述的相关物理参数的限制，因此，生物反应过程的优化是一个复杂性较高、难度较大的有约束条件的过程优化问题。

表1-1　细胞及其培养过程的基本特性

细胞种类	细菌	酵母和霉菌	植物细胞	动物细胞
细胞壁	有	有	有	无
平均尺寸/μm	5	5～100	100	10～20
倍增时间/h	0.5～10	0.5～10	10～60	10～50
最大剪切力/(N/m^2)	10^7～10^8	8×10^7	2×10^6	0.005～500
氧的需求/[mol O_2/(个·h)]	$(0.3\sim1.2)\times10^{-15}$	$(0.3\sim1.2)\times10^{-15}$	10^{-12}	$(0.6\sim2)\times10^{-13}$
最大细胞密度/(个/mL)	10^{10}～10^{12}	10^{10}～10^{12}	10^5	10^6
最大氧传递速率/[kgO_2/(m^3·h)]	20	20	1.5×10^{-3}	3×10^{-3}

1.1.2　生物反应工程研究内容

生物反应过程的开发与设计，一般解决两方面的问题：首先是建立生物反应过程动力学；其次是选择和设计生物反应器，实现过程的优化与放大。

1.1.2.1　生物反应过程动力学

生物反应过程动力学是指生物反应器操作时所表现的系统变量和参数的变化规律。由于生物反应过程的复杂性，对它的研究实际涉及各种层次的过程分析。若将整个生物反应过程分解为不受流体流动、质量和热量传递过程影响的生物化学过程和包含这些过程的物理过程，则可定义两种动力学概念。一是本征动力学，又称微观动力学，它是指在没有物理过程因素影响时的生物反应固有速率规律。本征动力学速率与生物催化剂的特性有关，主要受到生物催化剂和反应组分浓度、温度和pH等因素的影响，与传递因素无关。二是宏观动力学，又称过程动力学或反应器动力学。它是指在反应器操作时可观测到的总反应速率及其与影响因素的关系。它的影响因素既包括影响本征动力学速率的因素，也包括与反应器类型和操作方式有关的物理过程因素。对本征动力学的研究是为宏观动力学的研究提供理论基础，而对宏观动力学的研究是生物反应工程研究的核心。对宏观动力学研究的目的是判别各种工程因素的影响作用与程度，并根据这些影响是否有利的研究结论，确定消除或加强这些影响的反应器设计方法和工艺条件。

生物反应过程既包括以游离酶或固定化酶作为催化剂的酶催化反应过程，也包括利用微生物、动物和植物细胞代谢活性的细胞反应过程。由于生物催化剂的种类繁多，反应机理较难确定，因此与化学反应动力学相比，对生物反应的动力学研究不存在简单的处理方法。为此，在研究生物反应动力学时，一般从各种不同的角度和应用目的，有各种动力学研究方法，建立了各种类型和复杂度的动力学模型。

1.1.2.2　生物反应器的设计、优化与放大

生物反应器的操作与设计涉及反应器类型、操作方式和操作条件这三个基本概念。反应

器类型是根据各种分类方法所确定的。在生物反应器设计上的反应器类型，主要指由一定机械结构和流体力学特征所确定的类型，它的物料混合性能是反应器选型的主要依据。操作方式是指反应器物料加入和流出的方式。由不同的反应器类型和操作方式的组合设计，可得出反应器中不同的浓度和温度等参数分布。操作条件是指温度、浓度、通气速率、搅拌转速、流动线速度、催化剂颗粒大小等工艺参数的大小。对反应器类型和操作方式，在本章的下一节中继续讨论。

生物反应器的设计内容包括：反应器类型或结构变量的确定，操作方式的选择，以及反应器容量和几何尺寸的确定。

反应器类型和操作方式一般根据生物催化剂的特性、物料的性质和工艺要求而确定。选择不同的反应器类型和操作方式，就有不同的传递特性、流动与混合特性，也就在本质上决定了工程因素对宏观动力学和反应结果的影响作用。

反应器容量和几何尺寸的确定，是根据有关计量学衡算式和反应动力学速率方程，在工厂生产能力所规定的条件下，确定工厂的反应器总容量、单台反应器的有效体积和尺寸、反应器的台数。

生物反应器的优化，也就是生物反应过程的优化，有设计优化和操作优化两种类型。设计优化是指在设计条件的约束下确定最优的反应器有效体积、尺寸和操作条件。操作优化是指在现有反应器配置的条件下，通过改变反应器操作工艺，使反应器在最优状态下运行。通常，设计优化的目标是达到反应器有效体积最小，而操作优化是使反应时间最短。

生物反应过程的优化，一般采用反应器类型、操作方式和操作条件这三大优化变量。在确定这些变量有关的最优设计与操作方案时，一方面要求掌握过程的基本特征及其反应要求，另一方面是要熟悉和掌握各种反应器的类型及其基本特征，例如它的反应介质的流变性质、基本流型、反应器内的混合状态、传质和传热等基本传递特性。

生物反应器的放大是指将实验室规模的研究结果放大到工业规模的生物反应器中运行的技术。它是生物反应过程开发的重要组成部分。生物反应器放大的关键在于能否将实验室反应器中生物催化剂所处优化环境成功转移到工业反应器中去。为此，生物反应器放大技术的研究，通常将重点放在反应器的流体力学和混合性能与放大尺寸之间的关系这个核心问题的研究上；此外，放大过程中传质和传热等方面约束条件的改变等问题也始终是反应器放大中的重要研究课题。

1.1.3 生物反应工程研究方法

生物反应工程的研究方法有定性分析法和定量分析法两种。定性分析法实际是因素分析法，定量分析法主要用数学模型法。

数学模型法应用数学语言来描述过程中各个变量之间的关系。在对过程模型化时，一般根据应用的目的建立经验模型、半经验模型和理论模型。经验模型是在不了解或不考虑过程机理的情况下，为将一定条件下的实验数据进行关联所得的模型。半经验模型是在对过程机理有一定了解的基础上，结合实验数据所建立的模型。理论模型是对过程进行机理分析而建立的模型。

数学模型法在生物反应工程研究中的作用是：预测转化率和产物体积生成速率等反应结果；估算可能重要但尚未知或被忽略的变量和参数及其数值；模型的模拟运算结果用作过程优化的参考与依据；帮助理解反应过程的机理；将各种情况下得出的研究

结果一般化。

基于数学模型法的一般原理，著名生物反应过程研究学者 Moser（1988）总结了生物反应过程研究的工作原理。其要点如下：

（1）简化原理 对复杂的生物反应体系，在不损失基本信息的前提下，简化为少数最重要的几个子系统，并由若干个关键变量表示。对复杂的生物反应动力学现象，不但要充分研究它的机理，而且还要将过程简化，用表观动力学模型描述。对细胞反应，甚至还可使用只考虑系统输入与输出的黑箱模型，或者对过程有一定程度机制分析的灰箱模型。

（2）定量化研究 在过程变量确定后，变量的量化数据研究是建立数学模型的必要条件。这种研究的有效性依赖于过程变量相关数据的采集、测量方法的有效性以及数据分析的方法。

（3）过程分离原理 在过程研究时，采用精心设计的实验方法，将整个过程分离为相互不影响的生物化学过程和物理过程，由此对过程进行量化的数学分析。

（4）数学模型的建立 对上述各分离的过程现象和实验数据作综合分析，建立过程的数学模型，并使用所得的模型对过程进行思考与研究。

数学模型法虽然在生物反应过程上已成为一种成熟的研究工具，但是由于生物反应过程的复杂性，它也有应用上的局限性。有些过程的边界条件不易确定，需要在各种操作条件下考察过程的特性变化，确认模型的使用范围。对有些模型，在数学上有求解困难，需要寻求高效的数学工具和软件的帮助。

1.2 生物反应器简介

1.2.1 反应器类型

对生物反应器可从各个角度区分出以下所列的主要类型：

① 根据反应器的几何形状和机械结构特征，可将其分为罐式（釜式）、管式、塔式、膜式等类型。罐式反应器的高径比较小（一般为 1～3）；管式反应器长径比较大（一般大于 30）；塔式反应器的高径比介于罐式和管式之间（一般为 2～5）；膜式反应器一般是通过膜组件与各种反应器组成反应器系统，膜组件在其中起将生物催化剂与反应液分离的作用。

由于这种根据几何形状和结构特征的分类考虑了生物反应器的流体力学和混合特性，因此是反应器设计中使用的一种主要选型依据。

② 根据反应器的操作方式，可将其分为分批操作、连续操作和半分批操作式反应器。

由于操作方式是过程优化的主要变量，用此变量可以从生物反应动力学的基本特性出发对过程优化，因此这种分类方法有其合理性。

③ 根据反应器内物料混合方式的不同，可将其分为机械搅拌式、气流搅拌式和液体环流式。机械搅拌式和气流搅拌式分别以机械搅拌和压缩空气为动力实现物料的混合。这类反应器中较典型的有通气式机械搅拌微生物发酵罐、采用气流搅拌的鼓泡塔反应器和环流反应器（如图 1-3 所示）。环流反应器也称为气升式反应器。环流反应器通过在反应器内部或外

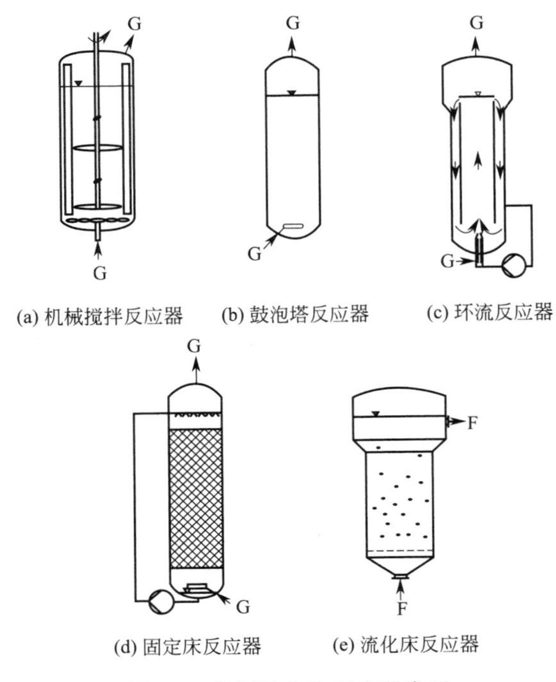

(a) 机械搅拌反应器　(b) 鼓泡塔反应器　(c) 环流反应器

(d) 固定床反应器　(e) 流化床反应器

图 1-3　常用的生物反应器类型

G—气体；F—底物溶液

部设置导流管，使液体在反应器内循环和与其他物料混合。也有的环流反应器在液体循环流道上装有循环泵，以加强循环强度。

④ 根据反应器中生物催化剂和反应物系的相态来分，则有均相反应器和非均相反应器。

对于细胞反应，反应器中存在可认为是呈固态的细胞、液体和通入的气体，故常用的通气式机械搅拌反应器、进行气-液两相接触的鼓泡塔反应器和环流反应器均为气-液-固三相反应器。对于反应物系仅为液体和游离酶组成的酶反应，其反应器即为均相反应器。对于固定化生物催化剂所催化的酶反应，一般采用固定床反应器。固定床反应器包括填充床反应器和滴流床反应器，它们的特征是固态生物催化剂静止堆放于床层中，反应物料相对于固体流动。填充床反应器可实现反应液体与固态生物催化剂的接触，因此它属于液-固两相反应器；而对于滴流床反应器，在固态生物催化剂表面可实现液-固两相或气-液-固三相介入的反应，因此它既可用于两相，也可用于三相反应体系。流化床反应器通过气体或液体的流动将固态催化剂颗粒悬浮在液体中，它的相态可为两相，也可为三相。

⑤ 根据所用生物催化剂的不同，生物反应器可分为酶反应器和细胞反应器两大类。

酶反应器有以液相中游离的酶作催化剂的均相酶反应器，以固定化酶为催化剂的填充床和流化床反应器，或装有截留酶分子的膜组件的膜式酶反应器。

根据细胞的类型，细胞反应器可分为微生物反应器、动物细胞培养反应器、植物细胞培养反应器。微生物反应器的主要类型有上述的通气式机械搅拌反应器、鼓泡塔和环流反应器等。动物细胞培养反应器典型的有无泡通气搅拌反应器、笼式通气搅拌反应器。它们的共同特征是采用各种将气泡和细胞隔离的技术，以避免气泡与细胞的接触所产生的流体剪切力对细胞造成的损伤。

1.2.2　操作方式

对生物反应器的操作方式，总体上可区分为分批操作、连续操作和半分批操作三大类。

(1) 分批操作　也称为间歇操作。以这种方式操作时，一般将反应物一次性投入反应器，加入酶，或接入细胞种子液，在适当的操作条件下反应一定时间后，将反应液全部排出进行处理。

分批操作的反应器内外除气体之外基本没有物料交换，反应器近似是封闭的系统，反应器内物系的组成仅随时间而变化，整个过程呈非稳定状态。

(2) 连续操作　是一边不断向反应器供给反应物，一边连续排除反应产物的操作方式。

连续操作中反应器操作条件、系统状态处于稳定态，反应器内每一部位的状态变量和参数均不随时间发生变化。

（3）半分批操作 半分批操作（semi-batch operation）也称为半间歇操作或半连续操作。它是上述两种方式的结合。反应过程中，始终进行连续性或间断性的加料，在反应结束时排出反应物。半分批操作也有在反应时间内间断性排料的情况。因此，对于细胞反应，这种方式有补料分批培养、反复分批培养和反复补料分批培养等形式。

严格地说，各种半分批操作形式的反应器操作状态一般处于非稳定态，但是在一定补料方式下可达到拟稳态。因此，在细胞反应上通过利用这种方式的灵活性，严格控制关键组分的加料和出料速率，可解决底物或产物浓度对细胞生长和产物生成的抑制等问题，实现对代谢反应的有效调控。半分批操作兼有分批操作和连续操作的长处，在生物反应过程中也是采用较多的操作方式。

另外应当注意，由于不少微生物发酵和细胞培养过程是需氧培养过程，在整个过程中不断以通空气或纯氧的方式对反应器供氧，从这个意义上看，通气过程有连续过程的性质。但是，通常在操作方式的分类上对氧的连续供应不加限定，主要按培养基加入和反应物的出料方式对过程进行操作类型的区分。

1.2.3 理想生物反应器模型

在化学反应工程上，根据化学反应器的类型和操作方式的类型，理论上概括出几种理想反应器模型。生物反应工程仍然沿用这些模型。

在建立理想生物反应器模型时，可以假定反应器中物料的相态为单一状态，主要指液态，也可以是气态。这样，对实际工业反应器中的流型，就可由这些模型的组合模型来描述；而对多相态的流动状况，就通过分别考察每个相态中的流动情况来分析。

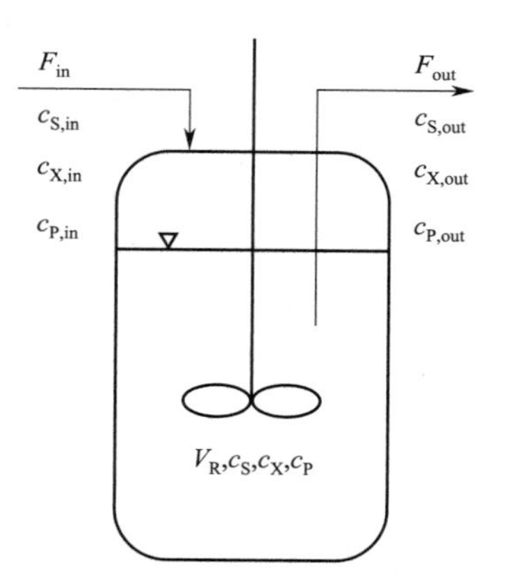

图 1-4 全混流反应器的物料衡算

主要有以下几种基本生物反应器模型：

1.2.3.1 理想间歇反应器

理想间歇反应器（batch stirred tank reactor，BSTR）采用分批操作方式，以机械搅拌使反应器内物料达到完全混合状态，所有流体微元在反应器中都有相同的停留时间。

如图 1-4 所示，可设它的进料流量 F_{in} 和出料流量 F_{out} 均等于零。将反应器内物料中底物 S 的浓度表示为 c_S，对底物 S 作质量衡算。

根据通用的质量衡算方程：

$$累积量=输入量-输出量\pm反应量 \tag{1-1}$$

可得到：

$$\frac{d(V_R c_S)}{dt}=F_{in}c_{S,in}-F_{out}c_{S,out}-V_R r_S \tag{1-2}$$

式中，V_R 为反应器有效体积，L；t 为反应时间，h；r_S 为底物消耗的体积速率，g/(L·h)，它的数值定义为正值；$c_{S,in}$ 和 $c_{S,out}$ 分别为加料和出料中底物 S 的浓度。

反应器有效体积是指反应物料在反应器中所占的体积，它与单位生产时间所处理的物料

量 F(L/h) 和每批生产所需的周期时间 t_T 有下述关系：

$$V_R = F t_T \tag{1-3}$$

反应周期时间 t_T 包含反应时间 t 和辅助操作时间 t_B（装料、灭菌、升温、卸料和清洗时间的总和），即：

$$t_T = t + t_B \tag{1-4}$$

设 V_R 在整个反应过程中保持不变，由于没有进料与出料，且 $c_{S,in} = c_{S,out} = 0$，则由式(1-2) 可导出：

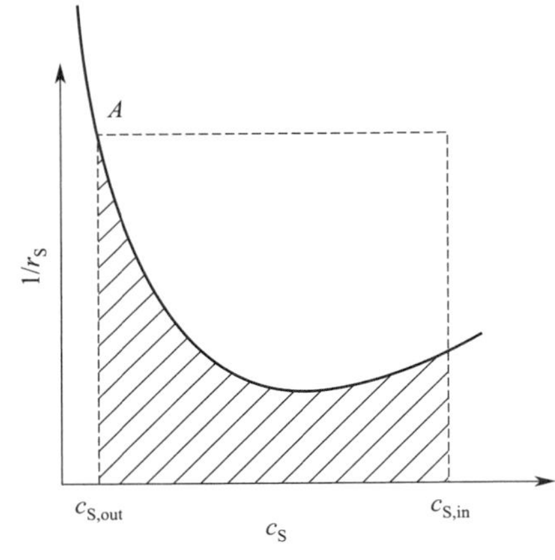

图 1-5　理想间歇反应器的反应时间或空时

$$\frac{dc_S}{dt} = -r_S \tag{1-5}$$

由此，由反应开始时的底物浓度 c_{S_0} 转化至底物浓度 c_S 所需的反应时间 t 可由上式积分得到：

$$t = \int_{c_S}^{c_{S_0}} \frac{dc_S}{r_S} \tag{1-6}$$

此式即为理想间歇反应器的操作特性方程，它的图解积分关系如图 1-5 所示。图中 A 点代表反应器中物料的状态，斜线部分面积等于反应时间。由图可见，对特定的反应处理要求，在给定的反应动力学关系下，反应速率的快慢可由反应时间的长短来表示。

按照同样的方法，还可对产物 P 和细胞生物质 X 进行质量衡算，得出表示产物浓度 c_P 和细胞浓度 c_X 变化的表达式。

1.2.3.2　平推流反应器

平推流反应器（continuous plug flow reactor，CPFR）是对工业上管式反应器中的流动进行理想化而得到的模型。平推流反应器采用连续操作方式，在所有空间位置上状态变量和参数处于稳定状态；流体沿流动方向呈理想排挤或活塞式流动，组分浓度在径向不存在分布，在流动方向上底物浓度逐渐下降，产物逐渐上升，存在浓度梯度；所有流体微元在反应器内都有相同的停留时间。

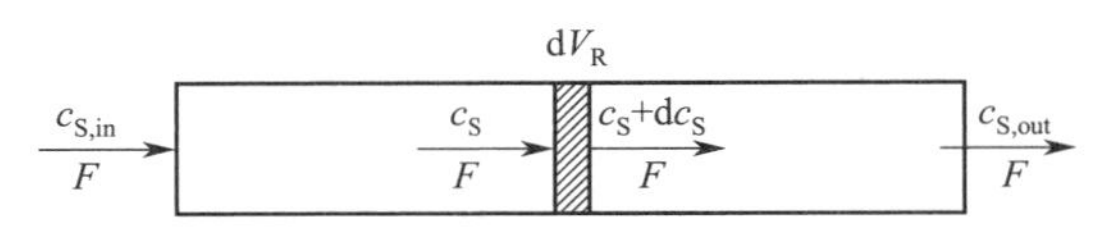

图 1-6　平推流反应器的物料衡算

对反应器中底物 S 作质量衡算。如图 1-6 所示，在反应器轴向位置上取体积微元 dV_R，在稳态条件下，可得：

$$dV_R \frac{dc_S}{dt} = Fc_S - F(c_S + dc_S) - r_S dV_R = 0 \tag{1-7}$$

对上式积分并整理，则得到平推流反应器的操作特性方程：

$$\tau_p = \frac{V_R}{F} = \int_{c_{S,out}}^{c_{S,in}} \frac{dc_S}{r_S} \tag{1-8}$$

式中，F 为反应器进口底物溶液的体积流量，L/h；τ_p 为空时，h。

式(1-8) 的图解积分关系也在图 1-5 中表示，空时也等于图中的斜线部分面积。

显然，平推流反应器中进行连续反应的反应速率快慢反映在空时 τ_p 的大小上。由式(1-6) 和式(1-8) 的比较可见，对一定的反应与所要求的反应结果，用理想间歇反应器与平推流反应器所得的结果等效。它们的差别是，平推流反应器与理想间歇反应器的反应器类型不同，操作方式和流动状况也不同。

1.2.3.3 全混流反应器

全混流反应器（continuous stirred tank reactor，CSTR）是指以连续操作方式进行，用机械搅拌达到理想混合状态的罐式反应器。其特征是在反应器空间上不存在状态变量和参数的分布，没有组分浓度梯度；在不同时间上始终处于稳定态；各流体微元在离开反应器时呈不同停留时间的分布。

同样，如图 1-4 所示，在稳态时，对底物 S 可得出下述质量衡算式：

$$\frac{d(V_R c_S)}{dt}=F_{in}c_{S,in}-F_{out}c_{S,out}-V_R r_S=0 \tag{1-9}$$

$$F_{in}=F_{out}=F$$

对上式整理获得全混流反应器的操作特性方程：

$$\tau_m=\frac{V_R}{F}=\frac{c_{S,in}-c_{S,out}}{r_S} \tag{1-10}$$

式中，τ_m 为全混流反应器的空时。在图 1-5 中，它的数值等于图中虚线内的矩形面积。

比较图 1-5 所示的平推流反应器和全混流反应器的空时所对应的面积大小，可见对于特定的反应动力学规律和反应处理任务，虽然两种反应器都以连续操作方式进行反应，但由于它们的反应器类型不同而造成流动状况的完全不同，只要反应动力学特征为如图所示的上凹曲线，则在同样的操作条件下，前者所需的空时总比后者小，或者说平推流反应器所需的体积总是要比全混流反应器的小。

细胞连续培养过程通常在全混流反应器中进行。由于全混流反应器的稳态特性，并且培养液在反应器中具有理想的混合状态，通常细胞反应动力学的研究用它作为理想的实验研究工具。

在连续培养细胞时，底物的质量衡算式仍为式(1-10)。若定义空时 τ_m 的倒数为稀释率 $D(h^{-1})$，并且由 $c_{S,out}=c_S$，则由式(1-10) 可得出：

$$r_S=D(c_{S,in}-c_S) \tag{1-11}$$

此式用于估算细胞连续培养研究时的底物消耗速率。

若以 r_X 表示细胞生物质的体积生成速率，g/(L·h)，并设进料中细胞生物质浓度为零，对生物质的质量衡算可得出：

$$r_X=Dc_X \tag{1-12}$$

若定义细胞比生长速率 $\mu(h^{-1})$：

$$\mu=\frac{r_X}{c_X} \tag{1-13}$$

则有

$$D=\mu \tag{1-14}$$

此式为应用 CSTR 连续培养的过程研究的最重要关系式。它说明稀释率直接决定于细胞的比生长速率。

1.2.3.4 反应器的操作参数

生物反应器的操作参数一类与物料处理量有关，另一类表示反应结果。

(1) 与物料处理量有关的参数 对连续反应，物料处理量用加料的体积流量 F(L/h) 表示。对一定的反应器有效体积和一定的体积流量，物料处理量表示为空速 SV（space time velocity，单位为 h^{-1}）：

$$SV=\frac{F}{V_R} \tag{1-15}$$

对于连续培养，空速 SV 即为前述的稀释率 D。

空速实质表示单位时间内单位反应器有效体积的物料处理体积。它的倒数即为物料在反应器中的平均停留时间 τ(h)。

$$\tau=\frac{1}{SV}=\frac{V_R}{F} \tag{1-16}$$

(2) 表示反应结果的参数 对于生物反应，重要的参数主要是转化率、得率系数、产物浓度、空时产率。

转化率为介入反应的底物转化的百分数，即：

$$X_S=\frac{\text{反应底物的转化量}}{\text{反应起始的底物量}} \tag{1-17}$$

对于理想间歇反应器中的分批操作，应有：

$$X_S=\frac{c_{S_0}-c_S}{c_{S_0}} \tag{1-18}$$

对于连续反应的反应器加料和出料，则仍然可用上式计算，式中 c_{S_0} 替换为 $c_{S,in}$。

得率系数有各种定义，见第 4 章的介绍。

对于空时产率的计算，分批反应和连续反应分别采用操作周期时间和空时为计算基准，有下列计算式：

分批操作：

$$P_r=\frac{c_P}{t_T}=\frac{c_{S_0}X_S}{t_T} \tag{1-19}$$

连续操作：

$$P_r=\frac{c_{P,out}}{\tau}=\frac{c_{S,in}X_S}{\tau} \tag{1-20}$$

重点内容提示

1. 生物反应工程的优化目标和限制性因素。
2. 生物反应过程优化的最重要变量，即反应器类型、操作方式和操作条件。
3. 生物反应工程的主要研究方法，即数学模型法。它的分离原理和简化原理。
4. 理想间歇反应器、平推流反应器、全混流反应器的特征和基本操作特性方程。
5. 生物反应器的主要操作参数。

习题

1. 在生物反应过程的优化目标中，为何主要考虑对反应速率的优化？这个目标主要针对哪类过程？

2. 何谓微观动力学和宏观动力学？它们的影响因素分别有哪些？

3. 生物反应过程优化有哪些重要的优化变量？在实际应用时，其中哪个变量更重要？说明理由。

4. 概述生物反应工程学科的主要研究内容。

5. 说明在建立理想生物反应器模型时要确定反应器中物料相态的原因。

2

酶反应动力学

酶是生物体内产生的能够进行化学转化的生物催化剂。研究酶反应速率与影响它的各种因素之间关系的学科称为酶催化反应动力学。

本章首先讨论反应物系为液相的单一酶催化的酶反应。这类酶反应也称为均相酶反应，或游离酶反应。由于在反应进行时，不存在相间物质传递和流体流动因素影响，它的反应速率和反应物系的基本关系反映了该反应过程的本征动力学关系。对这类酶反应动力学特征的理解，可为对游离酶或固定化酶催化反应过程、非水相酶催化、微生物发酵和细胞培养等过程的动力学分析、在反应器操作与设计上的过程优化提供理论基础。对于固定化酶反应过程，它实际是酶的本征反应机制和传质及流体力学影响因素共同作用的过程；对于非水相酶催化，酶反应实际在水相进行，但是存在水相和有机溶剂相之间的底物和产物的分配和传质。对这两类非均相的传质和反应同时进行过程的模型分析，需要本征动力学基础模型。而对于微生物发酵和细胞培养过程，细胞内部的代谢网络是由各个单独的酶催化反应和信号调节机制所组成，因此对单一酶催化反应机理的认识，也为研究具有复杂酶反应网络的细胞反应动力学提供了重要依据。为此，本章从简单的单底物、单一酶催化的反应出发，重点分析底物和产物浓度、抑制剂浓度和反应条件对酶反应速率的影响规律。在此基础上，还以代谢控制分析的基本概念与方法，以代谢反应网络中较典型的线性代谢反应途径为例，研究多酶催化的反应动力学特性。

2.1 酶催化反应特性

大多数的酶是蛋白质，但是已发现 RNA 也有催化能力。酶既是生物大分子，也是化学催化剂。因此，酶既有生物大分子的共同特性，也有化学催化剂的催化能力。总体上，酶催化反应有下述特点：

(1) 高效的催化活性 酶的活性实际是酶催化特定化学反应的能力，可以用一定反应条件下它所催化的化学反应的速率表示。酶的催化活性表现为它能降低反应的活化能，加快反应速率，但它不改变反应的方向和化学平衡常数。

酶具有一般催化剂的共同性质，因此对生物体内的不少化学反应，在存在酶催化的条件下，相比于非催化反应，反应速率可增加 100 万倍或更多。例如，每个碳酸酐酶分子每秒钟

能使 10^6 个二氧化碳分子进行水合反应生成水合二氧化碳（HOCOOH），相比不存在酶催化的情况，反应速率增加了 10^7 倍。而且，相比化学催化剂，酶能在生物体温和的反应条件下更高效地进行催化作用。在可比条件下，酶催化反应的速率要比无机或有机催化剂高 $10^7 \sim 10^9$ 倍。例如，对 H_2O_2 的分解反应，过氧化氢酶的催化效率比 Fe^{2+} 高 10^{10} 倍。

(2) 高度的专一性 酶的催化作用具有底物和反应的专一性。从酶的催化机制上看，酶催化发生在酶分子的活性部位或活性中心上，活性部位与底物的结合由于特异选择性，一种酶只能与某一特定的底物相结合。酶对反应的专一性是指它只能催化底物在热力学上可能进行的多种反应中的一种反应。因此，酶催化反应几乎没有副反应，产物对底物的选择性和得率较高。

(3) 部分酶的催化作用需要辅因子的参与 许多酶的催化活性需要辅因子的存在。辅因子也称为辅酶，有金属离子和小分子有机化合物两类。例如，碳酸酐酶的辅因子为 Zn^{2+}，糖原磷酸化酶的辅因子为吡哆醛磷酸盐。

(4) 酶的催化活性可被调控 从酶反应动力学分析，酶反应速率可受到酶、底物、产物和抑制剂浓度的影响。例如，对变构酶反应，底物与酶结合时能诱导酶的结构改变，增加酶与底物的结合力。在代谢反应途径中，受到胞内代谢物反馈抑制的酶和变构酶被认为是调节酶，它们的活性受到代谢物浓度的调节。若不存在调节酶，则途径的反应速率不能对各种代谢物的浓度变化有所响应。

(5) 酶易变性与失活 酶的本质是蛋白质和核酸等生物大分子，在高温和极端 pH 等环境变量的影响下会发生结构变化，丧失催化活性。因此，在生物反应器操作与设计时，与化学催化剂的失活研究类似，也必须研究生物催化剂的失活对反应结果的影响。

2.2 Michaelis-Menten 动力学

2.2.1 反应机理与反应速率

酶反应的动力学方程主要是根据酶催化反应机理而建立的。例如，作为酶催化反应动力学基础的 Michaelis-Menten 方程，即米氏方程，就是根据活性中心复合物的学说，由反应机理分析得出。

对由底物 S 转化为产物 P 的单底物酶反应：

$$\mathrm{S} \longrightarrow \mathrm{P} \tag{2-1}$$

Brown（1902）在研究蔗糖由转化酶分解为葡萄糖和果糖的反应时，提出如下反应机理：

$$\mathrm{E}+\mathrm{S} \underset{k_{-1}}{\overset{k_1}{\rightleftharpoons}} \mathrm{ES} \xrightarrow{k_2} \mathrm{E}+\mathrm{P} \tag{2-2}$$

对符合这类反应机理方程的酶反应，底物 S 与游离酶 E 在反应时通过可逆反应形成酶-底物复合物 ES，这个复合物通过一步不可逆反应分解为游离酶 E 和产物 P。这种反应机理一般被称为米氏机理。以下将符合这种反应机理的反应简称为米氏反应。

对所有反应组分，可建立微分方程组：

$$\frac{\mathrm{d}c_{\mathrm{S}}}{\mathrm{d}t} = -k_1 c_{\mathrm{E}} c_{\mathrm{S}} + k_{-1} c_{\mathrm{ES}} \tag{2-3}$$

$$\frac{dc_{ES}}{dt}=k_1c_Ec_S-(k_{-1}+k_2)c_{ES} \tag{2-4}$$

$$\frac{dc_E}{dt}=-k_1c_Ec_S+(k_{-1}+k_2)c_{ES} \tag{2-5}$$

$$\frac{dc_P}{dt}=k_2c_{ES} \tag{2-6}$$

在以上各式中，c_S、c_P、c_E 和 c_{ES} 分别表示反应液中底物 S、产物 P、游离酶 E 和酶-底物复合物 ES 的浓度，单位均为 mol/L。在计算过程中，假定反应液体积始终保持不变。

整个反应的速率 r 由单位时间单位反应液体中的产物生成速率 r_P 表示，它也等于底物的消耗速率，单位均为 mol/(L・s)。

$$r=r_P=\frac{dc_P}{dt}=-\frac{dc_S}{dt} \tag{2-7}$$

对式(2-3)～式(2-6) 的微分方程组可求出数值解，如图 2-1 所示。

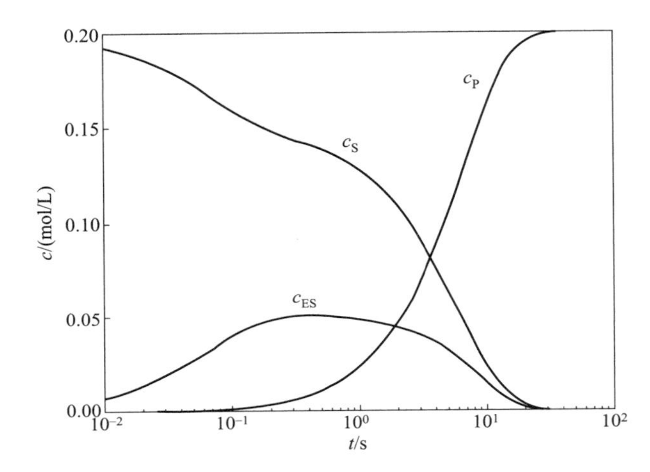

图 2-1　符合米氏机理酶反应过程的组分浓度变化

在推导反应速率方程时，为了对上述微分方程组描述的系统作简化，Briggs 和 Haldane (1925) 对反应过程中酶-底物复合物 ES 的浓度提出了"拟稳态假设"。这种假设认为，在反应过程中，酶-底物复合物 ES 的浓度保持不变。按此假设，有：

$$\frac{dc_{ES}}{dt}=0 \tag{2-8}$$

由图 2-1 数值模拟结果可见，这种假设来源于近似分析。实际它的成立要求初始底物浓度远大于酶浓度。

将式(2-4) 和式(2-5) 相加，可得：

$$\frac{dc_{ES}}{dt}+\frac{dc_E}{dt}=0 \tag{2-9}$$

此式说明，反应过程中各种形式酶浓度的总和保持不变，在不存在酶失活的条件下，对初始酶浓度 c_{E_0}，应该有：

$$c_{E_0}=c_E+c_{ES} \tag{2-10}$$

由式(2-8) 和式(2-4)，应有：

$$-k_1 c_E c_S + (k_{-1} + k_2) c_{ES} = 0 \tag{2-11}$$

将式(2-10)代入，可得出：

$$c_{ES} = \frac{c_{E_0} c_S}{\dfrac{k_{-1}+k_2}{k_1} + c_S} \tag{2-12}$$

将上式代入式(2-6)，则有：

$$\frac{dc_P}{dt} = \frac{k_2 c_{E_0} c_S}{\dfrac{k_{-1}+k_2}{k_1} + c_S} \tag{2-13}$$

定义米氏常数 K_m(mol/L)：

$$K_m = \frac{k_{-1}+k_2}{k_1} \tag{2-14}$$

再定义最大反应速率 r_{max}[mol/(L·s)]：

$$r_{max} = k_2 c_{E_0} \tag{2-15}$$

由此得出米氏方程：

$$r = r_{max} \frac{c_S}{K_m + c_S} \tag{2-16}$$

在推导米氏方程时，Michaelis 和 Menten（1913）也曾提出了“快速平衡假设”。这种假设认为，在反应过程中，相比 ES 分解为 E 和 P 的反应，S 与 E 结合形成 ES 反应的可逆反应速率较快，可以达到化学平衡。则：

$$k_1 c_E c_S = k_{-1} c_{ES} \tag{2-17}$$

因此

$$c_E = \frac{k_{-1}}{k_1} \frac{c_{ES}}{c_S} = K_{eq} \frac{c_{ES}}{c_S} \tag{2-18}$$

再由式(2-10)，可得：

$$c_{ES} = \frac{c_{E_0} c_S}{K_{eq} + c_S} \tag{2-19}$$

将上式代入式(2-6)，可得：

$$r = \frac{k_2 c_{E_0} c_S}{K_{eq} + c_S} \tag{2-20}$$

式(2-20)是另一种形式的米氏方程，它与式(2-16)的差别在米氏常数的数值上，即：

$$K_m = K_{eq} + \frac{k_2}{k_1} \tag{2-21}$$

2.2.2 米氏方程的基本特性

2.2.2.1 反应速率的浓度效应

米氏方程表明反应速率与底物浓度之间具有饱和动力学关系。由图 2-2 可见，当底物浓度较低时，反应速率快速增大；之后随着底物浓度增大，反应速率的增大较慢；在底物浓度很高时，反应速率逐渐趋近于最大反应速率。

若对米氏方程的反应速率与底物浓度的关系作简化分析，可看出上述动力学变化实际存在下述三种情况：

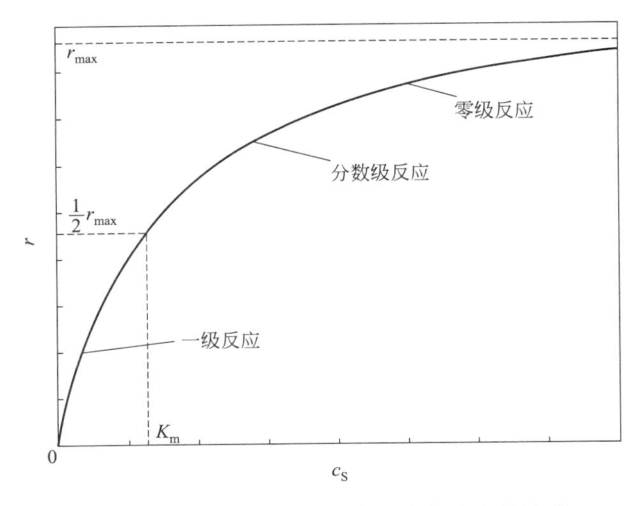

图 2-2　米氏方程的反应速率与底物浓度的关系

① 当 $c_S \ll K_m$ 时

$$r=\frac{r_{max}}{K_m}c_S \tag{2-22}$$

这时反应速率 r 与底物浓度 c_S 成正比，呈一级反应动力学特征。在图 2-2 中，这种情况对应图中的一级反应区，动力学曲线近似为一直线。

② 当 $c_S \gg K_m$ 时

$$r \approx r_{max} \tag{2-23}$$

这时反应速率趋近于最大反应速率，呈零级反应动力学特征。在图 2-2 中，这种情况对应于零级反应区，动力学曲线为一直线。

③ 当底物浓度处于零级反应区与一级反应区之间时，反应速率与底物浓度之间的关系呈米氏方程的形式，实际的表观动力学级数为分数。即：

$$r \approx \alpha c_S^g,\quad 0<g<1 \tag{2-24}$$

实际上可用代谢控制分析（metabolic control analysis）方法来分析底物浓度对表观动力学级数的决定性作用，式(2-24) 中的 g 被称为弹性系数，

$$g=\frac{\mathrm{d}\ln r}{\mathrm{d}\ln c_S}=\frac{K_m}{K_m+c_S} \tag{2-25}$$

对米氏方程，当 $c_S \ll K_m$ 时，$g \approx 1$；当 $c_S \gg K_m$ 时，$g \approx 0$。

2.2.2.2　米氏常数 K_m 的意义

米氏常数 K_m 是特定酶反应的特征参数，它的数值与酶的性质和它作用的底物有关。例如，以精氨酸为底物的精氨酰 tRNA 合成酶的 K_m 可小至 3×10^{-3}mmol/L，而以 CO_2 为底物的碳酸酐酶可大至 8mmol/L，以丙酮酸为底物的丙酮酸羧化酶的 K_m 为 0.4mmol/L。对于大多数酶，K_m 处于$10^{-7}\sim10^{-1}$mol/L 的范围。K_m 也与酶所处的温度、pH 和离子强度等环境条件有关。

米氏常数 K_m 的一种含义是酶的活性中心的一半与底物结合时的底物浓度。当 $c_S=K_m$ 时，$r=\frac{1}{2}r_{max}$。用结合分率 f_{ES} 表示酶与底物的结合程度：

$$f_{ES}=\frac{r}{r_{max}}=\frac{c_S}{c_S+K_m} \tag{2-26}$$

这时，$f_{ES}=0.5$。

另外，米氏常数 K_m 与式(2-2) 中每步反应的速率常数有关。由式(2-4) 可见，当 $k_{-1}\gg k_2$ 时，ES 分解为 E 和 S 的反应速率较快，这时 $K_m=k_{-1}/k_1$。因此，K_m 值较大时，E 和 S 的结合力较弱，反之则较强。K_m 值表示酶对底物亲和力的大小。

2.2.2.3 最大反应速率 r_{max} 的实质

最大反应速率 r_{max} 表示酶的催化能力的大小，它实际是活性酶 E 完全被底物 S 结合时的反应速率。这时，$f_{ES}=1.0$。

将 $r_{max}=k_2c_{E_0}$ 中的 k_2 也定义为 k_{cat}，称为酶的转换频率（或酶的比活性）：

$$k_{cat}=\frac{r_{max}}{c_{E_0}} \tag{2-27}$$

式中，k_{cat} 表示每秒每个酶分子所能转化的底物分子数。例如，碳酸酐酶的 k_{cat} 为 $6\times10^5 s^{-1}$，是已知 k_{cat} 最大的一种酶。对大多数酶，k_{cat} 的数值范围为 $1\sim10^4 s^{-1}$。

对反应器操作与设计，最大反应速率 r_{max} 的意义是单位液体体积投入酶量下的极限反应速率。设 E 为反应初始投入的酶量（mol），V_L 为液体体积（L），则：

$$r_{max}=k_2\frac{E}{V_L} \tag{2-28}$$

可见，反应器中单位液体体积投入的酶量越大时，极限反应速率越大。

2.2.3 米氏方程参数的测定

对双曲线形式的米氏方程，难以直接进行模型参数估计。因此，通常将米氏方程作线性化，由实验数据对线性方程作线性最小二乘法的参数估计。主要有下述三种方法：

2.2.3.1 Lineweaver-Burk 法

Lineweaver-Burk 法又称双倒数法，简称 L-B 法［如图 2-3(a) 所示］。线性方程为：

$$\frac{1}{r}=\frac{K_m}{r_{max}}\frac{1}{c_S}+\frac{1}{r_{max}} \tag{2-29}$$

在参数估计时，将实验数据对(r,c_S)转换为数据对$(1/r,1/c_S)$，用作图法或软件的线性拟合程序可得到模型参数。对作图法，直线的斜率为 K_m/r_{max}，直线与纵轴相交于 $1/r_{max}$，与横轴相交于$-1/K_m$。

2.2.3.2 Hanes-Woolf 法

Hanes-Woolf 法又称 Langmuir 法，简称 H-W 法［如图 2-3(b) 所示］。线性方程为：

$$\frac{c_S}{r}=\frac{1}{r_{max}}c_S+\frac{K_m}{r_{max}} \tag{2-30}$$

参数估计时，将实验数据对转化为数据对$(c_S/r,c_S)$，同样由线性拟合法得到模型参数。对作图法，直线的斜率为 $1/r_{max}$，它与纵轴相交于 K_m/r_{max}，与横轴相交于$-K_m$。

2.2.3.3 Eadie-Hofstee 法

Eadie-Hofstee 法简称 E-H 法［如图 2-3(c) 所示］。线性方程为：

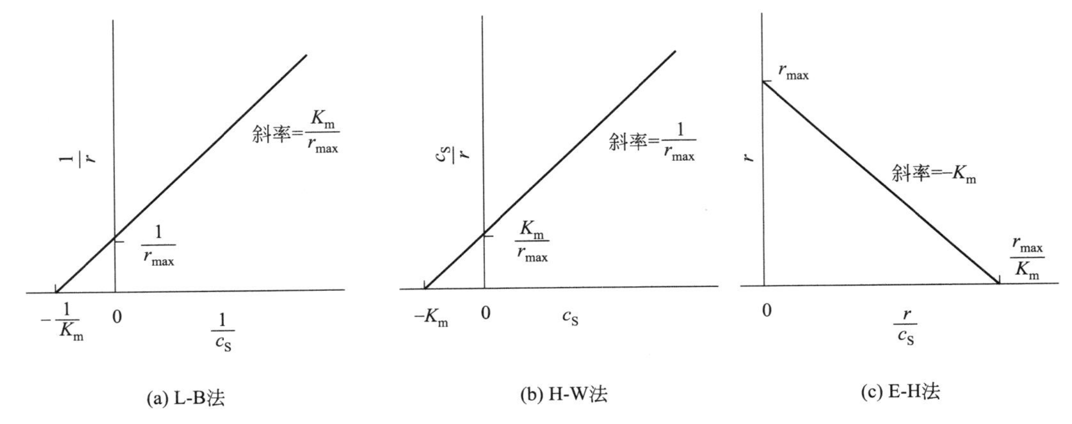

图 2-3　作图法求取米氏方程参数

$$r=-K_m\frac{r}{c_S}+r_{max} \tag{2-31}$$

按这种方法测量，实验数据对要转换为数据对$(r, r/c_S)$。用作图法时，图中的直线斜率为$-K_m$，直线与纵轴相交于r_{max}，与横轴相交于r_{max}/K_m。

在上述三种方法中，L-B法应用较多。它的缺点是，当底物浓度较低、相应的反应速率较低时，实验误差较大，取倒数时误差被放大，故较难从实验点作出拟合直线。因此，后两种方法较好。对H-W法，它的特点是数据点分布均匀，能得出较准确的动力学参数。而对E-H法，由于它不取倒数，测量误差没有放大，而且它允许在反应速率测量范围安排实验点，因此实验设计较容易，作图比较方便。

显然，以上各种线性化方法在统计学上有不合理性问题。因此，在计算机和统计学软件已充分发展的条件下，目前可以对米氏方程采用直接的非线性最小二乘法等方法进行参数估计。例如，使用以下两式所述的方法，在反应速率r的测量误差较合理的条件下，可得到较好的参数估计结果。

$$K_m=\frac{\sum r^2\sum(r/c_S)-\sum(r^2/c_S)\sum r}{\sum(r^2/c_S^2)\sum r-\sum(r^2/c_S)\sum(r/c_S)} \tag{2-32}$$

$$r_{max}=\frac{\sum(r^2/c_S^2)\sum r^2-[\sum(r^2/c_S)]^2}{\sum(r^2/c_S^2)\sum r-\sum(r^2/c_S)\sum(r/c_S)} \tag{2-33}$$

该法的特点是对所有的实验点作加和运算。

2.2.4　双底物酶反应的简化分析

大部分酶反应的底物不止一种。对某些物酶反应，若作合理的简化，米氏方程仍可以适用。例如，对双底物反应，假定其中只有一个底物浓度随过程改变，则可以对这个底物用米氏方程描述它对反应速率的浓度效应。

考虑式(2-34)描述的底物A与底物B的反应速率：

$$r=\frac{k_0c_{E_0}c_Ac_B}{K_{IA}K_{mB}+K_{mB}c_A+K_{mA}c_B+c_Ac_B} \tag{2-34}$$

式中，k_0、K_{IA}、K_{mA}和K_{mB}均为动力学参数。

若反应过程中底物B的浓度基本不变，则上式可写作：

$$r=\frac{\left(\frac{k_0 c_B}{K_{mB}+c_B}\right)c_{E_0}c_A}{\frac{K_{IA}K_{mB}+K_{mA}c_B}{K_{mB}+c_B}+c_A}=\frac{k_0^* c_{E_0}c_A}{K_{mA}^*+c_A} \tag{2-35}$$

式中，k_0^* 和 K_{mA}^* 分别为表观速率常数和表观米氏常数。

由上述讨论可见，对多底物反应，在一定条件下，若使用表观动力学方法，反应速率方程可简化为表观的米氏方程形式。

2.2.5 可逆酶反应动力学

式(2-2) 所表示 Michaelis-Menten 反应机理中酶-底物复合物 ES 分解生成 E 和 P 的反应已假定为不可逆。但是，实际上对异构酶、脱氢酶、转氨酶等类型的酶反应，这个反应是可逆的。它们的反应机理为：

$$E+S \underset{k_{-1}}{\overset{k_1}{\rightleftharpoons}} ES \underset{k_{-2}}{\overset{k_2}{\rightleftharpoons}} E+P \tag{2-36}$$

可逆反应在进行时，不但酶-底物复合物 ES 与底物 S、游离酶 E 达成平衡，也与产物 P 达成平衡。

对反应组分建立微分方程组，则有：

$$\frac{dc_E}{dt}=(k_{-1}+k_2)c_{ES}-(k_1c_S+k_{-2}c_P)c_E \tag{2-37}$$

$$\frac{dc_{ES}}{dt}=-(k_{-1}+k_2)c_{ES}+(k_1c_S+k_{-2}c_P)c_E \tag{2-38}$$

$$\frac{dc_P}{dt}=k_2c_{ES}-k_{-2}c_Ec_P \tag{2-39}$$

由式(2-37)～式(2-39)、式(2-10)，以及拟稳态条件，可求出：

$$c_E=\frac{(k_{-1}+k_2)c_{E_0}}{k_1c_S+k_{-2}c_P+(k_{-1}+k_2)} \tag{2-40}$$

$$c_{ES}=\frac{(k_1c_S+k_{-2}c_P)c_{E_0}}{k_1c_S+k_{-2}c_P+(k_{-1}+k_2)} \tag{2-41}$$

将以上两式代入式(2-39)，得出：

$$r=\frac{(k_1k_2c_S-k_{-1}k_{-2}c_P)c_{E_0}}{k_1c_S+k_{-2}c_P+(k_{-1}+k_2)} \tag{2-42}$$

按如下各式设定动力学参数，有：

$$K_{mS}=\frac{k_{-1}+k_2}{k_1};\quad K_{mP}=\frac{k_{-1}+k_2}{k_{-2}} \tag{2-43}$$

$$r_{S,max}=k_2c_{E_0};\quad r_{P,max}=k_{-1}c_{E_0}$$

由式(2-43)，式(2-42) 变为：

$$r=r_1-r_2=\frac{K_{mP}r_{S,max}c_S-K_{mS}r_{P,max}c_P}{K_{mS}K_{mP}+K_{mP}c_S+K_{mS}c_P} \tag{2-44}$$

式中，r_1 和 r_2 分别为产物浓度为零和底物浓度为零时的正反应速率和逆反应速率，

$$r_1=\frac{r_{S,max}c_S}{K_{mS}+c_S};\quad r_2=\frac{r_{P,max}c_P}{K_{mP}+c_P} \tag{2-45}$$

这两个反应速率方程中的动力学参数服从 Haldane 关系，

$$K_{eq}=\frac{c_{P,eq}}{c_{S,eq}}=\frac{r_{S,max}K_{mP}}{r_{P,max}K_{mS}} \tag{2-46}$$

式中，$c_{S,eq}$ 和 $c_{P,eq}$ 分别为平衡状态时的底物浓度和产物浓度。

对于单分子底物转化为单分子产物，应有：

$$c_S+c_P=c_{S,eq}+c_{P,eq}=(1+K_{eq})c_{S,eq} \tag{2-47}$$

引入一新的底物浓度：

$$c'_S=c_S-c_{S,eq} \tag{2-48}$$

则可得到表观动力学反应速率的表示式：

$$r=r^*_{max}\frac{c'_S}{K^*_m+c'_S}$$

$$r^*_{max}=\frac{K_{eq}-1}{K_{eq}}\times\frac{K_{mP}}{K_{mP}-K_{mS}}k_2c_{E_0}$$

$$K^*_m=\frac{(K_{eq}K_{mS}+K_{mP})c_{S,eq}+K_{mS}K_{mP}}{K_{mP}-K_{mS}} \tag{2-49}$$

2.3 受抑制的酶反应动力学

某些化合物在与酶的结合时会造成酶反应速率的下降，这类化合物称为抑制剂。抑制剂对酶的作用可分为可逆抑制和不可逆抑制两类。

对可逆抑制反应，在酶和抑制剂之间存在平衡，若反应系统中的抑制剂被去除，或抑制剂浓度等于零，酶反应速率控制机制与不存在抑制剂的情况相同。可逆抑制可分为竞争性抑制、非竞争性抑制和反竞争性抑制三种主要类型。

不可逆抑制的抑制剂与酶分子形成共价结合，不能被去除，抑制作用表现在抑制剂与酶的结合速率上。当不可逆抑制剂的浓度超过酶浓度，会导致酶活性完全被抑制。

2.3.1 竞争性抑制

在酶反应系统中，有一类与底物结构相似的并可与酶的活性中心结合的化合物，但是它们不能在反应中形成产物。这类化合物称为竞争性抑制剂，所形成的抑制称为竞争性抑制。例如，对琥珀酸脱氢酶催化琥珀酸转化为反丁烯二酸的反应，抑制剂丙二酸与琥珀酸结构相似，与之竞争酶的活性中心。

这种反应的机理如式(2-50) 所示，在反应中抑制剂 I 与酶结合，形成没有活性的酶-抑制剂复合物 EI。

$$\begin{array}{l} E+S \underset{k_{-1}}{\overset{k_1}{\rightleftharpoons}} ES \xrightarrow{k_2} E+P \\ + \\ I \\ k_3 \updownarrow k_{-3} \\ EI \end{array} \tag{2-50}$$

由机理分析，可列出式(2-51)～式(2-54)：

$$\frac{\mathrm{d}c_{ES}}{\mathrm{d}t}=k_1c_Ec_S-(k_{-1}+k_2)c_{ES} \tag{2-51}$$

$$\frac{\mathrm{d}c_E}{\mathrm{d}t}=-k_1c_Ec_S+(k_{-1}+k_2)c_{ES}-k_3c_Ec_I+k_{-3}c_{EI} \tag{2-52}$$

$$\frac{\mathrm{d}c_{EI}}{\mathrm{d}t}=k_3c_Ec_I-k_{-3}c_{EI} \tag{2-53}$$

$$\frac{\mathrm{d}c_P}{\mathrm{d}t}=k_2c_{ES} \tag{2-54}$$

式中，c_I 和 c_{EI} 分别为抑制剂浓度和酶-抑制剂结合物的浓度。

再作拟稳态假设：

$$\frac{\mathrm{d}c_{ES}}{\mathrm{d}t}=\frac{\mathrm{d}c_{EI}}{\mathrm{d}t}=0 \tag{2-55}$$

又有：

$$c_{E_0}=c_E+c_{ES}+c_{EI} \tag{2-56}$$

并设 EI 的解离常数为 K_I：

$$K_I=\frac{c_Ec_I}{c_{EI}} \tag{2-57}$$

由以上各式可以推出：

$$r=r_{max}\frac{c_S}{K_m^*+c_S}$$

$$K_m^*=K_m\left(1+\frac{c_I}{K_I}\right) \tag{2-58}$$

式中，K_m 和 r_{max} 与米氏方程中的动力学参数相同；K_m^* 为表观米氏常数。

可见，将竞争性抑制的表观速率方程与米氏方程相比，由于表观米氏常数在抑制剂浓度增大时相比米氏常数增大了$(1+c_I/K_I)$倍，抑制作用可使反应速率随抑制剂的浓度增大而下降。

用 L-B 法对式(2-58) 作线性化，则有：

$$\frac{1}{r}=\frac{K_m^*}{r_{max}}\frac{1}{c_S}+\frac{1}{r_{max}} \tag{2-59}$$

由图 2-4(a) 可见，$1/r\sim1/c_S$ 在图中的直线的斜率为 K_m^*/r_{max}，与纵轴相交于 $1/r_{max}$，与横轴相交于 $-1/K_m^*$，相比式(2-29) 的无抑制情况，抑制作用使直线斜率增大。

在竞争性抑制反应中，若抑制剂为产物 P，这个反应就称为产物竞争性抑制反应，相应的速率方程可写作：

$$r=r_{max}\frac{c_S}{K_m\left(1+\dfrac{c_P}{K_I}\right)+c_S} \tag{2-60}$$

产物抑制对反应速率的影响如图 2-5 所示。

对产物竞争性抑制反应，增大底物浓度 c_S，提高底物浓度与产物浓度的比值 c_S/c_P，可提高反应速率。这在反应器操作与设计时有应用意义。

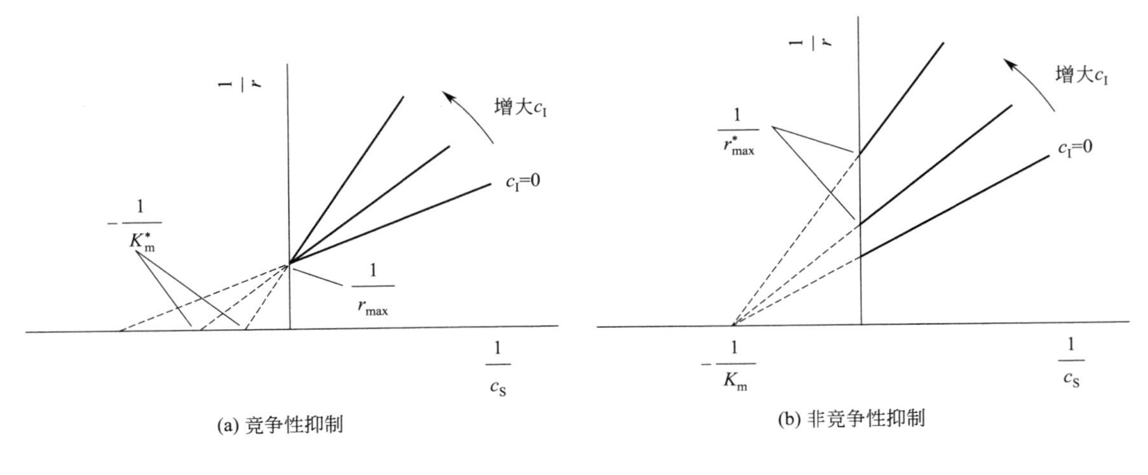

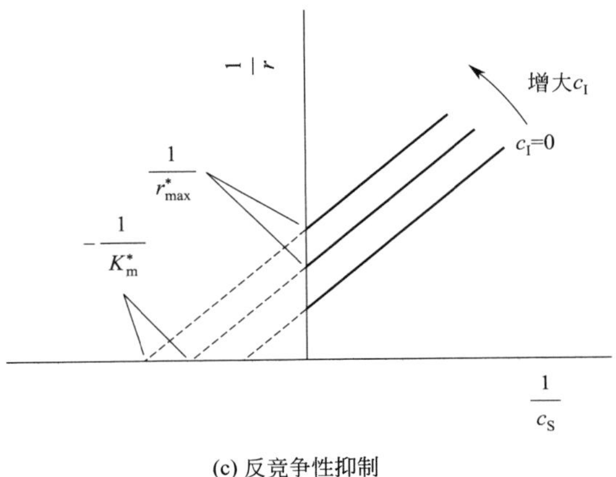

图 2-4 受抑制反应动力学方程 L-B 法的线性化

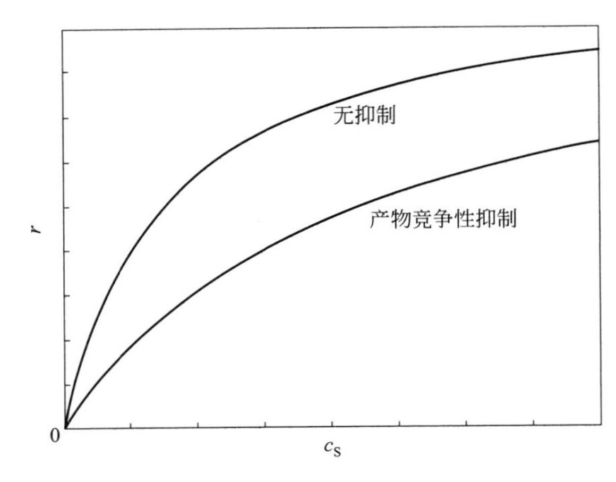

图 2-5 产物竞争性抑制对反应速率的影响

2.3.2 非竞争性抑制

非竞争性抑制的抑制剂 I 和酶的结合部位与底物和酶的结合部位不同，它既能与活性酶

E 结合，也能与酶-底物复合物 ES 结合，抑制剂与酶的结合不影响底物与酶的结合。图 2-6 表示了非竞争性抑制与竞争性抑制的区别。

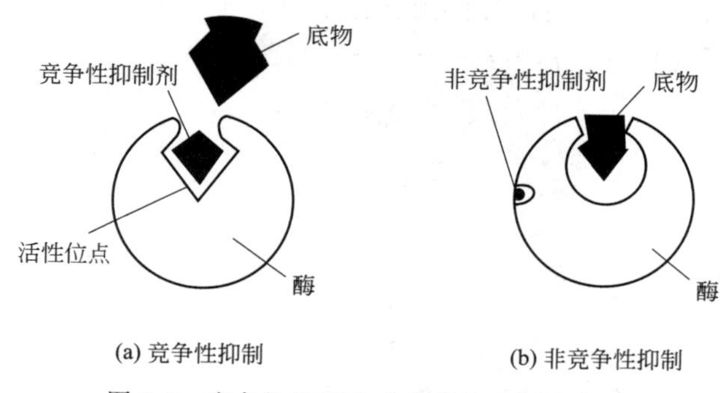

图 2-6　竞争性抑制和非竞争性抑制示意图

这类反应的机理方程为：

$$
\begin{array}{ccccc}
E+S & \underset{}{\overset{K_{eq}}{\rightleftharpoons}} & ES & \xrightarrow{k_2} & E+P \\
+ & & + & & \\
I & & I & & \\
\updownarrow K_I & & \updownarrow K_I' & & \\
EI+S & \underset{K_{eq}}{\rightleftharpoons} & ESI & &
\end{array}
\tag{2-61}
$$

式中，解离常数 K_I 与 K_I' 相等，即抑制剂 I 与酶 E 和复合物 ES 的结合能力相同。

可以对反应组分列出微分方程组，并给定拟稳态条件：

$$\frac{dc_{ES}}{dt}=\frac{dc_{EI}}{dt}=\frac{dc_{ESI}}{dt}=0 \tag{2-62}$$

并且：

$$c_{E0}=c_E+c_{ES}+c_{EI}+c_{ESI} \tag{2-63}$$

可导出速率方程：

$$r=r_{max}^{*}\frac{c_S}{K_m+c_S}$$
$$r_{max}^{*}=\frac{r_{max}}{1+\dfrac{c_I}{K_I}} \tag{2-64}$$

式中，r_{max}^{*} 为表观最大反应速率；r_{max} 和与 K_m 米氏方程中的动力学参数相同。

可见，由于抑制剂与酶的结合机制，酶和底物的亲和力没有改变，K_m 没有改变，但是由于抑制剂与酶形成两种无催化活性的复合物，实际造成活性酶浓度下降，故使最大反应速率下降$(1+c_I/K_I)$倍。

对式(2-64) 用 L-B 法作线性化，得出：

$$\frac{1}{r}=\frac{K_m}{r_{max}^{*}}\frac{1}{c_S}+\frac{1}{r_{max}^{*}} \tag{2-65}$$

见图 2-4(b)。抑制作用使直线斜率增大为 K_m/r_{max}^{*}，直线与纵轴相交于 $1/r_{max}^{*}$，与横轴相交于$-1/K_m$。

2.3.3 反竞争性抑制

反竞争性抑制的抑制剂 I 不与活性酶形成复合物，而与酶-底物复合物可逆地形成没有活性的 ESI 复合物。反应机理方程为：

$$\begin{array}{c} E+S \underset{k_{-1}}{\overset{k_1}{\rightleftharpoons}} ES \xrightarrow{k_2} E+P \\ + \\ I \\ \updownarrow \\ ESI \end{array} \tag{2-66}$$

同样对反应组分列出微分方程组，并给定拟稳态条件：

$$\frac{dc_{ES}}{dt}=\frac{dc_{ESI}}{dt}=0 \tag{2-67}$$

又：

$$c_{E_0}=c_E+c_{ES}+c_{ESI} \tag{2-68}$$

得到速率方程：

$$r=r_{max}^{*}\frac{c_S}{K_m^{*}+c_S}$$

$$r_{max}^{*}=\frac{r_{max}}{1+\dfrac{c_I}{K_I}};\quad K_m^{*}=\frac{K_m}{1+\dfrac{c_I}{K_I}} \tag{2-69}$$

由此可见，抑制剂的反竞争性抑制既使最大反应速率下降（$1+c_I/K_I$）倍，也使米氏常数下降（$1+c_I/K_I$）倍。

同样对速率方程用 L-B 法作线性化，得出：

$$\frac{1}{r}=\frac{K_m^{*}}{r_{max}^{*}}\frac{1}{c_S}+\frac{1}{r_{max}^{*}} \tag{2-70}$$

见图 2-4(c)。此直线与纵轴相交于 $1/r_{max}^{*}$，与横轴相交于 $-1/K_m^{*}$，但由于 $r_{max}^{*}/K_m^{*}=r_{max}/K_m$，相对无抑制的情况，直线斜率保持不变。

对反竞争性抑制，若抑制剂为底物，则有反竞争性底物抑制反应。其反应机理为：

$$\begin{array}{c} E+S \underset{k_{-1}}{\overset{k_1}{\rightleftharpoons}} ES \xrightarrow{k_2} E+P \\ + \\ I \\ \updownarrow \\ ESS \end{array} \tag{2-71}$$

从反应机理上看，由于底物与酶-底物复合物形成了复合物 ESS，而且这个复合物不能进一步形成产物，因此虽然在底物浓度较低时，增高底物浓度可以增大反应速率，但是在底物浓度达到一定数值后，增高底物浓度反而会使反应速率下降。

若用底物浓度 c_S 代替反竞争性抑制速率方程的抑制剂浓度 c_I，可得出底物抑制酶反应的速率方程：

$$r = r_{max} \frac{c_S}{K_m + c_S\left(1 + \frac{c_S}{K_I}\right)} \tag{2-72}$$

反应速率与底物浓度之间的关系如图 2-7 所示。

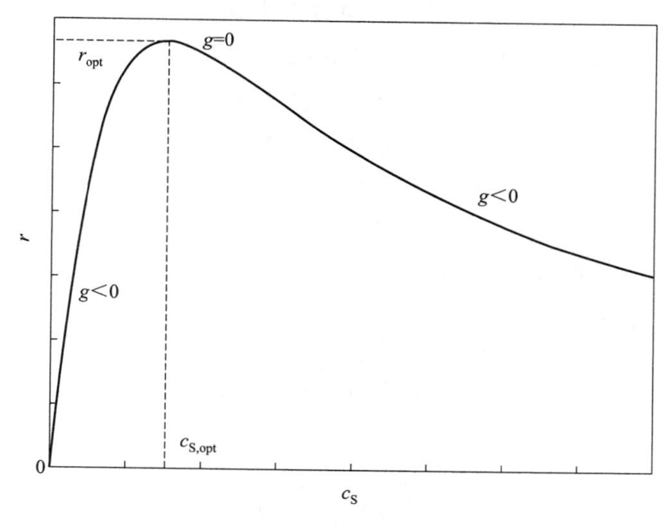

图 2-7 底物抑制的反应速率方程

若用表观动力学级数分析底物对反应速率的浓度效应：

$$g = \frac{\mathrm{dln}r}{\mathrm{dln}c_S} = \frac{K_m - c_S^2/K_I}{K_m + c_S + c_S^2/K_I} \tag{2-73}$$

可见存在 $g=0$ 的最适反应速率，它对应的底物浓度为：

$$c_{S,opt} = \sqrt{K_m K_I} \tag{2-74}$$

当 $c_{S,opt} < \sqrt{K_m K_I}$，$0 < g < 1$；当 $c_{S,opt} > \sqrt{K_m K_I}$，$-1 < g < 0$。

对最适反应速率：

$$r_{opt} = \frac{r_{max}}{1 + 2\sqrt{K_m/K_I}} \tag{2-75}$$

根据式(2-28)，而且已知动力学参数与反应条件有关，故对反应器操作与设计时，式(2-72) 说明最适反应速率主要受反应器内的投酶量和反应条件的影响。

以上分析对底物抑制反应的酶反应器操作特性分析有价值。

【例 2-1】 反应式为 S⟶P，且受产物抑制酶反应，实验数据如下表所示，表中数据为各种底物浓度 c_S 和产物浓度下 c_P 的反应速率 r[g/(L · min)]。判断产物抑制类型，并求动力学参数。

c_S/(g/L)	c_P/(mg/L)			
	3	9	27	81
0.1	0.073	0.058	0.036	0.017
0.4	0.128	0.102	0.064	0.030
1.6	0.158	0.126	0.079	0.037
6.4	0.168	0.134	0.084	0.039

解

用 L-B 法在 4 种抑制剂浓度下分别进行研究。线性方程为：

$$\frac{1}{r}=\frac{K_m^*}{r_{max}^*}\frac{1}{c_S}+\frac{1}{r_{max}^*}$$

在各个产物浓度下，将实验数据对(c_S,r)转换为数据对 $(1/c_S,1/r)$，用线性最小二乘法拟合得出斜率 K_m^*/r_{max}^* 和截距 $1/r_{max}^*$，得出 r_{max}^* 和 K_m^*。

当 $c_P=3mg/L$ 时，$r_{max}^*=0.171g/(L\cdot min)$，$K_m^*=0.135g/L$；

当 $c_P=9mg/L$ 时，$r_{max}^*=0.137g/(L\cdot min)$，$K_m^*=0.135g/L$；

当 $c_P=27mg/L$ 时，$r_{max}^*=0.086g/(L\cdot min)$，$K_m^*=0.140g/L$；

当 $c_P=81mg/L$ 时，$r_{max}^*=0.0402g/(L\cdot min)$，$K_m^*=0.136g/L$。

在 4 种情况下，K_m^* 值基本不变，不受产物浓度的影响，如图 2-4(b)，因此这个反应为非竞争性抑制，且 $K_m=K_m^*$。

因此：

$$K_m=(0.135+0.135+0.140+0.136)/4=0.137(g/L)$$

设：

$$r_{max}=r_{max}^*\left(1+\frac{c_P}{K_I}\right)$$

再将上式整理为：

$$\frac{1}{r_{max}^*}=\frac{1}{r_{max}}+\frac{1}{r_{max}K_I}c_P$$

由已得到的(c_P,r_{max}^*)数据对，作 $1/r_{max}^*\sim c_P$ 线性拟合，由截距和斜率的数据，得出：

$$r_{max}=0.196g/(L\cdot min),\quad K_I=20.86mg/L$$

2.3.4 混合型抑制

混合型抑制机理方程与非竞争性抑制基本相同，即：

$$\begin{array}{ccc} E+S & \underset{}{\overset{K_{eq}}{\rightleftharpoons}} & ES \xrightarrow{k_2} E+P \\ + & & + \\ I & & I \\ \updownarrow K_I & & \updownarrow K_I' \\ EI+S & \underset{K_{eq}'}{\rightleftharpoons} & ESI \end{array} \tag{2-76}$$

它与非竞争性抑制的区别在抑制剂 I 与酶 E 和复合物 ES 的结合能力不相同，即解离常数 K_I 与 K_I' 不相等，因此，K_{eq} 与 K_{eq}' 也不相等。

$$K_{eq}=\frac{c_E c_S}{c_{ES}},K_{eq}'=\frac{c_{EI}c_S}{c_{ESI}},K_I=\frac{c_E c_I}{c_{EI}},K_I'=\frac{c_{ES}c_I}{c_{ESI}},$$

$$K_{eq}'K_I=K_{eq}K_I'=\frac{c_E c_S c_I}{c_{ESI}} \tag{2-77}$$

反应速率方程为：

$$r=r_{max}^*\frac{c_S}{K_m^*+c_S} \tag{2-78}$$

$$r_{max}^{*}=\frac{r_{max}}{1+\frac{c_I K_{eq}}{K_I K'_{eq}}};\quad K_m^{*}=\frac{K_m\left(1+\frac{c_I}{K_I}\right)}{1+\frac{c_I K_{eq}}{K_I K'_{eq}}}$$

若令 $\delta=K'_{eq}/K_{eq}$，当 $\delta<1$ 时，此反应为线性混合型抑制；当 $\delta=1$ 时，此反应为非竞争性抑制。

前面在讨论竞争性、非竞争性、反竞争性和混合型抑制酶反应速率方程时，已使用了统一的表观动力学方程：

$$r=r_{max}^{*}\frac{c_S}{K_m^{*}+c_S}$$

综合上述分析，可见四类可逆抑制反应的表观动力学参数 r_{max}^{*} 和 K_m^{*} 主要受到抑制剂浓度 c_I 的影响。因此，现由表 2-1 对各种抑制作用的影响程度作出总结。

表 2-1 可逆抑制反应的动力学参数

抑制类型	r_{max}^{*}	K_m^{*}
竞争性抑制	r_{max}	$K_m\left(1+\frac{c_I}{K_I}\right)$
非竞争性抑制	$r_{max}\Big/\left(1+\frac{c_I}{K_I}\right)$	K_m
反竞争性抑制	$r_{max}\Big/\left(1+\frac{c_I}{K_I}\right)$	$K_m\Big/\left(1+\frac{c_I}{K_I}\right)$
混合型抑制	$r_{max}\Big/\left(1+\frac{c_I K_{eq}}{K_I K'_{eq}}\right)$	$K_m\left(1+\frac{c_I}{K_I}\right)\Big/\left(1+\frac{c_I K_{eq}}{K_I K'_{eq}}\right)$

可见，若以表观动力学研究方法分析，四类反应的反应速率的底物浓度效应均与符合米氏方程的反应相同，且在抑制剂浓度 c_I 为零时，它们的动力学特性与米氏方程的特性一致。因此，此结论对酶反应器的操作与设计有重要意义。

2.3.5 不可逆抑制

由于不可逆抑制使酶活性的降低一般表现为活性酶浓度或最大反应速率的下降，因此这种抑制与非竞争性抑制较难区分。实际上，对非竞争性抑制，当表示抑制剂-酶复合物 EI 解离为抑制剂 I 和活性酶 E 的解离常数 K_I 小至 10^{-9}mol/L 数量级时，这时可以认为非竞争性抑制为不可逆抑制。但是影响不可逆抑制的酶活性的因素不仅包括 EI 的解离特性、抑制剂的浓度、酶活性的降低，还与抑制剂的作用时间有关。

若用一阶失活模型描述活性酶浓度随时间的下降过程，设 k_d（s^{-1}）为变性速率常数，则：

$$c_E=c_{E_0}\exp(-k_d t) \tag{2-79}$$

因此，不可逆酶-抑制剂复合物浓度 c_{EI}^{*} 表示为：

$$c_{EI}^{*}=c_{E_0}[1-\exp(-k_d t)] \tag{2-80}$$

由此可见，不可逆酶-抑制剂复合物浓度随作用时间增大，活性酶浓度随作用时间减小。因此，对不可逆抑制，最大反应速率随时间下降。

对只有一个活性中心的酶，假设初始的抑制剂浓度为 c_{I_0}，最大反应速率最终可为：

$$r_{max}^{*}=k_2(c_{E_0}-c_{I_0})=r_{max}\left(1-\frac{c_{I_0}}{c_{E_0}}\right) \quad (2\text{-}81)$$

2.4 变构酶反应动力学

变构酶是其反应不服从 Michaelis-Menten 反应机理的一类酶。例如，磷酸果糖激酶、己糖激酶就是这种酶。变构酶分子与底物分子的结合作用具有协同性，即一个底物与一个活性部位结合时，会促使另一个底物与其他活性部位的结合。因此，已有研究认为，由于变构酶的这种催化特性，它是细胞代谢途径的一种关键调控因子。

Hill（1910）在研究血红蛋白与氧结合的反应机理时，认为对这类变构酶，一个酶分子与不止一个底物分子相结合，即：

$$E+nS \rightleftharpoons ES_n \quad (2\text{-}82)$$

对反应速率，表示为 Hill 方程：

$$r=r_{max}\frac{c_S^n}{K_h+c_S^n} \quad (2\text{-}83)$$

式中，K_h 和 r_{max} 为 Hill 方程常数；n 为 Hill 指数。

Hill 方程是一种经验模型。在对血红蛋白与氧结合反应实验研究时，Hill 由实验得出 $n=2.8$，而现有的研究发现，血红蛋白有 4 个结合部位，因此 Hill 方程的 n 不能表示式（2-82）中的底物分子数。

Hill 方程的反应速率与底物浓度的关系如图 2-8 所示，动力学曲线是一种 S 形的反曲函数曲线。

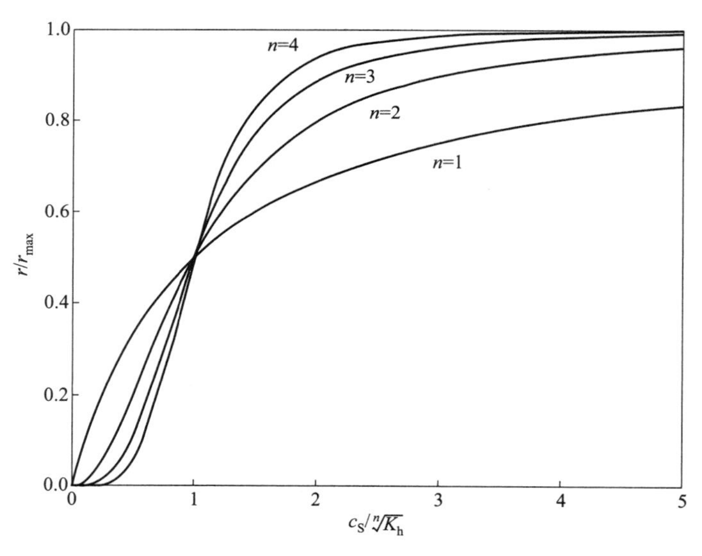

图 2-8 Hill 方程的图示

从图中可以看出，n 越大，曲线的 S 形特征越明显；对同样的底物浓度 c_S，K_h 越大，相应的反应速率越小，K_h 可反映酶与底物亲和力的大小。

Hill 指数是酶与底物结合的协同效应的一种度量。当 $n>1$，底物 S 与酶的结合有利于使酶的活性中心结合更多的底物分子，在 $c_S=\sqrt[n]{K_h}$ 附近，这种影响最显著，呈正协同反应；当 $n<1$，底物与酶的亲和力在底物浓度 c_S 增加下是逐渐下降的，呈负协同反应；当 $n=1$，则无协同性，Hill 方程简化为米氏方程。n 值一般在 1～3.2 之间。

2.5 反应条件对酶反应速率的影响

一般将影响酶反应速率的因素分为内部因素和外部因素两类。内部因素主要包括酶的结构特性和效应物的结构特性。效应物是指小分子化合物、蛋白质等能影响酶反应性能的物质。效应物包括底物、产物、酶抑制剂和激活剂等，它们与酶之间有调控性的相互作用。外部因素是指酶所处的环境变量，主要包括各种组分的浓度因素、构成反应条件的变量。浓度因素包括酶、底物、产物和抑制剂的浓度，反应条件变量主要有 pH、温度和离子强度等。

2.5.1 pH 对酶反应速率的影响

由于酶分子是多离子大分子物质，因此酶的活性与 pH 有关，pH 的变化能改变酶分子表面和活性中心上的电荷分布，影响酶的活性。Michaelis 和 Davidson（1911）最先对 pH 的酶活性效应做出假设性的解释。他们认为，由于酶的活性中心是由离子化的氨基酸残基组成，它们有不同的离子化状态，由于只有一种离子化状态具有催化活性，因此酶的活性与 pH 有关。

对有离子化的氨基酸残基的质子化和去质子化过程，可以简化假定有三种状态，即 EH_2、EH^- 和 E^{2-}。若认为仅EH^-具有催化活性，则可提出下述反应机理：

$$\begin{array}{ccccc} & EH_2 & & EH_2S & \\ & K_a\updownarrow & & K_a'\updownarrow & \\ S+ & EH^- & \overset{K_{eq}}{\rightleftharpoons} & EHS^- & \xrightarrow{k_2} EH^- +P \\ & K_b\updownarrow & & K_b'\updownarrow & \\ & E^{2-} & & ES^{2-} & \end{array} \tag{2-84}$$

$$K_a=\frac{c_{EH^-}c_{H^+}}{c_{EH_2}};\quad K_b=\frac{c_{E^{2-}}c_{H^+}}{c_{EH^-}}$$

$$K_a'=\frac{c_{EHS^-}c_{H^+}}{c_{EH_2S}};\quad K_b'=\frac{c_{ES^{2-}}c_{H^+}}{c_{EHS^-}} \tag{2-85}$$

对所有酶组分作质量衡算：

$$c_{E_0}=c_{EH_2}+c_{EH^-}+c_{E^{2-}}$$

$$c_{ES}=c_{EH_2S}+c_{EHS^-}+c_{ES^{2-}} \tag{2-86}$$

并由：

$$r=k_2c_{EHS^-} \tag{2-87}$$

$$K_{eq}=\frac{c_Ec_S}{c_{ES}} \tag{2-88}$$

可导出：

$$r=\frac{k_2 c_{E0} c_S}{K_{eq}+c_S}=\frac{r_{max}^* c_S}{K_m^*+c_S}$$

$$r_{max}^*=\frac{k_2 c_{E_0}}{\alpha};\quad K_m^*=K_{eq}\left(\frac{\beta}{\alpha}\right)$$

$$\alpha=1+\frac{c_{H^+}}{K_a'}+\frac{K_b'}{c_{H^+}}$$

$$\beta=1+\frac{c_{H^+}}{K_a}+\frac{K_b}{c_{H^+}} \tag{2-89}$$

以上分析说明，pH 对酶反应速率的影响主要表现为动力学参数的改变。对特定的酶反应，理论上可以由表观动力学参数的表达式求出反应速率最大时的最适 pH 值。但是，由于动力学参数还与酶的种类有关，因此对于具体的应用，还必须进行实验研究。如图 2-9 所示，人血清胆碱酯酶与 α-淀粉酶的活性对 pH 有不同的特性，前者的最适 pH 为 7.6，而后者则为 5.7。

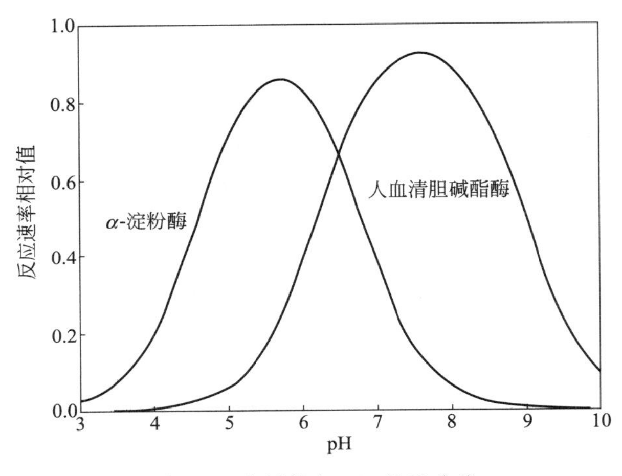

图 2-9　酶活性与 pH 关系曲线

在实验研究时，若假定 $K_a=K_a'$ 和 $K_b=K_b'$，在米氏常数和底物浓度一定时，一般以 $r_{max}/(k_2 c_{E0})$ 表示反应速率的相对值，该值最大时的 pH 为 $(pK_a+pK_b)/2$，pH 等于 pK_a 或 pK_b 时，它的数值为最大值的一半。

2.5.2　温度对酶反应速率的影响

温度对酶反应速率有两种相反的影响作用。在温度较低的范围内，温度的增高可以加快反应速率；在一定温度以上，由于酶的热变性，酶的活性随温度的升高而降低。图 2-10 的曲线描述了这种酶反应速率随温度的变化。由图中曲线可见，由于上述两种作用的影响，对于酶反应，存在酶活性最高的最适反应温度。

对反应速率随温度的增高而变快的过程，可用 Arrhenius 方程表示温度对最大反应速率中速率常数 k_2 的影响：

$$k_2=k_{20}\exp\left(-\frac{E_a}{RT}\right) \tag{2-90}$$

式中，k_{20} 为指前因子；E_a 为反应活化能；R 为气体常数；T 为热力学温度。反应活化能 E_a 值一般处于 15～85kJ/mol 的范围。

温度也影响米氏常数。对式(2-18) 表示的 K_{eq}：

$$K_{eq}=K_{eq,0}\exp\left(\frac{\Delta H^{\ominus}}{RT}\right) \tag{2-91}$$

式中，$K_{eq,0}$ 为指前因子；$\Delta H^{\ominus}$ 为标准状态下反应的焓变。

总之，在酶不失活的温度下，温度的影响主要表现在动力学参数上。

对于酶在较高温度下的失活过程，假定活性酶 E 的降低速率符合一级动力学：

$$-\frac{dc_E}{dt}=k_d c_E \tag{2-92}$$

或

$$\frac{c_E}{c_{E_0}}=\exp(-k_d t) \tag{2-93}$$

式中，k_d 为变性速率常数，s^{-1}；c_{E_0} 为时间 t 为 0 时的活性酶浓度。

若考虑有活性的酶浓度下降一半所需的时间，即半衰期 $t_{1/2}$，则 k_d 与 $t_{1/2}$ 的关系为：

$$k_d=\frac{\ln 2}{t_{1/2}}=\frac{1}{t_d} \tag{2-94}$$

式中，t_d 定义为失活过程的特征时间。

变性速率常数与温度之间的关系也可用 Arrhenius 方程表示：

$$k_d=k_{d_0}\exp\left(-\frac{E_d}{RT}\right) \tag{2-95}$$

式中，k_{d_0} 为指前因子；E_d 为失活反应活化能。

失活反应活化能 E_d 一般为 170～550kJ/mol。将它与反应活化能 E_a 比较可见，酶的失活过程相对活化过程对温度的灵敏度较高。将反应温度由 30℃提高至 40℃时，酶活性可提高 1.8 倍，但同时酶的变性速率加快了 45 倍。

由式(2-93) 和式(2-95) 可见，在酶会失活的情况下，活性酶浓度 c_E 是温度和时间的二元函数。因此，在一定温度和时间下，最大反应速率 r_{max} 的计算式应为：

$$r_{max}=k_2 c_E=k_{20} c_{E_0}\exp\left(-\frac{E_a}{RT}\right)\exp(-k_d t) \tag{2-96}$$

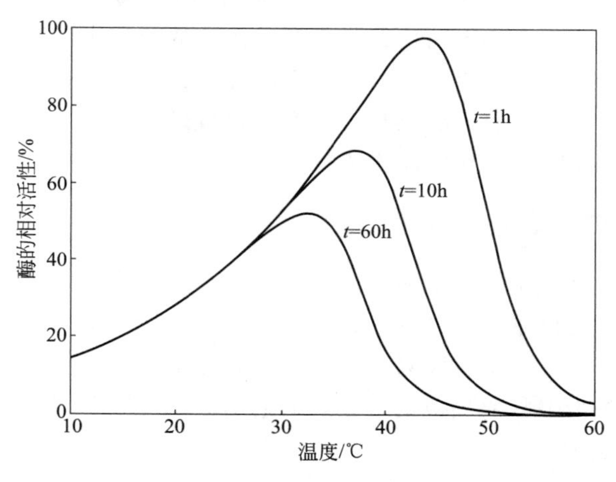

图 2-10 温度对酶活性的影响

据此，若分析酶在时间段 $0 \sim t$ 内在温度 T 下的失活与反应过程，这段时间的平均最大反应速率应为：

$$\bar{r}_{max} = \frac{\int_0^t r_{max}\mathrm{d}t}{t} = k_{20} c_{E_0} \exp\left(-\frac{E_a}{RT}\right) \frac{1-\exp(-k_d t)}{k_d t} \tag{2-97}$$

设 $E_a = 46\text{kJ/mol}$，$E_d = 300\text{kJ/mol}$，$k_{d_0} = 1.0 \times 10^{49}\text{h}^{-1}$，在保持温度时间 $t = 1\text{h}$、10h、60h 的条件下将式(2-97) 进行标绘，得出图 2-10 所示的酶的相对活性与温度和时间之间的关系。

2.6 线性多步酶反应动力学

在微生物发酵和细胞培养过程研究中，发现细胞内部的代谢反应实际是由各种酶反应和代谢调节机制组成的网络。对这类网络的研究，既要有单个酶反应动力学的基础，也要研究系统的整体特性。

胞内代谢网络的研究主要有代谢通量分析和代谢控制分析两种方法。前者主要通过质量衡算的方法研究网络中的速率和代谢浓度的分布，后者主要研究速率和代谢物浓度的控制机制。若以理解系统的结构化动力学特性为研究目的，一般对由各种酶反应组成的网络作代谢控制分析。

代谢反应网络的结构有各种类型，以下以简单的线性多步串联酶反应分析为例，介绍与酶反应动力学有关的代谢网络分析的基本原理。

2.6.1 代谢控制分析的基本概念

代谢控制分析（metabolic control analysis，MCA）是 1970 年代分别由 Kacser 和 Heinrich 等提出，并由 Reder（1988）形式化确定的一种应用于细胞反应系统的控制和调节机制理论分析及实验研究的有用方法。这种方法建立的目的是解决代谢网络分析的下列问题：是否能够从网络中每个单独反应，从网络的局部出发预测网络的整体性质？对代谢反应途径，是否存在控制整个途径的反应速率和稳态时代谢物浓度的速率限制步骤？哪种效应物或调节作用对反应速率的影响最大？因此，根据其基本研究目标，对生物反应过程，代谢控制分析的应用价值在于它能用于分析酶的活化与代谢产物合成速率的关系问题，判断酶浓度、效应物浓度、动力学参数对反应速率和代谢物浓度的影响。

2.6.1.1 量化的概念与参数

代谢控制分析在反应途径的速率和代谢物浓度两个方面进行定量分析，相应建立了通量控制系数、浓度控制系数和弹性系数等参数。

(1) 反应途径 由底物转化为代谢产物的一系列化学反应。例如，对一个由底物 S 生成代谢产物 P 的线性的多步串联酶反应的途径，若它有 N 个酶 E_i 及其反应速率 r_i，$N-1$ 个中间代谢物 S_i，则可表示为：

$$\text{S} \xrightarrow[r_1]{\text{E}_1} \text{S}_1 \xrightarrow[r_2]{\text{E}_2} \text{S}_2 \cdots \text{S}_{N-1} \xrightarrow[r_N]{\text{E}_N} \text{P} \tag{2-98}$$

(2) 通量 由途径生成代谢产物的速率，表示为 J，mol/(L・h) 或 mol/(g・h)。

对式(2-98) 表示的线性途径，在稳态时：

$$J = r_1 = r_2 \cdots = r_{N-1} = r_N \tag{2-99}$$

(3) 通量控制系数 定义为酶浓度 c_{E_i} 变化所引起的通量 J 的变化。

$$C_i^J = \frac{c_{E_i}}{J}\frac{\partial J}{\partial c_{E_i}} = \frac{\partial \ln J}{\partial \ln c_{E_i}}, \quad i = 1,2,\cdots,N \tag{2-100}$$

式中，以活性酶浓度 c_{E_i} 表示酶的活性。

通量控制系数在途径中较重要，原因是我们研究的主要目的是改变某些酶的活性以增大整个途径的通量。

可见，对线性途径，当其中所有反应的通量控制系数都相同时，有可能在总体上增大途径的通量。对这种情况，每步反应的酶浓度都增大相同的倍数。

通量控制系数既可以随某个酶活性的提高而增大，也可能随酶活性的提高而下降。这与单个酶反应速率随酶活性的增高而增大的一般关系不同。它既取决于这个酶的动力学性质，也取决于整个途径的动力学特性。

(4) 浓度控制系数 定义为酶浓度 c_{E_i} 变化所引起的中间代谢物浓度 c_{S_j} 的变化。

$$C_{ij} = \frac{c_{E_i}}{c_{S_j}}\frac{\partial c_{S_j}}{\partial c_{E_i}} = \frac{\partial \ln c_{S_j}}{\partial \ln c_{E_i}}, \quad i = 1,2,\cdots,N, \quad j = 1,2,\cdots,N-1 \tag{2-101}$$

(5) 弹性系数 定义为中间代谢物浓度 c_{S_j} 的变化所引起的反应速率 r_i 的变化。

$$\varepsilon_{ji} = \frac{c_{S_j}}{r_i}\frac{\partial r_i}{\partial c_{S_j}} = \frac{\partial \ln r_i}{\partial \ln c_{S_j}}, \quad i = 1,2,\cdots,N, \quad j = 1,2,\cdots,N-1 \tag{2-102}$$

弹性系数是酶的动力学特性，它相当于某个酶对特定代谢物浓度的表观动力学级数。

由以上定义式可见，由于通量控制系数和浓度控制系数与途径整体有关，因此是系统性质，而弹性系数是单个酶的局部性质。

2.6.1.2 加和定理与连接定理

对线性途径，下述定理可说明途径通量在酶浓度和中间代谢物浓度下的调控特性。

(1) 加和定理 对所有反应：

$$\sum_{i=1}^{N} C_i^J = 1 \qquad C_i^J > 0, \quad i = 1,2,\cdots,N \tag{2-103}$$

定理说明，途径中的每个酶都参与对通量的控制作用。线性途径中所有反应步骤的通量控制系数都为正值，它们的加和等于1；当反应步骤数 N 很大时，C_i^J 的数值变小。对所有的 C_i^J，可以有一个最大值，相应的反应为整个途径反应的速率限制步骤；若改变具有速率限制作用的酶活性时，在它的 C_i^J 改变时，也会引起其他酶的控制系数的改变。当各步骤的 C_i^J 相等时，酶浓度对反应速率的影响在各个步骤有最优分配。

虽然对线性途径，各个通量控制系数为正值，但是对其他结构的途径，例如分支途径，它可以为负值。

对浓度控制系数同样有加和定理：

$$\sum_{i=1}^{N} C_{ij} = 1 \qquad i = 1,2,\cdots,N, \quad j = 1,2,\cdots,N-1 \tag{2-104}$$

上式说明，当所有的酶活性都发生同样幅度变化时，则任何中间代谢物的浓度 c_{S_j} 都保持不变。

(2) 连接定理 对所有反应：

$$\sum_{i=1}^{N} C_i^J \varepsilon_{ji} = 0 \qquad j = 1, 2, \cdots, N-1 \tag{2-105}$$

定理说明，由于弹性系数为单个酶反应的动力学特性，因此单个酶的反应特性可以通过各步反应的控制系数影响系统的整体性质。由于所有的 C_i^J 为正值，所以某些 ε_{ji} 必为负值。若某步反应的 ε_{ji} 为负值，代谢物 S_j 的浓度对反应速率 r_i 有抑制作用，或这个反应为可逆反应。

由式(2-103) 和式(2-105) 可导出：

$$\begin{bmatrix} 1 & 1 & \cdots & 1 & 1 & 1 \\ \varepsilon_{11} & \varepsilon_{12} & \cdots & \varepsilon_{1,N-3} & \varepsilon_{1,N-2} & \varepsilon_{1,N-1} \\ \varepsilon_{21} & \varepsilon_{22} & \cdots & \cdots & \cdots & \varepsilon_{2,N-1} \\ \cdots & \cdots & \cdots & \cdots & \cdots & \cdots \\ \varepsilon_{N-1,1} & \cdots & \cdots & \cdots & \cdots & \varepsilon_{N-1,N-1} \end{bmatrix} \cdot \begin{bmatrix} C_1^J \\ C_2^J \\ \vdots \\ C_N^J \end{bmatrix} = \begin{bmatrix} 1 \\ 0 \\ \vdots \\ 0 \end{bmatrix} \tag{2-106}$$

此式说明，当网络中所有弹性系数确定时，所有的通量控制系数均可以求解。也就是当每步反应的动力学特性已知时，各个反应的酶活性对通量的控制作用确定。此式求解的条件是式中左面的矩阵为非奇异矩阵，可求它的逆矩阵。

对浓度控制系数也有连接定理：

$$\sum_{i=1}^{N} C_{ij} \varepsilon_{ki} = -1 \qquad k = j, \quad j = 1, 2, \cdots, N-1 \tag{2-107}$$

$$\sum_{i=1}^{N} C_{ij} \varepsilon_{ki} = 0 \qquad k \neq j, \quad j = 1, 2, \cdots, N-1 \tag{2-108}$$

2.6.2 线性两步酶反应的分析

由底物 S 转化为产物 P 的线性两步酶反应途径是细胞代谢反应网络的最基本结构，因此以下对它的动力学特性进行分析。这个途径可表示为，

$$S \xrightarrow{r_1} S_1 \xrightarrow{r_2} P \tag{2-109}$$

现考虑两种情况：

① 两步反应都符合米氏方程：

$$r_1 = v_1 \frac{c_S}{K_1 + c_S}, \quad r_2 = v_2 \frac{c_{S_1}}{K_2 + c_{S_1}} \tag{2-110}$$

② 第一步反应速率受到中间代谢物浓度的抑制，第二步反应符合米氏方程：

$$r_1 = v_1 \frac{c_S}{K_1\left(1 + \dfrac{c_{S_1}}{K_I}\right) + c_S}, \quad r_2 = v_2 \frac{c_{S_1}}{K_2 + c_{S_1}} \tag{2-111}$$

在稳定态时，对上述两种情况都有：

$$J = r_1 = r_2 \tag{2-112}$$

对第①种情况：

$$\varepsilon_{11}=\frac{c_{S_1}}{r_1}\frac{\partial r_1}{\partial c_{S_1}}=0 \tag{2-113}$$

$$\varepsilon_{12}=\frac{c_{S_1}}{r_2}\frac{\partial r_2}{\partial c_{S_1}}=\frac{K_2}{K_2+c_{S_1}} \tag{2-114}$$

由于：

$$C_1^J+C_2^J=1 \tag{2-115}$$

$$C_1^J\varepsilon_{11}+C_2^J\varepsilon_{12}=0 \tag{2-116}$$

由此求得：

$$C_1^J=1$$
$$C_2^J=0 \tag{2-117}$$

由此可见，途径通量 J 主要受酶 E_1 控制，第一步反应是途径反应的速率控制步骤。

对第②种情况，为简化计算，定义：

$$J'=\frac{J}{k_2},\quad x=\frac{v_1}{v_2},\quad y=\frac{c_{S_1}}{c_S},$$
$$a=\frac{K_I}{c_S},\quad b=\frac{K_1}{c_S},\quad c=\frac{K_2}{c_S} \tag{2-118}$$

则由

$$J=v_1\frac{c_S}{K_1\left(1+\dfrac{c_{S_1}}{K_I}\right)+c_S}=v_2\frac{c_{S_1}}{K_2+c_{S_1}} \tag{2-119}$$

得出：

$$J'=\frac{v_1}{1+b\left(1+\dfrac{y}{a}\right)}=\frac{v_2y}{y+c} \tag{2-120}$$

由式(2-120) 求出：

$$y=\frac{1}{2}\left[-\left(\frac{a}{b}+a-\frac{a}{b}x\right)+\left(\left(\frac{a}{b}+a-\frac{a}{b}x\right)^2+4\frac{ac}{b}x\right)^{1/2}\right] \tag{2-121}$$

定义第②种情况的无量纲通量：

$$J_2'=J'=\frac{v_1}{1+b\left(1+\dfrac{y}{a}\right)} \tag{2-122}$$

由式(2-122) 和式(2-121) 标绘得图 2-11 中的 $J_2'\sim x$ 曲线。

为与第①种情况作比较，计算它的通量 J_1'，在图 2-11 中标绘得 $J_1'\sim x$ 曲线。

$$J_1'=\frac{x}{1+b} \tag{2-123}$$

由于

$$x=\frac{v_1}{v_2}\propto\frac{c_{E_1}}{c_{E_2}} \tag{2-124}$$

因此式(2-121) 和式(2-123) 中 x 的物理意义是第一步酶反应的无量纲酶浓度。

比较第①种情况和第②种情况的通量和酶浓度之间的关系，可见由于第一步反应的动力学特性不同，在同样的酶浓度下，第②种情况相对第①种情况的途径通量

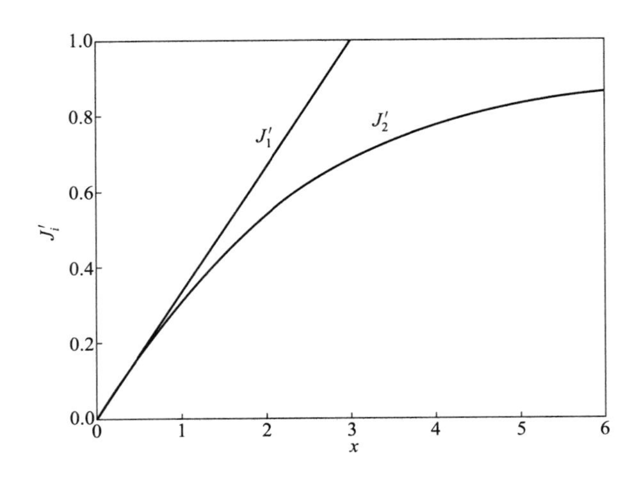

图 2-11　线性途径通量与酶活性的关系

较小。

这个现象可用通量控制系数的计算说明。因此，下面对第②种情况求通量控制系数。

先求出中间代谢物浓度对各步反应速率的弹性系数。即：

$$\varepsilon_{11}=\frac{c_{S_1}}{r_1}\frac{\partial r_1}{\partial c_{S_1}}=\frac{y}{r_1}\frac{\partial r_1}{\partial y}=-\frac{\frac{b}{a}y}{1+b\left(1+\frac{y}{a}\right)} \tag{2-125}$$

$$\varepsilon_{12}=\frac{c_{S_1}}{r_2}\frac{\partial r_2}{\partial c_{S_1}}=\frac{y}{r_2}\frac{\partial r_2}{\partial y}=\frac{c}{y+c} \tag{2-126}$$

由式(2-106) 及式(2-120)，可知：

$$x=\frac{y}{y+c}\left[1+b\left(1+\frac{y}{a}\right)\right] \tag{2-127}$$

得：

$$\begin{bmatrix} C_1^J \\ C_2^J \end{bmatrix}=\begin{bmatrix} 1 & 1 \\ \varepsilon_{11} & \varepsilon_{12} \end{bmatrix}^{-1}\begin{bmatrix} 1 \\ 0 \end{bmatrix}=\frac{1}{\varepsilon_{12}-\varepsilon_{11}}\begin{bmatrix} \varepsilon_{12} \\ \varepsilon_{11} \end{bmatrix}$$

$$=\begin{bmatrix} 1\Big/\left(1+\dfrac{by^2}{acx}\right) \\ \dfrac{by^2}{acx}\Big/\left(1+\dfrac{by^2}{acx}\right) \end{bmatrix} \tag{2-128}$$

由此结果，将 $C_1^J\sim x$ 和 $C_2^J\sim x$ 在图 2-12 中标绘，可看出，当第一步酶浓度相对增高时，C_1^J 减小，而 C_2^J 增大，即增大第一步酶的酶活，反而降低它对通量的控制作用。

若要达到最优通量控制，即当 $C_1^J=C_2^J=1/2$ 时，有 $y=\sqrt{acx/b}$，代入式(2-127)，求出 $x=1+b$。

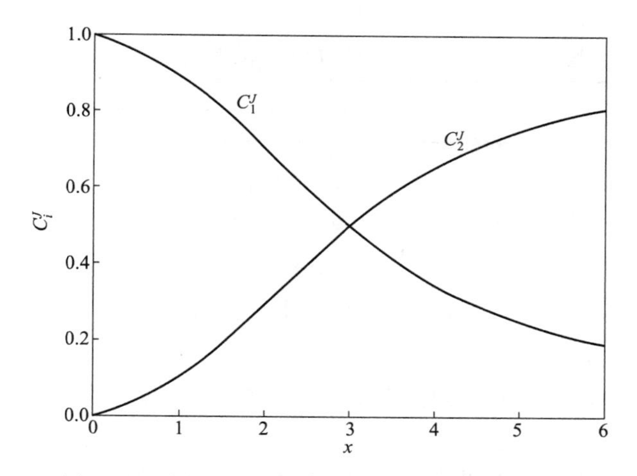

图 2-12　线性途径通量控制系数与酶活性的关系

重点内容提示

1. 米氏机理的基本性质，米氏机理和米氏方程对分析其他酶反应动力学特性的基础性作用。

2. 米氏方程所表示的底物浓度与反应速率的关系。

3. 最大反应速率和米氏常数的物理意义，这两个动力学参数的测量方法。

4. 可逆抑制的基本类型和动力学特性，它们的表观反应速率的表示方法和表观动力学参数。

5. 影响酶反应速率的内部因素和外部因素，pH 和温度对酶反应速率的影响。

6. 酶的热稳定性和一阶失活模型。

7. 线性多步酶反应动力学特性和反应速率的调控原理，通量控制系数、浓度控制系数和弹性系数的概念。

习题

1. 胰凝乳蛋白酶催化蛋白质和多肽中的肽键水解的反应机理为：

$$E+S \underset{k_{-1}}{\overset{k_1}{\rightleftharpoons}} (ES)_1 \underset{k_{-2}}{\overset{k_2}{\rightleftharpoons}} (ES)_2 \xrightarrow{k_3} E+P$$

试用拟稳态法推导这个反应速率表达式。

2. 假设某酶有两个活性中心，反应机理为：

$$E+S \underset{k_{-1}}{\overset{k_1}{\rightleftharpoons}} ES$$

$$ES+S \underset{k_{-2}}{\overset{k_2}{\rightleftharpoons}} ESS$$

$$ESS \xrightarrow{k_3} ES+P$$

$$ES \xrightarrow{k_4} E+P$$

试根据拟稳态假设导出反应速率表达式。

3. 实验测得乙酰胆碱在某酶催化下的水解反应的初始速率数据：

底物浓度/(mol/L)	0.0032	0.0049	0.0062	0.0080	0.0095
初始反应速率/[mol/(L·min)]	0.111	0.148	0.153	0.166	0.200

试用 H-W 法和最小二乘法估计其动力学参数值，并对 H-W 法作出拟合直线。

4. 酶催化水解葡萄糖-6-磷酸为葡萄糖和磷酸。假定这个酶反应符合米氏方程，$K_m = 6.7\times10^{-4}$mol/L，$r_{max}=3\times10^{-7}$mol/(L·min)。对该反应，半乳糖-6-磷酸是竞争性抑制剂。当 $c_{S_0}=2\times10^{-5}$mol/L，$c_I=1\times10^{-5}$mol/L，测得反应速率 $r=1.5\times10^{-9}$mol/(L·min)。试求 K_m^* 和 K_I 值。

5. 对某 S⟶P 酶反应，有下列实验数据，表中 r 和 r_I 分别表示不受抑制和受抑制时的反应速率。已知抑制剂浓度，$c_I=2.2\times10^{-4}$mmol/L。试确定反应速率在不受抑制和受抑制时的动力学方程参数，并说明该酶反应是属于竞争性抑制还是属于非竞争性抑制。

c_S/(mmol/L)	100	150	200	500	750
r/[mmol/(L·min)]	28	36	43	65	74
r_I/[mmol/(L·min)]	17.0	23.0	28.6	50.0	61.0

6. 线粒体中乙醛酸（S）脱羧基反应受丙二酸（I）抑制。对此反应，由下表数据确定该酶反应的抑制类型和动力学参数。

乙醛酸浓度 c_S/(mmol/L)	CO_2 释放速率 r_{CO_2}/[mmol/(L·h)]		
	c_I=0mmol/L	c_I=1.26mmol/L	c_I=1.95mmol/L
0.25	1.02	0.73	0.56
0.33	1.39	0.87	0.75
0.40	1.67	1.09	0.85
0.50	1.89	1.30	1.00
0.60	2.08	1.41	1.28
0.75	2.44	1.82	1.39
1.00	2.50	2.17	1.82

7. 对某一单底物酶反应，有存在和不存在抑制剂时的底物浓度 c_S 和反应速率 r、r_I 的数据。已知抑制剂浓度，$c_I=0.002$mol/L。

c_S/(mol/L)	0.0032	0.0049	0.0062	0.0080	0.0095
r/[mol/(L·min)]	0.111	0.148	0.153	0.166	0.200
r_I/[mol/(L·min)]	0.059	0.082	0.097	0.112	0.125

判断这个反应是竞争性抑制还是非竞争性抑制，并用 L-B 法求在有抑制剂存在时的动力学参数。

8. 假定竞争性抑制酶反应的速率方程由快速平衡法导出：

$$r=\frac{r_{max}c_S}{c_S+K_S\left(1+\dfrac{c_I}{K_I}\right)},\quad K_S=\frac{c_E c_S}{c_{ES}},\quad K_I=\frac{c_E c_I}{c_{EI}}$$

现有两种底物对同一酶进行反应，它们互为竞争性抑制。用快速平衡法导出两种底物与酶的反应速率之间的比值。

9. (1) 对符合 Michaelis-Menten 动力学和 Hill 动力学的酶反应，分别推导它们的弹性系数 ε_{ji} 计算式。它们表示的反应是某个线性途径的第 i 步反应，这个反应的速率 r_i 是底物

S_j 浓度的函数。

(2) 考虑一个两步串联酶反应。第 1 步反应符合 Michaelis-Menten 动力学，第 2 步反应符合 Hill 动力学。求各步反应的通量控制系数。哪个步骤的通量控制系数较高？

10. 对以腺苷三磷酸酶为催化剂进行的 ATP$\rightleftharpoons$ADP＋Pi 反应，已知，酶的分子量为 5×10^4，$K_m=1\times10^{-4}$ kmol/m^3，$k_2=166s^{-1}$。该酶失活遵循一级动力学，半衰期 $t_{1/2}=$ 414s。如果在 $V_L=0.001m^3$ 的分批操作反应器中初始投酶量为 10g，并使初始底物浓度 $c_{S_0}=0.02$ kmol/m^3，反应呈零级反应特征，在反应 12h 后测得产物浓度 $c_P=0.002$ kmol/m^3，试确定酶的纯度（以实际酶浓度 c_{E_0} 与初始投入的粗酶浓度 c_{EC} 的比值表示）。

3

固定化酶反应过程动力学

固定化酶是一类通过物理或化学方法限制性存在于一定空间内以便重复使用的酶。在工业生物催化过程中，若将从生物组织或微生物发酵得到的细胞中提取和纯化的酶按一定方法固定化处理，就能形成这种既能保持酶的催化活性，又能被重复使用的生物催化剂。在固定化酶的制备中，既可将一种或多种游离酶固定化，也可将活细胞固定化，形成通常所称的固定化细胞。由于固定化细胞实际是一种内部包含复杂酶系的具有催化活性的制剂，因此也可将其归为固定化酶。

利用固定化酶的生物催化已是一种成熟的技术，它在医药和食品等工业部门有着很大的实用价值，得到广泛的应用。典型的工业过程有，用固定化氨基酸酰化酶生产L-氨基酸、固定化青霉素酰胺酶水解青霉素G生产6-氨基青霉烷酸、固定化葡萄糖异构酶生产高果糖浆、腈水合酶催化生产丙烯酰胺、β-半乳糖苷酶催化乳清降解生成水解乳糖等。

酶固定化的主要目的是在反应结束后将酶与产物溶液分离，既使产物的纯化与精制较容易，不受蛋白质污染，也使酶得到重复与连续使用，降低生物转化过程的成本。固定化酶的使用还能使反应器类型的选择范围扩大，反应器操作与控制也较简单和可靠。虽然这种生物催化技术相对游离酶催化技术有优点，但是在应用上也存在一些工程问题。比如，工业上选用固定化酶反应器时，通常使用填充床反应器，但是从填充床反应器操作的流动特性上看，对固定化酶颗粒有一定的密度、硬度、尺寸和均匀性要求。从传质效率上看，使用一定密度的大尺寸酶颗粒，可使床层不容易被压缩和堵塞、流动阻力较低，但往往存在反应速率受底物和产物扩散限制的问题。因此，本章按化学工程学观点，重点介绍酶的固定化方法、固定化对酶催化特性和稳定性的影响、扩散传质对反应速率的限制等方面，分析固定化酶反应过程及其基本动力学特性。

3.1 固定化酶及其催化特性

3.1.1 酶的固定化方法

固定化酶的制备方法可分为载体结合法、交联法、包埋法三大类。图3-1所示是几种典型的固定化方法。对各种方法，主要考虑结合强度、结合稳定性、固定化的可逆性。从可逆

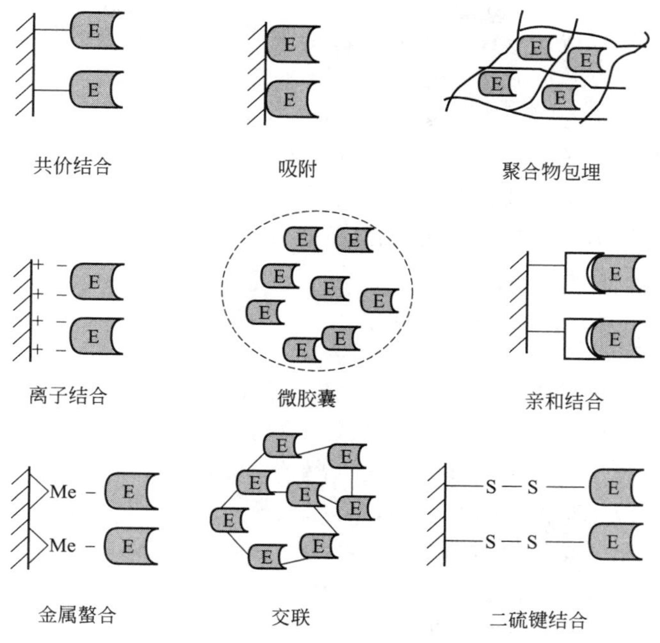

图 3-1 固定化酶的制备方法

性上看，可将各种方法分为不可逆固定化和可逆固定化两大类。由于固定化酶工业过程的主要问题是载体的回收再生成本和酶的重复利用，因此，此处按可逆性的分类法讨论。

3.1.1.1 不可逆固定化法

由这类方法制备，在不破坏酶活性或载体时，或酶聚集体中酶分子之间的结合力不被破坏时，固定在载体上的酶不能与载体作逆向分离，酶聚集体不能释放游离的酶分子。这类方法包括共价结合法、交联法、包埋法。

(1) 共价结合法 共价结合法利用酶与载体表面形成的共价键使酶结合在载体表面。由于酶分子与载体表面通过某种功能基团（如氨基、羧基和羟基等）而相结合，形成的共价键较稳定，酶不会释放至溶液中，因此这种方法较可靠，在固定化上应用得最多。但是，在通过共价键结合时，与酶催化活性有关的氨基有可能参与结合，因此这种方法存在基团选择性和酶活性回收率低的问题。由于共价键结合的高稳定性，在酶失活后，载体不能得到回收利用，因此此法成本较高。

(2) 交联法 交联法使用戊二醛等双功能试剂，使酶分子之间直接通过共价键的连接，形成不可溶的酶聚集体。由于这种酶颗粒与游离酶在化学结构上的差别仅在分子之间存在交联，而且酶分子不与固态载体结合，颗粒内的酶浓度接近游离酶浓度，单位反应器填充体积的酶催化活性很高。交联法的缺点是：由于固定化时反应条件较激烈，酶活性回收率较低；由于酶颗粒的机械强度较低，它在工业上的实际应用较少。因此，在应用交联法时，一般先将酶沉淀后再交联，形成所谓的“交联聚集体”。

(3) 包埋法 此法使用聚合物凝胶，将酶紧密地限制在半通透性的凝胶内部。这样在使用时，底物和产物能在凝胶内外自由通过，而酶不能通过凝胶传递到溶液中。包埋法的一种制备方法是将酶溶解在有聚合物单体的溶液中，通过引发聚合反应完成固定化操作。还有一种方法是用聚乙烯醇等聚合物溶液与酶混合，然后将混合物滴加至冷却的表面形成酶-凝胶复合物颗粒。常用的聚合物凝胶有海藻酸、卡拉胶、聚丙烯酰胺、聚氨基甲酸乙酯、聚乙烯醇等。其中商业聚乙烯醇应用较多。包埋法对细胞固定化很有效，但使用时有酶的泄漏问题。增大凝胶的强度可以避免泄漏，但会引起反应时的传质限制问题。

微胶囊也是包埋法制备固定化酶的一种方式。它的制备方法是，将酶的水溶液分散在与水不混溶的有机溶剂中形成液滴，通过引发液滴表面的聚合反应生成微胶囊。微胶囊的主要类型是反胶束和脂质体。反胶束胶囊内部的微环境与游离酶的反应环境相同，它的胶囊对传质阻力较小。脂质体技术在酶的固定化上有应用，但主要应用在生物医学上。这两种制剂的成本都较高。

3.1.1.2 可逆固定化法

在温和的条件下，可逆固定化法制备的固定化酶的酶分子与载体可以分离。由于在酶活性减弱后载体可以回收再生，此法的成本较低，适用于易变性的酶。

(1) 吸附法 吸附法主要指物理吸附法、离子结合法、疏水作用结合法和亲和结合法，利用离子键、氢键、范德华力、疏水作用，将酶分子与固态载体结合。其中，离子结合法应用较多。此法将酶与离子交换树脂通过离子键结合。固定化操作时的主要问题是寻找既能使酶分子与树脂结合力较大，又能使酶活性完全保留的条件参数。在应用上，若使用电荷密度较大的树脂，当底物或产物含有电荷时，会有动力学的分配和扩散问题，与 pH 有关的酶的稳定性特性会改变。离子结合法应用较多的载体是聚乙烯亚胺，它既用于酶固定化，也用于细胞固定化。疏水作用结合法的结合力是吸附剂和蛋白质的疏水性作用力，在己基琼脂糖上的 β-淀粉酶和淀粉葡萄糖酶固定化上已证明它的有效性。亲和结合法主要通过蛋白质和载体上的配基和配体的结合力进行固定化，但是配体与载体的共价结合制备成本较高。总之，对于吸附法，通过改变 pH、离子强度、温度、溶剂极性，可解除酶分子与载体结合状态。吸附法的优点是操作条件温和，酶的催化活性可得到保留。缺点是结合力较弱，酶易从载体上脱落。

(2) 超滤膜截留法 这种方法与包埋法类似，将酶截留在超滤膜内，但也可将酶吸附在超滤膜上。目前，商业上已经有具有亲水性和化学惰性的高性能超滤膜供应，因此它有应用可行性。此法特别适合于需要辅酶的酶反应。对这类反应体系，超滤膜可同时截留酶与辅酶。它的主要问题是，由于酶可能在膜内与气泡界面和固液界面发生相互作用，或由于游离酶的聚集，酶在膜内会失活。因此，在过程设计时，可按 Betancor（2005）关于葡萄糖氧化酶固定化的方法，先将酶与乙醛葡聚糖聚合物交联，使酶表面处于亲水和化学惰性的环境中，再将这种新的酶分子截留在膜内，可使酶稳定性显著提高。

以上是两种典型的可逆性固定化方法。还有其他可逆方法，例如金属螯合法和二硫键结合法等。

3.1.1.3 固态载体的选择

对以上各种涉及固态载体的固定化方法，在工程上必须考虑载体的特性。理想的载体特性包括抗压缩性、亲水性、对酶的化学惰性、易衍生性、生物相容性、抗微生物污染、成本较低和容易获得等。其中，载体的平均颗粒直径、溶胀行为、机械强度、抗压缩性等物理性质对过程设计很重要。

在载体结构的选择上，一般选用多孔载体。多孔载体的优点是比表面积较大，固定的酶量较大，而且颗粒内微孔中的微环境对酶还有保护作用。对多孔载体，要考虑颗粒内的微孔分布等结构参数和颗粒直径，由此决定颗粒的比表面积和在其上固定的酶量和颗粒流动特性。而对不含微孔的载体，虽然它传质阻力较小，但是固定的酶量较小。

载体一般有无机和有机载体两类。虽然无机载体有物理和化学稳定性较高、抗微生物污染的特点，但通常工业上使用有机载体。对有机载体，它的亲水特性与固定化酶的活性关联较强。因此，工业上通常使用的琼脂糖在各方面能满足上述要求。

在载体的选择上，还应考虑成本问题。为降低成本，载体应该得到回收和再生利用。因此，在固定化方法的选择上，存在固定化结合力的稳定性和可逆性两者不能同时满足的问题。对此，传统的做法是优先考虑结合稳定性。

3.1.2 固定化酶的催化特性与影响因素

溶液中的酶经固定化变为固定化酶后，不仅酶的催化特性会改变，而且由于它的反应体系已有非均相特性，会产生影响反应速率的各种限制性因素。

3.1.2.1 催化活性

大部分酶固定化后的催化活性低于等摩尔原来游离酶的催化活性，表观最大反应速率变小，反映酶与底物结合能力的表观米氏常数变大。造成催化活性下降的原因主要是固定化酶内部酶与底物相互作用的微环境与溶液中反应环境的不同、固定化作用造成的酶分子三维构象的改变。微环境改变的原因是载体对酶与底物定位的空间位阻、底物在载体与液相主体间的分配效应、载体对底物扩散的阻力。酶分子构象的改变来源于酶与载体的共价键等方式的连接。在固定化时，活性中心的氨基酸也可能受到结合作用的影响。

3.1.2.2 酶的稳定性

一般酶固定化后的操作稳定性得到增强。增强原因的分子水平解释是酶分子与载体发生了通过共价键等方式的多位点结合，限制了酶分子的伸展变形和酶分子间的相互作用，抑制了降解。

酶的热稳定性的提高可使反应的最适温度提高，有利于固定化酶相对游离酶采用较高的反应温度。这可提高反应速率，抑制微生物污染。

3.1.2.3 分配效应

在不存在扩散限制的条件下，固定化酶的微环境相对液相主体存在底物和产物浓度不同的现象，称为分配效应。若认为固定化酶及其反应场所为生物相，液相主体为另一相，如图 3-2 所示，固定化酶体系存在两相间的组分浓度分布。由于分配效应造成的生物相的底物浓度与反应速率减小有关，因此必须确定相关参数。

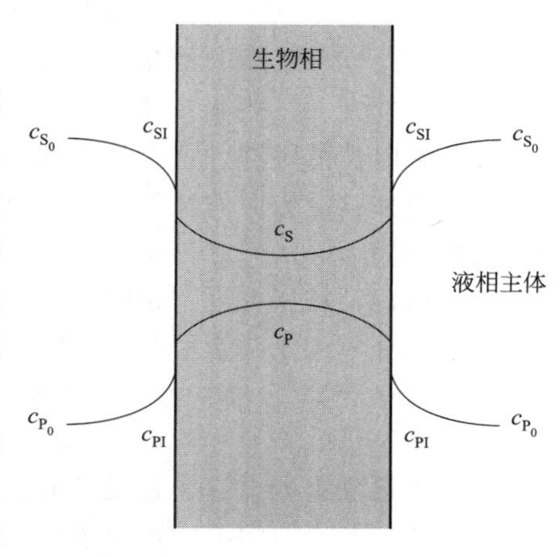

图 3-2　由分配效应和扩散效应造成的固定化酶系统的浓度分布

分配效应与生物相和液相主体之间物理化学性质的不同有关。这些性质包括载体的亲水性、疏水性和静电作用。其中静电作用影响最大。若载体和反应组分都含有电荷，这时静电作用会产生分配效应。

定义分配系数 K，对带电荷的载体：

$$K=\frac{c_S}{c_{S_0}}=\exp\left(-\frac{ZF\varphi}{RT}\right) \tag{3-1}$$

式中，Z 为组分所带的电荷；F 为法拉第常数；φ 为载体的静电电势；R 为气体常数；T 为热力学温度。

当组分与载体带有相同的电荷，且 $\varphi>0$，则 $K<1$；若组分与载体所带的电荷相反，且 $\varphi<0$，则 $K>1$。前一种情况对反应不利。

分配效应可通过 pH 梯度影响酶的活性。固定化酶颗粒内的 pH 梯度分为静态和动态两类。静态 pH 梯度由静电荷的分配效应形成，动态 pH 梯度由反应所生成的质子在颗粒内部的浓度分布所形成。pH 梯度能使酶对底物作用的最适 pH 和酶活性与 pH 关系曲线发生偏移。一般当载体带有正电荷时，酶活性与 pH 关系曲线向酸性方向偏移；反之，当载体带负电荷，此曲线向碱性方向偏移。在实际应用中，为防止这种偏移，可采取增加介质离子强度的措施，用离子与质子竞争静电势的分配作用。

分配效应与载体疏水性的关系是，在采用疏水性载体时：如底物为极性物质或荷电物质，则其表观米氏常数在酶固定化后会升高；如底物同样为疏水性物质，则表观米氏常数将因固定化而降低。

这里实际讨论液固两相体系的分配效应，对其他过程，上述原理依然适用。例如对由水和有机溶剂两相组成的非常规介质生物催化过程，对分配效应的分析实际是判断这类过程的热力学限制。

3.1.2.4 扩散限制

影响固定化酶反应速率的不仅有上述各种因素，扩散的影响也很大。在固定化酶制备完成后，酶反应器的操作与设计的主要问题是研究反应过程速率的传质限制。

固定化酶反应时，底物从液相主体传递到固定化酶内部的催化活性中心，反应得到的产物又从酶的内部传递到液相主体。对这个过程，扩散对反应速率的限制可分为外扩散限制和内扩散限制。如图 3-2 所示，它们与分配效应一起决定组分在固定化酶和液相主体间的浓度分布。

外扩散限制的原因是在颗粒表面外侧存在滞流膜。由于其中没有对流流动，组分的传递仅靠分子扩散，分子间的相互碰撞是传质阻力的来源。外扩散限制主要对酶固定在载体表面的情况影响较大。当酶被包埋在凝胶内部网格中，或结合在多孔载体内的微孔表面时，组分的通过受到内扩散限制。这个阻力既来源于分子扩散，也来源于分子与微孔表面的碰撞。对同时存在内外扩散传质的过程，内扩散过程和外扩散过程相互串联，其中内扩散过程对传质速率的影响较大。

综上所述，若研究固定化酶催化过程的反应速率，影响反应速率的主要因素包括固定化酶的活性、分子构象改变引起的空间位阻、反应微环境改变有关的分配效应和扩散限制等。为定量研究这个动力学特性，必须确定上述因素有关的概念与参数。为此，有下述三种定义：

(1) 本征动力学 它是指没有分配效应和扩散限制时的反应动力学。它的动力学性质与固定化方法有关，与溶液中游离酶的反应动力学有区别。它的动力学参数在不排除分配效应和扩散限制时不能直接测量。

(2) 固有动力学 它是指没有扩散限制时的反应动力学。它的动力学性质和参数与本征动力学的区别在于包含了分配效应的影响。

(3) 表观动力学 它是指在反应过程中通过对液相主体的测量而直接观察到的速率变化特征。它的动力学性质和参数反映了所有影响固定化酶催化特性因素的作用。

表观动力学是进行固定化酶反应器操作与设计的理论依据。因此，本章重点在于理解扩散传质对表观反应速率的限制。

为了简化的目的，以下讨论以颗粒状的固定化酶为例，在排除分配效应的条件下，分析整个液固传质过程。

3.2 外扩散对反应速率的限制

假定酶均匀固定化在载体表面，如图 3-3 所示。对简单的底物 S 转化为产物 P 的反应，有三个串联的步骤：底物从液相主体传递至固-液界面；底物在界面上进行反应，生成产物；产物从界面反向传递至液相主体。在底物和产物的传递过程中，都通过界面附近的滞流膜，因此在传递方向上会形成底物和产物的浓度分布。对这三个过程，任何一步的速率变化都会影响过程的表观速率。在稳态条件下，表观反应速率由最慢一步的速率所控制。

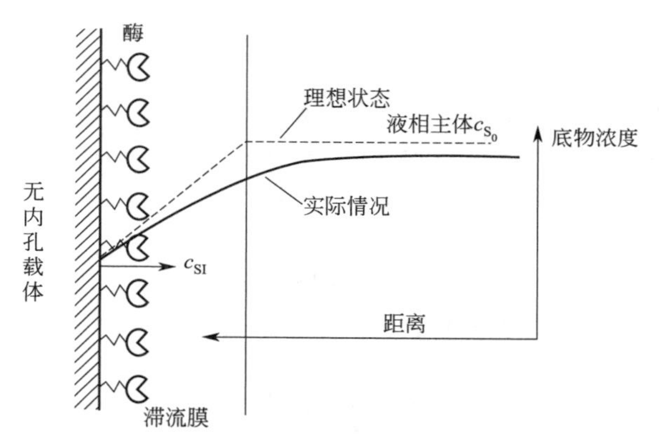

图 3-3 固定化酶颗粒周围底物浓度分布

3.2.1 表观反应速率及其控制

在稳态时，表观反应速率 R_S 等于界面上的反应速率 r 和底物传质速率 J。设它们的计算基准为液体体积，单位均为 mol/(L·s)。则有：

$$R_S = r = J \tag{3-2}$$

对底物传质速率：

$$J = K_L a (c_{S_0} - c_{SI}) \tag{3-3}$$

式中，K_L 为滞流膜的液膜传递系数，m/s；a 为颗粒的比表面积，m^{-1}；c_{S_0} 和 c_{SI} 分别为液相主体底物浓度和界面上的底物浓度，mol/L。

对米氏反应，反应速率则为：

$$r = r_{max} \frac{c_{SI}}{K_m + c_{SI}} \tag{3-4}$$

式中，r_{max} 为以颗粒体积为计算基准的最大反应速率，mol/(L·s)；K_m 为米氏常数，mol/L。两者均为固定化酶的本征动力学参数。

为求出表观反应速率，先计算 c_{SI}。由式(3-2)，有：

$$K_L a (c_{S0} - c_{SI}) = r_{max} \frac{c_{SI}}{K_m + c_{SI}} \tag{3-5}$$

为简化计算，定义：

$$[S] = \frac{c_{SI}}{c_{S_0}}, \quad \beta = \frac{c_{S_0}}{K_m}, \quad \nu = \frac{r}{r_{max}} \tag{3-6}$$

再定义无量纲的达姆克勒数（Damköhler modulus，Da）：

$$Da = \frac{r_{max}}{K_L a c_{S_0}} \tag{3-7}$$

则式(3-5) 变为：

$$1 - [S] = Da \frac{\beta[S]}{1 + \beta[S]} = Da \cdot \nu \tag{3-8}$$

由上式可求出无量纲底物浓度 [S]。应该有：

$$[S] = \frac{\alpha}{2}\left[\pm\sqrt{1 + \frac{4}{\beta\alpha^2}} - 1\right] \tag{3-9}$$

$$\alpha = Da + \frac{1}{\beta} - 1 \tag{3-10}$$

式(3-9) 中的正号和负号分别适用于 $\alpha > 0$ 和 $\alpha < 0$ 的情况。

由此，由 [S] 的计算，可求出 c_{SI}、r、J 和表观反应速率 R_S。

在上述计算中可发现，对一定的本征动力学参数和液相主体底物浓度，表观反应速率主要受 Da 的影响。Da 的实际含义为：

$$Da \propto \frac{\text{最大反应速率}}{\text{最大传质速率}} \tag{3-11}$$

Da 数值实际表示本征反应速率对传质速率的相对大小，可作为判断外扩散控制和反应控制程度的状态参数。

当 $Da \ll 1$ 时，反应速率远小于扩散速率，过程为反应控制，$[S] \approx 1$，$c_{SI} = c_{S_0}$。

$$R_S = r = r_{max} \frac{c_{S_0}}{K_m + c_{S_0}} \tag{3-12}$$

当 $Da \gg 1$ 时，反应速率远大于扩散速率，过程为扩散传质控制，$[S] \approx 0$，$c_{SI} = 0$。

$$R_S = J = K_L a c_{S_0} \tag{3-13}$$

外扩散传质对反应速率的影响如图 3-4 所示。

可见，在 Da 较大的外扩散控制时，表观反应速率具有一级动力学的特征。对 Da 较小的反应控制状态，反应具有米氏方程的动力学特征。因此，Da 较小似乎合理。虽然这时体积传递系数 $K_L a$ 较大，但是表示酶活性的 r_{max} 较低，这显然不符合过程实际的要求。另外，选择较大 Da 值也可行。若在固定化时将酶固定在载体表面，当颗粒表面固定的酶量很大时，由于酶活性很高，由液相主体进入界面的底物会被立即消耗，这使传质推动力增大。但是对这种情况 Da 也不能太大。

3.2.2 外扩散有效因子的求取

为定量表示外扩散对表观反应速率的限制，引入外扩散有效因子的概念，其定义式为：

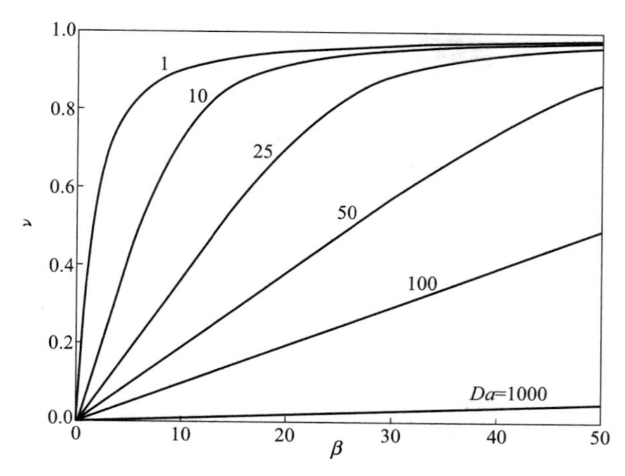

图 3-4 外扩散传质对反应速率的限制

$$\eta_E = \frac{\text{有外扩散限制时的颗粒外表面上的反应速率}}{\text{无外扩散限制时的颗粒外表面上的反应速率}} = \frac{R_S}{R_{S_0}} \tag{3-14}$$

因此外扩散限制时的表观反应速率也为：

$$R_S = \eta_E R_{S0} \tag{3-15}$$

由于式中 R_{S0} 实际为本征反应速率，所以外扩散有效因子 η_E 实质上表示外扩散限制的程度，它仅受传递过程因素的影响。

η_E 的确定仍然要求计算界面上的底物浓度 c_{SI}。由式(3-2) 和式(3-3) 可得：

$$\frac{c_{SI}}{c_{S_0}} = 1 - \frac{R_S}{K_L a c_{S_0}} = 1 - \overline{Da} \tag{3-16}$$

式中，$\overline{Da}$ 定义为表观达姆克勒数，它的物理意义为：

$$\overline{Da} = \frac{\text{表观反应速率}}{\text{最大传质速率}} = \frac{R_S}{K_L a c_{S_0}} \tag{3-17}$$

在实验测量表观反应速率和体积传递系数的条件下，可求出表观达姆克勒数，由此可得界面上的底物浓度，确定外扩散有效因子。

对米氏反应：

$$\eta_{Em} = \frac{r_{max}\dfrac{c_{SI}}{K_m + c_{SI}}}{r_{max}\dfrac{c_{S_0}}{K_m + c_{S_0}}} = \frac{r_{max}\dfrac{[S]}{1/\beta + [S]}}{r_{max}\dfrac{1}{1/\beta + 1}} = \frac{(1+\beta)[S]}{1+\beta[S]} \tag{3-18}$$

由式(3-16) 可得：

$$[S] = 1 - \overline{Da} \tag{3-19}$$

代入式(3-18)，则：

$$\eta_{Em} = \frac{(1+\beta)(1-\overline{Da})}{1+\beta(1-\overline{Da})} \tag{3-20}$$

在不同的 β 值下，$\eta_{Em} \sim \overline{Da}$ 关系标绘为图 3-5 所示曲线。

这种方法在确定界面上的底物浓度 c_{SI} 时，使用容易测量的 $\overline{Da}$，避免了使用难以测量的与本征动力学参数有关的 Da，因此在确定 K_m 后，可得出 β，由此确定 η_{Em}。而对 K_m

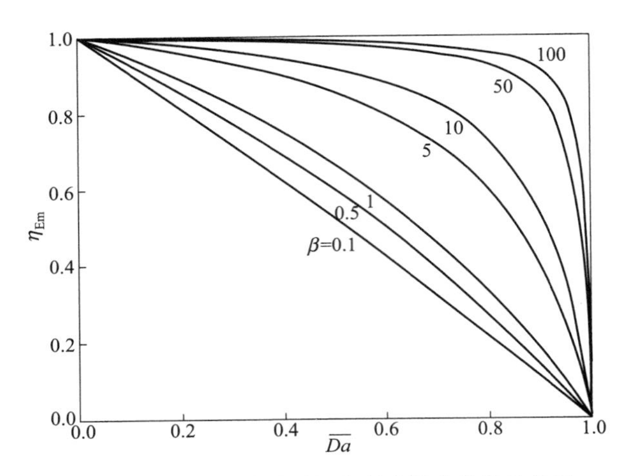

图 3-5　外扩散有效因子与表观达姆克勒数的关系

的估计，可在相同的流体力学条件下，即 η_{Em} 相同时，在两个不同 c_{S_0} 下进行反应，分别测定两个反应的表观速率，由式(3-14) 得出表观速率比值的表达式，由此可计算 K_m 的数值。

由图 3-5 还可看出，有效因子 η_{Em} 可用于判断过程的控制机制。由式(3-19)，在 $\overline{Da} \ll 1$ 时，[S]≈1，外扩散限制基本可忽略，$\eta_{Em} \approx 1$；当 $\overline{Da}$ 趋近于 1 时，[S]≈0，η_{Em} 变得很小，过程为扩散控制。

按照上述方法，还可求出一级反应和零级反应的外扩散有效因子。

对一级反应：

$$\eta_{E1} = 1 - \overline{Da} \tag{3-21}$$

对零级反应：

$$\eta_{E0} = 1 \tag{3-22}$$

【例 3-1】 固定在无微孔球形载体上的葡萄糖氧化酶催化的葡萄糖氧化反应过程。当葡萄糖浓度较大时，氧是限制反应速率的底物，溶解氧的消耗速率可用米氏方程表示。求表观反应速率和外扩散有效因子。

已知：本征动力学参数，以单位固定化酶质量为基准的反应速率 $r'_{max} = 6.5\text{mol } O_2/(\text{g 酶} \cdot \text{s})$，$K_m = 0.12\text{mol/m}^3$；载体上固定的酶量，$\rho_E = 1.90 \times 10^3 \text{g 酶/m}^3$；液相主体溶解氧浓度，$c_{OL} = 0.24\text{mol/m}^3$；氧的传递系数，$K_L = 1.3 \times 10^{-4}\text{m/s}$；颗粒直径，$d_P = 1.0\text{mm}$。

解　颗粒比表面积

$$a = \frac{6}{d_P} = \frac{6}{10^{-3}} = 6 \times 10^3 (\text{m})$$

$$r_{max} = r'_{max}\rho_E = 6.5 \times 1.9 \times 10^3 = 1.24 \times 10^4 \ [\text{mol/(m}^3 \cdot \text{s)}]$$

$$Da = \frac{r_{max}}{K_L a c_{OL}} = \frac{1.24 \times 10^4}{1.3 \times 10^{-4} \times 6 \times 10^3 \times 0.24} = 6.62 \times 10^4$$

由于 Da 很大，所以过程为外扩散控制。表观反应速率：

$$R_O = K_L a c_{OL} = 1.3 \times 10^{-4} \times 6 \times 10^3 \times 0.24 = 0.187 \ [\text{mol/(m}^3 \cdot \text{s)}]$$

外扩散有效因子：

$$\eta_E = \frac{R_O}{r_{max}\dfrac{c_{OL}}{K_m + c_{OL}}} = \frac{0.187}{1.24 \times 10^4 \times \dfrac{0.24}{0.12 + 0.24}} = 2.26 \times 10^{-5}$$

3.2.3 外扩散对受抑制反应的速率限制

对溶液中的酶反应，当抑制剂使反应速率下降时，增大液相主体的底物浓度可使抑制作用减弱。因此，对固定化酶反应，在外扩散限制时，固-液界面上的底物浓度下降不利于克服抑制作用。下面以产物竞争性抑制为例，分析外扩散限制和产物抑制共同作用下的过程特性。

在稳态时，根据式(3-2)，有：

$$(K_L a)_S(c_{S_0}-c_{SI})=r_{max}\frac{c_{SI}}{K_m\left(1+\frac{c_{PI}}{K_I}\right)+c_{SI}}=(K_L a)_P(c_{PI}-c_{P_0}) \quad (3\text{-}23)$$

式中，$(K_L a)_S$ 和 $(K_L a)_P$ 分别为底物和产物的体积传递系数；K_I 为抑制常数；c_{PI} 和 c_{P_0} 分别为界面上和液相主体的产物浓度。

定义：

$$\beta_I=\frac{c_{SI}}{K_m},\quad \beta=\frac{c_{S_0}}{K_m},\quad \gamma_I=\frac{c_{PI}}{K_I},\quad \gamma=\frac{c_{P_0}}{K_I} \quad (3\text{-}24)$$

由此可以得出：

$$\beta-\beta_I=\beta Da\ \frac{\beta_I}{1+\gamma_I+\beta_I} \quad (3\text{-}25)$$

$$\gamma_I-\gamma=\alpha_e(\beta-\beta_I) \quad (3\text{-}26)$$

式中，α_e 称为外部积累因数。

$$\alpha_e=\frac{(K_L a)_S}{(K_L a)_P}\frac{K_m}{K_I}=\frac{K_{L,S}}{K_{L,P}}\frac{K_m}{K_I} \quad (3\text{-}27)$$

式中，$K_{L,S}$ 和 $K_{L,P}$ 分别为底物和产物的传递系数。

由式(3-25)～式(3-27) 可求出界面上的无量纲底物浓度 β_I 和产物浓度 γ_I。即：

$$\beta_I=f_1(Da,\beta,\gamma,\alpha_e),\quad \gamma_I=f_2(Da,\beta,\gamma,\alpha_e) \quad (3\text{-}28)$$

由界面上的底物浓度和产物浓度，可求出有效因子：

$$\eta_E=\frac{\beta_I(1+\beta)}{\beta(1+\beta_I+\gamma_I)} \quad (3\text{-}29)$$

此式的标绘结果如图 3-6 所示。计算参数：$\beta=5.0$，$\alpha_e=1.5$。由图可见外扩散限制和产物抑制的共同作用。在 β 值一定时，Da 值最小的曲线是不存在外扩散限制，反应速率仅仅受产物抑制的情况，这时接近反应控制状态；而 Da 值最大的曲线反映扩散限制最强的情况，它的 η_E 较小，扩散控制使过程偏离产物抑制的反应控制状态。

式(3-27) 表示外部积累因数 α_e 是影响外扩散影响下抑制反应速率的重要参数。如果 $\alpha_e<1$，表明产物传质速率较快，此时产物在酶表面上没有积累；$\alpha_e>1$，则表明产物在酶表面上有积累，会使表观反应速率下降。如图 3-7 所示，α_e 值很小时，曲线呈双曲线形，表明产物抑制作用较小；α_e 值很大时，产物的积累对反应速率影响较大。此图的计算参数：$\gamma=0.01$，$\beta Da=10.0$。图中的无量纲反应速率由式(3-30) 计算：

$$\nu=\frac{R_S}{r_{max}}=\frac{\beta_I}{1+\beta_I+\gamma_I} \quad (3\text{-}30)$$

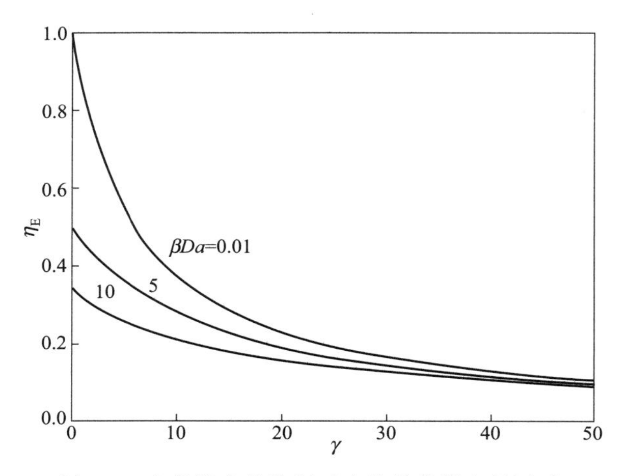

图 3-6 竞争性产物抑制反应的外扩散有效因子

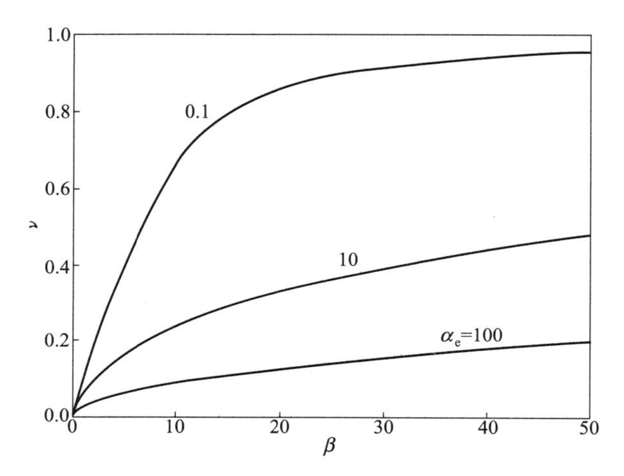

图 3-7 竞争性产物抑制反应的积累因数与反应速率的关系

3.3 内扩散对反应速率的限制

由于内扩散-反应过程的反应部位在颗粒内部的微环境中，物质传递的阻力与微孔结构有关，而且在颗粒内的不同位置有不同的组分浓度，因此，为判别内扩散对反应速率的限制程度，必须研究颗粒内的组分浓度分布，由此确定表观动力学特性和速率方程。

以下在不考虑外扩散过程的条件下，主要以多孔球形和多孔片状固定化酶颗粒为例进行分析。

3.3.1 颗粒内的浓度分布

3.3.1.1 内扩散-反应过程的质量衡算方程

在分析微孔内组分浓度分布时，必须先建立微孔内组分扩散的速率表达式。

在微孔的液体中，由于组分的分子运动的平均自由程比较小，可认为扩散机制为分子扩散。因此，可用 Fick 定律描述单位截面积微孔中的扩散速率。对底物 S：

$$N_S = -D_e \frac{dc_S}{dz} \tag{3-31}$$

式中，N_S 为底物通过单位微孔截面积在单位时间内的扩散量；D_e 为有效扩散系数，$m^2 \cdot s^{-1}$；z 为扩散方向上的长度尺寸，如对球形颗粒，z 为径向距离。

有效扩散系数 D_e 为考虑微孔结构对分子扩散效率影响的扩散系数：

$$D_e = D \frac{\varepsilon_P}{\zeta} \tag{3-32}$$

式中，ε_P 为颗粒孔隙率，即颗粒内孔隙体积与颗粒总体积之比，0.4～0.8；ζ 为曲节因子，即组分经过微孔内实际距离与最短距离之比，1～2。

一般对固定化凝胶，$D_e/D \approx 0.2 \sim 0.8$。

固定化酶颗粒内的总反应过程速率，应是颗粒内各个局部反应速率在整个颗粒上的积分。动力学模型的建立首先是描述颗粒内部扩散-反应过程的微分表达式。下面以图 3-8 所示的标准球体代表固定化酶颗粒进行分析。

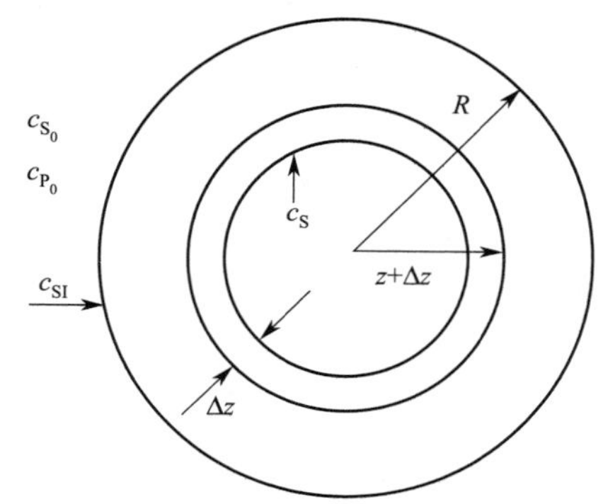

图 3-8　球形颗粒内球壳微元示意图

假设颗粒是等温的，酶在颗粒内的分布均匀，载体的性质均一，颗粒内外不存在组分的分配效应。在稳态条件下，可对图中厚度为 Δz 的球壳微元进行对底物的质量衡算：

进入的底物质量－离开的底物质量＝反应消耗的底物量

可表示为：

$$N_S \cdot 4\pi r^2 \big|_{z+\Delta z} - N_S \cdot 4\pi r^2 \big|_z = r \cdot \frac{4}{3}\pi \left[(z+\Delta z)^3 - z^3\right] \tag{3-33}$$

式中，r 表示径向位置 z 处的本征反应速率。

当 $\Delta z \to 0$，并由式(3-32)，式(3-33) 变为：

$$D_e \left(\frac{d^2 c_S}{dz^2} + \frac{2}{z} \frac{dc_S}{dz} \right) = r \tag{3-34}$$

边界条件为：

$$z = R,\quad c_S = c_{SI}$$
$$z = 0,\quad \frac{dc_S}{dz} = 0 \tag{3-35}$$

3.3.1.2　一级反应的浓度分布

对球形颗粒，若反应符合一级动力学：

$$r = \frac{r_{max}}{K_m} c_S = k_{v_1} c_S \tag{3-36}$$

式中，k_{v_1} 为一级反应速率常数。

假定忽略外扩散的影响，$c_{SI}=c_{S_0}$，并定义无量纲底物浓度和距离：

$$[S]=\frac{c_S}{c_{S_0}}, \rho=\frac{z}{R} \tag{3-37}$$

这时式(3-34)可简化为：

$$\frac{d^2[S]}{d\rho^2}+\frac{2}{\rho}\frac{d[S]}{d\rho}=9\phi^2[S] \tag{3-38}$$

式中，ϕ 定义为西勒数（Thiele modulus）。对一级反应，$\phi=\phi_1$，按下式计算：

$$\phi_1=\frac{R}{3}\sqrt{\frac{k_{v_1}}{D_e}} \tag{3-39}$$

由边界条件：

$$\begin{aligned} &\rho=1, \quad [S]=1 \\ &\rho=0, \quad \frac{d[S]}{d\rho}=0 \end{aligned} \tag{3-40}$$

对式(3-38)可得出解析解：

$$[S]=\frac{\sinh(3\phi_1\rho)}{\rho\sinh(3\phi_1)} \tag{3-41}$$

或

$$c_S=c_{S_0}\frac{R}{z}\frac{\sinh\left(3\phi_1\frac{z}{R}\right)}{\sinh(3\phi_1)} \tag{3-42}$$

式中，sinh 表示双曲正弦函数，$\sinh(x)=(e^x-e^{-x})/2$。

3.3.1.3 零级反应的浓度分布

对零级反应，$r=r_{max}=k_{v_0}$，这时式(3-34)为：

$$D_e\left(\frac{d^2c_S}{dz^2}+\frac{2}{z}\frac{dc_S}{dz}\right)=k_{v_0} \tag{3-43}$$

由于零级反应的反应速率与底物浓度无关，但是反应部位必须存在底物，因此，若内扩散限制造成颗粒内某半径位置 $z=R_C$ 以内的底物浓度为零，在 $z<R_C$ 处反应速率为零，而 $z>R_C$ 处反应速率为定值。由此，式(3-43)的边界条件为：

$$\begin{aligned} &z=R, \quad c_S=c_{SI} \\ &z=R_C, \quad \frac{dc_S}{dz}=0 \end{aligned} \tag{3-44}$$

可以求的 $z>R_C$ 处的底物浓度：

$$c_S=c_{S_0}+\frac{k_{v_0}R^2}{6D_e}\left(\frac{z^2}{R^2}-1+\frac{2R_C^3}{zR^2}-\frac{2R_C^3}{R^3}\right) \tag{3-45}$$

定义零级反应的西勒数，$\phi=\phi_0$。

$$\phi_0=\frac{R}{3}\sqrt{\frac{k_{v_0}}{2c_{S_0}D_e}} \tag{3-46}$$

代入式(3-45)，整理得浓度分布方程：

$$\frac{c_S}{c_{S_0}}=1+6\phi_0^2\left(\frac{z^2}{2R^2}-\frac{1}{2}+\frac{R_C^3}{zR^2}-\frac{R_C^3}{R^3}\right) \tag{3-47}$$

若要求颗粒内仅在 $z=0$ 处底物浓度为零，而其余位置都存在底物，则将 $z=0$、$R_C=0$ 和 $c_S=0$ 代入上式，可得出，$\phi_0^2=1/3$。由此可见，在固定化酶制备时，为避免颗粒核心处不存在底物，对零级反应，存在最大的颗粒半径 R_{max}。

$$R_{max}=\sqrt{\frac{6D_e c_{S_0}}{k_{v_0}}} \tag{3-48}$$

3.3.1.4 米氏反应时的浓度分布

对米氏反应，定义无量纲底物浓度和距离：

$$[S]=\frac{c_S}{c_{S_0}},\beta=\frac{c_{S_0}}{K_m},\rho=\frac{z}{R} \tag{3-49}$$

式(3-34) 即为：

$$\frac{d^2[S]}{d\rho^2}+\frac{2}{\rho}\frac{d[S]}{d\rho}=9\phi^2\ \frac{[S]}{1+\beta[S]} \tag{3-50}$$

式中，ϕ 为符合米氏方程的反应西勒数，$\phi=\phi_m$，按下式计算：

$$\phi_m=\frac{R}{3}\sqrt{\frac{r_{max}}{D_e K_m}} \tag{3-51}$$

边界条件由式(3-35) 表示。

由于式(3-50) 的非线性关系，难以得到颗粒内底物浓度分布的精确分析解，对其只能用数值分析等近似方法求解。

图 3-9 表示颗粒内部底物浓度随位置的分布。计算参数：$\beta=5.0$。

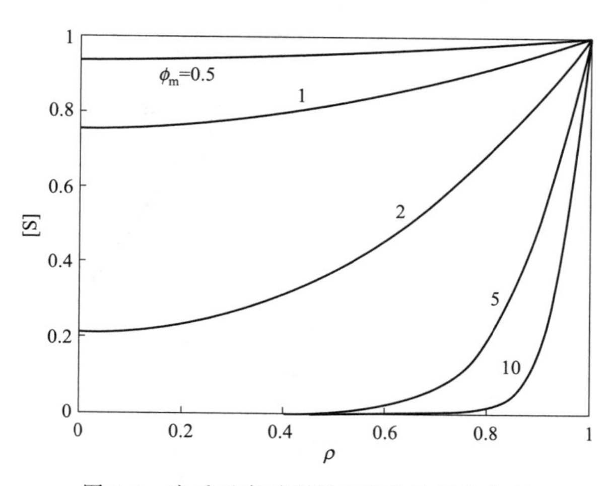

图 3-9 米氏反应时颗粒内底物浓度的分布

从图 3-9 可看出，在颗粒内的同一位置，随着 ϕ_m 值的增加，底物浓度在降低；对同一

ϕ_m 值，底物浓度沿颗粒的中心方向逐渐降低；当 ϕ_m 值较大，扩散速率较慢时，底物在还未达到颗粒中心处已进行反应。

3.3.2 内扩散有效因子和表观反应速率

采用与研究外扩散-反应过程的表观反应速率相同的研究方法，如将内扩散限制时表观反应速率表示为内扩散有效因子与本征反应速率的乘积，则在这种情况下反应速率的求解要求扩散有效因子已知。

为计算内扩散有效因子，将其定义为：

$$\eta=\frac{\text{颗粒的实际表观反应速率}}{\text{颗粒内部与外表面浓度相同时的反应速率}}=\frac{R_S}{R_{SI}} \tag{3-52}$$

以下对不同的动力学，推导出它们内扩散有效因子的计算式。

3.3.2.1 一级反应的内扩散有效因子

假定外扩散影响可忽略，颗粒外表面与液相主体底物浓度相同，$R_{SI}=R_{S0}$，对一级反应，则有：

$$\eta_1=\frac{4\pi R^2 N_S|_{z=R}}{\frac{4}{3}\pi R^3 k_{v_0} c_{S_0}}=\frac{3}{R}\frac{D_e\left(\frac{dc_S}{dz}\right)_{z=R}}{k_{v_0} c_{S_0}} \tag{3-53}$$

$$\eta_1=\frac{1}{\phi_1}\left(\frac{1}{\tanh(3\phi_1)}-\frac{1}{3\phi_1}\right) \tag{3-54}$$

式中，tanh 表示双曲正切函数，$\tanh(x)=(e^x-e^{-x})/(e^x+e^{-x})$。

一级反应的有效因子 η_1 仅取决于西勒数 ϕ_1，与 β 无关。见图 3-10 中的相应曲线。

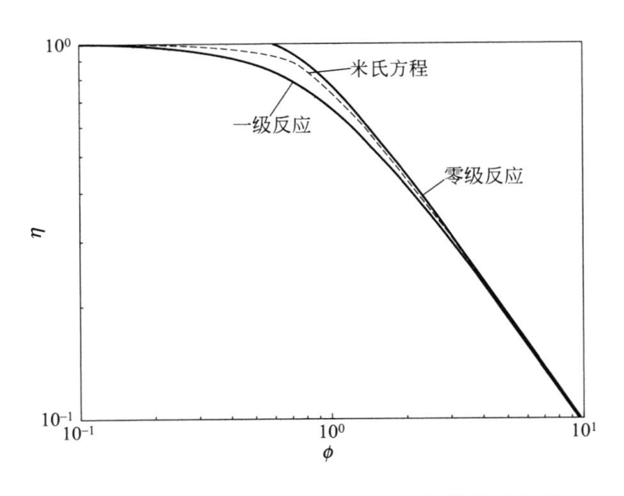

图 3-10 一级反应和零级反应的内扩散有效因子

由计算结果和图中曲线可以看出，当 $\phi_1>3$ 时，可有 $\eta_1\approx 1/\phi_1$。

对片状颗粒：

$$\eta_1=\frac{1}{\phi_1}\tanh(\phi_1),\phi_1=L\sqrt{\frac{k_{v_1}}{D_e}} \tag{3-55}$$

式中，L 为片状颗粒的特征尺寸。当片状酶膜与底物单面接触时，L 为颗粒厚度；当片状酶膜与底物双面接触时，L 为厚度的一半。

3.3.2.2 零级反应的内扩散有效因子

根据有效因子的定义，考虑在内扩散影响较大时球形颗粒中有不存在底物的区域。

$$\eta_0=\frac{\frac{4}{3}\pi(R^3-R_C^3)k_{v_0}}{\frac{4}{3}\pi R^3 k_{v_0}}=1-\left(\frac{R_C}{R}\right)^3 \tag{3-56}$$

由于 R_C 未知，η_0 不可计算。为此，将上式写作：

$$\frac{R_C}{R}=(1-\eta_0)^{1/3} \tag{3-57}$$

再将 $z=R_C$ 和 $c_S=0$ 代入式(3-47)，得出：

$$\phi_0^2=\left[6\left(\frac{R_C}{R}\right)^3-9\left(\frac{R_C}{R}\right)^2+3\right]^{-1} \tag{3-58}$$

由此，可将式(3-57) 代入上式，得出：

$$\phi_0^2=[6(1-\eta_0)-9(1-\eta_0)^{2/3}+3]^{-1} \tag{3-59}$$

对此式可推导出如式(3-60) 所示的显函数形式的 $\eta_0\sim\phi_0$ 关系。由此，可得出 η_0 的计算方法。

当 $0<\phi_0\leqslant\sqrt{3}/3$ 时，$\eta_0=1$。

当 $\phi_0>\sqrt{3}/3$ 时，

$$\eta_0=1-\left[\frac{1}{2}+\cos\left(\frac{x+4\pi}{3}\right)\right]^3$$

$$x=\cos^{-1}\left(\frac{2}{3\phi_0^2}-1\right) \tag{3-60}$$

上式存在 ϕ_0 的适用范围的原因是，由于 $R_C=0$ 时，颗粒内部底物浓度除颗粒中心处之外均大于零，这时内扩散对反应速率没有影响。

见图 3-10 中的相应曲线。可见，零级反应的内扩散有效因子 η_0 仅为西勒数 ϕ_0 的函数，ϕ_0 值增大时，η_0 减小。

对片状颗粒，设：

$$\phi_0=L\sqrt{\frac{k_{v_0}}{2c_{S_0}D_e}} \tag{3-61}$$

式中，L 的计算与式(3-55) 相同。

可以求得，当 $0<\phi_0\leqslant 1$ 时，$\eta_0=1$。

当 $\phi_0>1$ 时，

$$\eta_0=\frac{1}{\phi_0} \tag{3-62}$$

3.3.2.3 米氏反应的内扩散有效因子

米氏反应的内扩散有效因子由下式计算：

$$\eta_{\mathrm{m}}=\frac{4\pi R^2 N_{\mathrm{S}}|_{z=R}}{\frac{4}{3}\pi R^3\frac{r_{\max}c_{\mathrm{S}_0}}{K_{\mathrm{m}}+c_{\mathrm{S}_0}}}=\frac{3}{R}\frac{D_{\mathrm{e}}\left(\frac{\mathrm{d}c_{\mathrm{S}}}{\mathrm{d}z}\right)_{z=R}}{\frac{r_{\max}c_{\mathrm{S}_0}}{K_{\mathrm{m}}+c_{\mathrm{S}_0}}} \tag{3-63}$$

按式(3-49)，则有：

$$\eta_{\mathrm{m}}=\frac{\left(\frac{\mathrm{d}[\mathrm{S}]}{\mathrm{d}\rho}\right)_{\rho=1}}{3\phi_{\mathrm{m}}^2\frac{1}{1+\beta}} \tag{3-64}$$

由于 $[\mathrm{S}]\sim\rho$ 的函数关系与 ϕ_{m} 和 β 有关，且没有精确分析解，因此 η_{m} 也只能由数值分析等近似方法求解。

数值解结果如图 3-11 所示。η_{m} 与 ϕ_{m} 的关系说明，ϕ_{m} 增大时，由于内扩散阻力增大，内扩散有效因子 η_{m} 减小。在同样的 ϕ_{m} 时，增大 $\beta=c_{\mathrm{S}_0}/K_{\mathrm{m}}$，也即增大固-液界面上和液相主体的底物浓度，可以克服内扩散限制效应，使反应速率对其不敏感，增大 η_{m}。

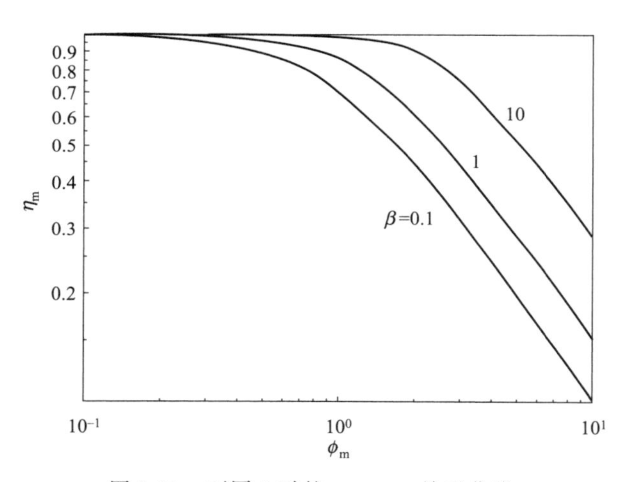

图 3-11 不同 β 时的 $\eta_{\mathrm{m}}\sim\phi_{\mathrm{m}}$ 关系曲线

由图 3-10 可见，对相同的 ϕ 值，η_{m} 处于 η_0 和 η_1 之间，因此，η_{m} 的计算还可采用 Kobayashi（1973）等提出的近似计算方法。

$$\eta_{\mathrm{m}}=\frac{\beta\eta_0+\eta_1}{1+\beta} \tag{3-65}$$

该式适用于各种形状的固定化酶颗粒。

采用式(3-65）的计算方法是，在 $\phi_0=\phi_1=\phi_{\mathrm{m}}$ 分别计算 η_0 和 η_1，然后计算出 η_{m} 值。

3.3.2.4 西勒数 ϕ 的物理意义

根据以上讨论，可见西勒数 ϕ 是决定颗粒内浓度分布和内扩散有效因子的重要参数。从它的实际计算式可看出：

$$\phi^2 \propto \frac{\text{最大反应速率}}{\text{内扩散速率}} \tag{3-66}$$

ϕ 值实际表示本征反应速率相对内扩散传质速率的相对大小。ϕ 值越大，表示内扩散传质速率相对于反应速率较慢，内扩散阻力就大，内扩散有效因子就较小；反之，ϕ 值较小时，内扩散传质速率较快，对反应速率的限制程度较小，有效因子就较大。因此，用 ϕ 值的大小可判断内扩散阻力对固定化酶反应的影响程度。

从上述讨论的各种反应的西勒数 ϕ 计算式，可得出以下结论：

(1) 颗粒粒度 当颗粒粒度增大时，ϕ 值增大，η 值较小。因此，从动力学分析上看，若采用较小的粒度，内扩散阻力较小。

另一方面，在酶反应器设计时，使用较小粒度的颗粒虽然能够减弱内扩散限制，但会导致流体通过床层的压力降增大，这对某些以凝胶为载体的易被压缩的颗粒会带来不利的影响。因此在实际生产中，有时应该允许存在一定程度的内扩散限制。

(2) 载体的结构参数 微孔的结构参数与有效扩散系数 D_e 有关。由于 D_e 与孔隙率和孔径均成正比，因此，孔隙率较高或微孔孔径较大的颗粒的 ϕ 值较小，可以有较大的有效因子。

(3) 颗粒活性 颗粒活性表现在动力学参数 r_{max} 和 K_m 上。其中 r_{max} 的作用较大。r_{max} 取决于酶的比活性和颗粒上固定的活性酶量。因此，增大单位颗粒体积固定的酶量，可使酶的活性升高，使为达到一定反应速率所需的反应器中酶装填体积减小。但是，这会使 r_{max} 变得较大，ϕ 值增大。因此，此时扩散速率对反应速率的限制效应会明显增大，酶的催化活性得不到充分利用。r_{max} 较低时有效因子可增大，但由于颗粒上的活性酶固定量较低，使反应器有效的酶负荷降低，反应器体积增大。

(4) 反应温度 反应温度可影响本征动力学参数和有效扩散系数的数值。提高反应温度，可使反应速率和扩散速率均有提高。但是，由于反应活化能远高于扩散活化能，增高温度将导致反应速率增加较快，扩散速率增加较慢，致使内扩散的控制作用增大。对生物反应，由于一般反应温度不高，这种限制效应不明显。

对各种 ϕ 值影响因素，由于 D_e 和 K_m 是本征动力学参数，载体结构与固定化方法有关，反应温度与反应条件有关，因此，在实际应用上，主要考虑 r_{max} 和颗粒直径 R。根据以上分析，影响 ϕ 值的主要措施是改变颗粒上固定的酶量和颗粒粒度。

3.3.2.5 由表观西勒数判断内扩散限制

以上对颗粒内底物浓度分布和有效因子的计算均需要本征动力学参数的数值，因此，实际应用时需要在消除内外扩散影响的条件下进行实验测定，才能得到准确的参数数据。为避免这种实际应用问题，可以采用表观西勒数法。定义表观西勒数（Weisz's modulus）：

$$\Phi = \left(\frac{V_P}{S_P}\right)^2 \frac{R_S}{D_e c_{SI}} \tag{3-67}$$

式中，V_P 为颗粒体积；S_P 为颗粒表面积。

对球形颗粒：

$$\Phi = \left(\frac{R}{3}\right)^2 \frac{R_S}{D_e c_{SI}} \tag{3-68}$$

由前述计算，可以推导得出球形颗粒的 Φ 与 ϕ 和 η 的关系。

一级反应
$$\Phi = \phi_1^2 \eta_1 \tag{3-69}$$

零级反应 $$\Phi=2\phi_0^2\eta_0 \tag{3-70}$$

米氏反应 $$\Phi=\frac{\phi_m^2\eta_m}{1+\beta} \tag{3-71}$$

对一级反应和零级反应，由于 η_1 和 η_0 仅为 ϕ 的函数，因此由式(3-69)和式(3-70)，$\eta_1 \sim \Phi$ 和 $\eta_0 \sim \Phi$ 的关系确定，如图 3-12 中的相应曲线所示。对米氏反应，由于它的 $\eta_m \sim \phi_m$ 关系与 β 有关，因此在 β 已知时，由式(3-71)，$\eta_m \sim \Phi$ 的关系确定，也如图 3-12 所示。

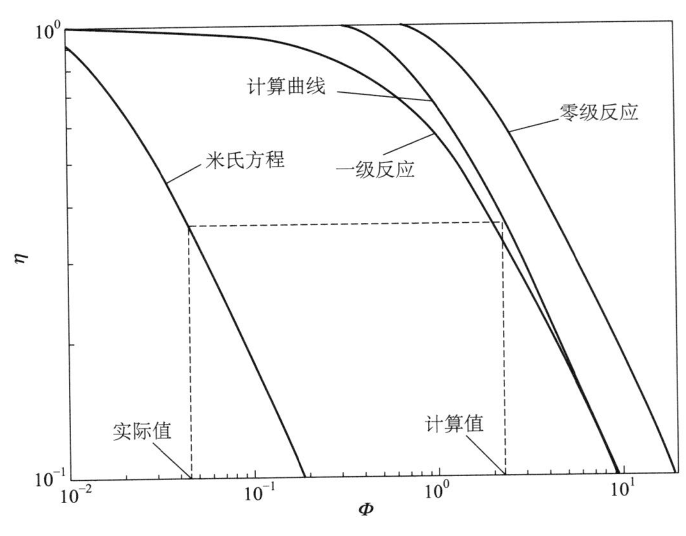

图 3-12　不同 β 时的 $\eta \sim \Phi$ 关系曲线

从图中米氏方程的对应曲线的位置可见，它受到 β 的影响。在 β 值较高时，它的位置离一级反应和零级反应的对应曲线较远。因此，在实际应用时，为避免 β 值的影响，可将曲线平移至一级反应和零级反应的对应曲线之间，建立图中所示的计算曲线。在实验时，对已知的 β 值，将测得的实际 Φ 值乘以 $(1+\beta)$ 倍，得出计算值 Φ'，由 Φ' 可在计算曲线上确定 η_m。

对一级反应和零级反应，由实测的 Φ 值直接在图中读出相应的 η 值，但是对米氏反应，由于要求 β 值已知，因此本征参数 K_m 必须确定。这对用表观西勒数法求 η_m 值带来了困难。但是，由于计算曲线处于一级反应和零级反应的对应曲线之间，因此由这种方法至少可以确定 η_m 值的上限与下限。

从图 3-12 可以看出，对 Φ 值，对一级反应和零级反应，存在 Weisz 判据。

当 $\Phi<0.3$ 时，$\eta \approx 1$；

当 $\Phi>0.3$ 时，内扩散对反应速率的限制明显；

当 $\Phi>2.0$ 时，$\eta_1 \approx \dfrac{1}{\Phi}$，$\eta_0 \approx \dfrac{2}{\Phi}$。

【例 3-2】 由固定化酶催化乳糖氧化生成乳糖酸的过程。将溶解氧作为底物计算反应速率，本征反应为对底物的一级反应。判断内扩散的影响程度，并求内扩散有效因子和表观反应速率。

已知：本征动力学参数，$r=k_{v_1}c_{OL}$，$k_{v_1}=0.108s^{-1}$；有效扩散系数，$D_e=1.87\times10^{-10}m^2/s$；液膜传递系数，$K_L=10^{-5}m/s$；颗粒半径，$R=1.5mm$；液相主体的溶解氧浓

度，$c_{OL}=0.13\text{mmol/L}$。

解 一级反应的西勒数

$$\phi_1=\frac{R}{3}\sqrt{\frac{k_{v_1}}{D_e}}=\frac{1.5\times10^{-3}}{3}\sqrt{\frac{0.108}{1.87\times10^{-10}}}=12.0$$

由 ϕ_1 值判断，内扩散影响较明显。

内扩散有效因子

$$\eta_1\approx\frac{1}{\phi_1}=\frac{1}{12.0}=0.0833$$

求颗粒外表面上的溶解氧浓度 c_{OI}。它由外表面上的反应速率和外扩散传质速率决定。

$$\eta_1 k_{v_1} c_{OI}=K_L a(c_{OL}-c_{OI})$$

即

$$c_{OI}=\frac{c_{OL}}{Da'+1}$$

$$Da'=\frac{\eta_1 k_{v_1}}{K_L a}=\frac{\eta_1 k_{v_1}}{K_L\frac{3}{R}}=\frac{0.0833\times0.108\times1.5\times10^{-3}}{3\times10^{-5}}=0.450$$

$$c_{OI}=\frac{c_{OL}}{Da'+1}=\frac{0.13}{0.450+1}=0.0897(\text{mmol/L})$$

表观反应速率：

$$R_O=\eta_1 k_{v_1} c_{OI}=0.0833\times0.108\times0.0897=8.07\times10^{-4}\ [\text{mol/(m}^3\cdot\text{s)}]$$

3.3.3 内扩散对受抑制反应的速率限制

以下重点讨论反竞争性底物抑制、竞争性产物抑制和非竞争性产物抑制时内扩散传质对反应速率的影响。研究方法与分析米氏反应时的方法类似。

对底物和产物，对球形颗粒，质量衡算基本方程分别为：

$$D_S\left(\frac{d^2[S]}{d\rho^2}+\frac{2}{\rho}\frac{d[S]}{d\rho}\right)-r'=0 \quad (3\text{-}72)$$

$$D_P\left(\frac{d^2[P]}{d\rho^2}+\frac{2}{\rho}\frac{d[P]}{d\rho}\right)+r'=0 \quad (3\text{-}73)$$

式中，D_S、D_P 分别为底物和产物的有效扩散系数，假定两者基本接近，$D_S=D_P$；r' 为反应速率；[S]、[P] 分别为无量纲底物浓度和产物浓度。

$$[S]=\frac{c_S}{c_{S_0}},\ [P]=\frac{c_P}{c_{S_0}},\ \alpha=\frac{K_m}{K_I},\ \beta=\frac{c_{S_0}}{K_m} \quad (3\text{-}74)$$

3.3.3.1 反竞争性底物抑制

对反竞争性底物抑制反应，对底物的质量衡算方程为：

$$\frac{d^2[S]}{d\rho^2}+\frac{2}{\rho}\frac{d[S]}{d\rho}=9\phi_m^2\frac{[S]}{1+\beta[S]+\alpha\beta^2[S]^2} \quad (3\text{-}75)$$

边界条件同式(3-40)。

在 $\alpha=1.0$ 时的模拟运算结果如图 3-13 所示。可见，在 $\beta=5.0$、$\phi=3.79$ 时，$\eta=1.44$。反竞争性底物抑制反应的内扩散有效因子可以大于 1。在 β 数较高时，ϕ 值的影响较明显，ϕ 值较高时，η 较大。对 η 与抑制程度参数 α 关系的研究发现，在

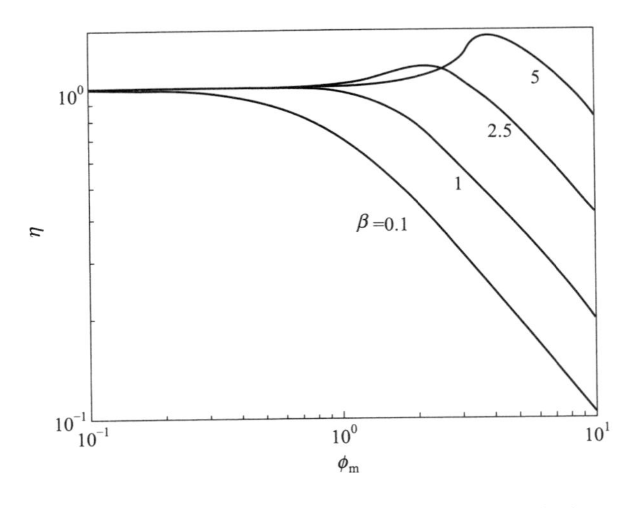

图 3-13 反竞争性底物抑制反应的 $\eta \sim \phi_m$ 关系

α 增大时，ϕ 值较大时 η 值较大。因此，在存在内扩散限制时，由于颗粒内的底物浓度相对液相主体较低，抑制作用减弱。当颗粒直径较合适，使 ϕ 处于一定范围时，η 值可以较高。

3.3.3.2 竞争性产物抑制

对竞争性产物抑制，质量衡算方程的建立必须考虑产物因素。

由式(3-72)和式(3-73)可见，在颗粒中的任何位置和颗粒界面上，底物浓度与产物浓度之和相等，应有：

$$c_P + c_S = c_{P_0} + c_{S_0} \tag{3-76}$$

定义底物转化率 X_S 为对进入反应器的底物量通过反应所得到的产物量。对全混流反应器，应有：

$$X_S = \frac{c_{P_0}}{c_{S_0} + c_{P_0}} \tag{3-77}$$

因此：

$$c_{P_0} = \frac{X_S}{1 - X_S} c_{S_0} \tag{3-78}$$

代入式(3-76)，得出：

$$c_P + c_S = \frac{1}{1 - X_S} c_{S_0} \tag{3-79}$$

由此：

$$[P] + [S] = \frac{1}{1 - X_S} \tag{3-80}$$

对底物，质量衡算方程为：

$$\frac{d^2[S]}{d\rho^2} + \frac{2}{\rho}\frac{d[S]}{d\rho} = 9\phi_m^2 \frac{[S]}{1 + \alpha\beta[P] + \beta[S]} \tag{3-81}$$

将式(3-80) 代入，则有：

$$\frac{d^2[S]}{d\rho^2}+\frac{2}{\rho}\frac{d[S]}{d\rho}=9\phi_m^2\frac{[S]}{1+\alpha\beta/(1-X_S)-(\alpha-1)\beta[S]} \tag{3-82}$$

在 $\beta=5$、$X_S=0.8$ 时的计算结果如图 3-14(a) 所示。图 3-14(b) 为 $\beta=5$、$\alpha=1.0$ 时的计算结果。

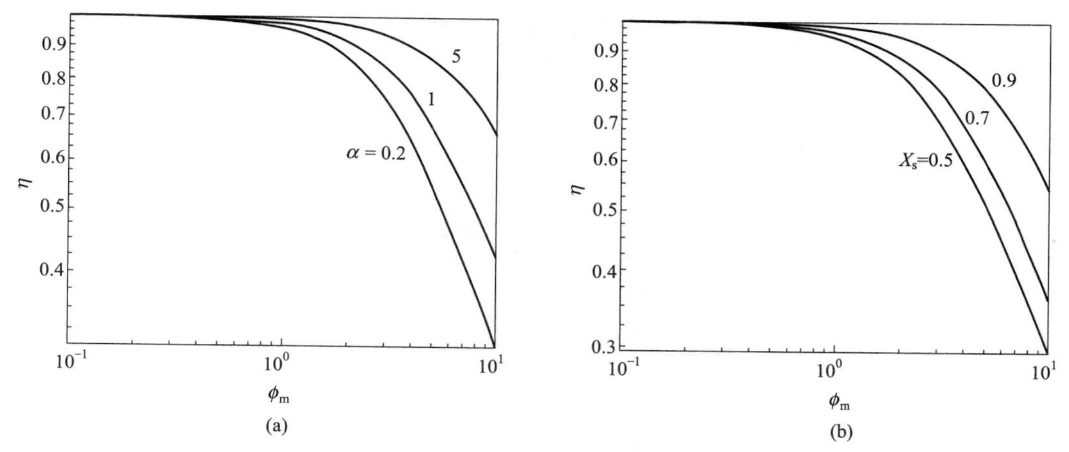

图 3-14 竞争性产物抑制反应的 $\eta\sim\phi_m$ 关系

(a) 抑制程度的影响；(b) 转化率的影响

对竞争性产物抑制反应，η 可随抑制程度 α 值的增大而增大。其原因是，抑制程度的增加可降低本征动力学速率，这会使整体反应对扩散限制和动力学控制的敏感度降低。这同样体现在底物转化率上。由于高转化率时产物浓度较高，抑制程度增加。因此，与无抑制时的情况不同，在抑制程度较大、酶反应器设计选择的转化率较高时，可以允许较高的西勒数，采用较大的颗粒直径。

3.3.3.3 非竞争性产物抑制

非竞争性产物抑制反应的内扩散限制效应与竞争性产物抑制反应相似。对相同的西勒数和液相主体底物浓度，有效因子随抑制程度和底物转化率的增大而增大。但是，影响参数对有效因子的效应不如竞争性抑制明显。

3.3.3.4 可逆酶反应

对可逆酶反应，也可将它作为产物抑制反应来研究。虽然可逆酶反应不存在酶活性受产物抑制的机制，但是由于它存在逆反应，因此它的正反应速率受产物抑制。数值模拟计算的研究结论是，与米氏反应类似，西勒数对有效因子的影响较大，内扩散限制作用较大。

3.3.4 内扩散对颗粒内 pH 梯度的影响

内扩散对与颗粒内 pH 梯度有关的反应速率影响在酶催化的水解反应上有典型的表现。

对例如固定化脂酶、酯酶和酰胺酶催化的水解反应，颗粒内的质子按式(3-83) 所述的方式生成。

$$R^1COOR^2+H_2O\longrightarrow R^1COO^-+H^++R^2OH \tag{3-83}$$

式中，R^1 和 R^2 是两种不同的烃基。

若水解 1%浓度为 1.0mmol/L 的底物，就可生成 0.01mmol/L 的质子，相当于 pH 值增加 5 个单位。因此，在颗粒内扩散阻力的作用下，在颗粒内会形成较大的动态质子梯度，影响反应速率。

Ruckenstein 等（1985）对多孔载体内水解反应作了完整的理论分析。这项研究不仅揭示了质子传递对固定化酶活性的影响，更重要的是提出了在反应系统中加入作为缓冲化合物的弱酸以消除质子传递阻力的措施。

对球形颗粒，若本征动力学符合米氏方程，对氢离子的质量衡算式为：

$$\frac{1}{\rho^2}\frac{\mathrm{d}}{\mathrm{d}\rho}\left[\rho^2\bar{D}_{\mathrm{app}}\frac{\mathrm{d}\bar{C}}{\mathrm{d}\rho}\right]=-\phi^2\frac{\bar{C}}{\bar{C}^2+\bar{C}+\chi}\frac{\beta(\bar{C})}{1+\beta(\bar{C})} \tag{3-84}$$

式中无量纲变量与参数由下式定义：

$$\bar{C}=\frac{c_{\mathrm{H}^+}}{K_{\mathrm{a}}},\ \beta_0=\frac{c_{\mathrm{S}_0}}{K_{\mathrm{m}}},\ \theta=\frac{c_{\mathrm{T}}}{K},$$

$$\chi=\frac{K_{\mathrm{b}}}{K_{\mathrm{a}}},\ \bar{K}=\frac{K}{K_{\mathrm{a}}},\ \lambda=\frac{K_{\mathrm{a}}}{K_{\mathrm{m}}},$$

$$\phi=\left(\frac{r_{\max}R^2}{DK_{\mathrm{a}}}\right)^{1/2} \tag{3-85}$$

$$\bar{D}_{\mathrm{app}}=\frac{D_{\mathrm{app}}}{D}=1+\frac{\theta}{[1+(\bar{C}/\bar{K})]^2} \tag{3-86}$$

$$\beta(\bar{C})=\beta_0-\lambda(\bar{C}-\bar{C}_0)\left[1+\frac{\theta}{[1+(\bar{C}/\bar{K})][1+(\bar{C}_0/\bar{K})]}\right] \tag{3-87}$$

以上各式中，K_{a} 和 K_{b} 为电离平衡常数；β_0 和 $\bar{C}_0$ 分别为无量纲液相主体底物浓度和氢离子浓度；D 为质子的有效扩散系数；c_{T} 为总的弱酸浓度，$c_{\mathrm{T}}=c_{\mathrm{A}^-}+c_{\mathrm{HA}}$；$K$ 为缓冲化合物的电离平衡常数。

$$\mathrm{A}^-+\mathrm{H}^+\underset{k_{\mathrm{b}}}{\overset{k_{\mathrm{f}}}{\rightleftharpoons}}\mathrm{HA},\quad K=\frac{k_{\mathrm{b}}}{k_{\mathrm{f}}} \tag{3-88}$$

由此模型分析，可得出影响酶活性的因素主要包括：①液相主体的 pH 值；②弱酸浓度；③弱酸的种类；④液相主体的底物浓度；⑤颗粒粒度和形状。

关于 pH 值对酶活性的影响，在本征动力学上可表示为：

$$r=\frac{r_{\max}}{1+\frac{c_{\mathrm{H}^+}}{K_{\mathrm{a}}}+\frac{K_{\mathrm{b}}}{c_{\mathrm{H}^+}}} \tag{3-89}$$

若以pH_0 表示液相主体 pH 值，$R_{\mathrm{S}}/r_{\max}$ 表示固定化酶的活性，模型计算结果如图 3-15 所示。可见，如果颗粒内不存在质子传递阻力，酶活性与pH_0 的关系曲线呈钟形，如图中的曲线 4 所示。若颗粒内存在质子向液相主体的扩散问题，曲线向右方偏移。例如对曲线 1，在弱酸浓度很低时，酶活性最大所要求控制的pH_0

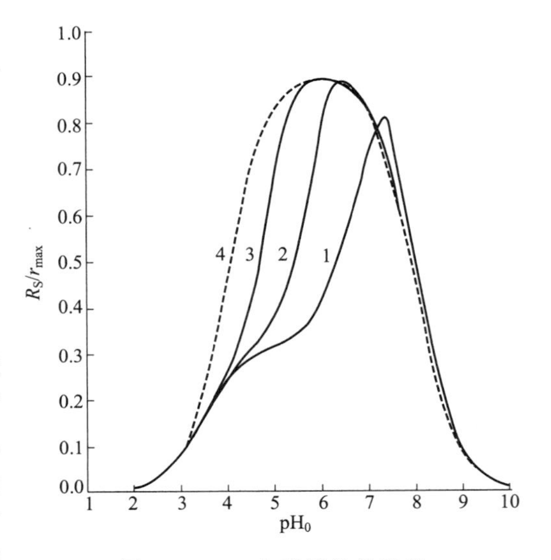

图 3-15　pH 与酶活性的关系

值较大，若pH_0值较低，较小的pH_0值改变会引起酶活性的快速降低。在系统中加入作为缓冲化合物的弱酸时，随着弱酸浓度的增大，曲线的位置向左方偏移。图 3-15 的研究涉及 3 种弱酸浓度，曲线 1～曲线 3 的 c_T 分别为 10^{-2}mol/L、10^{-1}mol/L 和 1.0mol/L，其中弱酸浓度最大的曲线 3 更接近曲线 4，质子传递阻力较小。因此，酶活性与质子的传递密切相关，而弱酸的加入对质子扩散阻力的去除和酶活性保持至关重要。当pH_0值大于最大酶活时的 pH 值时，增大弱酸浓度可完全去除质子的扩散阻力。

弱酸的作用依赖于它的电离平衡常数 K、共轭酸碱和弱酸的浓度。由式（3-88），在质子传递中，由于 A^- 与反应生成的 H^+ 结合，因此使颗粒内 H^+ 和 HA 的浓度相对液相主体较高和增大液相主体的弱酸浓度有利于促进质子的去除。

在弱酸的存在下，质子在颗粒内的扩散效率可用式（3-86）的表观扩散系数 D_{app} 表示。可见，在氢离子浓度（c_{H^+}）降低和弱酸浓度（c_T）增大时，D_{app} 可增大，质子在颗粒内的扩散效率增高。扩散阻力实际受到弱酸浓度的控制。

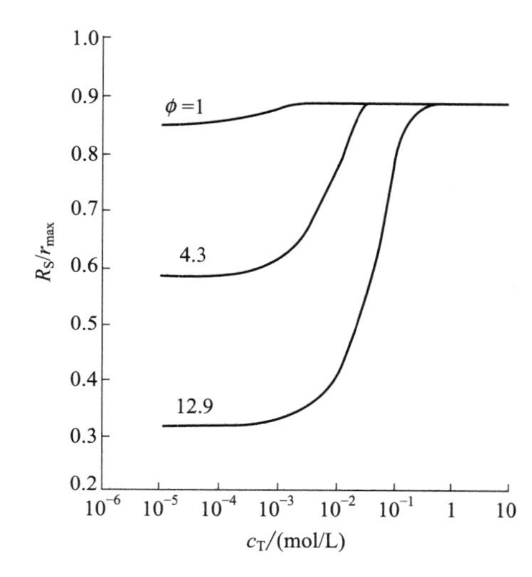

图 3-16　弱酸浓度与酶活性的关系

模型分析还说明，弱酸对质子扩散阻力的去除作用还与颗粒粒度和颗粒形状有关。从颗粒粒度上看，这种作用与 ϕ 值有关。ϕ 值较小，采用小直径颗粒时，弱酸的加入对酶活性的作用明显。从颗粒形状上看，在相同计算条件下，球形相比其他形状更为有利（图 3-16）。

模型方程中的式(3-87)表示颗粒内外的底物浓度和氢离子浓度之间存在偶联作用，参数 λ 是表示这种交互作用的量化参数。因此，为消除颗粒内质子梯度，应当选择合适的液相主体底物浓度。模型计算结果显示，当 λ 值较大，偶联作用较强，达到一定的弱酸浓度时，质子传递阻力的降低有利于底物传递阻力的降低，这使酶活性较大。而在偶联作用较小时，从式（3-87）可看出，若 β_0 较大而 λ 值较低，颗粒内质子浓度 $\bar{C}$ 的改变不会引起较大的颗粒内底物浓度 β 变化，这时若采用较高液相主体底物浓度和弱酸浓度，可获得较高的酶活。

此外，在弱酸种类的选择上，研究表明应当选择 pK 接近于液相主体 pH 值的弱酸。

3.4　内外扩散同时存在时的反应速率

在实际的反应过程中，一般内扩散阻力和外扩散阻力同时影响反应速率。因此，为了描述扩散因素对反应过程的总体影响，定义总有效因子 η_T。

$$\eta_T=\frac{\text{内外扩散都有影响时的反应速率}}{\text{无扩散影响时的反应速率}}=\frac{R_S}{R_{S_0}} \tag{3-90}$$

在求解总有效因子时，仍然按式（3-34）进行质量衡算，但是应改变边界条件。考虑颗粒表面上的内外传质速率，对球形颗粒，在忽略分配效应时，应有：

$$D_e \frac{dc_S}{dz}\bigg|_{z=R} = K_L(c_{S_0} - c_{SI}) \tag{3-91}$$

可整理得到式（3-91）的无量纲形式，由此得出边界条件：

$$\begin{aligned} \rho=0,\ \frac{d[S]}{d\rho}=0 \\ \rho=1,\ \frac{d[S]}{d\rho}=Bi(1-[S]_I) \end{aligned} \tag{3-92}$$

式中，$[S]_I$ 为颗粒表面上的无量纲底物浓度，$[S]_I = c_{SI}/c_{S0}$；Bi 称为 Biot 数，表示为：

$$Bi \propto \frac{外扩散速率}{内扩散速率} = L \cdot \frac{K_L}{D_e} \tag{3-93}$$

式中，L 为颗粒的特征尺寸。对球形颗粒，其值等于颗粒半径；对片状颗粒，其为颗粒的厚度。Bi 表示外扩散与内扩散对反应速率的相对影响程度。当 $Bi\rightarrow\infty$ 时，外扩散阻力可忽略；当 $Bi\rightarrow 0$ 时，内扩散阻力可忽略。

对一级反应，可得出 η_T 的分析解。即：

$$\eta_{T_1} = \frac{Bi\left(\frac{1}{\tanh(3\phi_1)} - \frac{1}{3\phi_1}\right)}{\phi_1\left(Bi - 1 + \frac{3\phi_1}{\tanh(3\phi_1)}\right)} \tag{3-94}$$

如图 3-17 所示。

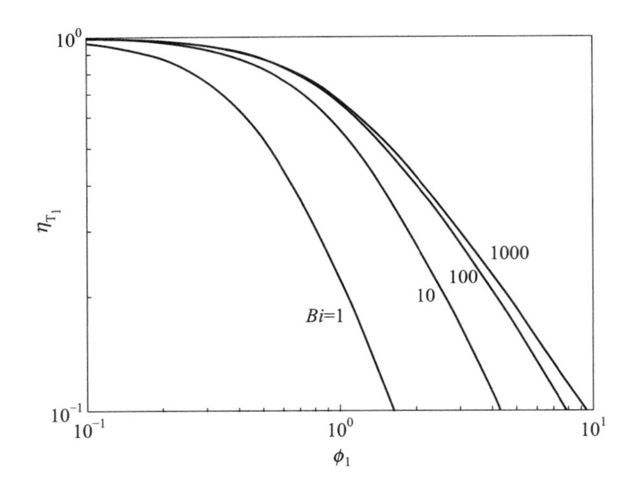

图 3-17　内外扩散同时存在时球形颗粒的一级反应总有效因子

对米氏反应的 η_T 只能得到数值解。

3.5　固定化酶的表观稳定性

固定化酶的活性稳定性，即其热失活特性，是决定它能否在实际中得到应用的一个重要指标。

固定化酶的活性稳定性是指它的本征稳定性和表观稳定性两个方面的性质。本征稳定性是指固定化酶本身真实的抵御失活的能力。表观稳定性是指存在扩散影响时固定化酶的稳定性特性。一般表观稳定性比本征稳定性高。见以下的模型分析：

如以式(3-95)表示一级反应、零级反应和米氏反应速率：

$$r=k_2c_Ef(c_{S_0}) \tag{3-95}$$

式中，$f(c_{S_0})$表示函数关系，对一级反应、零级反应和米氏反应，其值分别为 c_{S_0}/K_m、1、$c_{S_0}/(K_m+c_{S_0})$。

假定忽略外扩散和分配效应，反应速率受到内扩散限制，有：

$$R_S=\eta r_{max}f(c_{S_0})=\eta k_2c_Ef(c_{S_0}) \tag{3-96}$$

两边取对数：

$$\ln R_S=\ln\eta+\ln k_2f(c_{S_0})+\ln c_E \tag{3-97}$$

假设酶的失活是由于活性酶的浓度 c_E 下降，而酶的比活性 k_2 保持不变，则式 (3-97) 可表示为：

$$\frac{\mathrm{dln}R_S}{\mathrm{d}t}=\frac{\mathrm{dln}\eta}{\mathrm{d}t}+\frac{\mathrm{dln}c_E}{\mathrm{d}t} \tag{3-98}$$

由于 η 是西勒数 ϕ 的函数，则：

$$\frac{\mathrm{dln}R_S}{\mathrm{d}t}=\frac{\mathrm{dln}\eta}{\mathrm{dln}\phi}\times\frac{\mathrm{dln}\phi}{\mathrm{d}t}+\frac{\mathrm{dln}c_E}{\mathrm{d}t} \tag{3-99}$$

设西勒数：

$$\phi=L\sqrt{\frac{k_2c_E}{D_eK_m}} \tag{3-100}$$

所以：

$$\frac{\mathrm{dln}\phi}{\mathrm{d}t}=\frac{1}{2}\frac{\mathrm{dln}c_E}{\mathrm{d}t} \tag{3-101}$$

将式(3-101)代入式(3-99)，得出：

$$\frac{\mathrm{dln}R_S}{\mathrm{d}t}=\frac{\mathrm{dln}c_E}{\mathrm{d}t}\left(1+\frac{1}{2}\frac{\mathrm{dln}\eta}{\mathrm{dln}\phi}\right)=\alpha_I\frac{\mathrm{dln}c_E}{\mathrm{d}t} \tag{3-102}$$

式中，α_I 定义为内扩散限制所导致的稳定系数。

$$\alpha_I=1+\frac{1}{2}\frac{\mathrm{dln}\eta}{\mathrm{dln}\phi} \tag{3-103}$$

可见，若分析本征稳定性，在不存在扩散限制时，$\eta=1$，$\alpha_I=1$。若考虑内扩散限制，当内扩散影响严重时，$\eta=1/\phi$，$\mathrm{dln}\eta/\mathrm{dln}\phi=-1$，则 $\alpha_I=0.5$。因此，α_I 的取值范围为 $0.5\leqslant\alpha_I\leqslant1$。

若酶的失活速率服从一级动力学：

$$-\frac{\mathrm{dln}c_E}{\mathrm{d}t}=k_d \tag{3-104}$$

则由式 (3-102)，得：

$$-\frac{\mathrm{dln}R_S}{\mathrm{d}t}=\alpha_Ik_d \tag{3-105}$$

由于在内扩散有影响时，$\alpha_I<1$；而内扩散没有影响时，$\alpha_I=1$。因此，若存在内扩散限制时，反应速率的下降相对较慢，表观稳定性相对本征稳定性较高。当 $\alpha_I=0.5$，由于内扩

散影响较大，实际失活速率常数 $\alpha_I k_d$ 可降低至原来的 1/2，表观半衰期比本征半衰期可增加 1 倍。

若内外扩散的影响同时存在，可以推导出：

$$-\frac{\mathrm{dln}R_S}{\mathrm{d}t}=\alpha_E\alpha_I k_d \tag{3-106}$$

式中，α_E 为外扩散限制导致的稳定系数。

$$\alpha_E=\frac{1}{1+Da'} \tag{3-107}$$

式中，Da'为达姆克勒数，$Da'=\eta r_{max}/(K_L a K_m)$。

当 $Da'\ll 1$，$\alpha_E\to 1$，外扩散限制对固定化酶的活性没有稳定作用；当 $Da'\gg 1$，$\alpha_E\to 0$，固定化酶的稳定性很大。

实际上，式(3-96)～式(3-102) 的研究方法适用于研究内扩散和外扩散同时存在的过程，这时对总有效因子 η_T 进行分析，所得出的稳定系数为内扩散和外扩散同时存在时的稳定系数 α，$\alpha=\alpha_E\alpha_I$。如图 3-18 所示为对一级反应的研究结果。可见，表观稳定性受外扩散影响比较大。若 $Bi>100$，表观稳定性主要受内扩散的影响，α 较高；反之，若 Bi 较低，外扩散影响较大，α 值可以很小，表观稳定性较高。这与式(3-107) 的分析结果一致。

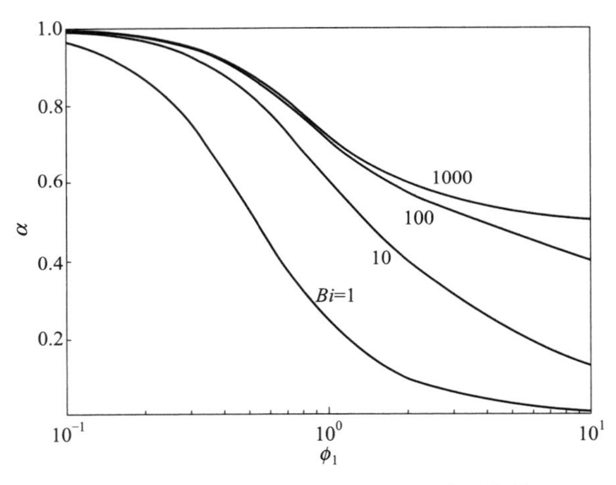

图 3-18 固定化酶失活的 $\alpha\sim\phi_1$ 关系曲线

综上所述，颗粒内外扩散阻力存在时，固定化酶的表观稳定性会增加，其中外扩散的影响相对内扩散的影响较大。因此，在工业实践上看，将酶固定化在载体外表面上的方法较有利。

3.6 动力学和传质参数的测定

3.6.1 本征动力学参数的测定

在不存在内扩散限制的条件下进行参数测量时，对外扩散-反应过程的本征动力学参数

和 Da 的测定，可用双倒数作图法。由实验数据，通过线性最小二乘法，可拟合得出 r_{max}、K_m 和 Da。但是，由于扩散作用，由实验点用双倒数作图法作图得到的曲线不为直线，因此，实验和线性拟合时，必须确定合理的底物浓度范围。见图 3-19 中使用双倒数法作参数估计的曲线特征。

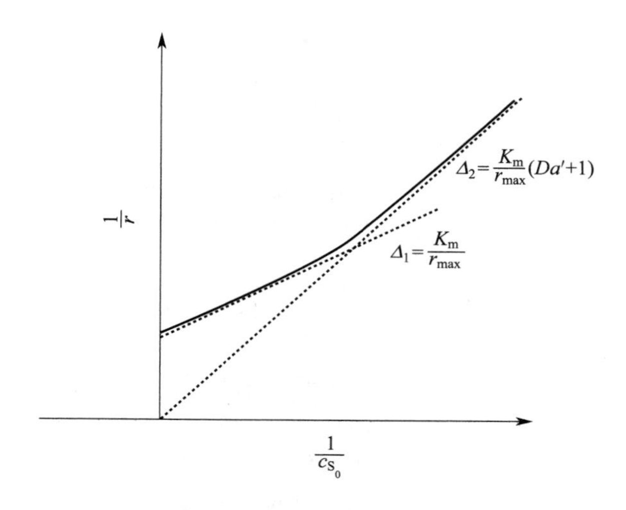

图 3-19 由双倒数法估计外扩散-反应过程的本征动力学参数

当底物浓度处于 $c_{S_0} \gg K_m$ 的范围时，外扩散的影响可忽略，过程处于反应控制状态，$c_{SI} \approx c_{S_0}$，因此，对本征动力学符合米氏方程的反应，可直接使用 L-B 法进行参数估计。

$$\frac{1}{r}=\frac{K_m}{r_{max}}\frac{1}{c_{S_0}}+\frac{1}{r_{max}} \tag{3-108}$$

因此，可由图 3-19 中的相应区域的直线的斜率和截距得出动力学参数。

当底物浓度处于 $c_{S0} \ll K_m$ 的范围时，过程处于外扩散控制状态，具有一级反应动力学特征，式(3-5)变为：

$$K_La(c_{S_0}-c_{SI})=\frac{r_{max}}{K_m}c_{SI} \tag{3-109}$$

因此：

$$c_{SI}=\frac{c_{S_0}}{Da'+1} \tag{3-110}$$

$$r=\frac{r_{max}}{K_m}c_{SI}=\frac{r_{max}}{K_m}\cdot\frac{c_{S_0}}{Da'+1} \tag{3-111}$$

式中，$Da'=r_{max}/(K_LaK_m)$，在 β 已知时，$Da'=\beta Da$。

对式(3-111) 线性化，应得出通过图 3-19 中坐标原点的一条直线：

$$\frac{1}{r}=\frac{K_m}{r_{max}}(Da'+1)\frac{1}{c_{S_0}} \tag{3-112}$$

由此直线的斜率，结合式（3-108）的结果，可得出 Da' 值，又由于 β 值已知，则可求出 Da 值。Da' 值由式(3-108)和式(3-112)的斜率按如下方法计算（如图 3-19 所示）。

$$\Delta_1=\frac{r_{max}}{K_m} \tag{3-113}$$

$$\Delta_2=\frac{r_{max}}{K_m}(Da'+1) \tag{3-114}$$

$$Da'=\frac{\Delta_2}{\Delta_1}-1 \tag{3-115}$$

由于上述方法在动力学曲线的线性区域进行参数估计，因此在应用上存在缺点。一般要求在底物浓度较高和较低的区域设置较多的实验测量点，否则得出的数据误差较大。而且，由于在底物浓度较高的区域，底物浓度可能达到饱和浓度，故在该区域的实验设计可能较困难。此外，必须选择合理实验条件，在不同的条件下有可能会得出不同的结果。例如，必须选择适当的搅拌速度，以避免传质因素对实验测量的干扰。

对内扩散-反应过程，在本征动力学参数测量时，必须排除内外扩散的双重影响。对外扩散的影响，可在不同搅拌条件下实验观察动力学特性的变化，通过确定较高的搅拌转速而排除。对内扩散的影响，已有排除内扩散因素干扰的几种实验设计。

一种典型方法是将酶颗粒粉碎成细颗粒，在 ϕ 值变得很小的情况下进行反应和测量。但是，将颗粒粒度变小并不能完全排除内扩散作用。因此，应用此法时，可以进行有效因子与颗粒粒度的关联研究，将关联实验研究结果外推至粒度为零的区域，获得间接的近似值。此法还存在颗粒粉碎时的结构破坏问题，粉碎得到的细颗粒实际与原来的颗粒有物理和化学性质上的区别。

另一种方法是将颗粒中的酶释放至溶液中，对溶液中的游离酶反应进行实验研究。但是，由于游离酶与固定在载体上的酶在结构上有差异，因此研究得到的游离酶动力学特性参数并不能完全表示固定化酶的特性参数。而且，此法不适用于由共价结合法得到的固定化酶，只适用于用可逆固定化方法制备的酶颗粒。

此外，通过降低颗粒上固定的活性酶量，使反应在反应控制的条件下进行，也能排除内扩散传质的影响。但是，排除内扩散的影响相对排除外扩散的影响较困难，因此，按此法得到的动力学数据也只能是一种近似结果。

3.6.2 传递系数和有效扩散系数的测定

外扩散-反应过程的传递系数 K_L 通常用经验关联式来确定。例如，对球形颗粒常用公式：

$$Sh=\frac{K_L d_P}{D_L}=2.0+Re_P{}^{1/2}Sc^{1/3} \tag{3-116}$$

$$Re_P=\frac{d_P u \rho_L}{\mu_L},\ Sc=\frac{\mu_L}{\rho_L D_L} \tag{3-117}$$

式中，Sh、Re_P 和 Sc 分别为 Sherwood 数、颗粒 Reynolds 数和 Schmidt 数；d_P 为固定化酶颗粒直径；u 为主体溶液的流动线速度，m/s；ρ_L 为颗粒的密度；μ_L 为液体的黏度；D_L 为组分的扩散系数。

由式(3-116)可知，Sh 随表示颗粒流动状态的 Re_p 和表示物性的 Sc 的增大而增大。在 Re_p 和 Sc 确定后，可由 Sh 计算得出 K_L。

对内扩散-反应过程的颗粒内的有效扩散系数 D_e 的确定，有公式估算法和实验测定两种方法。公式估算法使用式(3-32)。实验测定时可使用 Grünwald (1989) 所建立的使用化学或放射性标记底物的示踪测定法。

示踪测定法将固定酶的载体颗粒放在饱和底物溶液中，达到平衡后，将其转移到缓冲溶液中，记录溶液中底物的释放和浓度的变化，计算得出 D_e。

缓冲溶液中底物浓度变化服从式(3-118)：

$$\frac{c_S(\infty)-c_S(t)}{c_S(\infty)-c_S(0)}\approx\frac{6}{\pi^2}\exp\left(-\frac{\pi^2}{R^2}D_e t\right) \tag{3-118}$$

式中，$c_S(0)$、$c_S(t)$和$c_S(\infty)$分别表示时间为 0、t 和无穷大时的底物浓度。

当 $c_S(0)=0$ 时，将式(3-118)线性化，可得：

$$\ln\left(\frac{c_S(\infty)-c_S(t)}{c_S(\infty)}\right)\approx-\frac{\pi^2}{R^2}D_e t+C \tag{3-119}$$

式中，C 为常数。

D_e 的计算即由式(3-119)。由 D_e 值可得出 ϕ 值。

重点内容提示

1. 在存在颗粒外部和内部扩散传质限制下的表观动力学研究方法，表观反应速率、固有反应速率和本征反应速率的概念与区别。
2. 外扩散有效因子、内扩散有效因子和总有效因子的物理意义与计算。
3. 本征反应动力学参数及其测定。传递系数 K_L、有效扩散系数 D_e 的概念。
4. Da、ϕ 和 Φ、Bi 的物理意义。利用这些无量纲数判断外扩散、内扩散和内外扩散对反应速率的限制程度。
5. 内扩散对颗粒内组分浓度分布和 pH 梯度的影响。
6. 外扩散和内扩散对受抑制酶反应动力学的影响。
7. 扩散作用对固定化酶表观稳定性的影响。

习题

1. 对反竞争性底物抑制的酶反应，若酶固定在无微孔的载体表面，试问：

(1) 扩散过程与反应过程的稳定态是否可能有多重？

(2) 外扩散有效因子是否有可能大于 1？

用动力学方程作图解释。

2. 对反竞争性底物抑制的固定化酶反应，$r=r_{max}c_S/[K_m+c_S(1+c_S/K_I)]$，导出外扩散有效因子 η_E 的计算式。已知计算 $\overline{Da}$ 的动力学数据，将 η_E 表示成 $\overline{Da}$ 的函数。定义，$[S]=c_{SI}/c_{S_0}$，$\bar{K}=K_m/c_{S_0}$，$\bar{K}_I=K_I/c_{S_0}$。

3. 某酶固定在无微孔的膜状载体表面。已知，该酶反应的固有动力学参数，$r_{max}=6\times10^{-2}$mol/(L·s)，$K_m=3\times10^{-2}$mol/L，体积传递系数 $K_La=0.4\ s^{-1}$，液相主体底物浓度 $c_{S_0}=1\times10^{-2}$mol/L。试求表观反应速率和外扩散有效因子。

4. 固定化葡萄糖氧化酶催化葡萄糖氧化。当葡萄糖过量时，氧成为限制性底物，受氧限制的反应动力学符合米氏方程。假定酶固定化在球形颗粒表面，颗粒直径 $d_P=1.2$mm，颗粒密度 $\rho_P=2760\text{kg/m}^3$，单位颗粒质量的酶量 $\rho_E=1.0$g/g。颗粒所处的液体黏度 $\mu_L=$

0.001Pa，密度 $\rho_L=1000\text{kg/m}^3$，溶解氧浓度 $c_{OL}=0.18\text{mol/m}^3$，氧在液体中扩散系数 $D_L=2.1\times10^{-9}\text{m}^2/\text{s}$。本征动力学参数，$r'_{max}=6.0\ \text{molO}_2/(\text{kg 酶}\cdot\text{s})$，$K_m=0.1\text{mol/m}^3$。计算下列情形的内扩散有效因子和表观反应速率：

（1）没有搅拌（$Sh=K_Ld_P/D_L=2.0$）；

（2）表观液体速度 $u=0.75\text{m/s}$（$Sh=2.0+Re_P{}^{1/2}Sc^{1/3}$）。

5. 将酶固定在无微孔的直径 $d_P=1.2\text{mm}$ 的球形载体上，悬浮在摇瓶中进行酶反应。动力学参数为，$r'_{max}=5.0\times10^{-3}\ \text{mol O}_2/(\text{g 酶}\cdot\text{s})$，$K_m=2.0\times10^{-3}\text{mol/L}$。酶在载体上的固定量 $\rho_E=1.2\times10^{-2}\text{g/L}$。传递系数 $K_L=5.8\times10^{-4}\text{m/s}$。试计算下述情形下的表观反应速率：

（1）液相主体底物浓度 $c_{S_0}=5.0\times10^{-3}\text{mol/L}$；

（2）液相主体底物浓度 $c_{S_0}=0.2\text{mol/L}$。

6. 对固定化生物催化剂催化下的分解反应，$S\longrightarrow A+B$，反应呈一级反应特征。将两种不同直径的球形催化剂颗粒放在有充分湍流强度并能排除外扩散限制的反应器中做试验，结果如下表：

编号	颗粒直径 d_P/mm	表观反应速率/[mol/(g 颗粒·s)]
实验 1	2.54	2.00
实验 2	0.254	10.5

假定底物在两种颗粒内的有效扩散系数相同，且均有 $\phi>3$。对每种催化剂颗粒计算 ϕ 和有效因子 η。若要使 $\eta>0.95$，则颗粒直径应为多少？

7. 为了用重组大肠杆菌生产所需要的酶，现将该细胞固定在卡拉凝胶的球形颗粒上，并在需氧条件下进行反应。氧在颗粒内的有效扩散系数 $D_e=1.87\times10^{-10}\text{m}^2/\text{s}$。氧的消耗符合零级反应动力学，速率常数 $k_{v_0}=1.0\times10^{-3}\text{mol/(m}^3\cdot\text{s)}$。氧在颗粒表面上的浓度 $c_{OL}=0.25\text{mol/m}^3$。忽略细胞的生长。试求：

（1）若满足整个催化剂颗粒都处于有氧条件，允许的最大颗粒半径为多少？

（2）如果凝胶中的细胞密度减少到原来的 1/5，其比活性不变，为了保证其需氧条件，最大颗粒半径应为多少？

8. 某细胞固定在海藻酸钙的球形颗粒上，颗粒平均直径 $d_P=5\text{mm}$，在液相主体中溶解氧浓度 $c_{OL}=8\times10^{-3}\text{kg/m}^3$ 时，氧的消耗速率 $R_O=8.4\times10^{-5}\text{kg/(m}^3\ \text{颗粒}\cdot\text{s)}$，氧在颗粒内的有效扩散系数 $D_e=1.87\times10^{-10}\text{m}^2/\text{s}$，假设氧在颗粒表面的浓度等于其在液相中的浓度，并且氧的消耗遵循零级动力学规律。

（1）求表观西勒数，并判断内扩散是否有影响。

（2）若消除颗粒内扩散限制，反应速率可为多少？

9. 固定化蔗糖酶催化水解生成葡萄糖和果糖的反应，球形催化剂颗粒的半径 $R=0.8\text{mm}$，蔗糖在颗粒内微孔中的有效扩散系数 $D_e=1.0\times10^{-11}\ \text{m}^2/\text{s}$，$K_m=3.5\ \text{kg/m}^3$。假定反应在一个理想混合的机械搅拌反应器中进行，外扩散限制影响可忽略，液相主体中的蔗糖浓度 $c_{S_0}=0.85\ \text{kg/m}^3$，单位体积颗粒的表观反应速率 $R_S=1.25\times10^{-3}\ \text{kg/(m}^3\cdot\text{s)}$。试求：

（1）内扩散有效因子；

（2）一级反应速率常数 k_{v_1}。

10. 某固定化细胞颗粒催化下的某一底物的分解反应，底物的消耗具有零级动力学特征。已知，颗粒半径 $R=2.5\text{mm}$，底物在颗粒内有效扩散系数 $D_e=1.75\times10^{-9}\text{m}^2/\text{s}$，液相主体底物浓度 $c_{S_0}=0.25\text{mol/m}^3$，传递系数 $K_La=0.12\text{s}^{-1}$，表观反应速率 $R_S=7.0\times10^{-3}\text{mol/(m}^3\cdot\text{s)}$。试求：

(1) 内、外扩散阻力均已消除时的反应速率；

(2) 仅消除外扩散阻力时的反应速率。

4

细胞反应动力学

细胞反应是指以微生物细胞、动物细胞和植物细胞为生物催化剂将底物转化为有价值的目标产物的生物化学过程。细胞反应动力学的研究通过对细胞生长、底物消耗和产物生成过程的定量分析，建立反映过程速率与各种影响因素的关系的数学模型。在生物反应器操作时，反应器的操作参数和物理过程特性通过细胞反应的本征动力学效应影响产物生成的速率和得率。因此，细胞反应动力学是进行细胞反应过程优化和反应器设计和控制的理论依据。

4.1 概述

4.1.1 细胞反应的基本特性

如果沿用化学反应器的研究方法研究细胞反应，既要分析它的化学反应的基本特征，也要认识它的生物学特殊性。细胞反应过程有如下主要特征：

4.1.1.1 细胞反应是一个复杂的反应体系

细胞具有广泛的种类，有不同的生长特性。不同的细胞内部各自都具有复杂代谢反应机制。它们的培养环境各不相同，胞内含有较多不同的化学成分，生成的产物和反应介质的物理和化学性质也不相同。

细胞反应过程为一动态过程。在反应过程中，一方面细胞本身在生长，另一方面在生长过程中，胞内各种成分的含量又是变化的，在不同的生长阶段有不同的细胞学和代谢功能特性。

细胞反应系统中，细胞之间组成复杂的群体。在这个群体中，细胞与细胞间也有差异。

细胞反应体系为多相体系。在培养液中，通常含有气相、液相和固相的细胞生物质，并且在各相之间存在复杂的传递现象。

总之，由于有上述复杂性，对细胞反应，不能用简单的化学动力学模型描述，反应过程的优化与控制较困难。

4.1.1.2 细胞反应的本质是复杂的酶催化反应过程

细胞内部的酶反应过程组成复杂的代谢网络，由该网络完成将底物转化为目标产物的过程。代谢过程包括供能反应、生物合成反应、多聚反应和组装反应。代谢反应可分为初级代谢和次级代谢两大类。各类反应过程之间实际通过热力学、酶反应调节机制和信号转导系统发生偶联。这种复杂的酶反应过程虽然与第 2 章所讨论的酶催化反应有很多相同的特性，但是由于细胞反应也与细胞生长过程有关，它与单纯的酶反应有所不同。没有细胞水平的代谢过程，分子水平的酶反应过程无法进行，各种酶无法再生。因此，对细胞所催化的反应过程的分析，既要有游离酶反应的动力学基础，也要采用系统生物学和代谢工程的模型化方法。

此外，由于存在细胞内部的代谢反应调控机制，细胞在生物反应器中不同的培养环境下有不同的代谢响应，因此会发生难以控制的代谢迁移，导致一般细胞反应过程较游离酶反应过程的目标产物得率较低、副产物较多。

4.1.1.3 细胞生长具有自催化特性

细胞既是生物催化剂，也是生长过程的产物，因此细胞生长过程被认为是一种自催化化学反应。细胞生长的自催化特性表现为：在培养液的营养成分不限制细胞生长速率时，若培养液中细胞密度越高，细胞生长的速率越大。这种动力学特性是微生物发酵和细胞培养反应器设计的基本依据之一。

4.1.2 细胞反应的速率表示

在对生物反应器进行分析与设计时，细胞反应速率用体积速率和比速率这两种速率表示。对在细胞 X 的催化下由关键的底物 S 生产目标产物 P 的反应过程，可表示为：

$$\mathrm{S} \xrightarrow{\mathrm{X}} \mathrm{P} \tag{4-1}$$

设培养液的体积为 V_R，假定细胞生物质在培养液中为溶质，其浓度为 c_X，对分批培养过程，定义细胞生长的体积速率 r_X、底物的体积消耗速率 r_S 和产物的体积生成速率 r_P：

$$r_X=\frac{1}{V_R}\frac{\mathrm{d}(c_X V_R)}{\mathrm{d}t},\ r_S=-\frac{1}{V_R}\frac{\mathrm{d}(c_S V_R)}{\mathrm{d}t},\ r_P=\frac{1}{V_R}\frac{\mathrm{d}(c_P V_R)}{\mathrm{d}t} \tag{4-2}$$

体积速率的含义是单位时间、单位培养液或反应器有效体积下的组分生成或消耗速率。

当培养液体积在反应过程中保持不变时，这些速率可表示为：

$$r_X=\frac{\mathrm{d}c_X}{\mathrm{d}t},\ r_S=-\frac{\mathrm{d}c_S}{\mathrm{d}t},\ r_P=\frac{\mathrm{d}c_P}{\mathrm{d}t} \tag{4-3}$$

定义细胞生长的比速率 μ、底物消耗的比速率 q_S 和产物生成的比速率 q_P。在一般情况下可表示为：

$$\mu=\frac{1}{c_X V_R}\frac{\mathrm{d}(c_X V_R)}{\mathrm{d}t},\ q_S=-\frac{1}{c_X V_R}\frac{\mathrm{d}(c_S V_R)}{\mathrm{d}t},\ q_P=\frac{1}{c_X V_R}\frac{\mathrm{d}(c_P V_R)}{\mathrm{d}t} \tag{4-4}$$

当培养液体积不变时，这些速率可表示为：

$$\mu=\frac{1}{c_X}\frac{\mathrm{d}c_X}{\mathrm{d}t},\ q_S=-\frac{1}{c_X}\frac{\mathrm{d}c_S}{\mathrm{d}t},\ q_P=\frac{1}{c_X}\frac{\mathrm{d}c_P}{\mathrm{d}t} \tag{4-5}$$

比速率的含义是单位时间、单位细胞生物质质量下的组分生成或消耗速率。它在细胞反应动力学中的作用相当于酶反应动力学中的酶活性，即细胞的生理特性。比速率与体积速率之间有式（4-6）表示的关系：

$$r_X=\mu c_X,\ r_S=q_S c_X,\ r_P=q_P c_X \tag{4-6}$$

对以上各种速率，若建立它们与影响因素、影响变量和参数之间的关系，就得出细胞反应的动力学模型。

4.1.3 动力学模型的分类

根据前述对细胞反应过程的特性分析，在动力学量化分析时，必须根据对过程的了解程度，对过程作合理的简化。由于生物反应工程上对细胞反应建立动力学模型的主要目的是为了反应器设计、过程的优化和控制，因此建立各种形式的动力学模型时，主要是为了达到上述目的而对过程作简化的定量描述。有下述几种常见模型：

(1) 黑箱模型 黑箱模型将细胞或反应器认作为与环境交换着物质的黑箱，将许多代谢反应汇集为单一的生物质和胞外产物的生成反应，对进出细胞或反应器的物流分析与计算得到细胞反应速率。它不涉及各种胞内途径反应，不能通过代谢机制分析预测代谢反应和产物得率的限度。它是反应器设计所必需的质量衡算模型。在反应器控制方面，采用这类模型建立表示可测量变量和参数关系的经验模型时，由于它们的变量和参数的数目较小，模型复杂度较低，而且在一定范围内有效，因此它们的适应性较好。

(2) 非结构模型 在建立非结构模型时假定细胞能达到均衡生长。均衡生长是指生长时细胞内的每种组分都以相同的速率增加，细胞组成始终不变。例如，可认为微生物在指数生长期和使用恒化器进行稳态培养时可达到均衡生长。一般在动态条件下，细胞不能达到这种状态。用非结构模型分析细胞生长时，将细胞指定为一个组成恒定的生物相，用单位培养液体积的细胞数目或质量的单一变量描述生长过程和细胞与环境之间的作用。

在生物反应器设计上，非结构模型形式简单，使用得较多。当用于细胞生理学和胞内代谢反应研究时，由于它们不考虑胞内组成和代谢控制机制，这类模型的有效性较差。对细胞的非均衡生长行为和细胞对外部环境变化的瞬态响应过程，只能用结构模型分析。

(3) 结构模型 通过将生物相划分为两个或更多的组成的方法，考虑细胞内部的生理和代谢过程，由此建立的模型称为结构模型。若对生物相作化学组成划分，则得出化学结构模型。例如，这些组成可以为 DNA、RNA 或蛋白质，或“合成性组分”或“结构性组分”等。若考虑生物相的细胞形态和尺寸等特性，还有各种非化学结构模型。

(4) 非分离模型与分离模型 细胞群体实际由许多不同的细胞组成。若基于某种生理学特性对生物相作区分，就有生物相分离模型。而生物相非分离模型不考虑群体中各个细胞之间的区别，将所有的细胞用集总方法简化表示为单一的生物质。

非分离模型有简单性，适用于能用细胞群体的平均性质反映细胞生长总体特性的过程。分离模型适用于细胞群体中少数部分对过程特性影响较大的过程。例如，在含有与外源蛋白表达有关的质粒的重组菌培养时，若重组菌的质粒稳定性较差，不含质粒的菌体在培养时生长速率较大，这时必须使用分离模型分析与预测过程特性。按这种方法对生物相作划分的模型实质也是结构模型。

由上述四种模型的建模原理，还可建立非结构非分离模型。例如，后面叙述的 Monod 方程就属此类，式(4-1)～式(4-5)表示的是这类模型的反应速率。

4.2 化学计量学

4.2.1 化学计量方程

细胞反应的总体质量衡算关系用化学计量方程表示。它是一种黑箱模型的简化表示。对反应系统的各项输入与输出，有下述约定：

（1）细胞或生物质 在化学计量上，细胞的数量通常采用干燥后的细胞的生物质质量表示。习惯上将干燥生物质质量用 DW 表示。对于细胞组成，由于它在生长的各个阶段会变化，故用它的平均值表示。假定忽略细胞中相对含量较低的硫、磷、各种金属和灰分等物质，若用含一个碳的分子组成来定义生物质分子式，可用通式$CH_{\alpha}O_{\beta}N_{\gamma}$表示无灰分干燥细胞的组成。

经实验测定，对大多数微生物细胞，不计入灰分质量，它们的平均元素组成近似为$CH_{1.8}O_{0.5}N_{0.2}$，因此定义标准生物质摩尔质量，$M_X=24.6g/mol$。

（2）底物或培养基 一般包括碳源、氮源、氧和二氧化碳等气体。碳源有碳水化合物、乙醇和甲烷等有机化合物。氮源包括有机和无机两种，例如蛋白胨和氨等。碳源可表示为CH_mO_n，有机氮源也可用简化分子式表示。

（3）代谢产物 指胞外的细胞分泌的产物。代谢产物的种类以细胞种类及其代谢特性而异，可用它们的分子式表示，即$CH_xO_yN_z$。

据此，细胞反应的化学计量式表示为：

$$CH_mO_n+aO_2+bNH_3 \longrightarrow cCH_{\alpha}O_{\beta}N_{\gamma}+dCH_xO_yN_z+eH_2O+fCO_2 \quad (4\text{-}7)$$

式中，a、b、c、d、e 和 f 为计量系数。它们实际为后述的表观得率系数，一般在动态反应条件下其数值是可变的。

计量系数的确定可用元素衡算法。对式(4-7）中各个组分，可对 C、H、O 和 N 的原子平衡进行计算：

C $$1=c+d+f \quad (4\text{-}8a)$$

H $$m+3b=c\alpha+dx+2e \quad (4\text{-}8b)$$

O $$n+2a=c\beta+dy+e+2f \quad (4\text{-}8c)$$

N $$b=c\gamma+dz \quad (4\text{-}8d)$$

上述 4 个原子平衡式中包含 6 个未知数。若要求取全部未知数，需要其他约束条件。

为此，引入还原度概念，用κ表示。某一化合物的还原度为该组分中每一个碳原子的有效电子当量数，有效电子当量数是指化合物氧化成CO_2、H_2O 和NH_3 时所传递给氧的电子数。

某些关键元素的还原度分别为：C,4；H,1；N，−3；O,−2；P,5；S,6。

因此，终端化合物CO_2、H_2O 和NH_3 的还原度等于零。对各种化合物的还原度，按细胞组成和元素的还原度值计算。表 4-1 列出了某些常见物质的还原度计算方法。

表 4-1 一些常见物质的还原度计算

单质化合物	有效电子数	还原度
氧(O_2)	$2\times(-2)=-4$	$\kappa=-4$
乙醇(C_2H_5OH)	$2\times4+6\times1+1\times(-2)=12$	$\kappa=12/2=6$
丙三醇($C_3H_8O_3$)	$3\times4+8\times1+3\times(-2)=14$	$\kappa=14/3=4.67$
甲酸(HCOOH)	$2\times1+1\times4+2\times(-2)=2$	$\kappa=2/1=2$
葡萄糖、乙酸、乳酸、甲醛(CH_2O)	$1\times4+2\times1+1\times(-2)=4$	$\kappa=4/1=4$
标准生物质($CH_{1.8}O_{0.5}N_{0.2}$)	$1\times4+1.8\times1+0.5\times(-2)+0.2\times(-3)=4.2$	$\kappa=4.2/1=4.2$

据此，可得到细胞生物质、底物和产物的还原度数值。

生物质 $$\kappa_X=4+\alpha-2\beta-3\gamma \quad (4\text{-}9a)$$

底物 $$\kappa_S=4+m-2n \quad (4\text{-}9b)$$

产物 $$\kappa_P=4+x-2y-3z \quad (4\text{-}9c)$$

在式（4-7）中，CO_2、H_2O 和 NH_3 的还原度均为零，则可列出包括氧在内的还原度平衡式：

$$\kappa_S - 4a = c\kappa_X + d\kappa_P \tag{4-10}$$

对上式整理可得：

$$1 = \frac{c\kappa_X}{\kappa_S} + \frac{d\kappa_P}{\kappa_S} + \frac{4a}{\kappa_S} = \xi_X + \xi_P + \varepsilon \tag{4-11}$$

式中，ξ_X、ξ_P 和 ε 分别为底物进入细胞、胞外产物和传递给氧的有效电子数的分数。

细胞还原度 κ_X 虽因不同的细胞种类而异，但其差别不大，一般的平均值为，$\kappa_X = 4.291 \pm 0.172$。

对底物和产物的还原度，一般根据其组成计算。

对辅因子，它们的还原度等于 2 个 H 的还原度。$NADH = NADPH = FADH_2 = 'H_2'$。

由以上计算可知，式（4-11）是附加条件。对求出全部未知数，还要增加附加条件。例如，可采用在好氧培养时可实验测量的呼吸商 RQ。它定义为：

$$RQ = \frac{CO_2\ 释放速率}{O_2\ 消耗速率} = \frac{CER}{OUR} \tag{4-12}$$

可见，RQ 表示了细胞反应中每消耗 1mol O_2 所产生的 CO_2 的物质的量。

根据式(4-7)，则有：

$$RQ = \frac{f}{a} \tag{4-13}$$

4.2.2 得率系数

4.2.2.1 得率系数的定义

细胞反应的得率系数定义为细胞利用底物所生成的生物质量或代谢产物量与底物消耗量之间的比值。它是黑箱模型中评估细胞生长和代谢产物生成效率的一种重要参数。

由式(4-14) 表示得率系数：

$$Y_{ji} = \frac{\Delta m_j}{\Delta m_i} \tag{4-14}$$

式中，Δm_i 为第 i 个组分消耗的绝对量；Δm_j 为第 j 个组分生成的绝对量。

实际上，Δm_i 可以是如生物质等由反应产生的组分生成量。这时，得率系数 Y_{ji} 的意义是第 j 个组分的生成量与所涉及第 i 个组分变化量的关系。

得率系数可以以质量和物质的量来计算，相应的单位分别为 g/g 和 mol/mol。

4.2.2.2 总体得率系数和瞬时得率系数

式（4-14）中的 Δm_i 和 Δm_j 与计算时间间隔有关。对分批操作，若对过程开始至时间 t 进行计算，所得的 Y_{ji} 为总体得率系数。例如，细胞对底物的总体得率系数 Y_{XS} 为：

$$Y_{XS} = \frac{c_X(t) - c_{X_0}}{c_{S_0} - c_S(t)} \tag{4-15}$$

式中，c_{S_0}、c_{X_0} 分别为过程开始时的底物和生物质浓度；$c_S(t)$、$c_X(t)$ 分别为时间 t 时的底物和生物质浓度。

在过程中任何时刻，对极小的时间间隔进行计算，Δm_i 和 Δm_j 的比值等于体积速率的比值。这样计算得出的是瞬时得率系数。例如，细胞对底物的瞬时得率系数 Y_{XS} 为：

$$Y_{XS}=\frac{dc_X}{-dc_S}=\frac{r_X}{r_S} \tag{4-16}$$

瞬时得率系数一般不为常数。

总体得率系数是一段培养时间段内过程的平均性质，而瞬时得率系数是过程进行中的特定性质，随着培养环境的改变而变化。

4.2.2.3 理论得率系数与表观得率系数

以细胞对底物的得率为例，考虑细胞生长时的底物消耗机制。若底物消耗的总量为Δm_{ST}，其中仅仅用于细胞生长的消耗量为Δm_{SG}，用于产物生成和保持代谢活性而与生长无关的量为Δm_{SR}，则细胞对底物的得率系数Y_{XS}表示为：

$$Y_{XS}=\frac{\Delta m_X}{\Delta m_{ST}}=\frac{\Delta m_X}{\Delta m_{SG}+\Delta m_{SR}} \tag{4-17}$$

若以Δm_{SG}为计算基准，则可定义理论得率系数（或真实得率系数）Y_{XS}^m：

$$Y_{XS}^m=\frac{\Delta m_X}{\Delta m_{SG}} \tag{4-18}$$

理论得率系数Y_{XS}^m实际表示在没有其他过程与细胞生长过程竞争消耗底物条件下的生物质得率。

同样，也有产物对底物的理论得率系数Y_{PS}^m：

$$Y_{PS}^m=\frac{\Delta m_P}{\Delta m_{SP}} \tag{4-19}$$

式中，Δm_P为产物生成的绝对量；Δm_{SP}为仅用于生成产物的底物消耗的绝对量。

由此可见，不考虑底物消耗机制，以底物总消耗量为计算基准的得率系数为表观得率系数。

理论得率系数受环境条件变化的影响较小，可视为常数；而表观得率系数受环境条件的影响较大。

由式(4-17)和式(4-19)计量关系可见，由于$\Delta m_{ST}>\Delta m_{SG}$、$\Delta m_{ST}>\Delta m_{SP}$，因此，$Y_{XS}^m>Y_{XS}$、$Y_{PS}^m>Y_{PS}$，理论得率系数一般大于表观得率系数。

表观得率系数实际表示化学计量式中的计量系数。对式（4-7），应有：

$$a=\frac{c}{Y_{XO}},\ b=Y_{NS},$$

$$c=Y_{XS},\ d=Y_{PS},\ e=Y_{WS},\ f=Y_{CS} \tag{4-20}$$

式中各得率系数的计算均采用物质的量，单位为mol/mol。表4-2汇集了部分表观得率系数的定义。

表4-2 部分表观得率系数的定义

符号	定义	符号	定义
Y_{XS}	消耗1mol或1g底物所能生成的生物质量	Y_{CS}	消耗1mol或1g底物所能生成的二氧化碳量
Y_{PS}	消耗1mol或1g底物所能生成的产物量	RQ	消耗1mol氧所释放的二氧化碳的物质的量
Y_{PX}	生成1mol或1g生物质时所有的产物生成量	Y_{ATP}	生成1mol ATP时所能生成的生物质量
Y_{XO}	消耗1mol或1g氧所能生成的生物质量	Y_{XH}	生成1kJ生物热时所有的生物质生成量

4.2.2.4 与生长效率有关的得率系数

与生长有关的得率系数主要有Y_{XS}、Y_{ATP}和Y_{XO}。

通常称细胞对底物的得率系数 Y_{XS} 为生长得率或生长效率。它实际与能量代谢有关，即与对 ATP 的生长得率有关。对好氧发酵，该得率系数也与 Y_{XO} 有关。

对 ATP 的生长得率 Y_{ATP}，定义为生成 1mol ATP 时所能生成的生物质量，单位为 g/mol。定义式为：

$$Y_{ATP}=\frac{\Delta m_X}{\Delta m_{ATP}}=\frac{Y_{XS}M_S}{Y_{ATP,S}} \tag{4-21}$$

式中，$Y_{ATP,S}$ 为每消耗 1mol 底物 S 所生成 ATP 物质的量，mol/mol；M_S 为底物的摩尔质量，g/mol；Y_{XS} 为细胞对底物的得率系数，g/g。

此式说明，当 $Y_{ATP,S}$ 已知时，若已知 Y_{ATP}，就可计算生长得率 Y_{XS}。因此，Y_{ATP} 是决定 Y_{XS} 的关键参数，表示细胞生长与能量代谢的关联性。

对很多厌氧发酵，由于 ATP 通过底物磷酸化产生，因此 Y_{ATP} 可以确定，它近似等于 (10.5±2)g/mol。而对好氧发酵，Y_{ATP} 与 P/O 比密切相关。P/O 比表示每消耗 1 个氧原子所能产生的 ATP 分子数。因此，由于 P/O 比不确定，Y_{ATP} 在 6～29g/mol 之间变化。由于好氧生长的效率较高，故 Y_{ATP} 通常大于 10.5g/mol。葡萄糖上好氧生长的 Y_{XS} 测量值的范围为 0.38～0.51g/g。

细胞对氧的得率系数 Y_{XO} 定义为每消耗 1g 或 1mol 氧所能生成的生物质量，单位为 g/g 或 g/mol。其定义式为：

$$Y_{XO}=\frac{\Delta m_X}{\Delta m_O} \tag{4-22}$$

对好氧培养过程，由于大部分能量来源于氧化磷酸化途径，因此 Y_{XO} 反映了细胞生长过程的异化代谢效率。

实际好氧培养时，Y_{XO} 与 P/O 比也有关。由于 P/O 比实际等价于 $Y_{ATP,O}$，而 $Y_{XO}=Y_{ATP,O}Y_{ATP}$，故在氧化磷酸化途径利用氧生成 ATP 的数量已知时，即 $Y_{ATP,O}$ 一定时，若 Y_{ATP} 确定，则 Y_{XO} 确定。

Y_{XO} 随微生物种类和底物的不同而异。以葡萄糖、果糖、蔗糖等糖类物质进行好氧培养时，大多数微生物的 Y_{XO} 值为 1g/g。

【例 4-1】 对酿酒酵母厌氧发酵生成乙醇的反应，$C_6H_{12}O_6 \longrightarrow 2C_2H_5OH+2CO_2$，估算生长得率系数和乙醇得率系数的理论值。

解 已知，$Y_{ATP}=10.5$g/mol，$Y_{ATP,S}=2$mol/mol，葡萄糖的摩尔质量 $M_S=180$g/mol，忽略产物生成过程和其他过程对 ATP 的消耗，则生长得率系数的理论值为：

$$Y_{XS}^{m}=\frac{Y_{ATP,S}Y_{ATP}}{M_S}=\frac{10.5\times 2}{180}=0.117\text{g/g}$$

假定葡萄糖完全转化为乙醇，乙醇得率系数的理论值为：

$$Y_{PS}^{m}=\frac{2\times 46}{180}=0.51\text{g/g}$$

4.2.2.5 以碳为计算基准的得率系数

如果反应途径中的含碳化合物分子式全部表示为含 1 个碳原子的分子式，这样表示的分子的物质的量单位表示为 C-mol，化学计量时的得率系数则以 C-mol 为计算基准，单位为 C-mol/C-mol。例如，生长得率系数和产物得率系数分别表示为：

$$Y_{XS}=\frac{\Delta m_X\sigma_X}{\Delta m_S\sigma_S},\ Y_{PS}=\frac{\Delta m_P\sigma_P}{\Delta m_S\sigma_S} \tag{4-23}$$

式中，σ_X、σ_S 和 σ_P 分别为生物质、底物和产物中所含碳原子的质量分数。

由于这种方法统一以碳为基准物质计算得率系数，因此可反映碳的转化效率，在代谢反应途径的计量学研究上有合理性。

注意，由于以上讨论的各种得率系数的计算基准分别有质量、物质的量和 C-mol，因此在本书的后续内容中，要注意上下文约定和单位表示。

【例 4-2】 黑醋菌氧化性代谢使 D-山梨醇（$C_6H_{14}O_6$）转化为 L-山梨糖（$C_6H_{12}O_6$），同时生成二氧化碳和生物质。

$$CH_{7/3}O+Y_{OS}O_2 \longrightarrow Y_{XS}X+Y_{PS}CH_2O+Y_{CS}CO_2$$

试导出表观得率系数 Y_{XS} 和 Y_{PS} 表示为 RQ 和 Y_{OS} 函数的计算式。

解 由 C-mol 为基准作碳平衡计算，则有：

$$Y_{XS}+Y_{PS}+Y_{CS}=1$$

由还原度平衡可得：

$$\kappa_X Y_{XS}+\kappa_P Y_{PS}-\kappa_S-(-4)Y_{OS}=0$$

又由

$$Y_{CS}=RQ\cdot Y_{OS}$$

由以上各式，可导出：

$$Y_{XS}=\frac{(4-\kappa_P RQ)Y_{OS}+\kappa_P-\kappa_S}{\kappa_P-\kappa_X}$$

$$Y_{PS}=\frac{(\kappa_X RQ-4)Y_{OS}+\kappa_S-\kappa_X}{\kappa_P-\kappa_X}$$

设 $\kappa_S=4.33$，$\kappa_X=4.2$，$\kappa_P=4$，则：

$$Y_{XS}=1.65-20(1-RQ)Y_{OS}$$

$$Y_{PS}=-0.65+(20-21RQ)Y_{OS}$$

由于好氧培养时 Y_{OS} 与通气速率有关，因此可通过调节通气速率和生理特性参数 RQ 的途径确定最优的生长得率或产物得率。

4.2.3 底物消耗的质量衡算

细胞反应过程的底物消耗主要用于生长、产物生成过程和维持过程（如图 4-1 所示）。

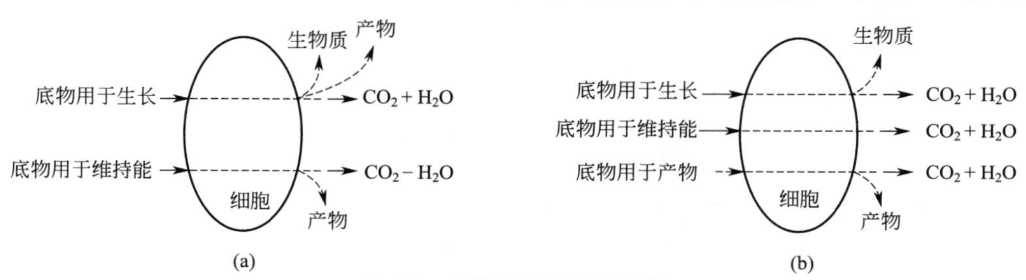

图 4-1 底物消耗的质量衡算

对于生长过程，底物是生物质合成的必要物质。对于维持过程，底物消耗于与生物质净合成无关的一类细胞反应，包括跨膜浓度和电势梯度的维持、无效循环、大分子的周转，因此，底物参与有关途径反应的作用是生成 ATP 以提供自由能，即维持能。对于产物生成过程，厌氧培养与好氧培养有不同的机制。对厌氧培养，由于它的能量来源是底物转化为产物的反应，生成的产物加入能量代谢，因此没有通过细胞生成产物的单独物流，维持过程生成的产物作为底物进入细胞，如图 4-1(a) 所示；相反，对某些好氧培养，若产物生成与能量代谢无关或部分偶联，存在底物通过细胞生成产物单独的附加物流，附加物流与细胞生长和维持过程无关，如图 4-1（b）所示。

当产物生成与能量生成直接相关，例如厌氧培养，或有些没有胞外产物生成的过程，如面包酵母的单细胞蛋白培养过程，底物的消耗速率则为：

$$r_S=\frac{r_X}{Y_{XS}^m}+m_S c_X \tag{4-24}$$

式中，m_S 称为维持系数，g 底物/(g 细胞·h)。

维持系数表示维持过程底物消耗的比速率。它的大小与环境条件和细胞生长速率有关。对微生物，m_S 值的范围约为 0.01～4 h^{-1}。m_S 值越小，表示细胞的能量代谢效率越高。

由式（4-24）也可分析得出生长得率 Y_{XS} 与比生长速率 μ 和维持系数 m_S 的关系。

对式（4-24），两边除以 c_X，则有：

$$q_S=\frac{\mu}{Y_{XS}^m}+m_S \tag{4-25}$$

将方程两边同时除以 μ，应有：

$$\frac{1}{Y_{XS}}=\frac{1}{Y_{XS}^m}+\frac{m_S}{\mu} \tag{4-26}$$

重排可得：

$$Y_{XS}=Y_{XS}^m\frac{\mu}{m_S Y_{XS}^m+\mu} \tag{4-27}$$

因此，当 $m_S=0$ 时，$Y_{XS}=Y_{XS}^m$。当 m_S 为常数时，当 $\mu\to\infty$，则 $Y_{XS}\to Y_{XS}^m$，底物主要用于细胞生长；当 $\mu\to 0$，则 $Y_{XS}\to 0$，底物主要用于维持能。

由式（4-24）和式（4-25）可见，当比生长速率 μ 为零时，底物的消耗速率为 $m_S c_X$。因此，若培养液中底物耗尽，细胞无法获得底物进行维持代谢，就会死亡。但是，这时的底物实际由内源代谢提供。内源代谢通过利用部分细胞的降解物质为维持过程提供底物，保持底物的质量平衡。在维持过程中，实际在底物充足时，内源代谢也存在。

若底物为培养液中的溶解氧，在没有胞外产物生成时，用相同的分析方法可得出下述方程：

$$r_O=\frac{r_X}{Y_{XO}^m}+m_O c_X \tag{4-28}$$

$$q_O=\frac{\mu}{Y_{XO}^m}+m_O \tag{4-29}$$

$$\frac{1}{Y_{XO}}=\frac{1}{Y_{XO}^m}+\frac{m_O}{\mu} \tag{4-30}$$

对产物生成与能量生成不直接相关的过程，底物消耗由生长、维持过程和产物生成三个过程的消耗组成，底物消耗的体积速率和比速率分别为：

$$r_S=\frac{r_X}{Y_{XS}^m}+\frac{r_P}{Y_{PS}^m}+m_S c_X \tag{4-31}$$

$$q_S=\frac{\mu}{Y_{XS}^m}+\frac{q_P}{Y_{PS}^m}+m_S \tag{4-32}$$

4.2.4 黑箱计量模型的一般形式

若将反应器中的生物质认作黑箱，则对它的输入与输出仅为进入与离开系统的底物和产物的速率。对有 N 个底物、M 个代谢产物的细胞反应，它的黑箱计量模型的化学计量式为：

$$-[S_1]-\sum_{j=2}^{N-1}Y_{S_j,S_1}[S_j]-Y_{O,S_1}[O_2]+Y_{X,S_1}[X]+\sum_{j=1}^{M-2}Y_{P_j,S_1}[P_j]+Y_{C,S_1}[CO_2]+Y_{W,S_1}[H_2O]=0 \tag{4-33}$$

式中，$[S_1]$ 为关键的含碳底物浓度；$[S_j]$ 为其他不包括 O_2 的底物浓度；$[P_j]$ 为不包括CO_2 和 H_2O 的产物浓度。式中各个含碳化合物的分子量都以 mol 或 C-mol 为计算基准。

设进入或离开系统的速率组成速率向量 $\boldsymbol{\Phi}=[\phi_1,\cdots,\phi_j,\cdots,\phi_{N+M+1}]^T$，其中某个组分的速率 ϕ_j 定义为生成速率。ϕ_j 单位根据计算基准确定。若计算控制体为反应器体积，各速率为体积速率，其单位为 mol/(L·h)；若控制体为细胞，各速率为比速率，其单位为 mol/(mol·h)；若考虑绝对速率，则单位为 mol/h。若考虑比速率，按照我们对底物消耗速率和产物生成速率的定义，则 $\phi_j=-q_{S_j}$，或 $\phi_j=q_{P_j}$。

对式（4-33）进行元素衡算，衡算方程组可写成矩阵和向量形式：

$$\boldsymbol{E\Phi}=\mathbf{0} \tag{4-34}$$

式中，$\boldsymbol{E}$ 定义为所有组分的元素组成系数矩阵。在仅对 C、H、O 和 N 作元素衡算时，$\boldsymbol{E}$ 为 4 行 $N+M+1$ 列矩阵，其中每列中的各分量为某组分的元素组成系数。$\boldsymbol{E}$ 的行数决定式（4-34）的自由度。若对 4 种元素进行衡算，则 $\boldsymbol{E}$ 的自由度为 $N+M-3$，即由 $\boldsymbol{\Phi}$ 中的 $N+M-3$ 个分量可计算出其余 4 个分量。

在实验研究时，若将所有速率划分为可测量速率和不可测量速率，则相应的速率可组成可测量速率向量$\boldsymbol{\Phi}_m$ 和不可测量速率向量$\boldsymbol{\Phi}_c$。再定义由可测量速率向量和不可量速率向量对应的元素组成系数矩阵$\boldsymbol{E}_m$ 和$\boldsymbol{E}_c$。根据式(4-34)，则有：

$$\boldsymbol{E}_m\boldsymbol{\Phi}_m+\boldsymbol{E}_c\boldsymbol{\Phi}_c=\mathbf{0} \tag{4-35}$$

若$\boldsymbol{E}_c$ 为非奇异矩阵，$\det(\boldsymbol{E}_c)\neq 0$，则：

$$\boldsymbol{\Phi}_c=-(\boldsymbol{E}_c)^{-1}\boldsymbol{E}_m\boldsymbol{\Phi}_m \tag{4-36}$$

可见，由可测量速率可以计算不可测量速率。再由各速率之间的关系，可得出各个表观得率系数。

【例 4-3】 酿酒酵母好氧培养的比速率测量。化学计量式为：

$$C_6H_{12}O_6+Y_{NS}NH_3+Y_{OS}O_2 \longrightarrow Y_{XS}CH_{1.8}O_{0.5}N_{0.2}+Y_{PS}C_2H_5OH+Y_{CS}CO_2+Y_{WS}H_2O$$

确定可测量比速率为底物消耗比速率 q_S、二氧化碳释放比速率 q_C、比生长速率 μ，不可测量比速率为呼吸强度 q_O、氨比消耗速率 q_N、乙醇比生成速率 q_E、水比生成速率 q_W。

解

$$\begin{matrix}C\\H\\O\\N\end{matrix}\begin{bmatrix}6&0&0&1&2&1&0\\12&3&0&1.8&6&0&2\\6&0&2&0.5&1&2&1\\0&1&0&0.2&0&0&0\end{bmatrix}\begin{bmatrix}-q_S\\-q_N\\-q_O\\\mu\\q_E\\q_C\\q_W\end{bmatrix}=0$$

设，$\boldsymbol{\Phi}_m=[-q_S \quad q_C \quad \mu]^T$，$\boldsymbol{\Phi}_c=[-q_O \quad -q_N \quad q_E \quad q_W]^T$，则：

$$\boldsymbol{E}_{\mathrm{m}}=\begin{bmatrix}6 & 1 & 1\\ 12 & 0 & 1.8\\ 6 & 2 & 0.5\\ 0 & 0 & 0.2\end{bmatrix}\qquad \boldsymbol{E}_{\mathrm{c}}=\begin{bmatrix}0 & 0 & 2 & 0\\ 0 & 3 & 6 & 2\\ 2 & 0 & 1 & 1\\ 0 & 1 & 0 & 0\end{bmatrix}$$

按照式(4-36) 可求得：

$$\begin{bmatrix}q_{\mathrm{O}}\\ q_{\mathrm{N}}\\ q_{\mathrm{E}}\\ q_{\mathrm{W}}\end{bmatrix}=\begin{bmatrix}-3q_{\mathrm{S}}+3q_{\mathrm{C}}/2+9\mu/20\\ \mu/5\\ 3q_{\mathrm{S}}-q_{\mathrm{C}}/2-\mu/2\\ -3q_{\mathrm{S}}+3q_{\mathrm{C}}/2+9\mu/10\end{bmatrix}$$

4.2.5 细胞反应热

生物反应器的换热系统设计需要有细胞反应热的基础数据，因此必须了解反应热与能源物质利用之间的计量关系，由质量衡算和对热力学状态函数变化的分析确定反应热的计算方法。

细胞反应热是进入与离开反应系统的自由焓变化。这个焓变化可由燃烧热的衡算得出。

对某个细胞反应过程，假定其各个底物的质量变化的绝对值为 $\Delta m_{\mathrm{S_1}}$、$\Delta m_{\mathrm{S_2}}$、…、$\Delta m_{\mathrm{S_N}}$，胞外各个产物的质量变化为 $\Delta m_{\mathrm{P_1}}$、$\Delta m_{\mathrm{P_2}}$、…、$\Delta m_{\mathrm{P_M}}$，生物质的增加量为 Δm_{X}。反应热为：

$$Q=\sum_{j=1}^{N}(-\Delta H_{\mathrm{S}})_j(\Delta m_{\mathrm{S}_j})-\sum_{j=1}^{M}(-\Delta H_{\mathrm{P}})_j(\Delta m_{\mathrm{P}_j})-(-\Delta H_{\mathrm{X}})(\Delta m_{\mathrm{X}}) \tag{4-37}$$

式中，Q 为反应热，kJ；$(-\Delta H_{\mathrm{S}})_j$ 和$(-\Delta H_{\mathrm{P}})_j$ 分别为组分 S_j 和 P_j 的燃烧热，kJ/g；$(-\Delta H_{\mathrm{X}})$为细胞的燃烧热，kJ/g；Δm_{S_j}、Δm_{P_j} 和 Δm_{X} 均为组分质量变化的绝对值，g。

每生成 1g 生物质的反应热可表示为：

$$\frac{Q}{\Delta m_{\mathrm{X}}}=\sum_{j=1}^{N}\frac{1}{Y_{\mathrm{X,S}_j}}(-\Delta H_{\mathrm{S}})_j-\sum_{j=1}^{M}Y_{\mathrm{P}_j,\mathrm{X}}(-\Delta H_{\mathrm{P}})_j-(-\Delta H_{\mathrm{X}}) \tag{4-38}$$

式中，$Y_{\mathrm{X,S}_j}$ 和 $Y_{\mathrm{P}_j,\mathrm{X}}$ 为细胞对各底物和各产物对细胞的表观得率系数，g/g。

在已知表观得率系数、各个底物和产物和细胞的燃烧热时，反应热可计算确定。

底物和产物的燃烧热的获得可通过查询热力学数据表和用热力学方法计算确定。对大多数化合物，燃烧热：

$$(-\Delta H_{\mathrm{C}})=115\kappa^{*}x_{\mathrm{C}}(\mathrm{kJ/mol}) \tag{4-39}$$

式中，κ^{*} 为以 N_2 为氧化还原中性化合物计算的还原度；x_{C} 为分子式中的碳原子数。

细胞燃烧热可用经验计算式(4-40) 确定：

$$(-\Delta H_{\mathrm{X}})=33.79w_{\mathrm{C}}+144.19\left(w_{\mathrm{H}}-\frac{w_{\mathrm{O}}}{8}\right) \tag{4-40}$$

式中，w_{C}、w_{H} 和 w_{O} 分别表示细胞中元素 C、H 和 O 的质量分数。

由式(4-40) 计算得到标准生物质的燃烧热为 21.18kJ/g。大多数微生物的燃烧热为 20.92～25.10kJ/g，平均值为 22.64kJ/g。

对好氧培养，细胞反应热与氧的消耗有关。在合理范围内：

$$Q=460Y_{\mathrm{OS}}(\mathrm{kJ/C\text{-}mol}) \tag{4-41}$$

Y_{OS} 为式（4-33）中氧对关键含碳底物的计量系数。底物和产物的分子量以 C-mol 为计算基准。

单位质量生物质的反应热等价于基于代谢热的生长得率系数，即：

$$Y_{XH}=\frac{\Delta m_X}{Q} \tag{4-42}$$

对仅有生物质生成而没有其他产物生成的过程，对典型的微生物，其平均值为0.0277g/kJ。

在好氧代谢中，储存在碳源和能源中的40%～50%的能量被转化成ATP形式的生物能，其余的能量以热的形式释放。对于活跃生长的细胞，需要的维持能是较低的。因此，分解代谢的产热量与细胞生长直接相关，对Y_{XH}值的估计意义较大。

4.3 非结构生长模型

4.3.1 基本生长过程

在分析分批培养时的动力学变化时，由于在生长的各个阶段有不同动力学现象，因此必须先了解基本生长过程。

生长过程是细胞与环境的相互作用过程。分批培养时，这个过程一般经历延迟期、指数生长期、减速期、静止期和死亡期几个阶段。图4-2为生长过程细胞浓度随着培养时间变化的示意图，图中曲线称为生长曲线。

延迟期是细胞刚进入新鲜培养基后的适应期。在这个阶段细胞基本没有生长。这时，胞外氨基酸、辅因子和金属离子等物质输送至胞内，细胞为各种酶的活化和细胞的分裂准备中间代谢物。如果接种细胞的培养基营养充分，含有各种生物质合成所需的氨基酸、复合碳源和氮源，在胞内中间代谢物不缺乏时，延迟期可较短。如果接种量较大，而且接种的细胞处于指数生长期，延迟期也会被缩短。

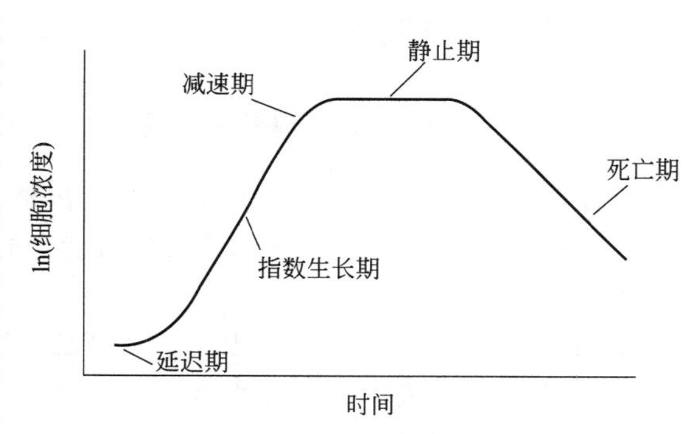

图4-2 分批培养的生长曲线

指数生长期是细胞发生分裂和增殖的阶段。如果用细胞个数表示细胞浓度并取其对数值，在生长曲线上此对数值与培养时间的关系基本呈一条直线。因此，指数生长期也称对数生长期。在指数生长期，由于培养基中营养物质较充分，没有抑制生长的代谢产物的生成，细胞生长速率不受到限制，细胞内各成分按比例增加，呈均衡生长状态。指数生长期的比生长速率为最大比生长速率，$\mu=\mu_{max}$。

如果用细胞生物质的干燥质量表示细胞浓度，在指数生长期，细胞生长速率可表示为：

$$r_X=\frac{dc_X}{dt}=\mu_{max}c_X \tag{4-43}$$

生物质量或细胞数目倍增时间t_d可由式(4-43)积分计算得出。

假定指数生长期开始时间为 t_1，相应的细胞浓度为 c_{X_1}，则指数生长期细胞浓度与时间的关系为：

$$c_X = c_{X_1} \exp[\mu_{max}(t - t_1)] \tag{4-44}$$

或

$$\ln \frac{c_X}{c_{X_1}} = \mu_{max}(t - t_1) \tag{4-45}$$

由此可得出，细胞浓度增加一倍所需的时间：

$$t_d = \frac{\ln 2}{\mu_{max}} \tag{4-46}$$

倍增时间因细胞的种类而异。细菌约为 0.25～1h，酵母菌约为 2～4h，霉菌约为 2～6.9h，哺乳动物细胞约为 15～100h。

在减速期，由于营养物浓度下降，抑制生长的代谢产物积累到一定浓度，细胞生长速率下降。这时，$\mu < \mu_{max}$。减速期细胞处于不断变化且不利于细胞生长的环境，这个环境恶化最终可使细胞处于生长静止期。

在静止期，由于营养物的缺乏和有害产物对生长速率的抑制，细胞生长速率较低，并有部分细胞死亡。在生长速率和死亡速率达成平衡时，生物质的降价产物被细胞生长所利用。这时，$\mu \approx 0$。

在死亡期，细胞生长停止，细胞浓度不断下降。这时，$\mu < 0$。

根据对上述生长过程的分析，如果对整个细胞生长过程作动力学描述，实际应当建立细胞生长速率与底物浓度和胞外影响生长的环境变量之间的关系。因此，以下重点讨论这类非结构生长模型。

4.3.2 Monod 方程

4.3.2.1 Monod 方程的基本特性

最简单的表示细胞比生长速率与底物浓度之间关系的模型由 Monod（1942）建立。这个模型是在研究大肠杆菌在不同葡萄糖浓度下的生长速率时，由实验数据分析得出。

该模型的基本假设如下：

① 细胞生长为均衡生长。因此，可用细胞浓度的变化来描述细胞的生长。

② 培养基中只有一种限制性底物是细胞生长的限制性底物，其他组分均为过量。

③ 细胞生长被视为简单的单一反应，生长得率系数 Y_{XS} 为一常数。

Monod 模型方程为：

$$\mu = \mu_{max} \frac{c_S}{K_S + c_S} \tag{4-47}$$

式中，μ 为比生长速率，h^{-1}；μ_{max} 为最大比生长速率，h^{-1}；c_S 为限制性底物浓度，g/L；K_S 为饱和常数，g/L。

式(4-47)的标绘曲线如图 4-3 所示。可见 Monod 方程描述了 μ 与 c_S 之间的饱和动力学特征。计算数据：K_S=2g/L，4g/L，6g/L，8g/L，10g/L，μ_{max}=0.4 h^{-1}。

Monod 方程中限制性底物浓度与比生长速率的关系表现为：

当 $c_S \ll K_S$ 时，$\mu \approx \frac{\mu_{max}}{K_S} c_S$，$\mu$ 与 c_S 呈一级动力学关系，此时提高限制性底物浓度可以提高比生长速率。

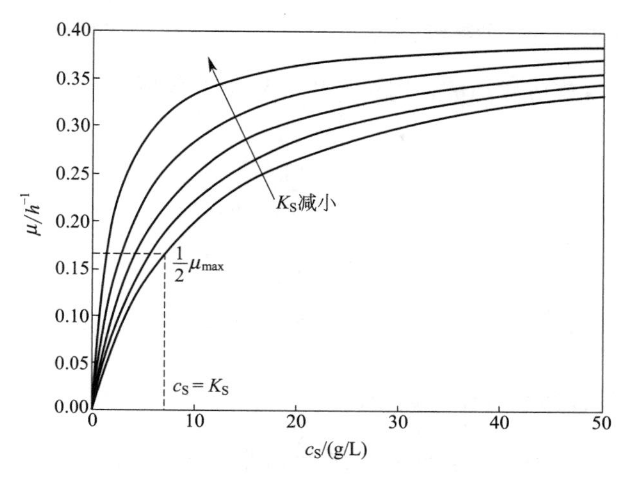

图 4-3　Monod 方程的 $\mu \sim c_S$ 曲线

当 $c_S \gg K_S$ 时，$\mu \approx \mu_{max}$，μ 与 c_S 呈零级动力学关系，此时提高限制性底物浓度对比生长速率无影响。一般认为，当 $c_S > 10K_S$ 时有这种关系。

Monod 方程有两个重要的参数，即 μ_{max} 和 K_S。它们的数值大小与微生物种类和环境条件有关。

最大比生长速率 μ_{max} 为底物过量时的比生长速率。这是微生物在指数生长期所表现的生长特性。

饱和常数 K_S 的数值与微生物种类和培养条件有关。常见微生物以葡萄糖为限制性碳源的 K_S 值如表 4-3 所示。由数据分析可见，当工业上通常采用 $c_S \approx K_S$ 的条件避免葡萄糖的分解代谢物积累时，培养液中葡萄糖的浓度一般控制在 1～10mg/L 的范围，这时却有 $\mu = \mu_{max}/2$。

表 4-3　若干微生物的 K_S 值

微生物	限制性底物	K_S/(mg/L)
大肠杆菌	葡萄糖	4
	甘油	2
	乳糖	20
酿酒酵母	葡萄糖	150
产黄青霉	葡萄糖	4
米曲霉	葡萄糖	5
产气杆菌	葡萄糖	8
产气克雷伯氏菌	葡萄糖或甘油	9
产酸克雷伯氏菌	葡萄糖或果糖	10

根据 Monod 方程的基本假设，它描述的生长过程仅为简单的底物转化为生物质的反应，没考虑在底物耗尽时细胞内源代谢的问题。在底物耗尽时，没有胞外产物生成，内源代谢会使部分细胞降解，若用 Monod 方程表示细胞生长速率，应有：

$$\mu = \mu_T - \mu_E = \mu_{max}\frac{c_S}{K_S + c_S} - Y_{XS}^{m} m_S \tag{4-48}$$

式中，μ_T 为真实的比生长速率，此处用 Monod 方程表示；μ_E 为内源代谢的细胞比死亡速率，$\mu_E = Y_{XS}^{m} m_S$。

4.3.2.2 Monod 方程的参数估计

对 Monod 方程的参数估计，可采用对米氏方程中参数估计的类似方法。若将 Monod 方程线性化，可得：

$$\frac{1}{\mu}=\frac{K_S}{\mu_{max}}\times\frac{1}{c_S}+\frac{1}{\mu_{max}} \tag{4-49}$$

或

$$\frac{c_S}{\mu}=\frac{K_S}{\mu_{max}}+\frac{1}{\mu_{max}}c_S \tag{4-50}$$

在测量时，由实验数据对(c_S,μ)，按 L-B 法和 Langmuir 法作图，由截距和斜率得出参数估计值。

也可用软件以非线性回归法作参数估计。

4.3.2.3 基于 Monod 方程的细胞生长自催化特性分析

细胞生长的自催化特性的量化分析要求有描述生长速率与环境变量关系的模型，现已有 Monod 方程表示的比生长速率与限制性底物浓度的关系，因此可建立以生长速率与底物浓度或细胞浓度之间的函数关系表示的自催化动力学模型。这个模型是细胞培养反应器设计的基本依据。

若将细胞生长表示为自催化反应：

$$S+X \longrightarrow X+X \tag{4-51}$$

则生长速率方程为：

$$r_X=kc_Sc_X \tag{4-52}$$

式中，k 为速率常数。

以下由 $c_X=f(c_S)$ 的函数关系，用 Monod 方程建立确定式(4-52)的具体表达式。

$$r_X=\mu c_X=\mu_{max}\frac{c_S}{K_S+c_S}c_X \tag{4-53}$$

由得率系数的 Y_{XS} 的定义和式 (4-15)，对分批培养则有：

$$c_S=c_{S_0}-\frac{1}{Y_{XS}}(c_X-c_{X_0}) \tag{4-54}$$

设初始细胞浓度 $c_{X_0}\approx 0$，将式(4-54)代入式(4-53)，可得自催化反应速率方程：

$$r_X=\mu_{max}\frac{c_{S_0}-\frac{1}{Y_{XS}}c_X}{K_S+c_{S_0}-\frac{1}{Y_{XS}}c_X}c_X \tag{4-55}$$

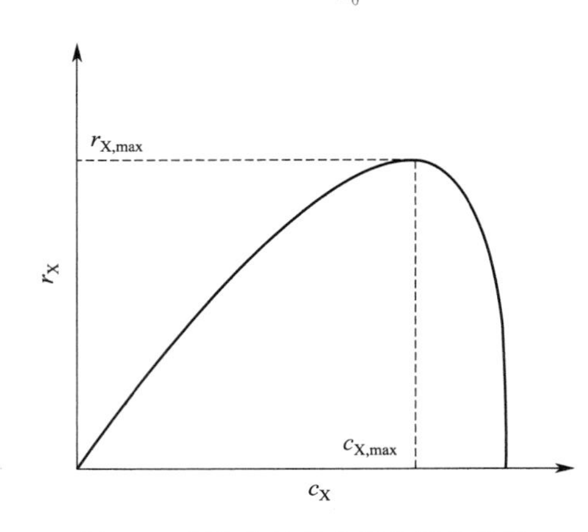

图 4-4 细胞生长的自催化特性曲线

将上式作图标绘，结果如图 4-4 所示。

由自催化特性曲线可见，在底物浓度充分的情况下，符合 Monod 方程的细胞生长体积速率 r_X 与细胞浓度 c_X 之间基本呈线性关系，这时细胞生长有指数生长期的特性，比生长速率 μ 基本保持不变。在底物浓度随生长过程进行逐渐减小时，受质量平衡关系约束，c_X 增加时，r_X 下降较快。在整个底物浓度变化范围内，r_X 有一最大值。因此，自催化特性曲线可作为反应器设计的基本依据。即对有 Monod 动力学特性的细胞生长过程，反应器中平均细胞浓度越高，细胞生长的体积速率较高。

4.3.3 其他非结构的生长模型

4.3.3.1 Monod 方程的修正模型

Monod 方程形式简单，是细胞生长动力学中最重要的基本模型。但是，它有适用性问题。Monod 方程仅适用于细胞生长较慢和细胞密度较低的情况。但是对不少微生物发酵过程，如果底物消耗速率过快，则极有可能产生有害的抑制生长的产物；在细胞浓度很高时，有害产物可能更多。由于 Monod 方程表示比生长速率仅是单一限制性底物浓度的函数，因此对有多重限制性底物的生长过程不适用。为此，不少研究者提出了各种对 Monod 方程的修正模型。

有研究表明，如果初始底物浓度过高，细胞的比生长速率会较低。其原因是培养液的渗透压和离子强度因底物浓度过高而变大，跨膜运输系统受到抑制，或者某些在低底物浓度时不易积累的抑制性产物会大量积累。对此现象，可用下述方程表示比生长速率：

$$\mu=\mu_{\max}\frac{c_{S}}{K_{S}+K_{S_0}c_{S_0}+c_{S}} \tag{4-56}$$

式中，K_{S_0} 表示无量纲初始饱和常数；c_{S_0} 为初始底物浓度。

式(4-56)中，由于 $K_{S_0}c_{S_0}$ 项的存在，比生长速率较低。

对高细胞密度时的细胞生长速率下降的现象，Contois 提出的表达式为：

$$\mu=\mu_{\max}\frac{c_{S}}{K_{S}c_{X}+c_{S}} \tag{4-57}$$

Moser 建立了在连续培养时能预测生长动态行为的三参数方程：

$$\mu=\mu_{\max}\frac{c_{S}^{n}}{K_{S}+c_{S}^{n}} \tag{4-58}$$

此方程含有调节性参数 n，能表示高反应级数的底物消耗。

Dabes 等以多部串联的可逆酶反应机制模拟细胞生长过程，建立了如下隐函数形式的三参数生长模型：

$$c_{S}=K\mu+\frac{K_{S}\mu}{\mu_{\max}-\mu} \tag{4-59}$$

式中，K 和 K_{S} 为模型参数。

此式的结果与 Blackman 方程类似。Blackman 方程是对 $\mu \sim c_{S}$ 饱和动力学曲线的分段近似计算模型。即：

$$\begin{aligned}&\text{当 } c_{S}\gg 2K_{S}\text{ 时，}\mu=\mu_{\max}\\&\text{当 } c_{S}<2K_{S}\text{ 时，}\mu=\mu_{\max}\frac{c_{S}}{2K_{S}}\end{aligned} \tag{4-60}$$

如图 4-5 所示为 Monod 方程、Moser 方程和 Dabes 方程的标绘结果和比较。计算数据：对 Moser 方程 $n=2$；对式（4-59），$K=10\text{g/L}$；对各个方程均有 $K_{S}=7\text{mg/L}$。

4.3.3.2 多底物模型

某些过程的限制性底物不止一种。对此的可能解释为，当不同的底物所转化的不同效应

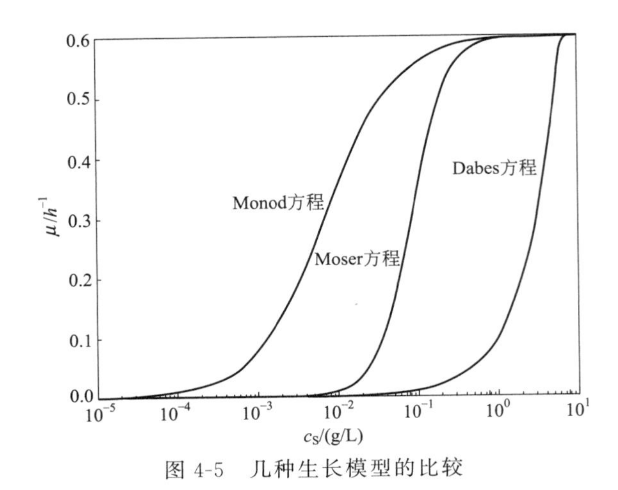

图 4-5 几种生长模型的比较

物进入反应途径时，每种效应物的作用与不同酶的活性有关。例如，好氧培养时，葡萄糖和氧会分别限制己糖激酶和 TCA 循环中的酶活性。在哺乳动物细胞培养时，葡萄糖是戊糖和核酸的来源，并通过乳酸生成过程提供能量；谷氨酰胺为生长提供有机氮，并通过 TCA 循环提供大部分能量。对这类过程，单一底物作为变量的生长模型不适用。

以双底物限制为例，有两种形式的方程可采用：

加和形式
$$\mu=\mu_{\max,1}\frac{c_{S_1}}{K_{S_1}+c_{S_1}}+\mu_{\max,2}\frac{c_{S_2}}{K_{S_2}+c_{S_2}} \tag{4-61}$$

乘积形式
$$\mu=\mu_{\max}\frac{c_{S_1}}{K_{S_1}+c_{S_1}}\times\frac{c_{S_2}}{K_{S_2}+c_{S_2}} \tag{4-62}$$

在应用时，一般使用乘积形式的表达式。

4.3.4 受抑制的生长模型

细胞生长受到抑制的原因是培养液中底物或产物浓度过高，或存在抑制性底物或代谢产物。由于受抑制的细胞生长过程的机理非常复杂，为此以往不少研究根据一定理论解释，建立了一些经验模型。一类模型在建立时，沿用酶的抑制模式和速率表达式，并认为如果单一底物的酶催化反应是生长的限速步骤，这类表达式的动力学参数有重要的生物学意义。另一类模型的建立则是考虑抑制剂浓度因素的作用，对 Monod 方程作修正。由于受抑制的细胞生长过程机理复杂，这些模型的参数实际没有生物学意义，须从实验数据经曲线拟合获得，参数估计的好坏取决于细胞的种类和培养条件。

细胞生长的抑制剂主要是底物和胞外代谢产物，以下重点了解底物抑制和产物抑制。

4.3.4.1 底物抑制

培养液中底物浓度过高时比生长速率会下降。例如，在含酚类、硫氰酸酯、硝酸盐、氨和挥发性酸等的工业废水的微生物处理过程中，这些有毒物质就会使微生物生长受到抑制。

如果将底物对生长的抑制表示成与酶的抑制类似的速率方程，则有符合竞争性抑制、非竞争性抑制和反竞争性抑制模式的生长速率方程。例如，Andrews 提出了反竞争性底物抑制方程：

$$\mu=\mu_{\max}\frac{c_S}{K_S+c_S+\frac{c_S^2}{K_I}} \tag{4-63}$$

此方程的动力学特性与反竞争性底物抑制酶反应方程类似。当底物浓度较低时，细胞比生长速率随底物浓度的增大而增大，并达到最适比生长速率；当底物浓度继续增加时，比生长速率反而下降。式中 μ_{max}、K_S 和 K_I 均为动力学参数。抑制常数 K_I 表示抑制程度，K_I 越小，抑制作用越大。

最适比生长速率 μ_{opt} 和对应的底物浓度 $c_{S,opt}$ 为：

$$\mu_{opt}=\frac{\mu_{max}}{1+2\sqrt{K_S/K_I}},\ c_{S,opt}=\sqrt{K_SK_I} \tag{4-64}$$

同样，非竞争性底物抑制的表达式为：

$$\mu=\mu_{max}\frac{c_S}{K_S+c_S}\times\frac{K_I}{K_I+c_S} \tag{4-65}$$

竞争性底物抑制的表达式为：

$$\mu=\mu_{max}\frac{c_S}{K_S\left(1+\frac{c_S}{K_I}\right)+c_S} \tag{4-66}$$

图 4-6 为使用式（4-66）对分批培养的细胞浓度和底物浓度对培养时间的变化过程的模拟计算结果。可见，底物抑制会使延迟期变长，细胞生长缓慢。当 K_I 值表示的抑制作用增大时，这个现象较明显。

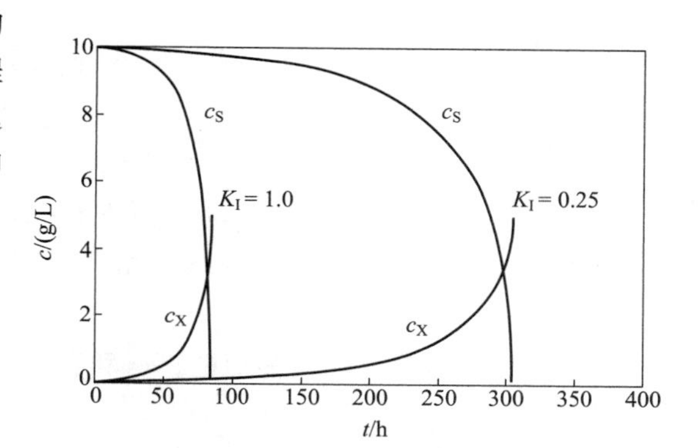

图 4-6 不同 K_I 值的竞争性底物抑制的分批培养

对底物抑制，经验模型中较典型的有：Aiba 方程

$$\mu=\mu_{max}\frac{c_S}{K_S+c_S}\exp\left(-\frac{c_S}{K_I}\right) \tag{4-67}$$

Yano 方程

$$\mu=\mu_{max}\frac{c_S}{K_S+c_S+\frac{c_S^2}{K_{I_1}}+\frac{c_S^3}{K_{I_1}K_{I_2}}} \tag{4-68}$$

式中，K_S、K_{I_1} 和 K_{I_2} 均为模型参数。

对于上述模型中的参数没有生物学意义的问题，Tan 等（1996）根据统计热力学方法提出了一般化的模型，意图从底物对生长的抑制机制上为上述模型提供理论依据，使模型参数具有生物学意义。这个研究认为，在生长过程中，大量的底物分子与细胞结合，其中速率控制步骤的结合反应达到快速平衡；每个细胞有一定数目的各种基本功能单位，包括酶、酶复合物或其他底物受体；每种功能单位含有一个用于生长过程的完整的催化功能，它与底物结合的部位数为 n，并含有 m 个抑制部位；当 $n-m+1$ 个底物分子与一个功能单位结合时，底物至少占有 $1/m$ 个抑制部位。因此，可得出比生长速率的表达式：

$$\mu=\frac{\alpha_1c_S+\alpha_2c_S^2+\cdots+\alpha_{n-m}c_S^{n-m}}{\beta_0+\beta_1c_S+\beta_2c_S^2+\cdots+\beta_nc_S^n} \tag{4-69}$$

式中，α_1，α_2，…，α_{n-m} 和 β_1，β_2，…，β_n 均为模型参数。

研究表明，用一定的方法，在确定结合部位数 n 和抑制部位数 m 后，用式(4-69) 对各种生长过程作模型参数估计，效果都较好。可见，Andrews 和 Yano 的表达式实际是 Tan 方程的特例。而且，当 $m=0$ 时，Monod 方程和 Moser 方程也是它的特例。

4.3.4.2 产物抑制

高浓度的产物会对细胞生长产生抑制。对产物抑制，同样可沿用酶的抑制模式和速率表达式。例如，酵母用葡萄糖发酵生产乙醇的过程就表现为非竞争性产物抑制动力学特性。乙醇浓度高于 50g/L 时，乙醇就成为生长抑制剂。

竞争性产物抑制
$$\mu=\mu_{\max}\frac{c_S}{K_S\left(1+\frac{c_P}{K_I}\right)+c_S} \tag{4-70}$$

非竞争性产物抑制
$$\mu=\mu_{\max}\frac{c_S}{K_S+c_S}\times\frac{K_I}{K_I+c_P} \tag{4-71}$$

经验模型典型的有：

Aiba 方程
$$\mu=\mu_{\max}\frac{c_S}{K_S+c_S}\exp\left(-\frac{c_P}{K_I}\right) \tag{4-72}$$

Levenspiel 方程
$$\mu=\mu_{\max}\frac{c_S}{K_S+c_S}\left(1-\frac{c_P}{c_{P,\max}}\right)^n \tag{4-73}$$

式中，$c_{P,\max}$ 为生长停止时的产物浓度；n 为毒性指数。

例如，对德氏乳酸杆菌的乳酸发酵，有研究得出，$c_{P,\max}$ 约为 30～45g/L，$n=0.88$，$\mu_{\max}$ 约为 0.07～0.14 h^{-1}。

对动物细胞培养过程，葡萄糖、氨和乳酸会抑制生长。这类细胞的生长模型一般为乘积形式的多底物模型的修正模型。例如，在葡萄糖和谷氨酰胺作为限制性底物时，考虑氨和乳酸的抑制作用，生长模型为：

$$\mu=\mu_{\max}\frac{c_G}{K_G+c_G}\times\frac{c_D}{K_D+c_D}\times\frac{K_A}{K_A+c_A}\times\frac{K_L}{K_L+c_L} \tag{4-74}$$

式中，c_G、c_D、c_A 和 c_L 分别为谷氨酰胺、葡萄糖、氨和乳酸的浓度；K_G 和 K_D 分别为谷氨酰胺和葡萄糖的饱和系数；K_A 和 K_L 分别为氨和乳酸的抑制常数。

【例 4-4】 在 CSTR 中的某底物抑制细胞生长过程。反应器有效体积为 $V_R=1.0$L。不同加料速率 F 和进口底物浓度 c_{S_0} 下的出料中的底物浓度 c_S 数据如下表：

F/(L/h)	c_{S_0}/(g/L)	c_S/(g/L)	F/(L/h)	c_{S_0}/(g/L)	c_S/(g/L)
0.20	30	0.5	0.80	30	10
0.25	30	0.7	0.50	60	30
0.35	30	1.1	0.60	60	22
0.50	30	1.6	0.70	60	15
0.70	30	3.3			

试确定培养液中底物浓度 $c_S\leqslant3.3$g/L 和 $c_S>3.3$g/L 两种情况的生长速率方程及其动力学参数数值。

解 由稀释率 $D=F/V_R$，将表中实验数据对(D,c_S)作图，如图 4-7 所示。可见，细胞

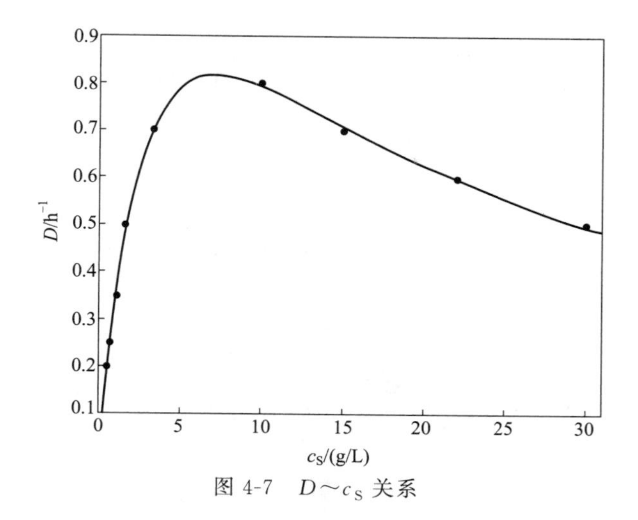

图 4-7　$D \sim c_S$ 关系

生长符合反竞争性底物抑制动力学特征。当 $c_S \leqslant 3.3\text{g/L}$ 时不存在底物抑制；当 $c_S > 3.3\text{g/L}$ 时存在底物抑制。由稀释率 $D=\mu$，将实验数据转换为下表：

实验点	D	c_S	实验点	D	c_S
1	0.20	0.5	6	0.80	10
2	0.25	0.7	7	0.50	30
3	0.35	1.1	8	0.60	22
4	0.50	1.6	9	0.70	15
5	0.70	3.3			

当 $c_S \leqslant 3.3\text{g/L}$ 时，比生长速率由 Monod 方程表示。对实验点 1～5 由 MATLAB R2016a 用非线性最小二乘法拟合得出动力学参数为：

$$\mu_{max}=1.31\text{h}^{-1}，K_S=2.84\text{g/L}，相关系数\ r=0.9931$$

当 $c_S > 3.3\text{g/L}$ 时，比生长速率应表示为：

$$\mu=\mu_{max}\frac{c_S}{K_S+c_S+\dfrac{c_S^2}{K_I}}$$

对实验点 1～9 由 MATLAB 得出动力学参数为：

$$\mu_{max}=1.74\text{h}^{-1}，K_S=4.00\text{g/L}，K_I=12.7\text{g/L}，相关系数\ r=0.9971$$

4.3.5　环境因素对生长的影响

细胞生长的环境因素包括限制性底物浓度和培养基组成、溶解氧浓度、二氧化碳浓度、温度、pH、离子强度和渗透压等。

4.3.5.1　温度

各种细胞的生长存在最适温度。一般在最适温度以下，随温度升高，细胞生长速率增大；温度超过最适温度后，随温度升高，生长速率降低，并发生细胞的热死亡。如图 4-8 所示的大肠杆菌 K12 菌株的指数生长期的比生长速率与温度变化的关系曲线。

细胞对温度变化的响应依细胞的种类而异。对微生物，根据最适温度，可分为嗜冷性（$\theta_{opt}<20℃$）、嗜温性（$\theta_{opt}=20～50℃$）和嗜热性（$\theta_{opt}>50℃$）三类。

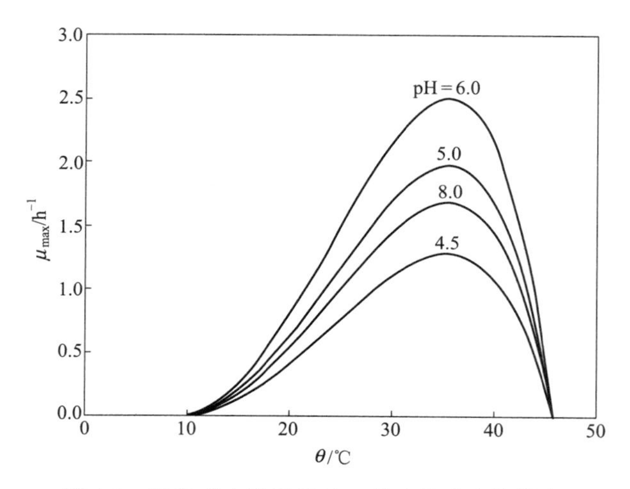

图 4-8　温度对大肠杆菌 K12 比生长速率的影响

比生长速率与温度之间的定量关系在热力学原理上可用 Arrhennius 方程表示。在最适温度以下：

$$\mu_{max}=A\exp\left(-\frac{E_G}{RT}\right) \tag{4-75}$$

式中，E_G 为细胞生长活化能；A 为模型参数。

假定细胞热死亡的蛋白质受热变性是自由能变化为 E_d 的可逆化学反应，并且变性蛋白没有活性，则可用式(4-76) 表示同时存在生长过程和热死亡过程的最大比生长速率：

$$\mu_{max}=\frac{A\exp(-E_G/RT)}{1+B\exp(-E_d/RT)} \tag{4-76}$$

式中，A 和 B 均为模型参数。

此式在通常的微生物发酵过程温度范围内有效，在低温和高温区域对数据的拟合不好。

Rosso 等（1995）不考虑温度对生长过程影响机制，建立了一种实用性较强的经验模型，称为温度基数模型（the cardinal temperature model with inflection，CTMI）。

$$\mu_{max}=\begin{cases}0 & T<T_{min}\\ \mu_{opt}\tau(T) & T_{min}<T<T_{max}\\ 0 & T>T_{max}\end{cases}$$

$$\tau(T)=\frac{(T-T_{max})(T-T_{min})^2}{(T_{opt}-T_{min})[(T_{opt}-T_{min})(T-T_{opt})-(T_{opt}-T_{max})(T_{opt}+T_{min}-2T)]} \tag{4-77}$$

由于温度和 pH 同为影响最大比生长速率的主要变量，因此 Rosso 等也提出了 pH 基数模型（the cardinal pH model，CPM）：

$$\mu_{max}=\begin{cases}0 & pH<pH_{min}\\ \mu_{opt}\rho(pH) & pH_{min}<pH<pH_{max}\\ 0 & pH>pH_{max}\end{cases} \tag{4-78}$$

$$\rho(pH)=\frac{(pH-pH_{max})(pH-pH_{min})}{(pH-pH_{min})(pH-pH_{max})-(pH-pH_{opt})^2}$$

这两个模型的综合模型称为 CTPM 模型（the cardinal temperature and pH model)：

$$\mu_{max}=\mathrm{CTPM}(T,\mathrm{pH})=\mu_{opt}\tau(T)\rho(\mathrm{pH}) \tag{4-79}$$

以上各式中，T_{min} 和pH_{min} 为细胞停止生长的最低温度和 pH；T_{max} 和pH_{max} 为细胞停止生长的最高温度和 pH；T_{opt} 和pH_{opt} 为最适温度或最适 pH；μ_{opt} 为最适比生长速率。温度的单位均为℃，比生长速率的单位为 h^{-1}。

注意，以上模型中的所有参数没有实际的生物学意义，仅表示真实数据的近似值。

CTPM 模型假定温度和 pH 为相互独立的变量，它们对最大比生长速率的影响不相干。图 4-8 所示的曲线即为用这个模型对大肠杆菌培养的实验数据的拟合结果。作者对由不同的微生物生长数据组成的数据集应用上述模型，结果都表明模型的适用性较好。

温度不仅影响生长过程，还通过胞内代谢过程影响产物生成。但是细胞的最适生长温度和产物生成的最适温度是不同的。因此，对实际细胞反应过程，对这两类过程，采用不同的分阶段温度控制条件。

得率系数也受温度的影响。对一些过程，例如酵母的单细胞蛋白生产，确定使得率系数 Y_{XS} 最大化的最适温度很关键。若采用高于最适温度的控制条件，由于温度较高时细胞的维持过程对底物需求较高，这使底物的生长得率降低。

4.3.5.2 pH

pH 对细胞生长的影响取决于细胞中某些有关的酶。因此，可假定这些酶的离子化状态与细胞的生长状态有关。若认为这种 pH 作用机制与酶活性受 pH 影响的模式类似，对指数生长期的最大比生长速率，同样可建立其与 pH 的关系式，见式(4-80)：

$$\mu_{max}=\frac{k_1}{1+\frac{K_1}{c_{H^+}}+\frac{c_{H^+}}{K_2}} \tag{4-80}$$

式中，c_{H^+} 为氢离子浓度；k_1、K_1 和 K_2 均为模型参数。

式(4-80) 对丁酸梭菌、米曲霉等不少微生物的生长过程适用。图 4-9 中的曲线 1 即为用式 (4-80) 对溶纤维丁酸弧菌生长过程数据拟合的结果。此曲线的特征为 μ_{max} 对 pH 值有对称性分布。

对不少微生物生长过程的研究发现，μ_{max} 对 pH 值的分布还有各种非对称类型。因此，式 (4-80) 的适用范围有限。

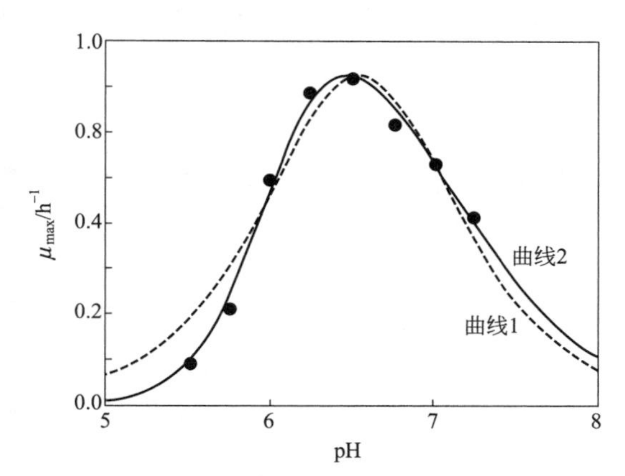

图 4-9　pH 对溶纤维丁酸弧菌比生长速率的影响

Tan 等 (1998) 也曾应用统计热力学方法，作出了 pH 对生长过程影响的机制分析和一般化模型。作者认为，每个细胞由基本功能单位组成，部分基本功能单位是能与氢离子结合的离子化的酶、酶底物复合物和其他离子化底物受体；每个基本功能单位含有 n 个与氢离子结合的可离子化功能团和 1 个限制性底物结合部位，其中有 m 个可离子化功能团对生长有功能作用，$n-m$ 个没有作用；m 个可离子化功能团中有 r 个功能团处于去离子化状态，t 个处于离子化状态。由此建立如下生长模型：

$$\mu_{\max}=\frac{\sum_{i=t}^{m-r}\frac{k_i}{K_1K_2\cdots K_i}c_{H^+}{}^{i}}{1+\sum_{j=1}^{m}\frac{1}{K_1K_2\cdots K_j}c_{H^+}{}^{j}} \tag{4-81}$$

式中，$k_i(i=t,\cdots,m-r,t\geqslant 0)$为与能量有关的常数，$h^{-1}$；$K_j(j=1,\cdots,m)$均为离子化常数，mol/L。

当$m=2$，$r=0$，$k_0=0$，$k_2=0$，式（4-81）变为式（4-80）。

当$m=3$，$r=1$，用式（4-81）对图4-9中的生长数据作拟合，结果如曲线2所示。可见，一般化模型能描述有非对称性的$\mu_{\max}$对pH值分布，而用式（4-80）得出的拟合曲线1所示的结果较差。

以上模型方程建立时均隐含了胞外与胞内pH值相等的条件。但是，实际胞内pH值与胞外不同。由于细胞的pH自动调节系统能通过依赖代谢能的Na^+/H^+反向输送载体吸收呼吸过程所泵出的质子，微生物具备在胞外pH值变化时维持胞内pH值稳定的能力，使细胞的内部酸碱环境有利于细胞的生理活动。

在生物反应器操作时，培养液的pH值变化与细胞的代谢活动和所利用的培养基组成有关。一方面，细胞通过代谢反应分泌某些酸性或碱性物质；另一方面细胞又利用培养液中的生理酸性或碱性物质。这两方面的综合作用导致培养液的pH值的变化。

4.3.5.3 溶解氧

培养液中的溶解氧是好氧微生物发酵过程的重要底物。但是，空气中的氧在培养液中溶解度很低。在常压下，25℃时，纯水中氧的溶解度仅约为0.25mmol/L，而在培养液中，由于存在各种溶解的营养成分、无机盐和代谢产物，氧的溶解度会更低。因此，氧是一种限制性底物。

溶解氧浓度与细胞生长速率的关系通过以下各式表示：

$$\mu=Y_{XO}q_O \tag{4-82}$$

式中，q_O为比氧消耗速率，$molO_2/(gDW\cdot h)$。

通常也称q_O为呼吸强度。当氧为限制性底物时，q_O与溶解氧浓度c_{OL}之间呈如式(4-83）表示的饱和动力学关系：

$$q_O=q_{O,\max}\frac{c_{OL}}{K_O+c_{OL}} \tag{4-83}$$

式中，$q_{O,\max}$为最大比氧消耗速率；K_O为氧的饱和系数。

q_O与c_{OL}关系如图4-10所示。由图可见，对呼吸强度，存在临界溶解氧浓度$c_{OL,C}$。当培养液中$c_{OL}<c_{OL,C}$时，q_O是c_{OL}的线性函数，由式（4-82）和式（4-83）可判断出，细胞比生长速率受到溶解氧浓度的限制，两者之间呈一级动力学关系；当$c_{OL}>c_{OL,C}$时，q_O不随c_{OL}变化，$q_O\approx q_{O,\max}$，比生长速率不受溶解氧浓度的影响。因此，微生物好氧培养时，通过溶解氧浓度

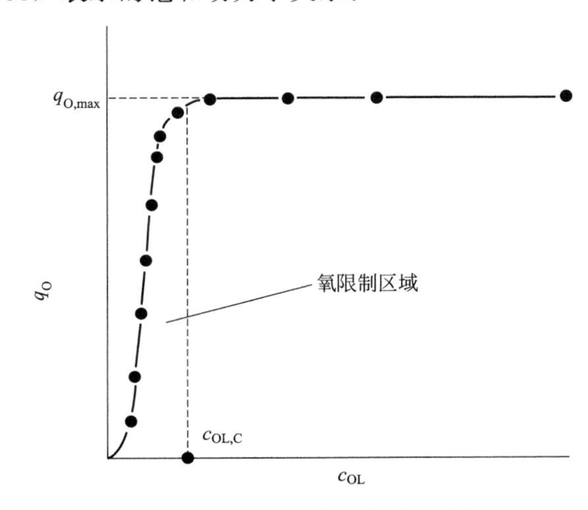

图4-10 呼吸强度与溶解氧浓度的关系

可调控细胞的呼吸强度和比生长速率，若要消除溶解氧对生长的限制，应将溶解氧浓度保持在临界值之上。

临界溶解氧浓度主要与细胞的种类有关。通常细菌和酵母的临界溶解氧浓度大约是饱和溶解氧浓度的5%～10%；而对霉菌，由于霉菌尺寸较大，在细胞内部存在氧的扩散限制，它的溶解氧浓度约为10% ～ 50%，具体的数值取决于霉菌的大小。临界溶解氧浓度还与含碳底物的种类关系较大。例如，对青霉菌，由于它对葡萄糖代谢比乳糖、蔗糖等其他含碳底物快，细胞在葡萄糖上生长时对氧的需求较大。

应当注意，这里所讨论的临界溶解氧浓度是细胞生长过程的生理学特性，它与产物生成过程的临界溶解氧浓度是不同的。对某些过程，对细胞生长存在临界溶解氧浓度；而对产物生成过程，不一定存在临界溶解氧浓度。

4.3.6 细胞死亡动力学

细胞死亡动力学是生物反应器加热法灭菌过程的设计基础。动物细胞培养时，在培养基组成、流体剪切力有关的反应器设计和操作条件选择等方面存在问题时，常发生细胞死亡现象。因此，对细胞死亡动力学特性的认识是生物反应器设计与操作的重要条件。

细胞受热死亡的原因，主要是高温能使细胞内的蛋白质发生凝固和变性，从而导致细胞无法生存而死亡。细胞受热死亡的规律有多种类型，但常见的为对数死亡和非对数死亡。

一般用一阶死亡模型描述细胞的死亡速率，即：

$$-\frac{\mathrm{d}N}{\mathrm{d}t}=k_{\mathrm{d}}N \tag{4-84}$$

式中，N 为活细胞个数，个/L；k_{d} 为细胞比死亡速率，h^{-1}。

比死亡速率 k_{d} 是温度的函数，可用 Arrhenius 方程表示：

$$k_{\mathrm{d}}=A_{\mathrm{d}}\exp\left(-\frac{E_{\mathrm{d}}}{RT}\right) \tag{4-85}$$

式中，A_{d} 为模型常数；E_{d} 为细胞死亡活化能；T 为热力学温度。

在等温条件下，k_{d} 为常数，对式（4-84）积分可得：

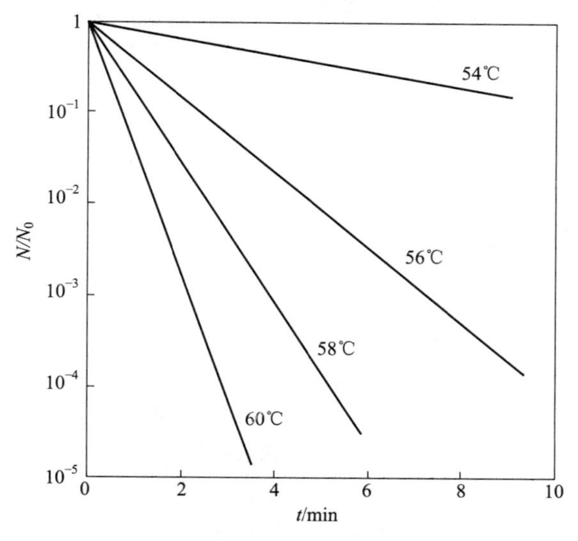

图 4-11　不同温度下大肠杆菌的存活率曲线

$$\frac{N}{N_0}=\exp(-k_d t) \tag{4-86}$$

式中，N_0 为开始灭菌时原有活细胞数；N 为经过时间 t 时残留的活细胞数。

对大肠杆菌，在半对数坐标上对式(4-86) 标绘的结果如图 4-11 所示。图中直线的斜率的绝对值即为 k_d 值。可见，温度越高时，k_d 值越大，细胞死亡速率越大。

比死亡速率过程的特征参数为死亡活化能 E_d，其值的范围约为 300～380kJ/mol。它表示比死亡速率对温度的敏感性。一般微生物孢子的 E_d 相对营养细胞较大。因此，营养细胞的 k_d 值较大，而孢子的 k_d 值较小。在 121℃时，营养细胞的 k_d 值可大于 10^{10}min^{-1}，而孢子的 k_d 值却只有 0.5～5.0min^{-1}。

对有孢子的微生物，实际的比死亡速率不符合一阶死亡模型，此时常用循环死亡模型来进行描述。图 4-12 是对脂肪芽孢杆菌使用这种模型的标绘结果。

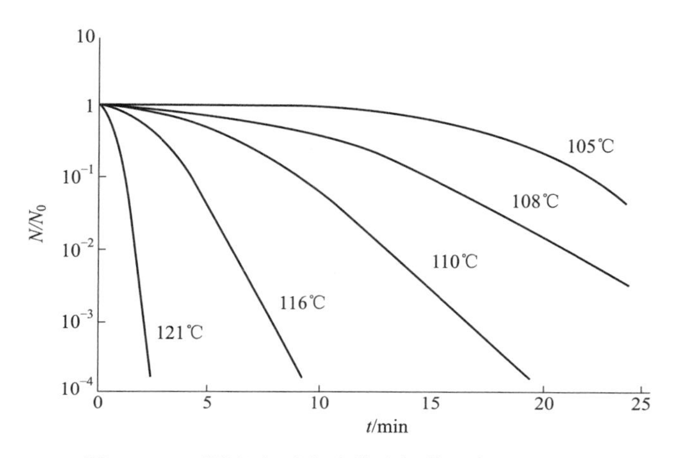

图 4-12　不同温度下脂肪芽孢杆菌的存活率曲线

4.4　产物生成动力学

对产物生成动力学特征的认识是细胞反应动力学研究的最终目标，由此才可判断影响产物生成速率和得率的影响因素的作用，有效地进行过程调控和反应器设计。

4.4.1　产物生成的非结构模型

4.4.1.1　产物生成过程的分类

由于细胞反应的产物生成过程十分复杂，因此难以对其作简单的模式判别和类型划分。

若根据产物生成与细胞生长的关系，则可分为生长偶联型、生长部分偶联型和非生长偶联型三种类型。见图 4-13 表示的分批培养的细胞生长和产物生成过程变化。这种分类方法通过观察反应过程中的细胞生长曲线和产物生成曲线，判断出产物生成过程与细胞生长过程的关联性。对生长偶联型，两种过程同步进行，速率和浓度变化的模式相同。对非生长偶联型，细胞生长与产物生成分成两个阶段，两个过程基本不相干。当细胞开始生长时，没有产

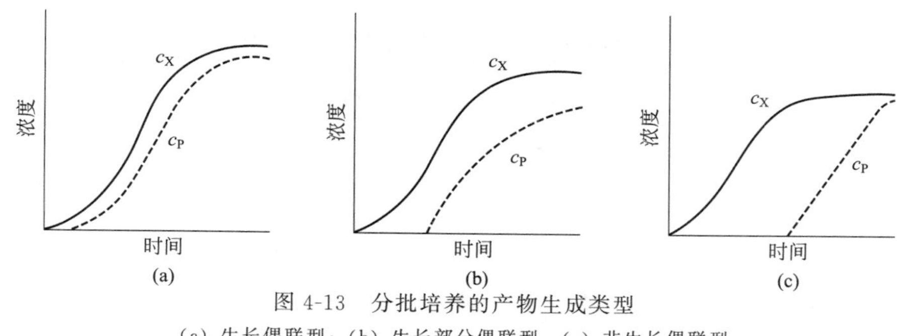

图 4-13　分批培养的产物生成类型

(a) 生长偶联型；(b) 生长部分偶联型；(c) 非生长偶联型

物生成，而当生长过程完成时，才有产物积累。对生长部分偶联型，产物生成过程与细胞生长过程部分关联，属于中间类型。

如果用 Luedeking-Piret 方程表示产物生成速率，则有：

$$r_P = \alpha r_X + \beta = (\alpha\mu + \beta) c_X \tag{4-87}$$

式中，α 和 β 均为模型常数。

对生长偶联型，$\alpha \neq 0$，$\beta = 0$；对非生长偶联型，$\alpha = 0$，$\beta \neq 0$；对生长部分偶联型，$\alpha \neq 0$，$\beta \neq 0$。

这种分类方法不考虑产物生成的过程机制，简单地认为 α 和 β 与底物浓度等环境变量不成函数关系，因此它的产物生成速率方程属于非结构性的黑箱模型。它的模型分析将影响产物生成速率的因素归结为细胞浓度和比生长速率，有利于简便地在宏观上得出反应器操作规律和设计条件，但不易于在过程机制分析上提供更充分的研究结果。

如果根据从细胞的能量代谢机制与产物生成的关系分类，则有产物生成直接与能量生成偶联型、不直接与能量生成偶联型、与能量生成不偶联型三种类型。在工业上这三类过程的代谢产物如表 4-4 中所列。对与能量生成直接偶联型，它的产物是能量代谢直接的终端产物或副产物，在生成 ATP 的途径中合成。对不直接与能量生成偶联型，它的产物合成与能量代谢部分相关，还需要其他附加能量。对与能量生成不偶联型，它的产物生成与能量代谢的关系不大。根据这种分类法的基本点，由于它既考虑了生长过程，也考虑了维持过程与能量代谢和产物生成的关系，因此它的模型是考虑产物生成机制的灰箱模型。

表 4-4　产物生成类型与产物种类

类型	产物
产物生成直接与能量生成偶联型	乙醇、乙酸、葡萄糖酸、丙酮、丁醇、乳酸和其他厌氧发酵产物
产物生成不直接与能量生成偶联型	赖氨酸等氨基酸及其相关产物、柠檬酸和核苷酸、酶等生物大分子
产物生成与能量生成不偶联型	青霉素、链霉素和维生素

4.4.1.2　产物生成直接与能量生成偶联型

由于产物在 ATP 产生的途径中生成，而且生成产物通常是细胞获得能量的必要途径，因此，若产物生成与能量代谢偶联时，只要存在生长，产物就会生成。另外，维持过程也有 ATP 的需求，而且维持过程在细胞不生长时也存在，因此对这种类型，只要存在有 ATP 需求的维持过程，产物也会生成。

对这种类型，产物的生成速率方程中应该包含与生长过程和维持过程有关的两项，即：

$$r_P = Y_{PX}^{m} r_X + m_P c_X \tag{4-88}$$

$$q_{\mathrm{P}}=Y_{\mathrm{PX}}^{\mathrm{m}}\mu+m_{\mathrm{P}} \tag{4-89}$$

式中，$Y_{\mathrm{PX}}^{\mathrm{m}}$ 为产物对细胞的理论得率系数；m_{P} 为维持过程的产物生成比速率。

注意，由于要考虑维持过程，此处的比生长速率为表观速率，$\mu=\mu_{\mathrm{T}}-\mu_{\mathrm{E}}$。

产物对底物的表观得率系数：

$$Y_{\mathrm{PS}}=\frac{q_{\mathrm{P}}}{q_{\mathrm{S}}}=\frac{Y_{\mathrm{PX}}^{\mathrm{m}}\mu+m_{\mathrm{P}}}{\dfrac{\mu}{Y_{\mathrm{XS}}^{\mathrm{m}}}+m_{\mathrm{S}}} \tag{4-90}$$

因此，Y_{PS} 与 μ 之间呈单调函数关系。且当 $\mu=0$ 时：

$$Y_{\mathrm{PS}}=\frac{m_{\mathrm{P}}}{m_{\mathrm{S}}} \tag{4-91}$$

4.4.1.3 产物生成不直接与能量生成偶联型

由于这种类型的产物生成既与能量生成途径部分相关，也与耗能途径部分相关，因此一般不能用非结构模型分析。在质量平衡关系上，可通过下式求出产物生成速率：

$$r_{\mathrm{S}}=\frac{1}{Y_{\mathrm{XS}}^{\mathrm{m}}}r_{\mathrm{X}}+\frac{1}{Y_{\mathrm{PS}}^{\mathrm{m}}}r_{\mathrm{P}}+m_{\mathrm{S}}c_{\mathrm{X}} \tag{4-92}$$

对这种类型的产物生成比速率与比生长速率的关系，Roels-Kossen 对生长和产物生成假定一种没有抑制的酶反应途径机制，在拟稳态假设条件下，给出了一种较一般化的表达式：

$$\frac{q_{\mathrm{P}}}{q_{\mathrm{P,max}}}=\frac{\mu}{\mu_{\max}}\times\frac{\varepsilon}{1+(\varepsilon-1)\dfrac{\mu}{\mu_{\max}}} \tag{4-93}$$

此式表示，基于最大产物生成比速率 $q_{\mathrm{P,max}}$ 和最大比生长速率 $\mu_{\max}$，无量纲产物生成比速率（$q_{\mathrm{P}}/q_{\mathrm{P,max}}$）和无量纲比生长速率（$\mu/\mu_{\max}$）之间呈如图 4-14 所示的动力学关系。$\varepsilon$ 为本征动力学参数，$\varepsilon>0$，表示 q_{P} 和 μ 的相关性（如图 4-14 所示）。

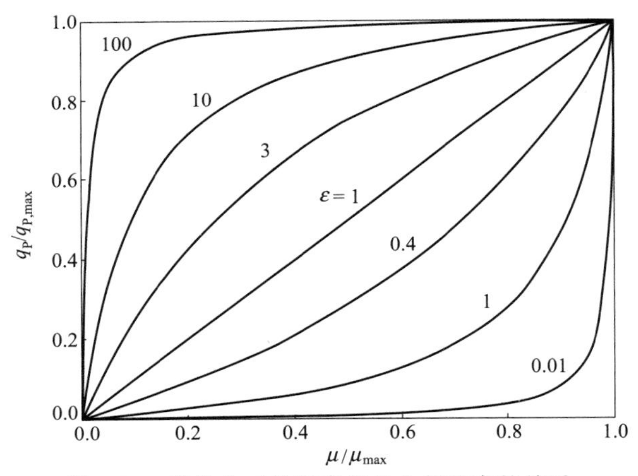

图 4-14 产物生成比速率与比生长速率的关系

对这种类型，产物对底物的表观得率系数：

$$Y_{\mathrm{PS}}=\frac{q_{\mathrm{P}}}{\dfrac{\mu}{Y_{\mathrm{XS}}^{\mathrm{m}}}+\dfrac{q_{\mathrm{P}}}{Y_{\mathrm{PS}}^{\mathrm{m}}}+m_{\mathrm{S}}} \tag{4-94}$$

已有灵敏度分析研究表明，对产物生成不直接与能量生成偶联型，维持过程的底物消耗速率较大时，即 m_S 较大时，产物得率 Y_{PS} 较低；而对产物生成直接与能量生成偶联型，m_S 较大时，产物得率 Y_{PS} 较高。两种类型的 m_S 对 Y_{PS} 的影响呈相反的趋势。

4.4.1.4 产物生成与能量生成不偶联型

对这种类型，难以在产物生成速率和比生长速率之间建立定量关系。对产物生成速率，$r_P=q_P c_X$，在产物生成期产物生成速率与细胞浓度成正比。这样，在有些情况下 q_P 为常数，这时产物生成速率与细胞生长速率不相关，犹如按产物生成与细胞生长关系分类的非生长偶联型的情况。但是，在青霉素发酵过程研究中发现，虽然青霉素合成过程属产物生成与能量生成不偶联型，但是青霉素的生成不必以细胞不生长为条件。因此，一般情况下，q_P 与 μ 之间呈复杂的函数关系，需要通过机制分析得出关系式，或通过实验研究得到经验关联式。

4.4.1.5 以环境变量表示的产物生成速率的非结构模型

在反应器操作与控制上，也使用底物浓度等环境变量表示产物生成比速率的非结构模型。例如，Lim 等用多项式形式的一般模型以限制性底物浓度表示组分生成的比速率。

$$q_i=q_{i,\max}\frac{c_S}{K_{S_i}+c_S+K_{I_i}c_S^2} \tag{4-95}$$

式中，i 分别表示限制性底物 S、产物 P 和生物质 X；$q_{i,\max}$ 为组分生成的最大比速率；K_{S_i} 和 K_{I_i} 分别为模型参数。

例如，对属于产物生成不直接与能量生成偶联型的利用乳酸发酵短杆菌的赖氨酸发酵过程，在考虑底物浓度、溶解氧浓度、细胞浓度和产物浓度对产物生成比速率的限制和抑制作用时，Ensari-Lim 建立了如下形式的比速率表达式：

$$q_i=q_{i,\max}\frac{c_S}{K_{S_i}+c_S+K_{SI_i}c_S^2}\times\frac{c_X}{K_{XI_i}+c_X}\times\frac{c_P}{K_{PI_i}+c_P} \tag{4-96}$$

式中，K_{XI_i} 和 K_{PI_i} 分别为细胞和产物的抑制常数。

由此可见，由于比生长速率 μ 的模型和产物生成比速率 q_P 的模型的参数和数目一般不相等，因此两者之间呈非线性关系。

4.4.2 产物生成过程的机制分析

产物生成过程实际是细胞复杂的生理和代谢过程，这个过程与细胞所处的环境条件密切相关。例如，当培养基组成和关键的限制性底物的种类和浓度改变时，细胞在生长与代谢上有不同的表现。因此，为充分认识产物生成动力学特性，必须进行产物生成过程的结构化机制分析。

机制分析的一种较简单方法是对过程进行分解与简化，即通过集总分析法将所有的代谢反应集总为有代表性的多个平行进行的反应，通过量化分析这些反应在细胞所处环境改变时的响应，模拟得出过程变化的动力学特征。

使用这种分析法的最简单的例子是上述将底物消耗过程分解为与生长过程和维持过程的非结构模型。以下以典型的酿酒酵母在葡萄糖吸收速率和溶解氧浓度调控下的酿酒酵母培养过程为例，讨论这种分析方法的应用。

Sonnleitner-Käppeli（1986）在研究酿酒酵母在葡萄糖上生长和代谢过程时，将过程分解为葡萄糖氧化性代谢、葡萄糖发酵性代谢和乙醇氧化性代谢三个过程。整个过程受到葡萄糖浓度和溶解氧浓度的调控。这个调控原理即为 Crabtree 效应（葡萄糖效应）和 Pasteur 效应。

(1) Crabtree 效应 在高葡萄糖吸收速率下，含碳底物物流在通过丙酮酸节点时由于丙酮酸氧化“瓶颈”的限制，葡萄糖浓度升高，会造成葡萄糖通过呼吸途径的氧化性代谢受到阻遏，葡萄糖进行“溢出性”的发酵性代谢生成乙醇，生物质得率下降（如图 4-15 所示）。

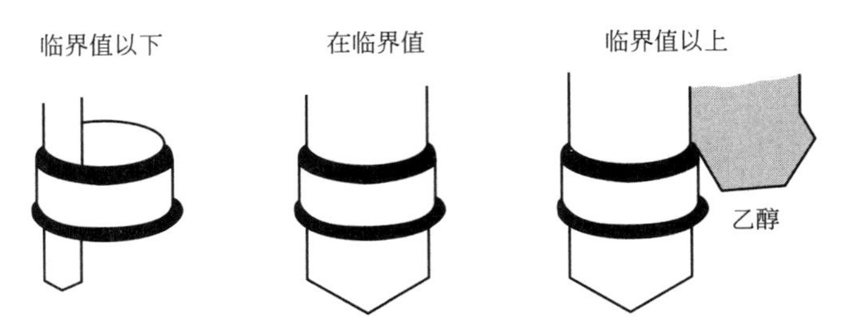

图 4-15 酿酒酵母呼吸能力对葡萄糖代谢的限制

(2) Pasteur 效应 存在启动葡萄糖氧化性代谢向发酵性代谢过渡的葡萄糖吸收速率，称其为临界葡萄糖吸收速率。这个速率受到溶解氧浓度的影响。

上述三个反应过程的计量式分别为：

葡萄糖氧化性代谢（呼吸反应）

$$C_6H_{12}O_6 + aO_2 + bN_\gamma \longrightarrow bCH_\alpha O_\beta N_\gamma + cCO_2 + dH_2O \tag{4-97}$$

葡萄糖发酵性代谢

$$C_6H_{12}O_6 + eN_\gamma \longrightarrow eCH_\alpha O_\beta N_\gamma + fCO_2 + gH_2O + hC_2H_5OH \tag{4-98}$$

乙醇氧化性代谢

$$C_2H_5OH + iO_2 + jN_\gamma \longrightarrow jCH_\alpha O_\beta N_\gamma + kCO_2 + lH_2O \tag{4-99}$$

式中，N_γ 表示氮源，其中 γ 为生物质分子式 $CH_\alpha O_\beta N_\gamma$ 中 N 原子的组成系数；a，b，c，…，l 为计量系数。

通常葡萄糖过量时乙醇氧化反应速率会受到抑制，因此式（4-99）表示的乙醇氧化反应可被忽略。

对酵母葡萄糖代谢的上述分析与恒化器操作一致。在恒化器操作时，由于稀释率 $D=\mu$，则葡萄糖吸收速率 $q_S = Y_{SX}^m D + m_S$，因此较高的稀释率对应较高的葡萄糖吸收速率和葡萄糖浓度。观察到存在临界稀释率 D_C，也就是存在临界葡萄糖吸收速率。研究发现，相对溶解氧浓度较高的情况，溶解氧浓度较低时的临界葡萄糖吸收速率较低。在葡萄糖浓度较高时，葡萄糖吸收速率会超过临界吸收速率。而且，在厌氧条件下，酵母完全进行发酵性代谢，临界葡萄糖吸收速率为零。

根据上述原理，葡萄糖代谢与产物乙醇生成过程分析的实质是确定葡萄糖吸收速率和酵母最大可能的呼吸速率（临界呼吸速率）之间的关系。为此，可作以下的模型分析：

设葡萄糖吸收速率由饱和动力学方程表示：

$$q_S = k_S \frac{c_S}{K_S + c_S} \tag{4-100}$$

最大呼吸速率：

$$q_{O,\max} = k_O \frac{c_{OL}}{K_O + c_{OL}} \tag{4-101}$$

式中，k_S 和 k_O 为速率常数；K_S 和 K_O 分别为葡萄糖和氧的饱和系数。

以葡萄糖表示的临界呼吸速率为：

$$q'_{O,max}=\frac{q_{O,max}}{a} \tag{4-102}$$

式中，a 是计量系数。

这样表示的临界呼吸速率实际是临界葡萄糖吸收速率。

由此可见，葡萄糖吸收速率主要受培养液中葡萄糖浓度的影响，而最大呼吸速率或临界葡萄糖吸收速率则受溶解氧浓度的控制。

当葡萄糖吸收速率 q_S 小于最大呼吸速率 $q'_{O,max}$，葡萄糖通过氧化性代谢反应生成生物质和CO_2[式(4-97)]；当 $q_S>q'_{O,max}$时，部分葡萄糖物流通过呼吸瓶颈进行氧化性代谢，另一部分则溢出瓶颈，通过发酵性代谢反应生成乙醇[式(4-98)]。

对呼吸反应，以葡萄糖吸收速率表示正反应速率 v_{res}，它的值应该是取葡萄糖吸收速率和临界呼吸速率 $q'_{O,max}$的最小值：

$$v_{res}=\min(q_S,q'_{O,max}) \tag{4-103}$$

对发酵性代谢反应，也以葡萄糖吸收速率表示它的正反应速率，表示为 v_{fer}。它应该是由呼吸速率的临界值 $q'_{O,max}$决定的葡萄糖溢流代谢速率：

$$v_{fer}=q_S-q'_{O,max} \tag{4-104}$$

此式成立的条件是 $v_{fer}>0$。当 $v_{fer}<0$，发酵性代谢反应不存在。

总过程的生物质生成速率：

$$\mu=bv_{res}+ev_{fer} \tag{4-105}$$

生物质对葡萄糖的得率系数：

$$Y_{XS}=\frac{\mu}{q_S}=\frac{bv_{res}+ev_{fer}}{v_{res}+v_{fer}} \tag{4-106}$$

乙醇生成比速率：

$$q_P=hv_{fer} \tag{4-107}$$

呼吸商：

$$RQ=\frac{q_C}{q_O}=\frac{cv_{res}+fv_{fer}}{av_{res}} \tag{4-108}$$

若不存在发酵性代谢，$RQ=c/a\approx1$；若存在发酵性代谢，$RQ>1$。

利用上述模型对酿酒酵母培养过程进行模拟，结果如图 4-16 所示。图中的数据点来源于 Rieger（1983）报道的实验数据。可见，模拟运算结果与实验结果一致。图中，c_S、c_P 和 c_X 分别表示葡萄糖、乙醇和生物质浓度；q_O 和 q_C 分别表示氧消耗比速率和CO_2 生成比速率。由于 $q_O=aq_S$，q_S 等价表示为 q_O。

酿酒酵母不仅用于单细胞蛋白生产，也广泛应用于重组蛋白的表达过程。目前，它也是应用合成生物学原理研究高价值产物生成的平台微生物。在这些应用上，对生长过程要求达到细胞的高浓度，而对外源蛋白的表达过程则要求抑制酵母代谢产物乙醇的积累。因此，对这类过程，可通过应用上述原理的模型分析方法，确定产物生成动力学和过程控制参数。

Carlsen（1997）研究了用酿酒酵母表达蛋白酶 A 的连续培养动力学。这个过程的反应计量方程组仍如式(4-97）和式(4-98）所示，但要附加产物蛋白酶 A 的生成项。蛋白酶 A 生成速率与两步葡萄糖吸收速率成线性关系，即：

$$r_{prot}=p_1v_{res}+p_2v_{fer} \tag{4-109}$$

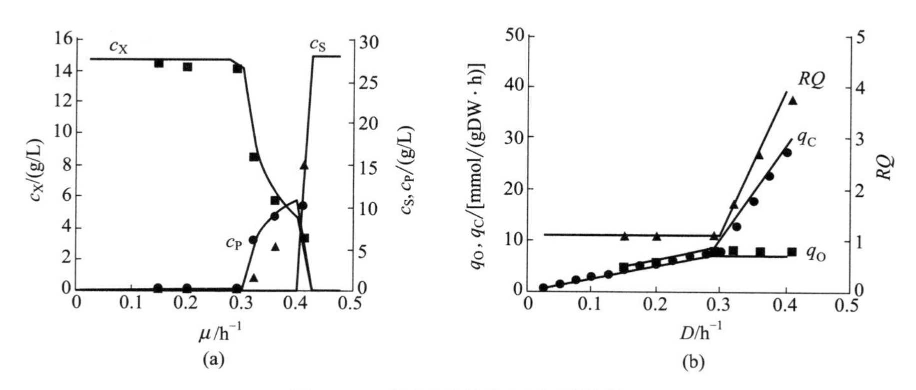

图 4-16　酿酒酵母的恒化器培养

式中，p_1 和 p_2 分别为计量系数。

用前述模型化分析方法，实验验证发现，此过程的动力学有 Sonnleitner-Käppeli 研究所述的类似特性。它也存在临界稀释率。在葡萄糖进行氧化性代谢时，生物质生成速率和蛋白酶 A 生成速率与葡萄糖吸收速率呈单调递增函数关系；在葡萄糖进行发酵性代谢时，生物质和蛋白酶 A 的得率大幅度下降。

4.5　结构模型

非结构模型没有反映出胞内的复杂反应和组成的变化，所以不能用来分析胞内调控机制对环境条件变化的响应。因此，对细胞反应过程的优化和控制，应该采用对过程较精确描述的结构模型。结构模型是在对细胞反应机制有较好认识的基础上建立，因此能较好地模拟出过程的重要特性变化，由此得到的深化认识对过程优化操作和控制装置设计更有价值。

结构模型建立时，仍采用简化的方法。对胞内所有的生物质组分，集总表示为少数有代表性的变量。由于细胞反应很复杂，涉及的反应数目庞大，故一般按经验简化为数目较少的若干个代表性反应。这类模型典型的有简单结构模型，包括分室模型和控制模型。如果考虑细胞内部组成的多样性，增加生物质组分变量的数目，则模型的复杂度就增高。复杂度较高和参数较多的结构模型一般用于机理分析，这类模型即为复杂机理模型。复杂机理模型有基因结构模型、单细胞模型和同时能反映细胞群体变化的分离模型等。

不同的结构模型建立时，通常都采用共同的一般化模型方程，这使对具体过程的建模时的定量化计算与分析较方便，而且有利于在不同模型之间作比较。为此，以下先了解细胞反应动力学模型的一般结构。

4.5.1　动力学模型的一般结构

4.5.1.1　化学计量方程组

对由 N 个底物、M 个代谢产物、Q 个胞内细胞生物质组分和 J 个代谢反应组成的细胞反应系统，化学计量方程由如下方程组表示：

$$\sum_{i=1}^{N}\alpha_{ji}[S_i]+\sum_{i=1}^{M}\beta_{ji}[P_i]+\sum_{i=1}^{Q}\gamma_{ji}[X_i]=0 \tag{4-110}$$

式中，α_{ji}、β_{ji} 和 γ_{ji} 表示第 j 个反应中第 i 个底物 S_i、产物 P_i 和生物质组分 X_i 的计量系数。式中 α_{ji} 为负值，β_{ji} 和 γ_{ji} 为正值。

对生物质组分 X_i 指构成生物质的大分子物质，其值为组分 i 的质量占细胞生物质总质量的分率，单位为 g/(gDW)。且有：

$$\sum_{i=1}^{Q}[X_i]=1 \tag{4-111}$$

式(4-110) 可用矩阵和向量形式表示：

$$\boldsymbol{AS}+\boldsymbol{BP}+\boldsymbol{\Gamma X}=0 \tag{4-112}$$

式中，$\boldsymbol{A}$、$\boldsymbol{B}$ 和 $\boldsymbol{\Gamma}$ 分别为底物、产物和生物质组分的计量系数矩阵。对第 j 个反应，矩阵第 j 行中的各元素依次表示各组分的计量系数。$\boldsymbol{S}$、$\boldsymbol{P}$ 和 $\boldsymbol{X}$ 分别为底物、产物和生物质组分向量。

4.5.1.2 反应速率

对式(4-110) 中的每个反应，反应速率的表示方法是通过确定它的正反应速率。以确定反应式中某个组分为基准，若令它的计量系数为 1，将它的生成或消耗速率定义为正反应速率。例如，某个反应的正反应速率为 v，某个组分在反应式中的计量系数为 β，则这个组分的生成或消耗速率为 βv。一般选择的基准组分为生物质，反应速率表示为比速率，单位为 g/(gDW·h)。

对底物 S_i、产物 P_i 和生物质组分 X_i，比速率计算式分别为：

$$q_{S_i}=-\sum_{j=1}^{J}\alpha_{ji}v_j \tag{4-113}$$

$$q_{P_i}=\sum_{j=1}^{J}\beta_{ji}v_j \tag{4-114}$$

$$q_{X_i}=\sum_{j=1}^{J}\gamma_{ji}v_j \tag{4-115}$$

比生长速率：

$$\mu=\sum_{i=1}^{Q}q_{X_i} \tag{4-116}$$

若 j 个正反应速率组成速率向量，$\boldsymbol{v}=[v_1 \quad v_2 \quad \cdots \quad v_j]^{\mathrm{T}}$，以上各式可表示为：

$$\boldsymbol{q}_{\mathrm{S}}=-\boldsymbol{A}^{\mathrm{T}}\boldsymbol{v} \tag{4-117}$$

$$\boldsymbol{q}_{\mathrm{P}}=\boldsymbol{B}^{\mathrm{T}}\boldsymbol{v} \tag{4-118}$$

$$\boldsymbol{q}_{\mathrm{X}}=\boldsymbol{\Gamma}^{\mathrm{T}}\boldsymbol{v} \tag{4-119}$$

式中，$\boldsymbol{q}_{\mathrm{S}}$、$\boldsymbol{q}_{\mathrm{P}}$ 和$\boldsymbol{q}_{\mathrm{X}}$ 分别为 N 个底物、M 个代谢产物、Q 个胞内生物质组分的比生成速率或比消耗速率组成的向量。

对比生长速率，应有：

$$\mu=\sum_{i=1}^{K}\boldsymbol{\Gamma}_i^{\mathrm{T}}\boldsymbol{v} \tag{4-120}$$

式中，$\boldsymbol{\Gamma}_i$ 为 $\boldsymbol{\Gamma}$ 的第 i 列。

4.5.1.3 动态质量平衡方程

对反应器中的培养液作质量衡算：

$$累积量=反应量+流入量-流出量 \tag{4-121}$$

对全混流反应器，可得出一般质量平衡方程：

$$\frac{\mathrm{d}(\boldsymbol{c}V)}{\mathrm{d}t}=\boldsymbol{q}(\boldsymbol{c})c_{\mathrm{X}}V+F_{\mathrm{in}}\boldsymbol{c}_{\mathrm{in}}-F_{\mathrm{out}}\boldsymbol{c}_{\mathrm{out}} \tag{4-122}$$

式中，$\boldsymbol{c}$ 为由底物、代谢产物和生物质组分的浓度所组成的向量；$\boldsymbol{c}_{\mathrm{in}}$ 和 $\boldsymbol{c}_{\mathrm{out}}$ 分别为 $\boldsymbol{c}$ 中组分在进料和出料中的浓度所组成的向量；c_{X} 为液体中的生物质浓度；V 为培养液体积。

例如，对生物质作质量衡算，假定进料中生物质浓度为零，则质量平衡方程为：

$$\frac{\mathrm{d}(c_{\mathrm{X}}V)}{\mathrm{d}t}=\mu c_{\mathrm{X}}V-F_{\mathrm{out}}c_{\mathrm{X}} \tag{4-123}$$

对第 i 个生物质组分 X_i，将其浓度写作 $[\mathrm{X}_i]$。设细胞质量为 m，对组分 X_i 的质量平衡式：

$$\frac{\mathrm{d}(m[\mathrm{X}_i])}{\mathrm{d}t}=\boldsymbol{\Gamma}_i^{\mathrm{T}}\boldsymbol{v}m \tag{4-124}$$

即

$$\frac{\mathrm{d}[\mathrm{X}_i]}{\mathrm{d}t}=\boldsymbol{\Gamma}_i^{\mathrm{T}}\boldsymbol{v}-\frac{1}{m}\frac{\mathrm{d}m}{\mathrm{d}t}[\mathrm{X}_i]=\boldsymbol{\Gamma}_i^{\mathrm{T}}\boldsymbol{v}-\mu[\mathrm{X}_i] \tag{4-125}$$

因此：

$$\frac{\mathrm{d}[\mathrm{X}_i]}{\mathrm{d}t}=q_{\mathrm{X}_i}-\mu[\mathrm{X}_i] \tag{4-126}$$

此式可用于描述细胞的非均衡生长特性。可以理解为，在胞内代谢过程中只合成生物质组分 X_i 时，$q_{\mathrm{X}_i}=0$，但细胞还在生长，$\mu>0$，则 $\mathrm{d}[\mathrm{X}_i]/\mathrm{d}t<0$，$\mathrm{X}_i$ 在胞内的含量会降低。

4.5.2 分室生长模型

分室模型将生物质划分为若干个功能不同的室，各室之间进行物质和能量交换，也可与环境进行交换。分室模型是结构模型中最简单的一种，其中 Williams（1967）提出的双室模型又是最简单的一个描述生长的模型。以下介绍的 Roels-Kossens（1978）模型是对 Williams 模型的改进。

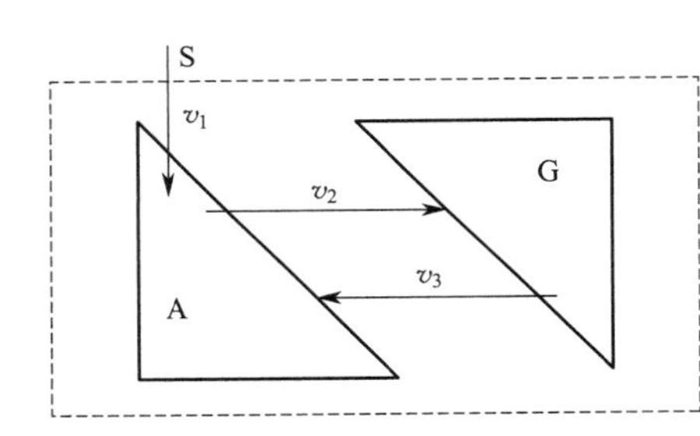

图 4-17　双室结构模型示意图

双室模型将胞内生物质分为反应室 A（活性室）和结构室 G（非活性室），用之表示两类大分子物质库，如图 4-17 所示。反应室主要由前体物质和 RNA 组成，将 RNA 归于反应室的理由是它与对细胞代谢起中心作用的蛋白质合成系统 PSS（the protein synthesizing system）有关。PSS 除了含若干个酶外，主要由核糖体（含 60%核糖体 RNA 和 40%核糖体蛋白质）组成。由于细胞的 RNA 含量是比生长速率的函数，故 PSS 的数量水平与比生长速率关联，生物质组分中的 PSS 含量是能反映细胞活性状态的重要参数。结构室中的 DNA 除了能决定 RNA 合成速率以外，它的含量与生长无关，故将其归于结构室内。

将整个反应简化为 3 个反应：

$$\mathrm{S}\longrightarrow\mathrm{A}\rightleftharpoons\mathrm{G} \tag{4-127}$$

在反应室和环境之间，细胞利用底物 S 生成生物质组分 X_{A}，反应式和反应速率为：

$$\gamma_{11}[\mathrm{X}_{\mathrm{A}}]-[\mathrm{S}]=0, v_1=k_1\frac{c_{\mathrm{S}}}{K_{\mathrm{S}}+c_{\mathrm{S}}} \tag{4-128}$$

在反应室和结构室之间，细胞消耗生物质组分 X_A 生成生物质组分 X_G，反应式和反应速率为：

$$\gamma_{22}[X_G]-[X_A]=0，v_2=k_2[X_A][X_G] \tag{4-129}$$

由于 X_G 的生成需要 G 室中部分酶的存在，故 v_2 既是 $[X_A]$ 的函数，也是 $[X_G]$ 的函数。

在反应室和结构室之间，细胞消耗生物质组分 X_G 生成生物质组分 X_A，反应式和反应速率为：

$$[X_G]-[X_A]=0，v_3=k_3[X_G] \tag{4-130}$$

k_3 是 G 室的维持比速率。

对以上反应式，得出：

$$\boldsymbol{A}=\begin{bmatrix}-1\\0\\0\end{bmatrix}，\boldsymbol{\Gamma}=\begin{bmatrix}\gamma_{11} & 0\\-1 & \gamma_{22}\\1 & -1\end{bmatrix} \tag{4-131}$$

利用式(4-120)，得出比生长速率：

$$\begin{aligned}\mu&=[\gamma_{11}\quad -1\quad 1]\begin{bmatrix}v_1\\v_2\\v_3\end{bmatrix}+[0\quad \gamma_{22}\quad -1]\begin{bmatrix}v_1\\v_2\\v_3\end{bmatrix}\\&=\gamma_{11}v_1-(1-\gamma_{22})v_2\\&=\gamma_{11}k_1\frac{c_S}{K_S+c_S}-(1-\gamma_{22})k_2[X_A][X_G]\end{aligned} \tag{4-132}$$

利用式 (4-125)，得出 X_A 的动态质量平衡方程：

$$\frac{d[X_A]}{dt}=\gamma_{11}k_1\frac{c_S}{K_S+c_S}-k_2[X_A][X_G]+k_3[X_G]-\mu[X_A] \tag{4-133}$$

对以上各式，应有

$$[X_G]=1-[X_A] \tag{4-134}$$

双室生长模型能揭示细胞生长过程中细胞内部组成变化的动力学特征，而如 Monod 方程等的非结构生长模型则不能。若研究表示胞内 RNA 或 PSS 含量的变化的 $[X_A]$，在连续培养的稳态条件下，由 $d[X_A]/dt=0$ 和式 (4-132)，在稀释率 $D=\mu$ 时，可导出稳态时的生物质组分 A 的含量 $[X_A^*]$：

$$[X_A^*]=\frac{1}{k_2\gamma_{22}}(D+k_3) \tag{4-135}$$

由此可见，由 $[X_A^*]$ 表示的胞内活性成分与比生长速率成线性函数关系，μ 值较大时 $[X_A^*]$ 值较大。

在稳态时，还可得出稳态时的底物浓度：

$$c_S^*=\frac{K_S[D+k_2(1-\gamma_{22})[X_A^*](1-[X_A^*])]}{k_1\gamma_{11}-[D+k_2(1-\gamma_{22})[X_A^*](1-[X_A^*])]} \tag{4-136}$$

由连续培养的操作特性方程，$D(c_{S_0}-c_S^*)=q_Sc_X^*$，又 $q_S=v_1$，可得稳态时的细胞浓度：

$$c_X^*=\frac{D(K_S+c_S^*)(c_{S_0}-c_S^*)}{k_1c_S^*} \tag{4-137}$$

式中，c_{S_0} 是反应器加料中的底物浓度。

还可以导出底物消耗比速率与比生长速率的关系方程：

$$q_S = \frac{1}{\gamma_{11}}\mu + \left(\frac{1-\gamma_{22}}{\gamma_{11}}\right)\left(\frac{D+k_3}{\gamma_{22}}\right)\left(1-\frac{D+k_3}{k_2\gamma_{22}}\right) \tag{4-138}$$

上式右侧第二项实际是维持系数 m_S。因此，维持系数是稀释率或比生长速率的函数，不为常数。这是用非结构模型分析所不能得出的结论。

由 Esener（1982）对克雷伯氏杆菌的实验数据，对连续培养时的状态变量的模拟结果如图 4-18 所示。模型参数：$\gamma_{11}=0.73\text{g/g}$，$\gamma_{22}=0.66\text{g/g}$，$K_S=0.07\text{g/L}$，$k_1=1.96\text{h}^{-1}$，$k_2=5.0\text{h}^{-1}$，$k_3=0.06\text{h}^{-1}$，进料丙三醇浓度 $c_{S_0}=10\text{g/L}$。

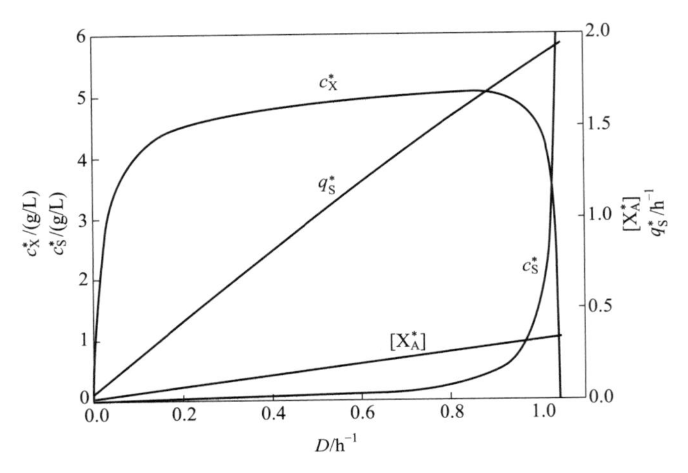

图 4-18　双室模型对连续培养状态过程的模拟结果

4.5.3 控制模型

由于胞内代谢反应十分复杂，若要用分室模型作更有效的分析，必须增加模型的变量和参数，增大模型的复杂度。对此，Ramkrishna 等（1982）提出了控制模型（cybernetic modelling）。控制模型的早期研究集中于分析微生物在混合碳源上的生长行为，通过资源最佳分配策略来模拟它的过程特性。

微生物利用混合碳源时，一般按顺序首先利用能使其较快生长的碳源，在这种碳源消耗完后，经过一定的延迟期，才能利用另一种碳源继续进行生长过程。例如，大肠杆菌一般先利用葡萄糖，葡萄糖的存在会阻遏其他乳糖等碳源的利用。这种现象称为葡萄糖阻遏，或一般称为碳分解代谢阻遏。碳分解代谢阻遏实际是微生物的一种复杂代谢调节机制。对此，控制模型认为，微生物在消耗某一特定的底物进行反应时，必定会存在一特定的关键酶，它是微生物消耗某一特定底物进行反应的“瓶颈”。关键酶必须在它消耗该底物前合成，直到该底物耗尽，才能合成另一种酶，以消耗新的底物。微生物按照对其生长最有利的调控措施，实际通过调节各种关键酶的水平来优化控制它对各种底物的利用。为此，控制模型将此过程简化，认为每种底物的消耗为单底物酶反应，对不同底物的利用机制不引入复杂的动力学关系，通过建立有关最优控制变量来描述这类控制，以此获得模型的有效性。

控制模型也是分室模型，由下列反应式表示。对 i 种底物，每种底物 S_i 通过反应转化为生物质 X，部分生物质转化为酶 E_i，同时酶的降解物质会被细胞转化为生物质：

$$S_i \longrightarrow \gamma_i X \qquad r_i = r_{i,\max} w_i = \frac{k_i c_{S_i}}{K_i + c_{S_i}} X_{E_i} w_i \tag{4-139}$$

$$X \longrightarrow E_i \qquad r_{E_i} = r_{E_i,\max} u_i = \frac{k_{E_i} c_{S_i}}{K_{E_i} + c_{S_i}} u_i \tag{4-140}$$

$$E_i \longrightarrow X \qquad r_{E_i,\deg} = k_{\deg,i} X_{E_i} \tag{4-141}$$

式中，$r_{i,\max}$ 和 $r_{E_i,\max}$ 分别为对途径 i 所预期的最大底物消耗比速率和最大酶合成比速率；γ_i 为得率系数；w_i 和 u_i 分别为底物转化为生物质和生物质转化为酶的控制变量；k_i、K_i、k_{E_i}、K_{E_i} 和 $k_{\deg,i}$ 均为动力学参数；c_{S_i} 和 X_{E_i} 分别为底物 S_i 的浓度和酶 E_i 在生物质中的质量分数。

控制变量 w_i 确定底物转化为生物质的速率，称为酶活性控制变量；u_i 通过酶的浓度决定转化速率，称为酶合成速率的控制变量。u_i 的建立依据所称的匹配定律，表示对合成酶 E_i 的资源分配率。w_i 根据启发式策略确定，表示对底物的分配。

$$u_i = \frac{r_{i,\max}}{\sum_{j=1}^{N} r_{j,\max}} \tag{4-142}$$

$$w_i = \frac{r_{i,\max}}{\max_j (r_{j,\max})} \tag{4-143}$$

式中，$\max_j (r_{j,\max})$ 表示在所有途径中获得最大底物消耗比速率的途径 j 的速率数值。

$$0 \leqslant u_i \leqslant 1 \tag{4-144}$$

（完全阻遏）　　　　（完全诱导）

$$\sum_{i=1}^{N} u_i = 1 \tag{4-145}$$

$$0 \leqslant w_i \leqslant 1 \tag{4-146}$$

（完全抑制）　　　　（完全活化）

图 4-19 所示的是对利用葡萄糖和麦芽糖混合碳源的土生克雷伯氏菌分批培养过程采用控制模型的模拟结果。

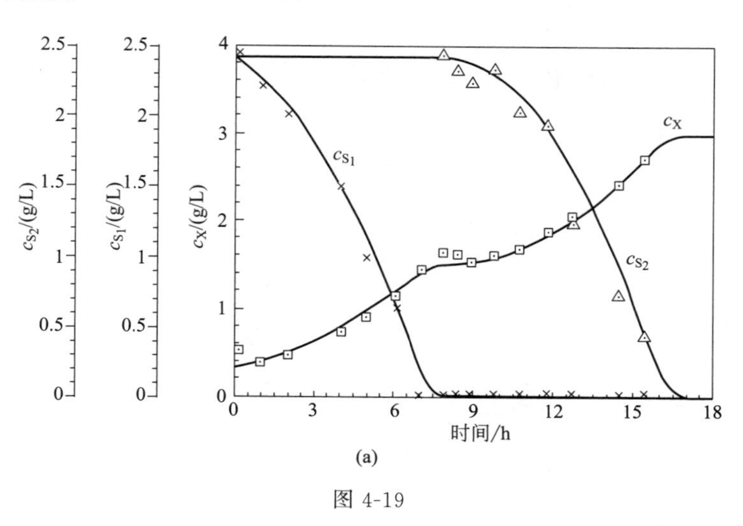

(a)

图 4-19

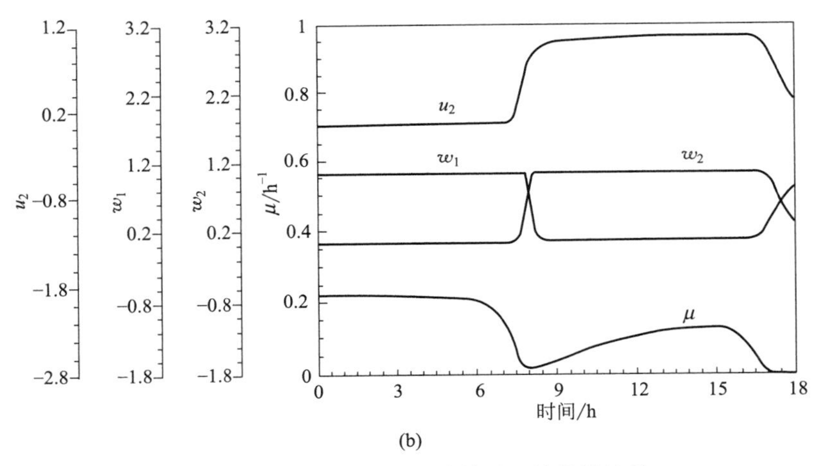

图 4-19 控制模型对分批培养过程的模拟结果

(a) 底物浓度和细胞浓度的变化；(b) 控制变量的变化

4.5.4 形态结构模型

从胞内看丝状微生物的生长实际为非均衡生长。菌丝的生长一般仅在顶部生长，它的繁殖是通过分支形成新的菌丝。Agger（1998）通过荧光镜检法和自动成像分析技术对生产 α-淀粉酶的米曲霉菌丝体形态观察与分析，建立了一种有代表性的丝状微生物的形态结构模型。

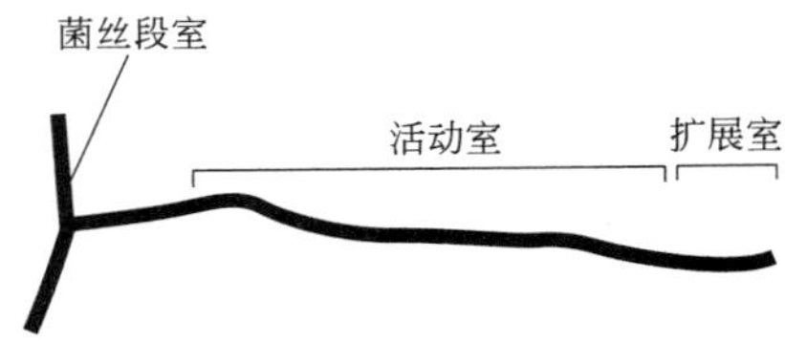

图 4-20 米曲霉的菌丝体结构

此模型将菌丝体划分为扩展室、活动室和菌丝段室，如图 4-20 所示。扩展室是菌丝生长时的扩展区，也即菌丝的顶端，含有囊泡和塑性膜结构；活动室为菌丝段室和扩展室之间活动区，含有所有的细胞器和细胞质。它的作用是吸收底物和保证菌丝体的生长，也是产物 α-淀粉酶的产生区域。菌丝段室是菌丝体的已长出的非活动区域，不含有任何细胞器。由此，菌丝体生长过程可用两个形态变化反应描述，即分支时新扩展区生成的扩展反应和活动细胞分化为菌丝细胞的分化反应。

X_E、X_A 和 X_H 分别表示中扩展室、活动室和菌丝段室的菌丝体，上述两个反应的反应式为：

$$\begin{aligned} X_A &\longrightarrow X_E \\ X_A &\longrightarrow X_H \end{aligned} \tag{4-147}$$

扩展反应速率：

$$q_1=\begin{cases} 0 & \dfrac{[X_A]}{c_n}<\left(\dfrac{[X_A]}{c_n}\right)_0 \\ \dfrac{k_1 c_S}{a(K_{S_1}+c_S)}[X_A] & \dfrac{[X_A]}{c_n}\geqslant\left(\dfrac{[X_A]}{c_n}\right)_0 \end{cases} \tag{4-148}$$

分化反应速率：

$$q_2 = k_2[X_A] \tag{4-149}$$

活动室的菌丝生长速率：

$$q_3 = \frac{k_3 c_S}{K_{S_3} + c_S} \cdot \frac{[X_A]/c_n}{[X_A]/c_n + K_3} a[X_E] \tag{4-150}$$

以上各式中，$q_i(i=1\sim3)$分别为对细胞生物质的比速率，g/(kg·h)；c_n 为反应器中的菌丝的浓度，kg^{-1}；$([X_A]/c_n)_0$ 为菌丝体开始分支时活动区的质量；c_S 为底物浓度，g/L；k_1 为表示分支频率的比速率，个顶端/(g 活动区 DW·h)；a 为常数，个顶端/g 扩展区 DW；k_2 为速率常数，h^{-1}；k_3 为最大顶端扩展速率，g 活动区 DW/(个顶端·h)；K_{S_1} 为与分支有关的饱和常数，g/L；K_{S_3} 为与顶端扩展有关的饱和常数，g/L；K_3 为与顶端扩展有关的饱和常数，g。

式（4-148）表示菌丝分支过程必须在活动区质量超过（$[X_A]/c_n)_0$ 才能开始。当分支开始后，分支比速率 q_1 与活动区细胞浓度成正比，并受到培养液中葡萄糖浓度的限制。式（4-149）对分化过程以菌丝细胞形成比速率 q_2 表示，它与活动区细胞浓度成正比。式（4-150）以比速率 q_3 表示活动区生长速率，它受到葡萄糖浓度和活动区细胞质量的限制，并与表示每个顶端的生长速率的常数 a 和 $[X_E]$ 成正比。由于活动区质量和 $[X_A]$ 一般较高，$[X_A]/c_n \geq ([X_A]/c_n)_0$，式（4-150）中（$[X_A]/c_n)/([X_A]/c_n+K_3) \approx 1$，因此 q_3 主要受到 c_S 的限制。

α-淀粉酶生成的速率与活动区质量、菌丝质量和其生成比速率成正比。α-淀粉酶的生成比速率［单位为 FAU/(g 活动区 DW·h)，FAU 为 α-淀粉酶活性单位］则为：

$$q_{PS} = \frac{k_{P_1} c_S}{(K_{S_4} + c_S)\{1 + \exp[k_{P_2}(c_S - c_{S,rep})]\}} + k_C \tag{4-151}$$

式中，k_{P_1} 和 k_{P_2} 为速率常数，FAU/(g DW·h)；K_{S_4} 为饱和系数，g/L。

式（4-151）已考虑了 α-淀粉酶的诱导性和组成性生成机制和两者与产物生成速率的关系。对诱导性生成，存在对菌丝生长起碳分解代谢阻遏的葡萄糖浓度 $c_{S,rep}$；而组成性生成也存在，它的速率为 k_C。

各组分的质量平衡关系由以下各式表示：

$$\frac{d[X_E]}{dt} = q_1 - D[X_E] \tag{4-152}$$

$$\frac{d[X_A]}{dt} = q_3 - q_1 - q_2 - D[X_A] \tag{4-153}$$

$$\frac{d[X_H]}{dt} = q_2 - D[X_H] \tag{4-154}$$

$$\frac{dc_S}{dt} = -\left(\frac{1}{\alpha}q_3 + q_{PS}\frac{1}{Y_{PS}^*}[X_A] + m_S([X_E]+[X_A]+[X_H])\right) + D(c_{S_0} - c_S) \tag{4-155}$$

$$\frac{dc_P}{dt} = q_{PS}[X_A] - Dc_P \tag{4-156}$$

、

$$\mu = \frac{q_3}{[X_E]+[X_A]+[X_H]} \tag{4-157}$$

式中，D 为稀释率；α 为计量系数；Y_{PS}^* 为产物对底物的得率系数；c_{S_0} 为加料中葡萄糖浓度；m_S 为维持系数。

在连续培养的稳态条件下，用此模型的模拟运算结果与实验数据符合（如图 4-21 所示）。

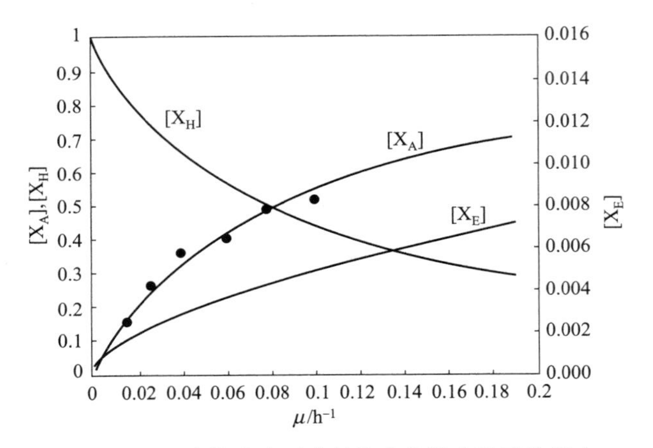

图 4-21　比生长速率对菌丝体中各组分浓度的影响

4.5.5　重组细胞生长模型

在培养重组细胞生产外源蛋白时，细胞生长到一定代数后，产物的得率会下降。对使用重组质粒的表达系统，其主要原因之一是细胞培养过程的质粒复制的不稳定性使外源基因表达的基因剂量相对降低。造成这种不稳定的原因是：细胞的比生长速率过大；细胞分裂时，存在质粒的缺陷性分配；或者由于培养基中质粒的高拷贝复制所需底物耗尽或代谢副产物的抑制。

从细胞传代时的质粒分配上看，在质粒分配稳定时，细胞每分裂一代，其平均质粒拷贝数加倍，并且在细胞分裂时，质粒拷贝会平均分配到两个子代细胞中。但是，往往在比生长速率较大时，部分细胞会发生质粒丢失，若达到一定的传代数，细胞群体中携带质粒细胞所占的比例会下降。质粒丢失是重组细胞培养时产物得率下降的主要原因之一。为此，Imanaka-Aiba（1981）建立了关于质粒稳定性的结构模型。

若将含质粒细胞和不含质粒细胞分别表示为 X^+ 和 X^-，它们的比生长速率分别表示为 μ^+ 和 μ^-，细胞浓度分别表示为 c_{X^+} 和 c_{X^-}，并设生长过程中每传一代时含质粒细胞变为不含质粒细胞的概率为 p。含质粒细胞和不含质粒细胞的生长速率应为：

$$\frac{dc_{X^+}}{dt}=(1-p)\mu^+c_{X^+} \tag{4-158}$$

$$\frac{dc_{X^-}}{dt}=p\mu^+c_{X^+}+\mu^-c_{X^-} \tag{4-159}$$

将式（4-158）积分，可求得 c_{X^+}，即：

$$c_{X^+}=c_{X_0^+}\exp[(1-p)\mu^+t] \tag{4-160}$$

式中，$c_{X_0^+}$ 为初始含质粒细胞的浓度。

将式（4-160）代入式（4-159），可得：

$$\frac{dc_{X^-}}{dt}=p\mu^+c_{X_0^+}\exp[(1-p)\mu^+t]+\mu^-c_{X^-} \tag{4-161}$$

对上式积分可求得 c_{X^-}：

$$c_{X^-}=\frac{p\mu^+ c_{X_0^+}}{(1-p)\mu^+-\mu^-}\{\exp[(1-p)\mu^+ t]-\exp(\mu^- t)\}+c_{X_0^-}\exp(\mu^- t) \quad (4\text{-}162)$$

含质粒细胞在所有细胞中的分率为：

$$f=\frac{c_{X^+}}{c_{X^+}+c_{X^-}} \quad (4\text{-}163)$$

将式（4-160）和式（4-162）代入，可得出 f 的计算式。

在分批培养的指数生长阶段，含质粒细胞的传代数 n 应为：

$$n=\frac{\mu^+ t}{\ln 2} \quad (4\text{-}164)$$

则 n 代时的含质粒细胞的分率可由式（4-164）和式（4-163）得出：

$$f(n)=\frac{1-\alpha-p}{1-\alpha-p[2^{n(\alpha+p-1)}]} \quad (4\text{-}165)$$

式中，α 是不含质粒细胞和含质粒细胞的比生长速率的比值，即：

$$\alpha=\frac{\mu^-}{\mu^+} \quad (4\text{-}166)$$

由式（4-165）可预测细胞传代数对含质粒细胞的分率的影响。如图 4-22（$p=0.01$）即为在不同 α 值时 $f\sim n$ 关系。可见，α 值越大，质粒的稳定性越差，质粒完全丢失所需的传代数越小。

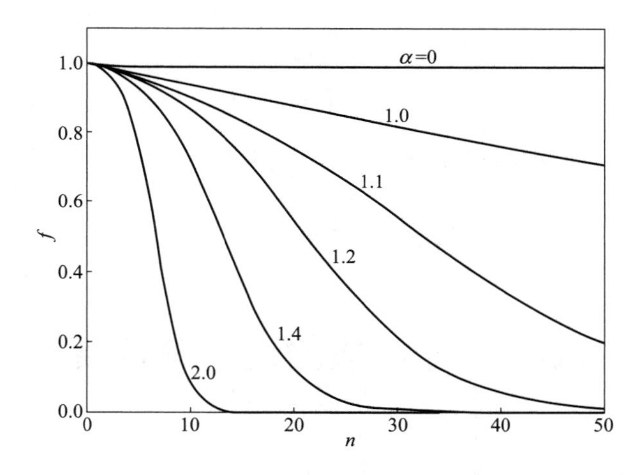

图 4-22 分批培养的 $f\sim n$ 关系

若研究连续培养时的质粒稳定性，可建立含质粒细胞的分率和稀释率之间的关系。反应器中两种细胞的质量平衡式为：

$$\frac{dc_{X^+}}{dt}=(1-p)\mu^+ c_{X^+}-Dc_{X^+} \quad (4\text{-}167)$$

$$\frac{dc_{X^-}}{dt}=p\mu^+ c_{X^+}+\mu^- c_{X^-}-Dc_{X^-} \quad (4\text{-}168)$$

将式（4-167）和式（4-168）相加，则有

$$\frac{d(c_{X^+}+c_{X^-})}{dt}=\mu^+ c_{X^+}+\mu^- c_{X^-}-D(c_{X^+}+c_{X^-}) \quad (4\text{-}169)$$

在稳态时，由于 $d(c_{X^+}+c_{X^-})/dt=dc_X/dt=0$，因此：

$$\mu^+\left(c_{X^+}+\frac{1}{\alpha}c_{X^-}\right)=D(c_{X^+}+c_{X^-}) \tag{4-170}$$

将式（4-170）代入式（4-167），两边除以 $(c_{X^+}+c_{X^-})$，并由 $c_{X^-}=(1/f-1)c_{X^+}$，整理可得：

$$\frac{df}{dt}=\frac{(1-p)Df}{\alpha+(1-\alpha)f}-Df \tag{4-171}$$

对上式积分，可求得 $f\sim t$ 的关系，由此判断连续操作时的稳定性（如图 4-23 所示）（$p=0.001$，$\alpha=1.4$）。

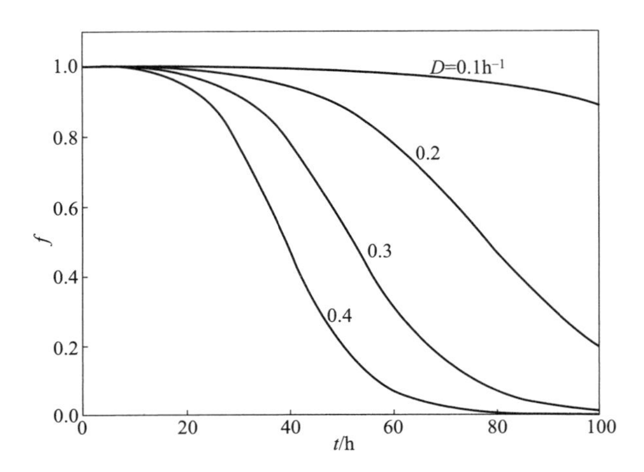

图 4-23　连续操作时的含质粒细胞分率的变化

由此可见，连续操作时细胞内部的质粒含量一般都随时间降低；稀释率越大，质粒稳定性越低。此外，还可由模拟计算得出 α 的影响。当 $\alpha=1$，f 值下降较慢，系统可保持较长时间的稳定操作；当 α 较大时，质粒稳定性较低。

4.6　代谢反应的通量分析模型

细胞内部的代谢反应实际由各种酶催化的生化反应组成，这些反应通过一组有输入和输出的代谢物相连而成为网络。若将由输入代谢物生成输出代谢物的反应速率定义为通量，则对代谢网络的质量平衡关系的分析即为代谢通量分析（metabolic flux analysis，MFA）。代谢通量分析主要用于解释代谢网络中物质流经各条途径的情况。对已知途径，代谢通量分析可预测环境条件变化时细胞内部的代谢流分布，确定底物转化为终产物的比例，计算最大理论得率。对未知途径，由它可鉴别主、副途径，找出通过改变代谢反应而提高目标产物得率的措施。

4.6.1　基本概念与方法

以如图 4-24 所示的乳酸菌的乳酸异型发酵代谢网络为例，简单的代谢网络分析涉及如下基本概念：

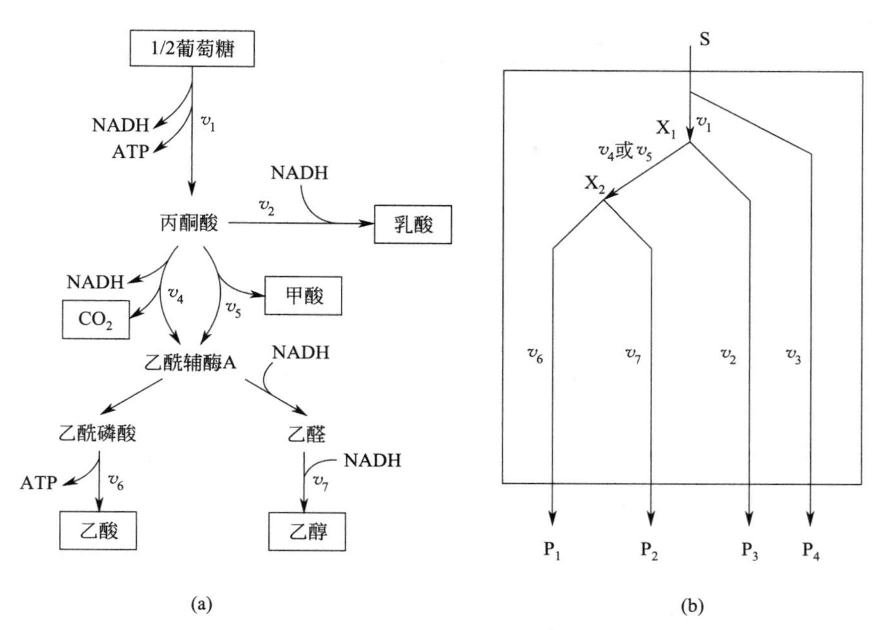

图 4-24　乳酸异型发酵代谢网络示意图

(a) 葡萄糖分解代谢途径；(b) 代谢网络示意图

4.6.1.1　速率和通量

在图 4-24 的代谢网络中，S 表示胞外含碳底物，即葡萄糖（Glc），它进入细胞的速率为 q_S；P_1、P_2、P_3 和 P_4 分别指胞外代谢产物乙酸（HAc）、乙醇（E）、乳酸（HLac）和细胞生物质（X），它们离开细胞的速率分别为 q_{P_1}、q_{P_2}、q_{P_3} 和 q_{P_4}；X_1 和 X_2 分别表示内部代谢物丙酮酸和乙酰辅酶 A，也称为网络节点或代谢物库；v_1、v_2、v_4、v_5、v_6、v_7 分别表示图中的各部反应速率，也称为通量；v_3 表示生成细胞生物质途径的通量。

在图 4-24(b) 中，若通量 v_1、v_2 和 v_5 已知，在可由质量平衡关系求解其他通量和速率时，则将由它们组成的向量 $[v_1 \quad v_2 \quad v_5]^T$ 称为关键速率向量。一般选择产物生成速率 q_{P_i} 和底物消耗速率 q_S 作为关键速率向量的分量。

4.6.1.2　分支点

定义只有一个输入，有几个输出的节点为发散分支点，如图 4-24(b) 中的 X_1 和 X_2；若分支点有几个输入，只有一个输出，则称为收敛分支点。

4.6.1.3　独立途径

可将图 4-24 所示的代谢网络简化为 4 个途径，即 V_i：$S \longrightarrow P_i\ (i=1\sim4)$，若认为产物 P_i 仅由途径 V_i 生成，则认为此途径为独立途径。

4.6.1.4　约束条件

在稳态时，对所有胞内代谢物 X_i，指向它的通量与离开它的通量满足质量平衡条件，没有它在胞内含量的净积累。这是代谢通量分析的一般假设与约束条件。因此，代谢通量分析也称为通量平衡分析。

其次，由于输入网络的底物与各条途径生成的产物有碳元素平衡，因此存在碳平衡条件。

再者，网络中某部分生成的还原力，被其他部分消耗，因此整个代谢反应还应该满足还原度平衡条件。由于生成 1 分子的 NADH、NADPH 或 $FADH_2$ 消耗相同量的碳源，因此还原度衡算时通常将 NADH 作为载体。同样，对网络中的 ATP 生成与消耗，也存在能量平衡条件。

4.6.1.5 基本方法

代谢网络分析时，首先根据生物化学知识，确定网络的正确结构，获得每条途径的能量生成与消耗信息。通常使用数学模型法的分解与简化原理，将代谢网络分解为若干独立途径。例如，对复杂的细胞生物质合成过程，用简化的方法将有关生长的反应集总为单一的途径反应。在分析过程中，选择可测量速率组成可测量速率向量 $\boldsymbol{r}_m$，用稳态条件进行通量、碳元素、还原度和能量（ATP）衡算，列出衡算方程组，求出不可测量速率向量 $\boldsymbol{r}_c$。

4.6.2 简单网络的代谢通量分析

以下仍以乳酸菌的乳酸异型发酵代谢网络为例，按上述原理对其进行分析。

对图 4-24 所示的网络，将整个网络分解为葡萄糖分解代谢过程和细胞生物质的合成过程。对葡萄糖的分解代谢过程，若由丙酮酸转化为乙酰辅酶 A 的反应仅通过丙酮酸甲酸裂解酶催化的途径 V_5，因此有如下各条独立途径的反应计量式：

$$\begin{aligned} &V_1: 3/2CH_2O(Glc) \longrightarrow CH_2O(HAc) + 1/2HCOOH + ATP + 1/2NADH \\ &V_2: 3/2CH_2O(Glc) \longrightarrow CH_3O_{1/2}(E) + 1/2HCOOH + 1/2ATP - 1/2NADH \\ &V_3: CH_2O(Glc) \longrightarrow CH_2O(HLac) + 1/3ATP \end{aligned} \tag{4-172}$$

细胞生物质合成途径设为 V_4。它消耗式（4-172）表示的分解代谢反应生成的 ATP。在还原度衡算的基础上，可得出它的计量式为：

$$\begin{aligned} V_4: (\alpha+1)CH_2O(Glc) \longrightarrow & X + \alpha CO_2 \\ & + [4(1+\alpha) - \kappa_X]/2NADH - \beta ATP \end{aligned} \tag{4-173}$$

式中，系数 α 表示生物质合成途径中有关 CO_2 生成的碳源损失。α 值一般较低，其范围为 $\alpha=0.08\sim0.14$。

系数 β 表示 ATP 的消耗系数。对葡萄糖厌氧发酵，$\beta=1.8$mol ATP/(C-mol 生物质)；对完全呼吸生长，$\beta=2.5$mol ATP/(C-mol 生物质)（生物质分子量为 25）。β 的数值主要与培养条件有关。

以下设 $\alpha=0.10$，$\beta=2.0$，X 为$CH_{1.8}O_{0.5}N_{0.2}$，$\kappa_X=4.2$，则式（4-173）即为：

$$V_4: 1.1CH_2O(Glc) \longrightarrow X + 0.1CO_2 + 0.1NADH - 2.0ATP \tag{4-174}$$

以下对式（4-172）和式（4-174）组成的代谢网络作通量平衡计算。计算过程中选择 μ 和 q_{HAc} 为可测量速率，由质量平衡和约束条件计算得出 q_E 和 q_{HLac}。

由 NADH 平衡，可得：

$$\frac{1}{2}[V_1] - \frac{1}{2}[V_2] + 0.10[V_4] = 0 \tag{4-175}$$

或

$$\frac{1}{2}q_{\mathrm{HAc}}-\frac{1}{2}q_{\mathrm{E}}+0.10\mu=0 \tag{4-176}$$

由 ATP 平衡，可得：

$$[\mathrm{V}_1]+\frac{1}{2}[\mathrm{V}_2]+\frac{1}{3}[\mathrm{V}_3]-2.0[\mathrm{V}_4]=0 \tag{4-177}$$

或

$$q_{\mathrm{HAc}}+\frac{1}{2}q_{\mathrm{E}}+\frac{1}{3}q_{\mathrm{HLac}}-2.0\mu=0 \tag{4-178}$$

由此得出 q_{E} 和 q_{HLac} 的计算式：

$$q_{\mathrm{E}}=q_{\mathrm{HAc}}+0.2\mu \tag{4-179}$$

$$q_{\mathrm{HLac}}=-4.5q_{\mathrm{HAc}}+5.7\mu \tag{4-180}$$

并且

$$q_{\mathrm{HCOOH}}=\frac{1}{2}q_{\mathrm{HAc}}+\frac{1}{2}q_{\mathrm{E}}=q_{\mathrm{HAc}}+0.1\mu \tag{4-181}$$

$$q_{\mathrm{C}}=0.1\mu \tag{4-182}$$

由碳平衡，可得：

$$\begin{aligned}q_{\mathrm{S}}&=q_{\mathrm{HAc}}+q_{\mathrm{E}}+q_{\mathrm{HLac}}+q_{\mathrm{C}}+q_{\mathrm{HCOOH}}+\mu\\&=-1.5q_{\mathrm{HAc}}+7.1\mu\end{aligned} \tag{4-183}$$

由式（4-184）可确定还原度平衡，即：

$$\begin{aligned}4(-1.5q_{\mathrm{HAc}}+7.1\mu)&=4.2\mu+4q_{\mathrm{HAc}}+6(q_{\mathrm{HAc}}+0.2\mu)\\&\quad+4(-4.5q_{\mathrm{HAc}}+5.7\mu)+2(q_{\mathrm{HAc}}+0.1\mu)\end{aligned} \tag{4-184}$$

对整个网络的黑箱模型：

$$\begin{aligned}\mathrm{CH_2O}\longrightarrow\ & Y_{\mathrm{XS}}\mathrm{X}+Y_{\mathrm{CS}}\mathrm{CO_2}+Y_{\mathrm{HAc,S}}\mathrm{HAc}\\&+Y_{\mathrm{ES}}\mathrm{E}+Y_{\mathrm{HLac,S}}\mathrm{HLac}+Y_{\mathrm{HCOOH,S}}\mathrm{HCOOH}\end{aligned} \tag{4-185}$$

其中的各个得率系数可由以上计算所得的各个速率按定义式计算得出。

由约束条件还可求网络内的各个通量。例如：

$$v_5=v_6+v_7+q_{\mathrm{HCOOH}}=1.5(q_{\mathrm{HAc}}+q_{\mathrm{E}})=3q_{\mathrm{HAc}}+0.3\mu \tag{4-186}$$

$$v_1=v_5+v_2=q_{\mathrm{S}}-\mu-q_{\mathrm{C}}=-1.5q_{\mathrm{HAc}}+6\mu \tag{4-187}$$

4.6.3 代谢网络速率模型的一般矩阵形式

前述代谢网络分析使用简化方法，将各个反应集总为单独途径而使网络变小。这种方法不适用于较大的网络。对较大的复杂网络，需要建立一般的严格的数学模型。因此，有以矩阵和向量形式表示的一般化网络模型。

这种模型建立时主要分析网络内部通量，而不是分析进出网络的底物消耗和产物生成速率。在稳态时，通过对每个分支点进行质量衡算，得到内部通量线性组合的衡算方程。再用矩阵形式联立这些方程，就得到矩阵形式的速率向量计算式。

对如图 4-24(b) 的代谢网络，对底物和代谢产物的质量衡算方程组为：

$$\begin{aligned}q_{\mathrm{S}}&=v_1+1.1v_3\\\mu&=v_3\\q_{\mathrm{HLac}}&=v_2\\q_{\mathrm{HAc}}&=v_6\\q_{\mathrm{E}}&=v_7\\q_{\mathrm{HCOOH}}&=1/3v_5\end{aligned}$$

$$q_C = 0.1v_3 \tag{4-188}$$

对内部节点使用约束条件，并且假定稳态时胞内没有代谢物、NADH 和 ATP 的积累，则有：

$$\begin{aligned} q_{Pyr} &= v_1 - v_2 - v_5 = 0 \\ q_{AcCoA} &= 2/3v_5 - v_6 - v_7 = 0 \\ q_{NADH} &= 1/3v_1 - 1/3v_2 + 0.1v_3 - v_7 = 0 \\ q_{ATP} &= 1/3v_1 - 2v_3 + 1/2v_6 = 0 \end{aligned} \tag{4-189}$$

将式（4-188）和式（4-189）列为矩阵和向量形式，有：

$$\begin{bmatrix} q_S \\ \mu \\ q_{HLac} \\ q_E \\ q_{HAc} \\ q_{HCOOH} \\ q_C \\ q_{Pyr} \\ q_{AcCoA} \\ q_{NADH} \\ q_{ATP} \end{bmatrix}_{(11,1)} = \begin{bmatrix} 1 & 0 & 1.1 & 0 & 0 & 0 \\ 0 & 0 & 1 & 0 & 0 & 0 \\ 0 & 1 & 0 & 0 & 0 & 0 \\ 0 & 0 & 0 & 0 & 0 & 1 \\ 0 & 0 & 0 & 0 & 1 & 0 \\ 0 & 0 & 0 & 1/3 & 0 & 0 \\ 0 & 0 & 0.1 & 0 & 0 & 0 \\ 1 & -1 & 0 & -1 & 0 & 0 \\ 0 & 0 & 0 & 2/3 & -1 & -1 \\ 1/3 & -1/3 & 0.1 & 0 & 0 & -1 \\ 1/3 & 0 & -2 & 0 & 1/2 & 0 \end{bmatrix}_{(11,6)} \begin{bmatrix} v_1 \\ v_2 \\ v_3 \\ v_5 \\ v_6 \\ v_7 \end{bmatrix}_{(6,1)} \tag{4-190}$$

以下将上述过程一般化。

设网络有 K 个底物、M 个产物（包括生物质）、N 个内部代谢物或节点、J 个内部通量。

定义速率向量 $\boldsymbol{r}(K+M+N+2,\ 1)$ 和通量向量 $\boldsymbol{v}(J,1)$，两者的关系为：

$$\boldsymbol{r} = \boldsymbol{T}\boldsymbol{v} \tag{4-191}$$

式中矩阵 $\boldsymbol{T}(K+M+N+2,\ J)$ 的转置 $\boldsymbol{T}^{\mathrm{T}}$ 称为计量矩阵。矩阵 $\boldsymbol{T}$ 中的第 i 行第 j 列元素 T_{ij} 为速率 q_i 由通量 $\boldsymbol{v}$ 中分量 v_j 与其他分量线性组合时的对应系数。

矩阵 $\boldsymbol{T}$ 的最后 $N+2$ 行表示内部代谢物在 J 个内部反应中的生成与消耗状况，并且在稳态时，所有的内部代谢物生成速率 q_i 为零。

据此特征，可在 $\boldsymbol{v}$ 中选择 $J-N-2$ 个可测量通量组成向量 $\boldsymbol{v}_1(J-N-2)$，$\boldsymbol{v}$ 中其余的分量组成向量 $\boldsymbol{v}_2(N+2)$。对 $\boldsymbol{T}$ 中的最后 $N+2$ 行，由 $\boldsymbol{v}_1$ 中的分量的对应列组成矩阵 $\boldsymbol{T}_2(N+2,\ J-N-2)$，$\boldsymbol{v}_2$ 中的分量的对应列组成矩阵 $\boldsymbol{T}_1(N+2,\ N+2)$。因此：

$$\boldsymbol{T}_1\boldsymbol{v}_2 + \boldsymbol{T}_2\boldsymbol{v}_1 = \boldsymbol{0} \tag{4-192}$$

由此，可得出由可测量通量计算不可测量通量的计算式：

$$\boldsymbol{v}_2 = -\boldsymbol{T}_1^{-1}\boldsymbol{T}_2\boldsymbol{v}_1 \tag{4-193}$$

此式的有效性条件是 $\boldsymbol{T}_1$ 为非奇异矩阵，即逆矩阵存在。

例如，对式（4-190），可选择：

$$\boldsymbol{v}_1 = \begin{bmatrix} v_3 \\ v_6 \end{bmatrix} = \begin{bmatrix} \mu \\ q_{HAc} \end{bmatrix},\quad \boldsymbol{v}_2 = \begin{bmatrix} v_1 \\ v_2 \\ v_5 \\ v_7 \end{bmatrix} \tag{4-194}$$

则

$$\boldsymbol{T}_1=\begin{bmatrix}1 & -1 & -1 & 0\\ 0 & 0 & 2/3 & -1\\ 1/3 & -1/3 & 0 & -1\\ 1/3 & 0 & 0 & 0\end{bmatrix},\ \boldsymbol{T}_2=\begin{bmatrix}0 & 0\\ 0 & -1\\ 0.1 & 0\\ -2 & 1/2\end{bmatrix} \tag{4-195}$$

由式（4-193）：

$$\boldsymbol{v}_2=\begin{bmatrix}6 & -1.5\\ 5.7 & -4.5\\ 0.3 & 3\\ 0.2 & 1\end{bmatrix}\boldsymbol{v}_1 \tag{4-196}$$

再由式（4-188），可得：

$$\begin{bmatrix}q_{\mathrm{S}}\\ q_{\mathrm{HLac}}\\ q_{\mathrm{E}}\\ q_{\mathrm{HCOOH}}\\ q_{\mathrm{C}}\end{bmatrix}=\begin{bmatrix}7.1\mu-1.5q_{\mathrm{HAc}}\\ 5.7\mu-4.5q_{\mathrm{HAc}}\\ 0.2\mu+q_{\mathrm{HAc}}\\ 0.1\mu+q_{\mathrm{HAc}}\\ 0.1\mu\end{bmatrix} \tag{4-197}$$

前述式（4-193）有关的代谢通量分析的基本方法是由最小数目的可测量速率估算其余的速率和通量。在有些情况下，例如为了确定代谢网络的结构，或者为估算一个或多个模型参数和判别实验过失误差的目的，使用超过最小数目的可测量速率进行计算，以达到改进分析结果的目的。这时使用的通量分析模型称为超定系统（the over-determined system）。

对上述模型，若 $\boldsymbol{v}_1$ 的分量数增大为 $J-N-2+Q$，则 $\boldsymbol{T}_1$ 就减少 Q 列，行数仍然为 $N+2$，它的大小为 $(N+2)\times(N+2-Q)$。因此，它的逆矩阵不存在。$\boldsymbol{v}_2$ 的分量数为 $N+2-Q$。$\boldsymbol{T}_2$ 的大小为 $(N+2)\times(J-N-2+Q)$。这时为解决式（4-193）不可求解问题，构建 $\boldsymbol{T}_1$ 的拟逆矩阵 $\boldsymbol{T}_1^{\#}$：

$$\boldsymbol{T}_1^{\#}=(\boldsymbol{T}_1^{\mathrm{T}}\boldsymbol{T}_1)^{-1}\boldsymbol{T}_1^{\mathrm{T}}=\boldsymbol{T}_1^{-1}(\boldsymbol{T}_1^{\mathrm{T}})^{-1}\boldsymbol{T}_1^{\mathrm{T}}=\boldsymbol{T}_1^{-1} \tag{4-198}$$

$\boldsymbol{T}_1^{\#}$ 的大小为 $(N+2-Q)\times(N+2)$。

由此，得到超定系统的通量计算式：

$$\boldsymbol{v}_2=-\boldsymbol{T}_1^{\#}\boldsymbol{T}_2\boldsymbol{v}_1 \tag{4-199}$$

上式求解的条件是 $\boldsymbol{T}_1$ 为满秩，即组成 $\boldsymbol{T}_1$ 的列向量线性不相关。

例如，对 4-23（b）的网络，若设 $\boldsymbol{v}_1=[v_2\quad v_3\quad v_6\quad v_7]^{\mathrm{T}}$，则：

$$\boldsymbol{T}_1^{\mathrm{T}}\boldsymbol{T}_1=\begin{bmatrix}1 & 0 & 1/3 & 1/3\\ -1 & 2/3 & 0 & 0\end{bmatrix}\begin{bmatrix}1 & -1\\ 0 & 2/3\\ 1/3 & 0\\ 1/3 & 0\end{bmatrix}=\begin{bmatrix}11/9 & -1\\ -1 & 13/9\end{bmatrix} \tag{4-200}$$

$$\begin{aligned}\boldsymbol{T}_1^{\#}&=(\boldsymbol{T}_1^{\mathrm{T}}\boldsymbol{T}_1)^{-1}\boldsymbol{T}_1^{\mathrm{T}}\\ &=\frac{1}{62}\begin{bmatrix}117 & 81\\ 81 & 99\end{bmatrix}\begin{bmatrix}1 & 0 & 1/3 & 1/3\\ -1 & 2/3 & 0 & 0\end{bmatrix}\\ &=\frac{1}{62}\begin{bmatrix}36 & 54 & 39 & 39\\ -18 & 66 & 27 & 27\end{bmatrix}\end{aligned} \tag{4-201}$$

$$\boldsymbol{v}_2=-\boldsymbol{T}_1^{\#}\boldsymbol{T}_2\boldsymbol{v}_1$$

$$
=-\frac{1}{62}\begin{bmatrix}36 & 54 & 39 & 39\\ -18 & 66 & 27 & 27\end{bmatrix}\begin{bmatrix}-1 & 0 & 0 & 0\\ 0 & 0 & -1 & -1\\ -1/3 & 0.1 & 0 & -1\\ 0 & -2 & 1/2 & 0\end{bmatrix}\boldsymbol{v}_1 \tag{4-202}
$$

$$
=\frac{1}{62}\begin{bmatrix}49 & 74.1 & 34.5 & 93\\ -9 & 51.3 & 52.5 & 93\end{bmatrix}\begin{bmatrix}v_2\\ v_3\\ v_6\\ v_7\end{bmatrix}
$$

重点内容提示

1. 细胞反应动力学的基本特性。
2. 细胞反应的速率表示，各种体积速率和比速率的表示方法。
3. 黑箱模型及其基本假设。
4. 细胞反应计量学的化学计量方程，元素衡算、还原度的概念与衡算。
5. 得率系数的定义，表观得率系数与理论得率系数的区别与关联。
6. 底物消耗的线性速率方程，维持过程特性与维持能的概念。
7. 细胞基本生长过程及其特性，不同阶段生长速率的表示。
8. Monod 方程的特点和它的动力学参数的求取。
9. 受抑制的细胞生长动力学特性。
10. 温度、pH 和溶解氧浓度等环境因素对细胞生长的影响。
11. 产物生成过程的类型，产物生成过程的机制分析方法。
12. 结构模型与非结构模型的区别，分室模型的基本建模方法。
13. 代谢通量分析的建模方法，代谢通量分析在反应器操作与设计上的应用。

习 题

1. 以葡萄糖作碳源的细胞好氧培养，假定无产物生成，生成的生物质分子量为标准分子量，化学计量式为，

$$C_6H_{12}O_6 + aO_2 + bNH_3 \longrightarrow cCH_{1.8}O_{0.5}N_{0.2} + dH_2O + eCO_2$$

已知葡萄糖有 2/3 的碳转化为细胞中的碳。计算得率系数 Y_{XS}、Y_{XO} 和 RQ 值。

2. 酵母在需氧条件下以乙醇为底物进行生长的反应式为：

$$C_2H_5OH + aO_2 + bNH_3 \longrightarrow cCH_{1.704}N_{0.149}O_{0.408} + dCO_2 + eH_2O$$

（1）求当 RQ=0.66 时的 a、b、c、d 和 e 值；

（2）确定 Y_{XS} 和 Y_{XO} 值；

（3）求底物和细胞生物质的还原度。

3. 黑醋菌需氧发酵使 D-山梨醇（$C_6H_{14}O_6$，S）转化为 L-山梨糖（$C_6H_{12}O_6$，P），同时生成二氧化碳和细胞生物质（X），$S + aO_2 \longrightarrow bX + cP + dCO_2 + eH_2O$。试求细胞和产物对底物的得率系数 Y_{XS} 和 Y_{PS} 之间的关系（得率系数的单位均为 g/g），$Y_{PS}=f(Y_{XS})$。若使山梨醇转化为山梨糖的转化率达到 $X_S=0.90$，试求 $Y_{PS}=f(Y_{XS},RQ)$ 的计算式。已知山梨醇、山梨糖、二氧化碳和生物质的含碳量分别为 $\sigma_S=0.395$、$\sigma_P=0.400$、$\sigma_C=0.273$、

$\sigma_X = 0.520$。

4. 以丙三醇为限制性底物的巴氏毕赤酵母分批培养过程。细胞浓度随时间的变化如下表所示：

t/h	0	1	2	3	5	10	15	20	25	30	40	50
c_X/(g/L)	1.0	1.0	1.0	1.1	1.7	4.1	8.3	18.2	36.2	64.3	86.1	98.4

（1）由实验数据作图显示 $\ln c_X \sim t$ 的关系；

（2）求最大比生长速率 μ_{max}。

5. 在有氧条件下某细菌在甲醇上的生长符合 Monod 方程。分批培养的数据如下表：

t/h	c_X/(g/L)	c_S/(g/L)	t/h	c_X/(g/L)	c_S/(g/L)
0	0.2	9.23	12	3.2	4.6
2	0.211	9.21	14	5.6	0.92
4	0.305	9.07	16	6.15	0.077
8	0.98	8.03	18	6.2	0
10	1.77	6.8			

（1）计算得率系数 Y_{XS}；

（2）估算动力学参数数值；

（3）计算细胞质量的倍增时间 t_d。

6. 在一 CSTR 反应器中用乳糖培养大肠杆菌，该反应器体积 $V_R = 1L$，进料乳糖浓度 $c_{S_0} = 160mg/L$。当采用不同加料流量时有下表所列的结果。

F/(L/h)	c_S/(mg/L)	c_X/(mg/L)	F/(L/h)	c_S/(mg/L)	c_X/(mg/L)
0.2	4	15.6	0.8	40	12
0.4	10	15	1.0	100	6

试求这个过程的 Monod 方程及其参数。

7. 大肠杆菌在一 CSTR 中的连续培养过程，以葡萄糖为限制性底物，$\mu_{max} = 0.25h^{-1}$，$Y_{XS} = 0.4g/g$。已知，加料速率 $F = 0.2g/L$，加料中的葡萄糖浓度 $c_{S_0} = 5g/L$，反应器有效体积 $V_R = 1L$。试求出料中的葡萄糖浓度和细胞浓度。采用下述生长模型分别计算：

（1）Monod 方程，$K_S = 100mg/L$；

（2）Moser 方程，$K_S = 100mg/L$，$n = 1.5$；

（3）Contois 方程，$K_S = 4 \times 10^{-5}$。

8. 在一 CSTR 中的大肠杆菌的需氧培养，葡萄糖为限制性底物，加料中的葡萄糖浓度 $c_{S_0} = 0.968kg/m^3$。实验数据如下表所示：

D/h^{-1}	c_S/(kg/m^3)	c_X/(kg/m^3)	D/h^{-1}	c_S/(kg/m^3)	c_X/(kg/m^3)
0.06	0.006	0.427	0.60	0.122	0.434
0.12	0.013	0.434	0.66	0.153	0.422
0.24	0.033	0.417	0.69	0.170	0.430
0.31	0.040	0.438	0.71	0.221	0.390
0.43	0.064	0.422	0.73	0.210	0.352
0.53	0.102	0.427			

（1）假设细胞的化学式为 $CH_{1.4}O_{0.4}N_{0.2}$，在 $\mu = 0.5h^{-1}$ 和 RQ=1 时只有 CO_2 和 H_2O 生成，试求葡萄糖转化为细胞生物质的化学计量方程与系数；

（2）求 Monod 方程的动力学参数 μ_{max} 和 K_S；

（3）求 m_S 和 Y_{XS}^m 的值；

（4）导出 q_O 的计算式。

9. 对活性污泥法的废水需氧微生物处理过程，由消耗底物 BOD 生成称为活性污泥的微生物生物质。

（1）若要求由底物 BOD 的消耗速率 r_S 推算活性污泥的生成速率 r_X，证明下式成立：

$$r_X = Y_{XS}^m r_S - m_S Y_{XS}^m c_X$$

$$\mu = Y_{XS}^m q_S - m_S Y_{XS}^m$$

（2）氧不仅消耗在合成活性污泥上，也用于污泥的自身氧化过程。氧的消耗速率 r_O 和比氧消耗速率 q_O 可用下式表示：

$$r_O = a r_S + b c_X$$

$$q_O = a q_S + b$$

试证明上式中，$a = \dfrac{Y_{XS}^m}{Y_{XO}^m}$，$b = m_O - a m_S$。

10. 枯草杆菌在甲醇上的最大得率系数 $Y_{XS}^m = 0.4\text{g/g}$，细胞生物质的燃烧热 $(-\Delta H_X) = 21\text{kJ/g}$，甲醇的燃烧热 $(-\Delta H_S) = 30.5\text{kJ/g}$，试求每消耗 1g 甲醇所生成的热量。

11. 酿酒酵母由葡萄糖厌氧发酵生产乙醇的过程，$CH_2O \longrightarrow 0.67CH_3O_{0.5} + 0.33CO_2$。Roels（1983）给出底物消耗和产物生成的比速率方程为，$q_S = 7.25\mu + m_S$，$q_P = 4.10\mu + m_P$。当维持过程对底物需求较低时，$m_S = 0.15$，$m_P = 0.10$；当维持过程对底物需求较大时，$m_S = 0.90$，$m_P = 0.60$。对各组分的质量和比速率的计算单位均分别采用 C-mol 和 C-mol/(C-mol·s)。试求两种情况下的 $Y_{PS} \sim \mu$ 和 $Y_{XS} \sim \mu$ 的函数关系，并用软件模拟计算和作图显示。再由模拟计算结果判别维持过程对各得率系数的影响。

12. 已知青霉素发酵过程，$Y_{XS}^m = 0.55\text{g/g}$，$Y_{PS}^m = 1.0\text{g/g}$，$q_P = 0.01\text{g/(g·h)}$。试写出 $Y_{PS} \sim \mu$ 和 $Y_{PS} \sim m_S$ 的函数关系，并分别在 $m_S = 0.025\text{g/(g·h)}$ 和 $\mu = 0.01\text{h}^{-1}$ 的条件下用软件模拟计算和在对数坐标上作图显示。再由模拟计算结果判别 μ 和 m_S 对产物得率的影响。

5

生物反应器的操作特性

生物反应器的操作特性由反应器类型、操作方式和操作条件共同决定，它实际是生物反应本征动力学特性和反应器中的物理过程特性相互作用的综合表现。因此，生物反应器的设计总体上涉及各方面的相关问题。另外，通常认为，与物料衡算关系、反应速率和得率有关的过程特性是基本宏观动力学特性，是生物反应器的设计基础，而对这种反应器尺度上的动力学特性作分析的模型可称为操作模型。本章以操作模型为形式，重点讨论这方面内容。

5.1 分批操作

5.1.1 分批操作的特点

分批操作在工业生物反应过程应用上占有重要地位。主要原因是它较适合多品种的生产。由于分批操作较简单，反应器类型多为通用性较强的机械搅拌罐式反应器，因此使用同一台装置，可进行多品种的生产。对多品种小批量的生产情况，它的适用性也较强。

由于生物反应的速率较化学反应慢，理论上应采用连续操作方式以提高效率。连续操作方式不能避免长周期操作时发生的染菌问题，因此，实际上较多的工业过程使用具有分批操作特征的大容量反应器。由于反应分批进行，多批次操作时的染菌率可得到控制。

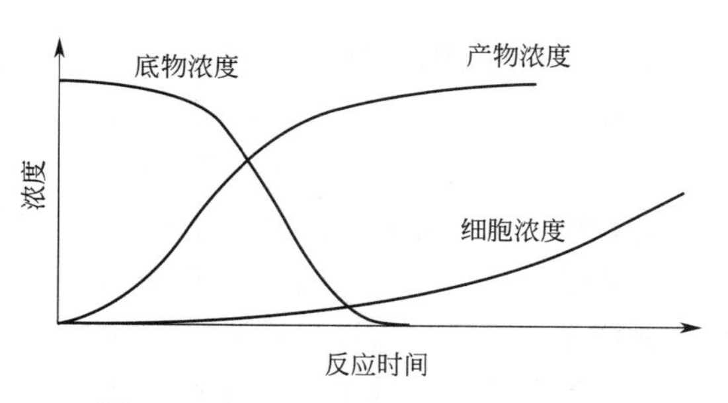

图 5-1 分批操作反应器中的浓度变化

分批操作的主要缺点是生产效率较低。这类过程在反应时间内状态变量和参数是随时间改变的，如图 5-1 所示。一般反应液中底物浓度逐渐下降，产物浓度和细胞浓度逐渐上升。这样，对细胞培养过程，细胞所处的环境有可能逐渐恶化，有抑制性的代谢副产物会积累。此外，分批操作有辅助操作时间，这会使空时产率较低。

5.1.2 分批操作的反应时间

对分批操作过程的优化主要是要缩短反应时间。对液相反应，反应时间计算由理想间歇反应器的操作特性方程得出。

$$t=\int_{c_S}^{c_{S_0}}\frac{dc_S}{r_S} \tag{5-1}$$

若将 c_S 用转化率 X_S 表示：

$$c_S=c_{S_0}(1-X_S) \tag{5-2}$$

操作特性方程也为：

$$t=c_{S_0}\int_0^{X_S}\frac{dX_S}{r_S} \tag{5-3}$$

以下分别对酶反应和细胞反应过程作计算与分析。

5.1.2.1 均相酶反应

对单底物无抑制酶反应，由米氏方程，并由式（5-1），可得：

$$t=\int_{c_S}^{c_{S_0}}\frac{(K_m+c_S)dc_S}{r_{max}c_S} \tag{5-4}$$

积分可得：

$$r_{max}t=(c_{S_0}-c_S)+K_m\ln\frac{c_{S_0}}{c_S} \tag{5-5}$$

或

$$r_{max}t=c_{S_0}X_S+K_m\ln\frac{1}{1-X_S} \tag{5-6}$$

可见，当要求的底物转化率一定时，反应时间 t 取决于初始底物浓度，也取决于与反应条件有关的米氏常数和最大反应速率的大小。它们与反应时间的关系有如下两种简化情况：

当 $c_{S_0}\ll K_m$ 时，反应呈一级反应特征，有：

$$r_{max}t=K_m\ln\frac{1}{1-X_S}=K_m\ln\frac{c_{S_0}}{c_S} \tag{5-7}$$

当 $c_{S_0}\gg K_m$ 时，反应呈零级反应特征，有：

$$r_{max}t=c_{S_0}X_S=c_{S_0}-c_S \tag{5-8}$$

如初始底物浓度以无量纲浓度 $\beta=c_{S_0}/K_m$ 表示，则反应时间与初始底物浓度的关系如图 5-2 所示。从图中可以看出，当 c_{S_0} 值较小，反应近似为一级反应时，转化率 X_S 受反应时间 t 的影响较大；对相同的转化率，β 值较大的反应所需的反应时间较长；当 c_{S_0} 值很大时，转化率与反应时间之间呈线性递增函数关系。

由式（5-6）可见，由于最大反应速率 $r_{max}=k_2c_E$，c_E 为反应器中的酶浓度，若酶不失活，酶浓度较高或最大反应速率较大的反应，达到一定转化率所需的反应时间较短。

如果酶会失活，且用一阶失活模型表示失活速率：

$$r_{max}=k_2c_{E_0}\exp(-k_dt) \tag{5-9}$$

由于有酶失活的过程 r_{max} 较低，且随时间下降，故为达到一定的转化率，所需的反应时间较长。

【例 5-1】 在一分批操作的搅拌反应器中进行脲酶催化的尿素分解为氨和二氧化碳的反应，要求底物的转化率为 0.8。底物的初始浓度为 0.1 mol/L，反应器中酶浓度为 0.001 g/L。在等温反应条件下，米氏常数 K_m 为 0.0266 mol/L，酶浓度为 5 g/L 时的最大反应速率 r_{max} 为 1.33 mol/(L·s)。求完成反应所需的时间。

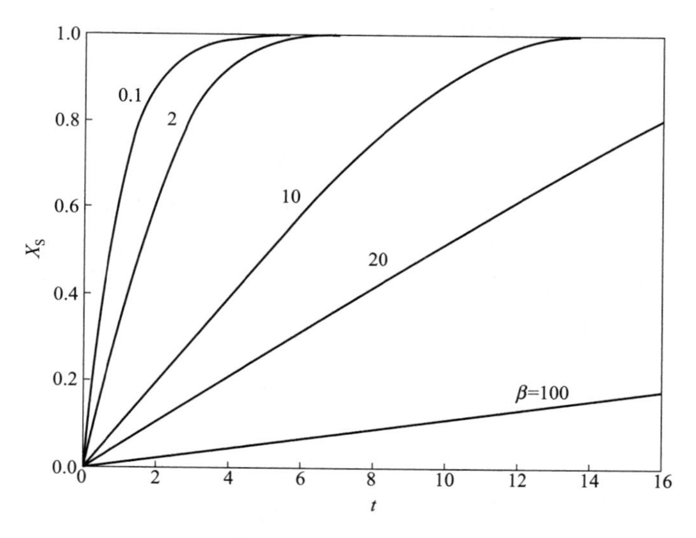

图 5-2　分批反应的转化率与反应时间的关系

解　(1) 求当 $c_{E_0}=0.001\text{g/L}$ 时的 r_{max} 值。

由于当 $c_{E_0}=5\text{g/L}$ 时，r_{max} 值为 1.33mol/(L·s)，则当 c_{E_0} 为 0.001 g/L 时：

$$r_{max}=\frac{1.33}{5}\times 0.001=2.66\times 10^{-4}\ [\text{mol/(L·s)}]$$

(2) 求 t。

利用式 (5-6)，将各值代入，求出：

$$t=\frac{0.1\times 0.8}{2.66\times 10^{-4}}+\frac{0.0266}{2.66\times 10^{-4}}\ln\frac{1}{0.2}=461.7(\text{s})$$

5.1.2.2　固定化酶反应

假定反应过程发生在固定化酶颗粒内，反应速率不受外扩散限制，但受内扩散限制。设反应器中的空隙率（液相体积/反应器有效体积）为 ε_L，则固定化酶颗粒所占的体积分数为 $(1-\varepsilon_L)$，催化剂相中的反应速率为 $(1-\varepsilon_L)\eta r_S$，$\eta$ 为内扩散有效因子，r_S 为固定化酶的以催化剂体积为计算基准的本征反应速率。对底物的质量衡算式为：

$$-\varepsilon_L V_R\frac{\text{d}c_S}{\text{d}t}=(1-\varepsilon_L)\eta r_S V_R \tag{5-10}$$

对其积分可得：

$$t=\frac{\varepsilon_L}{1-\varepsilon_L}\int_{c_S}^{c_{S_0}}\frac{\text{d}c_S}{\eta r_S}=\frac{c_{S_0}\varepsilon_L}{1-\varepsilon_L}\int_0^{X_S}\frac{\text{d}X_S}{\eta r_S} \tag{5-11}$$

由于 η 为 c_S 或 X_S 的函数，故在有效因子表达式确定时，对式 (5-11) 才可积分。

当酶反应为一级反应，即 $c_{S_0}\ll K_m$ 时，若已知西勒数 ϕ_1，η 等于常数。此时有：

$$r_{max}\eta\frac{1-\varepsilon_L}{\varepsilon_L}t=K_m\ln\frac{c_{S_0}}{c_S}=K_m\ln\frac{1}{1-X_S} \tag{5-12}$$

当固定化酶的颗粒很小，内扩散的影响可以忽略时，有效因子 $\eta=1$，则反应时间可由式 (5-13) 计算：

$$r_{max}\frac{1-\varepsilon_L}{\varepsilon_L}t=c_{S_0}X_S+K_m\ln\frac{1}{1-X_S} \tag{5-13}$$

5.1.2.3 细胞反应过程

由于分批操作时反应器内细胞的生长经历延迟期、指数生长期、减速期和静止期四个阶段，并且难以用统一的动力学方程来表示细胞生长的全过程，因此总反应时间的确定比较困难。其中只有指数生长期和减速期可以采用下述方法来确定其相应的反应时间，而延迟期和静止期所需时间则只能根据实验来确定。

若指数生长期和减速期统一用下述方程表示细胞生长速率：

$$r_X=\frac{dc_X}{dt}=\mu c_X \tag{5-14}$$

并有：

$$c_S=c_{S_0}-\frac{1}{Y_{XS}}(c_X-c_{X_0}) \tag{5-15}$$

式中，c_{S_0} 和 c_{X_0} 分别为指数期开始时的底物浓度和细胞浓度；c_S 和 c_X 分别为减速期结束时的底物浓度和细胞浓度。

假定得率系数 Y_{XS} 为常数，并且细胞生长符合 Monod 方程，将式（5-15）代入可得：

$$\mu=\mu_{max}\frac{c_{S_0}-\frac{1}{Y_{XS}}(c_X-c_{X_0})}{K_S+c_{S_0}-\frac{1}{Y_{XS}}(c_X-c_{X_0})} \tag{5-16}$$

或

$$\mu=\mu_{max}\frac{Y_{XS}c_{S_0}-c_X+c_{X_0}}{Y_{XS}K_S+Y_{XS}c_{S_0}-c_X+c_{X_0}} \tag{5-17}$$

式（5-17）代入式（5-14），则：

$$\mu_{max}t=\int_{c_{X_0}}^{c_X}\frac{Y_{XS}K_S+Y_{XS}c_{S_0}-c_X+c_{X_0}}{Y_{XS}c_{S_0}-c_X+c_{X_0}}\times\frac{1}{c_X}dc_X \tag{5-18}$$

积分可得反应时间的计算式：

$$\mu_{max}t=A\ln\frac{c_X}{c_{X_0}}-B\ln\frac{Y_{XS}c_{S_0}-c_X+c_{X_0}}{Y_{XS}c_{S_0}}$$

$$A=\frac{Y_{XS}K_S+Y_{XS}c_{S_0}+c_{X_0}}{Y_{XS}c_{S_0}+c_{X_0}} \tag{5-19}$$

$$B=\frac{Y_{XS}K_S}{Y_{XS}c_{S_0}+c_{X_0}}$$

通过上式可计算出指数生长期和减速期所需要的反应时间，若需总的细胞生长时间，还需要包括延迟期和静止期所需的时间。

从式（5-19）可以看出，反应时间与初始底物浓度、初始细胞浓度、饱和常数和得率系数有关。

以上的分析仅考虑目标产物为细胞生物质的过程，对有代谢产物生成的一般细胞反应过程，可通过对各组分建立动态质量平衡的微分方程组，用软件模拟计算。

5.1.2.4 最优反应时间的确定

分批操作的反应时间优化按下述有普遍性的方法进行。此优化以单位时间的产物产量最大为目标函数。

将生物反应表示为由关键底物生成目标产物的简单反应：

$$S \longrightarrow P \tag{5-20}$$

若产物浓度为 c_P，则单位时间的产物产量为：

$$F_P = \frac{V_R c_P}{t_T} \tag{5-21}$$

式中，t_T 为分批操作的周期时间，$t_T = t + t_B$，t_B 为辅助操作时间。

使 F_P 最大的条件是其对反应时间 t 的导数为零，则由式（5-21）可得：

$$\frac{dF_P}{dt} = \frac{V_R\left[(t+t_B)\frac{dc_P}{dt} - c_P\right]}{(t+t_B)^2} = 0 \tag{5-22}$$

由此可得：

$$\frac{dc_P}{dt} = \frac{c_P}{t_{opt} + t_B} \tag{5-23}$$

式中，t_{opt} 为最优反应时间。

由于产物的生成速率由反应动力学关系决定，因此在给定的反应条件下，可由式（5-23）确定最优反应时间。

最优反应时间的求解用图解法比较方便。如果根据反应动力学方程和反应计量关系，作出产物浓度 c_P 与反应时间 t 的关系曲线，则可求出最优反应时间。如图 5-3 所示，过原点沿横轴负方向截取 $OA = t_B$，过 A 点作 $c_P \sim t$ 曲线的切线 AB，则 B 点所对应的时间为最优反应时间，此纵坐标为相应最优反应时间下的最优产物浓度 $c_{P,opt}$。

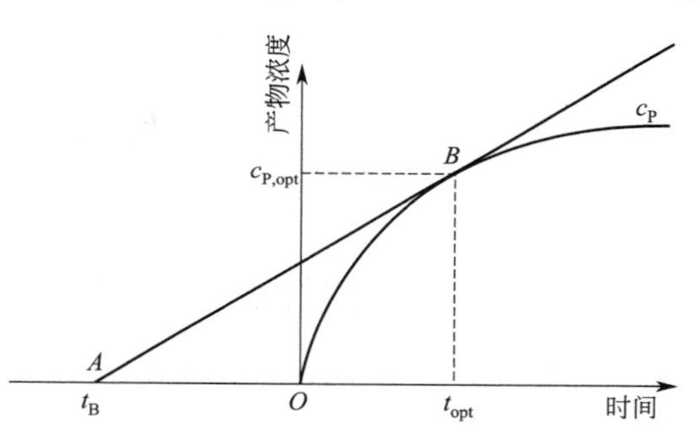

图 5-3　使生产率最高的最优反应时间的图解

对一些简单的反应，可以使用解析法求解最优反应时间。例如，对均相酶反应，假定其动力学符合米氏方程，如果不考虑酶的失活，产物的初始浓度 $c_{P_0} = 0$，联立米氏方程和式（5-23）可得出：

$$\frac{dc_P}{dt} = r_{max}\frac{c_{S,opt}}{K_m + c_{S,opt}} = \frac{c_{S_0} - c_{S,opt}}{t_{opt} + t_B} \tag{5-24}$$

式中，$c_{S,opt}$ 为最优反应时间时的底物浓度。

若以转化率表示，$c_{S,opt} = c_{S_0}(1 - X_{S,opt})$，代入上式，得到：

$$r_{max}(t_{opt} + t_B) = X_{S,opt}\left(c_{S_0} + \frac{K_m}{1 - X_{S,opt}}\right) \tag{5-25}$$

又由式（5-6），将其代入上式，经整理可得：

$$r_{max} t_B = K_m\left(\frac{X_{S,opt}}{1 - X_{S,opt}} + \ln\frac{1}{1 - X_{S,opt}}\right) \tag{5-26}$$

根据上式由 t_B 确定最佳转化率 $X_{S,opt}$，并由式（5-24）求出最优反应时间。

对实际反应过程，还有以反应产物的体积生成速率最大或产物浓度最大，或生产费用最低作为反应过程优化的目标函数。此处不再详述。

5.1.3 反应器有效体积的计算

对设计优化，在已知反应时间后，可以算出反应器有效体积。

对规定的生产任务，要求该反应器在单位时间内所处理的物料体积为 F，则可计算单位时间的产物生成量 p_r：

$$p_r = F c_{S_0} X_S \tag{5-27}$$

式中，c_{S_0} 和 X_S 分别为反应物初始浓度和其转化率。

反应器的有效体积的计算式为：

$$V_R = F(t_{opt} + t_B) \tag{5-28}$$

【例 5-2】 对［例 5-1］的搅拌反应器中所进行的分批操作反应，如果要求其生产过程的底物处理量为 1000mol/h，每个操作周期所需的辅助时间为 10min，试计算反应器的有效体积。

解 对此单底物酶反应，单位时间所处理的物料量为：

$$F = \frac{p_r}{c_{S_0} X_S} = \frac{1000/60}{0.1 \times 0.8} = 208.3(\text{L/min})$$

反应器有效体积为：

$$V_R = F(t_{opt} + t_B) = 208.3 \times (461.7/60 + 10) = 3685.9(\text{L})$$

5.2 连续操作

5.2.1 连续操作的特点

连续操作过程在反应开始阶段经历反应条件发生变化的过渡期，然后由于以相同的速率连续进料和出料，状态变量和参数达到稳定态，如图 5-4 所示。由于连续操作过程的稳态特性，它表现出以下所述优越性：

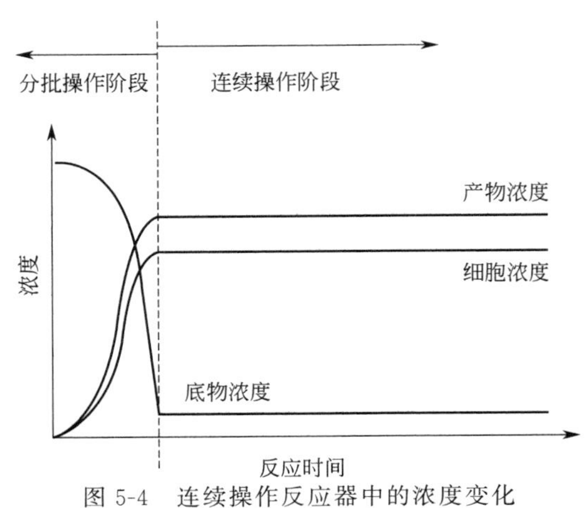

图 5-4 连续操作反应器中的浓度变化

① 连续操作反应器的生产效率最高。在理论上，若由动力学研究得出反应速率和产物得率最大的操作条件，用这个最优操作条件进行连续反应过程，则过程操作性能可达到最优化。由于这类过程的整个周期时间很长，辅助操作时间在整个周期时间内占有很小的分率，因此空时产率较高，操作费用也较低。

② 对连续反应可进行高效的过程控制。分批培养的状态变量和参数始终处于动态变化过程中，在不同的状态，细胞所处的环境在不断变化，过程动力学有非线性特性，而对连续过程，由于所控制的控制变量是单一的数值，控制机构对控制变量的调节方式较简单，就可避免这些现象。

③ 连续操作的产品质量稳定。由于进行稳定态操作，反应条件稳定，因此可以避免分批操作的各批次间的差别，以控制产品质量。

④ 连续操作有利于过程的研究与分析。由于以保持过程的变量与参数始终恒定的目的进行操作，因此可以通过确定比较基准，对反应系统的任何变量或参数的微小变化作估计。而且，用这种方式可获取准确的动力学表达式及其参数，得到反应器设计的基础信息。

例如，细胞培养的瞬态实验研究（transient experiment）是连续操作在细胞生理学和代谢工程研究上的一种重要应用。这种研究认为，细胞在连续培养过程处于操作条件上的不同稳态时，细胞内部组成和代谢控制机制是不同的。培养状态从一种稳态向另一种稳态过渡所需的时间称为特征时间（或时间常数），它表示细胞对环境状态变化的响应。在这个变化过程中，胞内各种子过程的特征时间的不同表示了过程控制机制的不同。瞬态实验通过改变稀释率获得不同的稳态而测量特征时间。通过这种实验，可以获得细胞对环境参数改变的生理学调节规律，为实际工业反应器中非理想混合的不均匀性对过程影响等有关的设计问题提供解决的途径。

连续操作也存在一些缺点。例如，它对细胞生长时同步产生的代谢副产物的生成不能控制；操作周期过长，容易受到杂菌污染；需要使用费用较高的检测手段和控制设备等。在微生物发酵工业上，连续培养应用并不多，原因是长期的理论和实验研究发现，连续操作时菌种的遗传稳定性较差，因此过程设计时多倾向于采用分批特性的操作方式。但是，若将连续培养用于研究，它反而是一种考察菌种遗传稳定性的有效手段。

生物反应器使用连续操作主要目的是利用其产品质量稳定、生产效率较高、适合于大批量生产的特点。已成功应用的典型例子有：使用气升式反应器的大规模单细胞蛋白的生产、固定化葡萄糖异构酶催化的高果糖浆的生产。对废水的生物处理过程也常用连续操作。

连续操作反应器的流体流动状态直接影响反应速率和反应结果，因此对流动状态的分析与研究是反应器选型、设计和优化的基础。反应器的连续流动状况一般用返混和浓度分布的有关概念描述（见第 6 章）。生物反应器有两种基本的理想流动模型，即返混极大的全混流反应器和没有返混的平推流反应器，实际的连续操作反应器的流动状况处于两者之间。对各种连续反应过程，反应器设计方法是根据其动力学特点，选择具有特定返混与浓度分布特征的反应器类型，包括理想流动反应器及其各种组合形式，以满足空时或反应器体积最小的优化设计原则。在实际工业过程中，连续操作的生物反应器有连续操作的机械搅拌罐式反应器、膜生物反应器、固定床和流化床反应器等类型。

5.2.2 连续操作的酶反应

5.2.2.1 均相酶反应

若采用 CSTR，则由基本操作特性方程计算空时：

$$\tau_m=\frac{V_R}{F}=\frac{c_{S_0}-c_S}{r_S} \tag{5-29}$$

式中，c_{S_0} 表示进料中的底物浓度（即第 1 章 CSTR 模型所用的 $c_{S,in}$）；c_S 表示反应器中和出料中的底物浓度。

CSTR 和 CPFR 的符号表示如图 5-5 所示。

对液相酶反应，若其动力学符合米氏方程，将其动力学方程代入式（5-29），经计算可得：

$$r_{\max}\tau_m = (c_{S_0} - c_S) + K_m \frac{c_{S_0} - c_S}{c_S} \tag{5-30}$$

若用转化率表示底物浓度，$c_S = c_{S_0}(1 - X_S)$，则有：

$$r_{\max}\tau_m = c_{S_0} X_S + K_m \frac{X_S}{1 - X_S} \tag{5-31}$$

若采用 CPFR，空时也由其操作特性方程得出：

$$\tau_p = \frac{V_R}{F} = \int_{c_S}^{c_{S_0}} \frac{dc_S}{r_S} \tag{5-32}$$

上式中用 c_S 表示反应器出料中的底物浓度 c_{Sf}，即$c_{Sf} = c_S$。

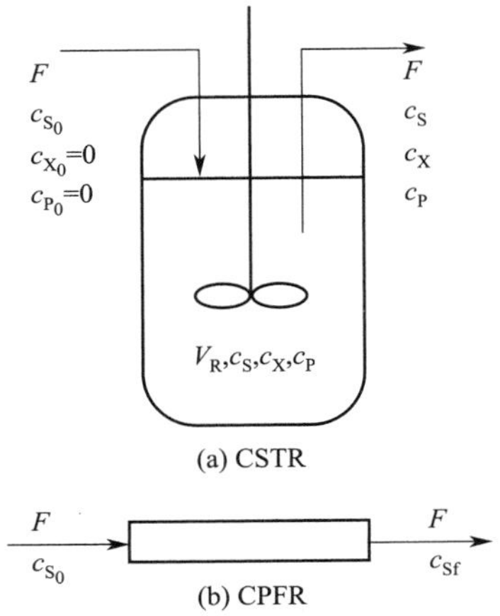

若反应动力学符合米氏方程，可得出 CPFR 中进行米氏反应的反应器操作特性方程：

$$r_{\max}\tau_p = (c_{S_0} - c_S) + K_m \ln \frac{c_{S_0}}{c_S} \tag{5-33}$$

$$r_{\max}\tau_p = c_{S_0} X_S + K_m \ln \frac{1}{1 - X_S} \tag{5-34}$$

图 5-5 CSTR 和 CPFR 的符号示意图

从以上两式可见，CPFR 的空时计算式与 BSTR 反应器的计算式相似，只需将 τ_p 代替 t 即可。

对 CSTR 和 CPFR 中进行的单底物酶反应，例如各种受抑制的酶反应，在已知反应速率 r_S 的表达式时，由式（5-29）和式（5-32）也可得出它们的空时计算式。

由式（5-31）和式（5-34）可见，在 CSTR 和 CPFR 中进行的酶反应过程，反应器的操作特性取决于酶反应的动力学特性。对一定的反应任务，反应的空时主要取决于反应条件、进料底物浓度和酶浓度。

虽然工业上采用 CSTR 和 CPFR 进行的液体中游离酶催化的酶反应是不存在的，但是对有一定 $r_S \sim c_S$ 或 $r_S \sim X_S$ 关系的酶反应，根据它们使用两个反应器所需的空时大小的比较，可判别反应器中底物对反应速率的浓度效应，确定反应器的选型依据。

若反应器中的酶浓度一定，即 c_E 或 $r_{\max}$ 相同，在相同的反应条件下达到相同的转化率时，由于空时 $\tau = V_R/F$，在 c_{S_0} 和 F 相同时，CSTR 和 CPFR 两者所需反应器体积之比为：

$$\frac{V_{R,CSTR}}{V_{R,CPFR}} = \frac{X_S + \frac{K_m}{c_{S_0}}\left(\frac{X_S}{1 - X_S}\right)}{X_S + \frac{K_m}{c_{S_0}} \ln \frac{1}{1 - X_S}} \tag{5-35}$$

设反应器中酶的质量为 E，由于 $c_{E_0} = E/V_R$，反应器体积之比等价于用酶量之比，$V_{R,CSTR}/V_{R,CPFR} = E_{CSTR}/E_{CPFR}$，因此，以 $\beta = c_{S_0}/K_m$ 为参数，以 $E_{CSTR}/E_{CPFR} \sim X_S$ 对应作图，可作出空时或反应器体积比较的等价结论（见图 5-6 所示的结果）。

可见，达到同一 X_S 时，CSTR 所需体积要比 CPFR 所需体积大，或需要更多的酶。随着 β 值从最大降低到零，反应速率与底物浓度的关系由零级升为一级，随着反应级数提高，两种反应器体积差别增大。

对一定 F，反应器体积与空时等价，反应器体积最小实际为空时最小（如图 5-7 所示）。由于米氏反应的反应速率与转化率关系在图中表示为上凹曲线，CSTR 所需空时要比 CPFR 所需空时大。图中 τ_m 为虚线与坐标轴包含的矩形面积，τ_p 为图中动力学曲线与横轴所包含

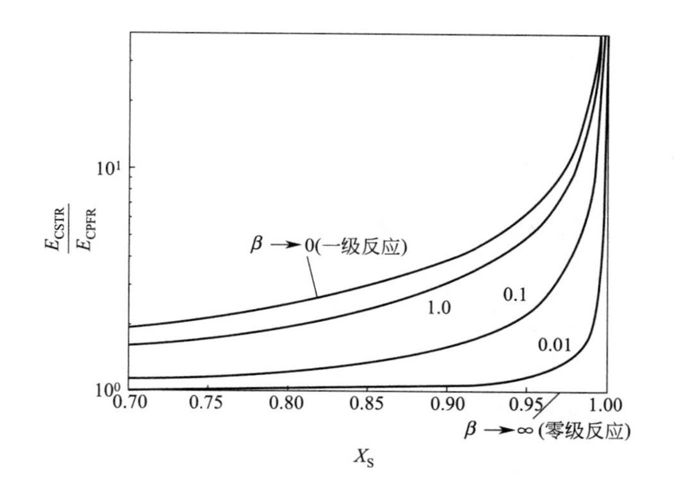

图 5-6　$E_{CSTR}/E_{CPFR}\sim X_S$ 的关系示意图

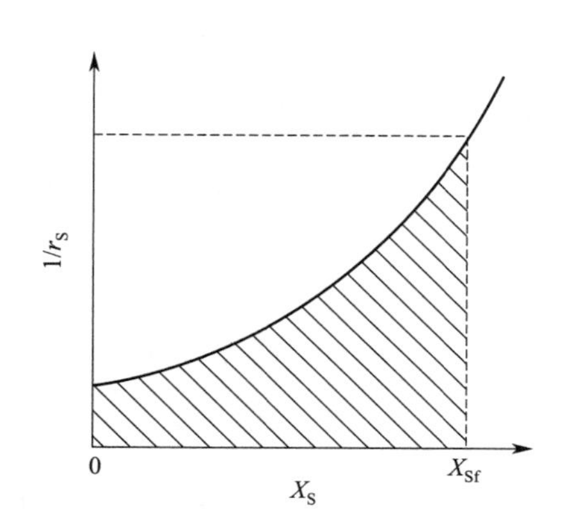

图 5-7　CSTR 与 CPFR 空时的比较

的带斜线的面积。

造成上述差别的原因是在 CSTR 和 CPFR 中不同的底物和产物浓度分布对反应速率的效应（如图 5-8 所示）。对同样的反应器进口和出口的底物和产物浓度条件，CSTR 相对 CPFR 平均底物浓度较低，而平均产物浓度较高。因此，对米氏反应，在 CSTR 中反应速率较低，而在 CPFR 中则较高。

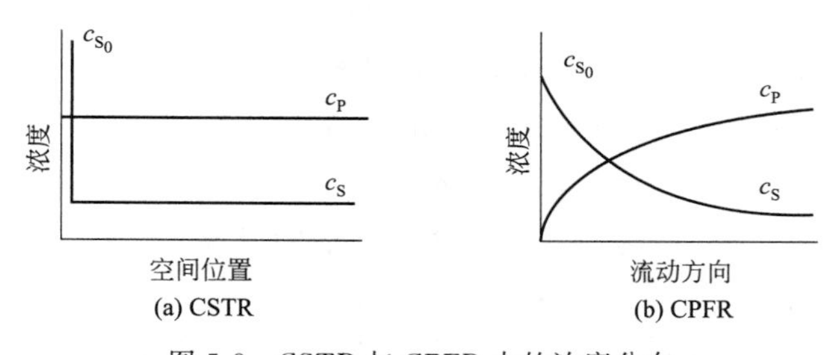

图 5-8　CSTR 与 CPFR 中的浓度分布

显然，上述分析结论适用于表观反应级数为正值的生物反应。例如，对产物竞争性抑制酶反应，反应速率的最大化要求反应器中平均底物浓度水平较高，平均产物浓度水平较低，而在 CSTR 中产物的抑制作用较大，故对此反应采用 CPFR 较合适。但是，对表观反应级数为负值的受抑制反应，结论应当相反。

5.2.2.2　固定化酶反应

在固定化酶反应体系中，由于存在液-固两相和扩散限制，与前述分批操作的固定化酶反应器的计算一样，计算空时时须考虑空隙率和有效因子。

对 CSTR，底物质量衡算式为：

$$Fc_{S_0}=Fc_S+(1-\varepsilon_L)V_R\eta r_S \tag{5-36}$$

式中，r_S 为以固定化酶颗粒体积为基准的底物消耗速率；ε_L 为 CSTR 中液相体积分数；η 为忽略外扩散时的固定化酶的有效因子。

经整理，可得 CSTR 中固定化酶反应过程的操作特性方程：

$$\tau_m=\frac{V_R}{F}=\frac{c_{S_0}-c_S}{(1-\varepsilon_L)\eta r_S}=\frac{c_{S_0}X_S}{(1-\varepsilon_L)\eta r_S} \tag{5-37}$$

若 r_S 符合米氏方程，则：

$$r_{max}\eta(1-\varepsilon_L)\tau_m=c_{S_0}X_S+K_m\frac{X_S}{1-X_S} \tag{5-38}$$

对 CPFR 中的固定化酶反应过程，可以采用对分批操作时的相同分析方法，得出：

$$\tau_p=\frac{1}{1-\varepsilon_L}\int_{c_S}^{c_{S_0}}\frac{dc_S}{\eta r_S}=\frac{c_{S_0}}{1-\varepsilon_L}\int_0^{X_S}\frac{dX_S}{\eta r_S} \tag{5-39}$$

对米氏反应，同样可得出：

$$r_{max}\eta(1-\varepsilon_L)\tau_p=c_{S_0}X_S+K_m\ln\frac{1}{1-X_S} \tag{5-40}$$

注意，在反应器出口考察液体在 CSTR 和 CPFR 中的平均停留时间 τ_L 时，由于反应器中液体体积 $V_L=\varepsilon_L V_R$，因此 τ_L 应为：

$$\tau_L=\frac{V_L}{F}=\frac{\varepsilon_L V_R}{F}=\tau\varepsilon_L$$

由以上操作特性方程可见，对一定的反应器空隙率和有效因子，可以沿用均相酶反应过程类似分析方法和结论，对反应器中的流动作拟均相化的简化假定，来分析 CSTR 和 CPFR 中的固定化酶反应过程操作特性，并根据反应动力学特性作反应器的选型。例如，在进行产物竞争性抑制的固定化酶反应器设计时，就可以得出使用管式填充床反应器的结论。

【例 5-3】 在一管式填充床反应器中进行固定化酶反应。假定物料在反应器内的流动为平推流。已知：进料底物浓度 $c_{S_0}=3mol/m^3$，床层中液相体积分数为 0.5，球形固定化酶颗粒直径为 2mm，本征动力学常数 $K_m=100mol/m^3$，$r_{max}=0.1mol/(m^3\cdot s)$，忽略外扩散的影响，底物在酶颗粒内的有效扩散系数 $D_e=10^{-9}m^2/s$，底物溶液的进料流量 $F=0.1m^3/min$，底物转化率 $X_S=0.8$。试求该反应器的有效体积。

解 先求出停留时间，由此得出反应器有效体积。

(1) 求有效因子 η 值。由于 $c_{S_0}<K_m$，对反应作一级反应近似处理。

$$\phi_1=\frac{R}{3}\sqrt{\frac{r_{max}}{K_m D_e}}=\frac{10^{-3}}{3}\sqrt{\frac{0.1}{100\times10^{-9}}}=0.33$$

$$\eta=\frac{1}{\phi_1}\left[\frac{1}{\tanh(3\phi_1)}-\frac{1}{3\phi_1}\right]$$

$$=\frac{1}{0.33}\left[\frac{1}{\tanh(3\times0.33)}-\frac{1}{3\times0.33}\right]=0.94$$

(2) 求停留时间和反应器体积。对一级反应，空时计算式应为：

$$r_{max}\eta(1-\varepsilon_L)\tau_p=K_m\ln\frac{1}{1-X_S}$$

$$\tau_p=\frac{K_m}{r_{max}\eta(1-\varepsilon_L)}\ln\frac{1}{1-X_S}$$

$$=\frac{100}{0.1\times0.94\times(1-0.5)}\ln\frac{1}{1-0.8}=3424(s)=57(min)$$

$$V_R=F\tau_p=0.1\times57=5.7(m^3)$$

5.2.3 单级 CSTR 中的连续培养

5.2.3.1 基本模型

对 CSTR 中的连续培养过程，对培养液中任一组分，基本质量衡算式为：

$$累积量=输入量-输出量\pm反应量 \tag{5-41}$$

对细胞生物质 X、底物 S 和产物 P 的生成与消耗过程，如图 5-5（a）所示，则有：

$$\frac{d(c_S V_R)}{dt}=Fc_{S_0}-Fc_S-r_S V_R \tag{5-42}$$

$$\frac{d(c_X V_R)}{dt}=Fc_{X_0}-Fc_X+r_X V_R \tag{5-43}$$

$$\frac{d(c_P V_R)}{dt}=Fc_{P_0}-Fc_P+r_P V_R \tag{5-44}$$

在稳态时，以上各式的累积项都等于零。若 $c_{X_0}=0$，$c_{P_0}=0$，对生物质生成、底物消耗和产物生成的体积速率，有：

$$r_S=D(c_{S_0}-c_S) \tag{5-45}$$

$$r_X=Dc_X \tag{5-46}$$

$$r_P=Dc_P \tag{5-47}$$

由式（5-46），且 $r_X=\mu c_X$，在细胞生长过程符合 Monod 动力学时：

$$D=\mu=\mu_{max}\frac{c_S}{K_S+c_S} \tag{5-48}$$

由上式可求得出反应器操作的各状态变量。

底物浓度

$$c_S=\frac{K_S D}{\mu_{max}-D} \tag{5-49}$$

生物质浓度

$$c_X=Y_{XS}(c_{S_0}-c_S) \tag{5-50}$$

产物浓度

$$c_P=Y_{PS}(c_{S_0}-c_S) \tag{5-51}$$

以上各式中生物质得率 Y_{XS} 和 Y_{PS} 在稳态条件下为常数。

由以上各式可见，若细胞生长有 Monod 动力学特性，反应器的细胞比生长速率、各组分浓度主要由稀释率 D 和加料中的底物浓度 c_{S_0} 确定。

对有些 CSTR 的细胞连续培养，过程的优化目标函数为细胞生长的体积速率。在 Monod 动力学条件下，其为：

$$r_X=DY_{XS}\left(c_{S_0}-\frac{K_S D}{\mu_{max}-D}\right) \tag{5-52}$$

为求出 r_X 最大值 $r_{X,max}$ 时的稀释率 D_{opt}，令：

$$\frac{dr_X}{dD}=0 \tag{5-53}$$

由此得出最优加料速率：

$$D_{opt}=\mu_{max}\left(1-\sqrt{\frac{K_S}{K_S+c_{S_0}}}\right) \tag{5-54}$$

此时反应器中的细胞浓度为：

$$c_{X,opt}=Y_{XS}\left[c_{S_0}+K_S-\sqrt{K_S(K_S+c_{S_0})}\right] \tag{5-55}$$

所以 $$r_{X,max}=D_{opt}c_{X,opt}=Y_{XS}\mu_{max}\left(\sqrt{K_S+c_{S_0}}-\sqrt{K_S}\right)^2 \tag{5-56}$$

综上，CSTR 的连续培养的控制变量 D 和 c_{S_0} 对组分浓度和细胞生长体积速率的影响有图 5-9 所示的特性。模拟计算参数：$c_{S_0}=10g/L$，$\mu_{max}=1.0h^{-1}$，$K_S=0.2g/L$，$Y_{XS}=0.5g/g$。

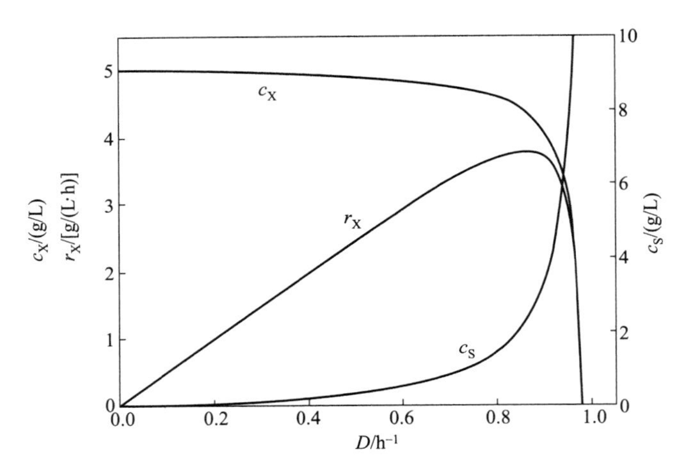

图 5-9 CSTR 连续培养的过程特性

从 D 的影响上看，从图 5-9 中可以看出，对 c_S 与 D 的关系，当 D 值较小时，随 D 的增大，c_S 逐渐在增加。当 D 值较大时，c_S 迅速上升。另一方面，对 c_X 与 D 的关系，当 D 增大到一定值时，c_X 逐渐下降。在 c_S 快速上升的同时，c_X 快速下降。在 D 值大到某一值时，$c_S=c_{S_0}$，$c_X=0$。这时过程达到“洗出状态”，相应的稀释率称为临界稀释率 D_C。

$$D_C=\mu_{max}\frac{c_{S_0}}{K_S+c_{S_0}} \tag{5-57}$$

从 c_{S_0} 的影响上看，改变 c_{S_0} 时，c_S 不发生变化。c_{S_0} 增大时，c_X 增大。如果 $c_{S_0}\gg K_S$，$D_C\approx\mu_{max}$。由此，还可推断过程的正常操作范围为 $D<\mu_{max}$。

Levenspiel 根据 c_{S_0} 值与 K_S 值的相对大小，定义了一参数 N，由此概括出 c_{S_0} 对符合 Monod 动力学的培养系统状态的下述优化关系：

$$N=\sqrt{1+\frac{c_{S_0}}{K_S}} \tag{5-58}$$

$$D_{opt}=\mu_{max}\frac{N-1}{N} \tag{5-59}$$

$$c_{X,opt}=Y_{XS}c_{S_0}\frac{N}{N+1} \tag{5-60}$$

$$r_{X,max}=Y_{XS}\mu_{max}c_{S_0}\frac{N-1}{N+1} \tag{5-61}$$

底物消耗速率最大时的底物浓度：

$$c_{S,opt}=c_{S_0}\frac{1}{N+1} \tag{5-62}$$

当 N 很大时，应有：$D_{opt}\approx D_C\approx\mu_{max}$，$c_{X,opt}\approx Y_{XS}c_{S_0}$，$r_{X,max}\approx Y_{XS}\mu_{max}c_{S_0}$。

5.2.3.2 连续培养的控制方式

对 CSTR 的连续培养，控制稀释率 D 保持为恒定的某一数值，可使系统达到特定的操作状态。但是，在不同的 D 值，系统状态对加料方式有不同的响应（如图 5-9 所示）。因此，根据系统的稳定状态对所用控制策略灵敏度最大的原则，选择如下控制方式：

(1) 恒化器 (chemostat) 设定培养液体积 V_R 为定值，通过检测培养液体积对设定值的偏差，改变加料速率 F 以使培养液体积 V_R 不变。

(2) 恒浊器 (turbidostat) 在反应器体积 V_R 一定时，通过测量反应器中的细胞浓度 c_X，调节加料速率 F，控制细胞浓度在设定值。

(3) 恒 pH 法 (pH-auxostat) 将葡萄糖等生理酸性物质与控制 pH 的酸或碱溶液分开加料，测量培养液中的 pH，用反馈控制方式调节生理酸性物质的加料速率 F，使 pH 保持恒定。

(4) 恒定产物浓度法 (productostat) 通过测量培养液中的产物浓度，用反馈控制方式调节加料速率 F，使产物浓度保持定值。

恒化器方式较适用于底物浓度 c_S 较低的情况。原因是底物浓度较低时，对它的数值难以精确测量，且 F 改变时，c_X 对其的响应不明显，但是当 D 值较小时，c_S 与 D 基本呈线性关系，通过改变 F 或 D，可以控制 c_S 恒定。在 D 值较高，特别是在临界稀释率 D_C 附近时，底物浓度快速上升，细胞浓度快速下降，这时恒浊器方式适用。D 的较小变化可引起 c_X 较大的改变。由于质子的生成与细胞密度密切相关，产物浓度受稀释率的影响较大，因此在 D_C 附近，恒 pH 法和恒定产物浓度法较适用。

恒化器的控制较简单，不依靠任何反馈控制机构。而对恒浊器、恒 pH 法和恒定产物浓度法，需要通过传感器作参数检测以控制加料，需要配置反馈控制机构。它们都属于反馈控制方式的类型。反馈控制方式还可通过测定溶氧浓度、排气中 CO_2 含量等参数来实现。

5.2.3.3 存在维持过程和内源代谢时的操作特性

前述 CSTR 连续培养基本模型仅考虑细胞的生长为符合 Monod 动力学的单一反应，没考虑维持过程和内源代谢。当细胞比生长速率比较大时，维持过程和内源代谢对细胞生长可以忽略，但是当比生长速率较小时，这个过程对细胞生长的动力学特性就会有显著影响。

假定无产物生成，设内源代谢比速率为 μ_E，在 $D=\mu$ 时，应有：

$$D=\mu_{max}\frac{c_S}{K_S+c_S}-\mu_E \tag{5-63}$$

由于，$\mu_E=Y_{XS}^{m}m_S$，因此，稳态时的底物浓度则为：

$$c_S=\frac{K_S(D+Y_{XS}^{m}m_S)}{\mu_{max}-D-Y_{XS}^{m}m_S} \tag{5-64}$$

而对细胞浓度，则由底物的质量衡算式求出。

$$\frac{dc_S}{dt}=D(c_{S_0}-c_S)-\frac{1}{Y_{XS}^{m}}\mu c_X-m_S c_X \tag{5-65}$$

稳态时 $dc_S/dt=0$，由式 (5-63) 和式 (5-65)，整理可得出：

$$c_X=Y_{XS}^{m}D\left(\frac{c_{S_0}}{D+Y_{XS}^{m}m_S}-\frac{K_S}{\mu_{max}-D-Y_{XS}^{m}m_S}\right) \tag{5-66}$$

存在维持过程和内源代谢与不存在维持过程的 CSTR 连续培养过程特性比较如图 5-10

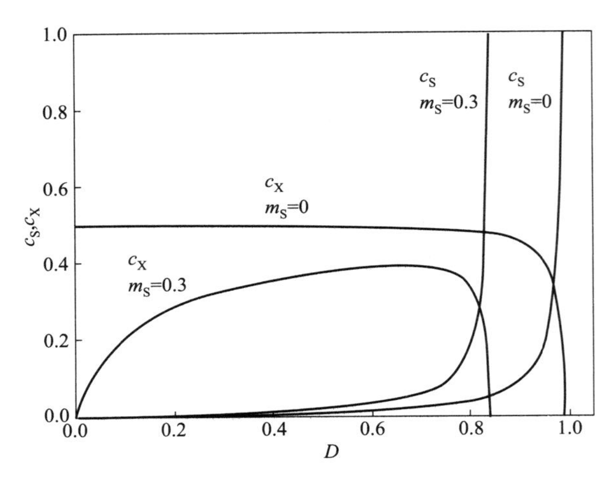

图 5-10　存在维持过程和内源代谢与不存在维持过程的 CSTR 连续培养过程特性

所示。模型计算参数：$\mu_{max}=1.0h^{-1}$，$K_S=0.01g/L$，$Y_{XS}^m=0.5g/g$，$c_{S_0}=1g/L$，$m_S=0h^{-1}$，$0.3h^{-1}$。结果说明，维持过程和内源代谢存在时，稀释率的可操作范围变小。

5.2.3.4　产物生成和维持过程同时存在时的操作特性

若同时存在维持过程和产物生成，对产物生成与能量代谢偶联的过程，在 $D=\mu$，应有：

$$r_S=(Y_{SX}^m D+m_S)c_X \tag{5-67}$$

$$r_P=(Y_{PX}^m D+m_P)c_X \tag{5-68}$$

定义无量纲变量和参数：

$$[S]=\frac{c_S}{c_{S_0}},[X]=\frac{c_X}{c_{S_0}Y_{XS}^m},[P]=\frac{c_P}{c_{S_0}Y_{PS}^m} \tag{5-69}$$

$$a=\frac{K_S}{c_{S_0}},b=\frac{m_S Y_{XS}^m}{\mu_{max}},b_1=\frac{m_P}{\mu_{max}Y^m} \tag{5-70}$$

比生长速率的表达式仍为 Monod 方程。由式（5-48），推导并整理可得：

$$[S]=\frac{aD}{\mu_{max}-D} \tag{5-71}$$

$$[X]=\frac{[S](1-[S])}{[S]+b([S]+a)},[P]=\frac{[S]+b_1([S]+a)}{[S]+b([S]+a)}(1-[S]) \tag{5-72}$$

不存在维持过程时，$b=0$，$b_1=0$，各组分的无量纲浓度计算式为：

$$[S]=\frac{aD}{\mu_{max}-D}\qquad [X]=1-[S]\qquad [P]=1-[S] \tag{5-73}$$

用式（5-71）和式（5-72），对好气杆菌以丙三醇作碳源的好氧培养生成产物 CO_2 过程，模拟运算结果如图 5-11 所示。计算参数：丙三醇和 CO_2 以 C-mol 为基准的分子量分别为：$M_S=30.67$，$M_P=44$。$m_S=0.08h^{-1}$，$m_P=m_S M_P/M_S=0.115h^{-1}$；$\mu_{max}=1.0h^{-1}$，$K_S=0.01g/L$；$Y_{XS}^m=0.549g/g$，$Y_{PS}^m=0.453g/g$，$Y_{PX}^m=1.21g/g$；$c_{S_0}=10.0g/L$。

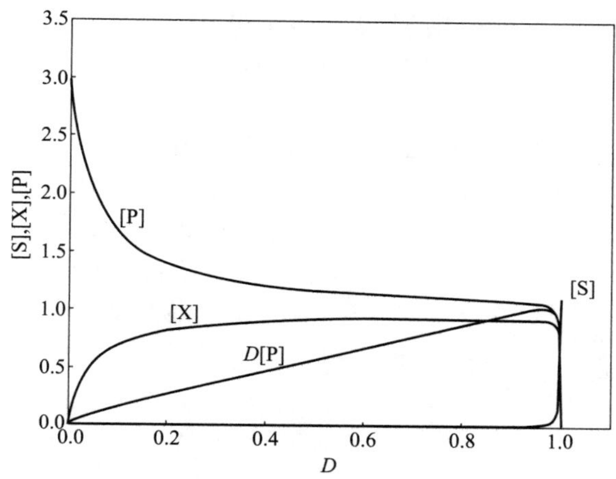

图 5-11　好气杆菌以丙三醇作碳源的好氧培养生成 CO_2 过程的模拟运算结果

【例 5-4】 一个运动发酵单胞菌连续培养过程，在厌氧条件下使葡萄糖转化为乙醇。已知：反应器有效体积 $V_R=60L$，加料中葡萄糖浓度 $c_{S_0}=12g/L$，$\mu_{max}=0.3h^{-1}$，$K_S=0.2g/L$，$Y_{XS}^m=0.06g/g$，$Y_{PX}^m=7.7g/g$，$m_S=2.2h^{-1}$，$m_P=1.1h^{-1}$。试求：

（1）当出料中葡萄糖浓度 $c_S=1.5g/L$ 时的加料流量 F。

（2）上述加料流量下的细胞浓度 c_X 和乙醇浓度 c_P。

解　（1）当 $c_S=1.5g/L$ 时：

$$D=\frac{\mu_{max}c_S}{K_S+c_S}=\frac{0.3\times1.5}{0.2+1.5}=0.26(h^{-1})$$

$$F=DV_R=0.26\times60=15.6(L/h)$$

（2）由于乙醇的生成与能量代谢偶联，可得：

$$q_S=Y_{SX}^mD+m_S=\frac{1}{0.06}\times0.26+2.2=6.53(h^{-1})$$

$$q_P=Y_{PX}^mD+m_P=7.7\times0.26+1.1=3.10(h^{-1})$$

$$c_X=\frac{D(c_{S_0}-c_S)}{q_S}=\frac{0.26\times(12-1.5)}{6.53}=0.42(g/L)$$

$$c_P=\frac{q_Pc_X}{D}=\frac{3.10\times0.42}{0.26}=5.0(g/L)$$

5.2.4　基于单级 CSTR 的连续培养优化设计

在单级 CSTR 连续培养的基础上，利用细胞的生长特性与反应器的浓度水平的关系，对各种操作目的，有各种形式的优化设计措施。

5.2.4.1　浓缩细胞回流的循环式 CSTR

由于细胞生长的自催化特性，一般反应器中的平均细胞浓度水平越大，细胞体积生长速率越大。另外，对设计优化，由于 CSTR 的平均产物浓度水平较高（见图 5-8 的相关分析），或者返混较大，若将细胞生物质认作产物，则 CSTR 中平均细胞浓度比 CPFR 高。因此，对细胞连续培养过程，为使细胞体积生长速率最大，CSTR 是最优选择。

但是，CSTR 连续培养的生物质体积生成速率受到临界稀释率的限制。因此，为避免稀释率较高时的“洗出”现象的发生，并为提高反应器中平均细胞浓度水平，有将出料中细胞浓缩回流反应器中的设计。

在设计这类反应器系统时，选用的培养液浓缩设备主要有膜组件、沉降式离心机或重力沉降设备等。一般不将所有的细胞浓缩后全部返回反应器，而是将部分细胞回流，使另一部分细胞由出料带走。这可避免在细胞生长和回流时反应器内细胞积累所造成的操作稳定性和传质等问题。这类系统设计在废水生物处理等行业上有应用。

以下以 CSTR 与沉降式离心机组合的细胞循环系统为例进行模型分析。

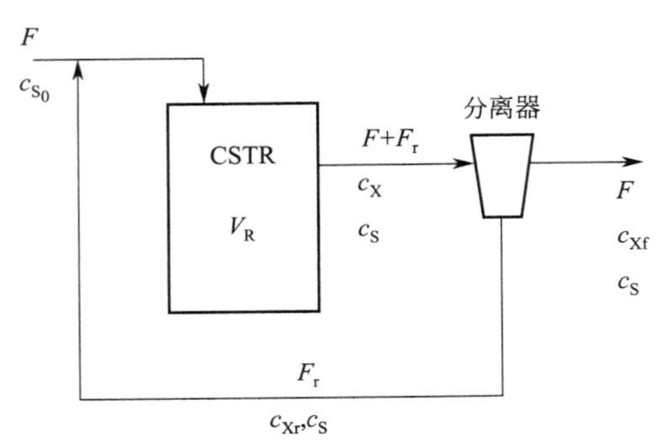

图 5-12　CSTR 与沉降式离心机组合的细胞循环系统

反应器的培养液流入分离器，经浓缩后，浓缩培养液（重相）返回反应器入口，含有一定量细胞的较低细胞浓度的上层培养液排出反应系统。如图 5-12 所示，F、c_{S_0} 为反应器新加入物料的体积流量和底物浓度；c_S、c_X 为反应器出口处（亦为反应器内）底物和细胞浓度；F_r、c_{Xr} 为循环物料的体积流量和其中的细胞浓度。

定义物料循环比 R 和细胞浓缩比 β。物料循环比为循环物料体积流量与进入系统新物料体积流量之比，表示为：

$$R=\frac{F_r}{F} \tag{5-74}$$

细胞浓缩比为循环物料的细胞浓度与反应器内细胞浓度之比，表示为：

$$\beta=\frac{c_{Xr}}{c_X} \tag{5-75}$$

在稳态条件下，对 CSTR 内细胞生物质作质量衡算：

$$\text{输入量}+\text{循环量}+\text{生长量}=\text{输出量} \tag{5-76}$$

$$Fc_{X_0}+F_r c_{Xr}+V_R \mu c_X=(F+F_r)c_X \tag{5-77}$$

因 $c_{X_0}=0$，$F_r=RF$，$F/V_R=D$，$c_{Xr}=\beta c_X$，则对式（5-77）整理可得：

$$D=\frac{\mu}{W} \tag{5-78}$$

$$W=1+R-R\beta \tag{5-79}$$

W 称为分离常数。由于 $\beta>1$，则 $W<1$。由式（5-78），由于 $\mu>0$，则 $W>0$，因此，$0<W<1$。当 $\beta=1$ 时，$W=1$，物料循环失去意义。

由此可见，相比单纯采用 CSTR 时 $D=\mu$，采用循环式 CSTR 时，由于 $W<1$ 时，$D>\mu$，反应器系统操作时的稀释率可大于细胞比生长速率。

若细胞生长符合 Monod 动力学，由式（5-78），有：

$$c_S=\frac{K_S WD}{\mu_{max}-WD} \tag{5-80}$$

与无循环相比，由于循环的作用，使得反应器出口底物浓度 c_S 进一步降低，底物的转化率提高。

对反应器中的细胞浓度，可由对 CSTR 作底物质量衡算得出。由：

$$\text{输入量}+\text{循环量}=\text{消耗量}+\text{输出量} \tag{5-81}$$

$$Fc_{S_0}+RFc_S=\frac{1}{Y_{XS}}\mu c_X V_R+F(1+R)c_S \tag{5-82}$$

经整理得到：

$$D(c_{S_0}-c_S)=\frac{1}{Y_{XS}}\mu c_X \tag{5-83}$$

所以

$$c_X=\frac{Y_{XS}}{W}(c_{S_0}-c_S) \tag{5-84}$$

由式（5-80），代入上式，得出：

$$c_X=\frac{Y_{XS}}{W}\left(c_{S_0}-\frac{K_S WD}{\mu_{max}-WD}\right) \tag{5-85}$$

因此，反应器中细胞浓度为无循环时的 $1/W$，c_X 值提高。这有利于提高细胞体积生长速率。

对带有循环的CSTR，其临界稀释率可表示为：

$$D_{Cr}=\frac{1}{W}\times\frac{\mu_{max}c_{S_0}}{K_S+c_{S_0}} \tag{5-86}$$

故

$$D_{Cr}=\frac{1}{W}D_C \tag{5-87}$$

$$D_{Cr}>D_C \tag{5-88}$$

由于循环作用，使其临界稀释率提高，允许的加料速率亦可提高。如果加料速率不变，则所需反应器体积可减小。

对分离器作对细胞的质量衡算，可得出这种反应器系统的出料中的细胞浓度：

$$c_{Xf}=Wc_X \tag{5-89}$$

因此，反应器系统的细胞体积生成速率为：

$$r_X=Dc_{Xf} \tag{5-90}$$

图 5-13 表示了细胞循环与不循环时，反应器中细胞浓度和系统的细胞体积生长速率随 D 变化的比较。从该图可看出，对细胞浓缩和回流的操作，可以明显提高细胞在CSTR中的细胞浓度 c_X 和反应系统的 r_X 值。模型计算参数：$\mu_{max}=1.0h^{-1}$，$K_S=0.2g/L$，$Y_{XS}=0.5g/g$，$c_{S_0}=10g/L$，$R=0.5$，$\beta=2$。图中下标“r”表示有细胞循环的反应器系统。

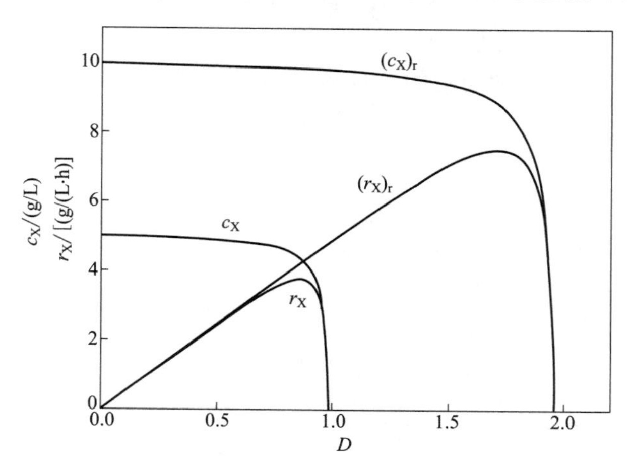

图 5-13　细胞循环与不循环的比较

5.2.4.2 多级 CSTR 串联

若以细胞体积生长速率为优化目标，由于 $r_X = \mu(c_S)c_X$，因此可以通过增加反应器系统的平均比生长速率或平均细胞浓度两种途径进行反应器设计。前述细胞循环的反应器系统设计选用的是后一种途径，而此处所述的多级 CSTR 串联的设计则是采用增大平均比生长速率的方法。单股物料进料的多级 CSTR 串联的设计如图 5-14 所示。这种反应器系统在酒精和啤酒连续发酵上有应用。

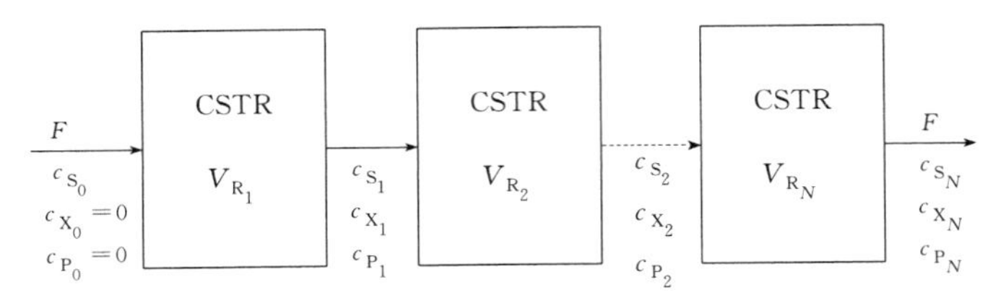

图 5-14 多级 CSTR 串联示意图

在对多级 CSTR 串联系统作设计计算时，假定进料底物浓度 c_{S_0} 和出料底物浓度 c_{S_N} 一定，如图 5-15 所示，若选择单级 CSTR，反应器中的平均底物浓度为 c_{S_N}，而选择多级 CSTR 串联，则整个系统的平均底物浓度 $c_{S,ave}$ 较高。当串联级数很大时，反应器中底物浓度分布与 CPFR 反应器相同，平均底物浓度最高。这种设计由于利用了比生长速率 μ 与底物浓度 c_S 的函数关系，对符合 Monod 动力学的细胞生长过程，可以实现在营养物浓度较高时的细胞连续培养，满足空时最小或反应器体积最小的设计要求。在实际应用时，一般最多不超过三级，因为级数增多，过程复杂性增加，而效益增加却不明显。

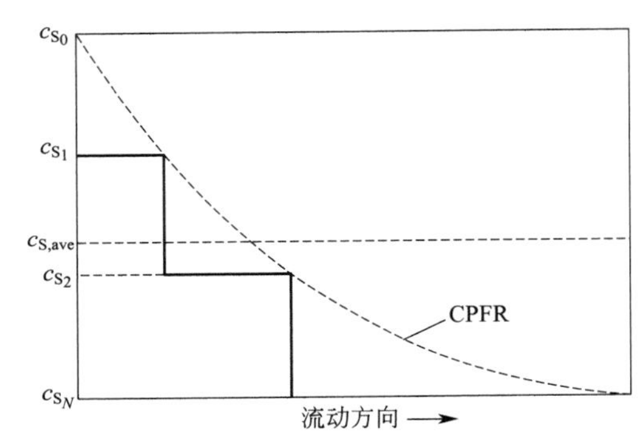

图 5-15 多级 CSTR 中的底物浓度分布

以最简单的两级反应器系统为例来进行分析。假设：各 CSTR 的加料流量和出料流量都为 F；反应器体积相同，$V_{R_1}=V_{R_2}=V_R$；各反应器操作条件相同，Y_{XS} 为常数。

若对第一级反应器做细胞和底物的质量衡算，可得到与单级相同的关系式。对第二级，则有下述关系：

对细胞：

$$V_R \frac{dc_{X_2}}{dt} = Fc_{X_1} - Fc_{X_2} + V_R r_{X_2} \tag{5-91}$$

$$\frac{dc_{X_2}}{dt} = D(c_{X_1} - c_{X_2}) + \mu_2 c_{X_2} \tag{5-92}$$

式中，下标“1”和“2”都分别表示第一级和第二级。

稳态时，$\frac{dc_{X_2}}{dt}=0$，则有：

$$\mu_2 = D\left(1 - \frac{c_{X_1}}{c_{X_2}}\right) \tag{5-93}$$

由于 $0 < \frac{c_{X_1}}{c_{X_2}} < 1$，所以 $\mu_2 < D$，即第二级中的细胞比生长速率小于稀释率；又由于对第一级，$\mu_1 = D$，所以，$\mu_1 < \mu_2$。因此，由于第二级相比第一级底物浓度较低，它的比生长速率比第一级的小。

对底物：

$$V_R \frac{dc_{S_2}}{dt} = Fc_{S_1} - Fc_{S_2} - \frac{1}{Y_{XS}} V_R r_{X_2} \tag{5-94}$$

$$\frac{dc_{S_2}}{dt} = D(c_{S_1} - c_{S_2}) - \frac{1}{Y_{XS}} \mu_2 c_{X_2} \tag{5-95}$$

稳态时，$\frac{dc_{S_2}}{dt} = 0$，则有：

$$\mu_2 = Y_{XS} D\left(\frac{c_{S_1} - c_{S_2}}{c_{X_2}}\right) \tag{5-96}$$

又由于：

$$\mu_2 = \mu_{max} \frac{c_{S_2}}{K_S + c_{S_2}}, \quad c_{S_1} = \frac{K_S D}{\mu_{max} - D} \tag{5-97}$$

将其代入式(5-96) 中，经整理可得：

$$(\mu_{max} - D)c_{S_2}^2 - \left(\mu_{max} c_{S_0} + K_S D - \frac{K_S D^2}{\mu_{max} - D}\right)c_{S_2} + \frac{K_S^2 D^2}{\mu_{max} - D} = 0 \tag{5-98}$$

式(5-98) 是关于求解 c_{S_2} 的一元二次方程。该方程有两个解，其一小于 c_{S_1}，其二大于 c_{S_1}，因此选择小于 c_{S_1} 的解。

对 N 个 CSTR 串联的系统，稳态操作时，对每一级的细胞作质量衡算，可得出每一级的空时计算式：

$$\tau_{m,i} = \frac{1}{D_i} = \frac{c_{X,i} - c_{X,i-1}}{r_{X,i}} \tag{5-99}$$

式中下标“i”表示第 i 级。

因此，可用如图 5-16 所示的作图法由每一级的稀释率确定 $c_{X,i}$。图中物料平衡线的斜率为 D_i，物料平衡线与动力学曲线 $r_X \sim c_X$ 交点的横坐标值为每一级的细胞浓度。由此，可确定其他参数。

$$\mu_i = D_i\left(\frac{c_{X,i} - c_{X,i-1}}{c_{X,i}}\right) \tag{5-100}$$

$$c_{S,i} = c_{S,i-1} - \frac{\mu_i c_{X,i}}{D_i Y_{XS}} \tag{5-101}$$

$$c_{P,i} = c_{P,i-1} + \frac{1}{D_i} Y_{PX} \mu_i c_{X,i} \tag{5-102}$$

【例 5-5】 某一符合 Monod 动力学的细胞连续培养过程。已知：$\mu_{max} = 0.8\ h^{-1}$，$K_S = 0.1 g/L$；$Y_{XS} = 0.6 g/g$，加料中的底物浓度 $c_{S_0} = 500 g/L$，反应器有效体积 $V_R = 10 L$。假定过程进行时不存在细胞的死亡。

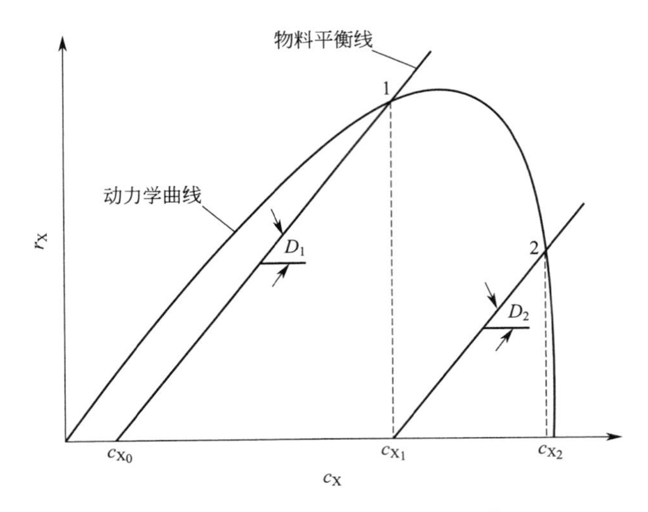

图 5-16　多级 CSTR 的作图法计算

(1) 若在单级 CSTR 中进行培养，试求达到细胞生长体积速率最大时的最优加料速率、反应器出料中细胞浓度和底物浓度。

(2) 若采用上述最优加料速率，在单级 CSTR 再串联一个 CSTR，使最终底物浓度降低至 $c_S=0.010$g/L，所需的反应器体积为多少？

解　(1) 根据 $D_{opt}=\mu_{max}\left(1-\sqrt{\dfrac{K_S}{K_S+c_{S_0}}}\right)$，得：

$$D_{opt}=0.8\left(1-\sqrt{\frac{0.1}{0.1+500}}\right)=0.789(h^{-1})$$

$$F_{opt}=D_{opt}V_R=0.789\times10=7.89(L/h)$$

$$c_S=\frac{K_SD_{opt}}{\mu_{max}-D_{opt}}=\frac{0.1\times0.789}{0.8-0.789}=7.17(g/L)$$

$$c_X=c_{X_0}+Y_{XS}(c_{S_0}-c_S)=0+0.6\times(500-7.17)=296(g/L)$$

(2) 再串联一 CSTR 时，对第二个 CSTR，$c_{S_1}=7.17$g/L，$c_{S_2}=0.01$g/L，$c_{X_1}=296$ g/L，$F=7.89$L/h。

$$c_{X_2}=c_{X_1}+Y_{XS}(c_{S_1}-c_{S_2})=296+0.6\times(7.17-0.01)=300(g/L)$$

$$\mu_2=\mu_{max}\frac{c_{S_2}}{K_S+c_{S_2}}=0.8\times\frac{0.01}{0.1+0.01}=0.0727(h^{-1})$$

由于 $r_{X_2}=\mu_2c_{X_2}$，则：

$$\frac{V_{R_2}}{F}=\tau_{m2}=\frac{c_{X_2}-c_{X_1}}{r_{X_2}}=\frac{300-296}{0.0727\times300}=0.183(h)$$

$$V_{R_2}=\tau_{m2}F=0.183\times7.89=1.44(L)$$

5.2.4.3　CSTR 与 CPFR 的比较与组合

现分析单纯以细胞生物质为产物的细胞连续培养过程。如图 5-17 所示，图中曲线 *ebh* 为表示生长动力学的 $1/r_X\sim c_X$ 关系。曲线的最低点为生长速率为最大值的点，相应的横轴点为生长速率最大时的细胞浓度 $c_{X,opt}$。

针对此过程，将设计优化的目标确定为将物料中的细胞浓度由 c_{X_0} 转化 c_X，并使空时或反应器体积最小。若分别选择 CSTR 和 CPFR，它们的操作特性比较如下：

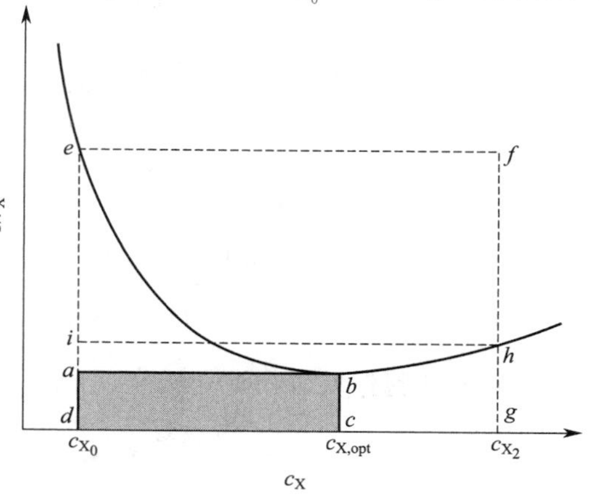

图 5-17 图解法确定反应器体积示意图

对单级 CSTR，其设计计算式为

$$\tau_m = \frac{c_{X_0} - c_X}{r_X} \qquad (5\text{-}103)$$

显然，在反应器内细胞浓度控制在 $c_{X,opt}$，反应器内细胞体积生长速率最大，空时最小。空时的大小对应为矩形 $abcd$ 的面积。

CPFR 时的空时计算式为：

$$\tau_p = \int_{c_{X_0}}^{c_X} \frac{dc_X}{r_X} \qquad (5\text{-}104)$$

当反应器出口细胞浓度控制在 $c_{X,opt}$ 时，空时的大小对应 $debc$ 所包围的面积。

当 $c_X = c_{X_2}$ 时，CSTR 的空时对应为矩形 $ihgd$ 的面积，CPFR 则对应 $ebhgd$ 的面积。

比较 CSTR 和 CPFR 的空时对应面积的大小可见，当 $c_X \leqslant c_{X,opt}$ 时，$\tau_p > \tau_m$；当 $c_X > c_{X,opt}$ 时，很有可能出现 $\tau_p < \tau_m$。因此，在以空时最小化目标选择反应器类型时，在 $c_X \leqslant c_{X,opt}$ 时，选择 CSTR 有利；在 $c_X > c_{X,opt}$ 时，采用 CSTR 之后串联 CPFR 的设计可使空时最小，这种设计为最佳设计（如图 5-18 所示）。如图 5-17 所示，这种情况的总空时为 $\tau_m + \tau_p$，τ_m 对应矩形 $abcd$ 的面积，τ_p 对应 $bhgc$ 的面积。

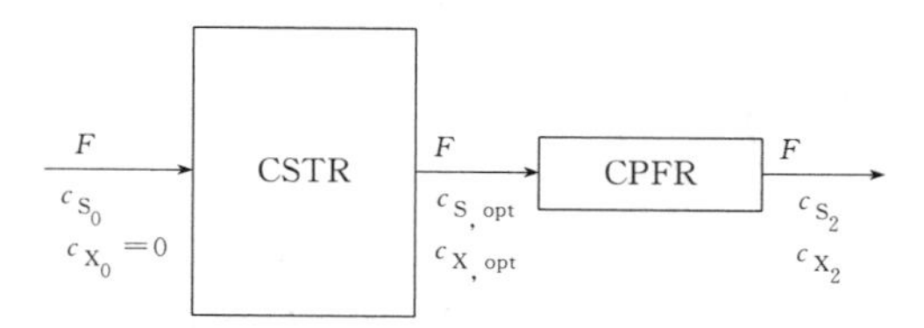

图 5-18 CSTR 与 CPFR 串联示意图

5.2.4.4 细胞固定化

为避免 CSTR 细胞连续培养的“洗出现象”，采用固定化细胞培养技术的连续培养方式也是提高操作效率的一种措施。采用固定化技术的细胞反应过程，对微生物即是以固定化微生物作催化剂的生物转化过程，对动物细胞则是将细胞黏附于微载体上的细胞贴壁培养过程。

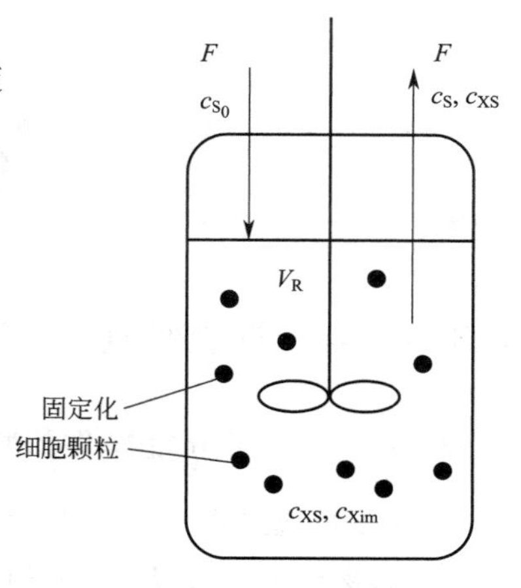

图 5-19 CSTR 中固定化细胞培养

对如图 5-19 所示的固定化细胞连续培养，在完全混合的反应器内，含有细胞的球形颗粒保持悬浮，反应器内单位液体体积含有固定化细胞的浓度定义为 c_{Xim}，并假定 c_{Xim} 是一常数，这意味着所有固定化细胞颗粒完全保留在反应器内而不随产物流走，而且新产生细胞全部都释放到培养液中，培养液中游离细胞浓度为 c_{XS}。假定固定化细胞和游离细胞具有相同的本征比生长速率 μ，并假设忽略细胞的维持代谢和死亡，而且产物的合成仅与细胞生长直接相关。设固定化细胞内的底物扩散限制的有效因子为 η_T。

对底物作质量平衡，并认为游离细胞是由游离细胞和固定化细胞两部分产生的，因此可表示为：

$$\frac{d(V_R c_S)}{dt}=F(c_{S_0}-c_S)-\frac{1}{Y_{XS}}V_R\mu c_{XS}-\frac{1}{Y_{XS}}V_R\eta_T\mu c_{Xim} \tag{5-105}$$

在稳态时，$d(V_R c_S)/dt=0$，$D=F/V_R$，式(5-105) 即为：

$$D(c_{S_0}-c_S)=\frac{\mu}{Y_{XS}}(c_{XS}+\eta_T c_{Xim}) \tag{5-106}$$

对游离细胞作质量衡算，则有：

$$\frac{d(V_R c_{XS})}{dt}=F(c_{X_0}-c_{XS})+V_R\mu c_{XS}+V_R\eta_T\mu c_{Xim} \tag{5-107}$$

在稳态时，$c_{X_0}=0$，则有：

$$Dc_{XS}=\mu(c_{XS}+\eta_T c_{Xim}) \tag{5-108}$$

由此可见，当 $c_{Xim}=0$，则 $D=\mu$，即在没有细胞固定化时，反应器操作特性与单级 CSTR 的情况相同；当 $c_{Xim}>0$，则 $D>\mu$，即对固定化细胞的 CSTR，D 可以在大于 μ 的情况下操作，这是它的一个优点。

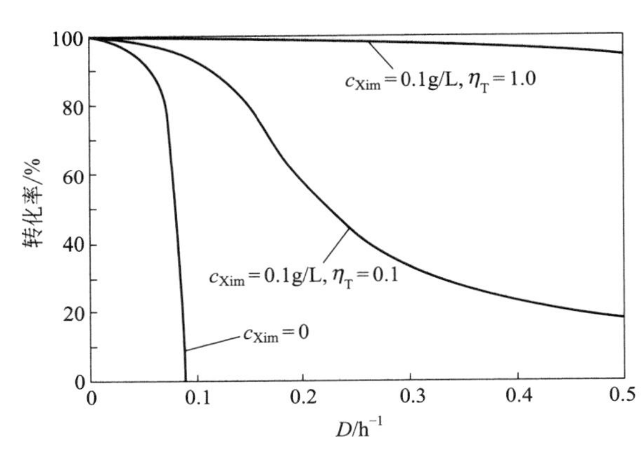

图 5-20 CSTR 有无固定化细胞时底物转化率与稀释率的关系

若细胞生长符合 Monod 动力学，将 Monod 方程和式(5-108) 代入式(5-106)，得出：

$$\mu_{max}\frac{c_S}{K_S+c_S}=\frac{DY_{XS}(c_{S_0}-c_S)}{Y_{XS}(c_{S_0}-c_S)+\eta_T c_{Xim}} \tag{5-109}$$

此一元二次方程对 c_S 有一个满足 $0<c_S<c_{S_0}$ 条件的解。当 $c_{Xim}>0$ 时，可得出固定化细胞的 CSTR 底物转化率较高的结论。模拟运算结果如图 5-20 所示。当固定的细胞越多，底物转化率越高。但是，随着扩散限制作用加大，转化率明显降低。

5.3 半分批操作

5.3.1 半分批操作概论

5.3.1.1 半分批操作的特点

对生物反应过程的设计，选择半分批操作的原因是由于这类操作具有如下主要优点：

① 底物和副产物的浓度得到控制，酶或细胞的反应环境可处于稳定的最优条件。

② 可对反应过程灵活调控，获得较高的细胞浓度、产物浓度和生成速率。

③ 半分批操作可应用于连续操作不适合的情况，而过程特性又优于分批操作。

例如，它既可避免细胞分批培养生产能力较低的缺点，也能降低连续过程的菌种变异和杂菌污染的可能性。

半分批操作的主要不足基本与分批操作相同，此外它需要非稳态的参数控制，对检测和控制系统的要求较高，实施难度较大。

很多生物反应过程是以半分批操作方式进行，其主要原因是，对酶反应或细胞的生长与代谢过程，普遍存在底物或产物的抑制作用，并且有些过程需要在反应的特定时间加入前体等物质，对具有这类特征的反应，其操作模式多为流加底物和阶段性地出料，对此唯有灵活性比较大的半分批操作方式比较适合。其次，有些细胞反应过程具有动力学特性随反应过程变化的特点，也须采用这种操作。更重要的是，一般生物反应过程的优化从操作方式、操作条件和反应器类型进行，在操作条件和反应器类型一定的条件下，为提高宏观反应过程速率，过程优化必须依赖操作方式的优化。而在操作方式中，半分批操作是生物反应过程的主要优化手段之一。这种操作方式对生物反应过程的研究与开发也具有重要价值，因此目前已得到充分重视和广泛的应用。

5.3.1.2 补料分批培养的类型

在细胞反应上的半分批操作方式主要分为下述主要类型：

(1) 补料分批培养（fed-batch culture） 常简称为流加操作。补料分批培养过程开始时，在反应器中加入一定量的基础料后，先以分批培养的模式进行细胞的生长过程，当培养液中的细胞浓度达到一定的数值后，向反应器中加入一种或多种限制性底物。在操作过程中，由于加料，反应器中的物料体积逐渐增大，但在培养结束前不排出培养液，过程结束时将培养液从反应器中放出。狭义的补料分批培养即指这种单纯的类型。

(2) 反复补料分批培养（repeated fed-batch culture） 又称为周期补料分批培养。它是在补料分批培养操作中，定时排出一定量的培养液，其余部分留作下一阶段半分批培养的种子，不断进行补料分批培养的过程。这种操作方式也称为反复流加培养或半连续培养。

(3) 反复分批培养（repeated batch culture） 是在分批培养过程中，细胞密度达到某给定值时，不是将培养液全部排出，而是只排出其中一部分，剩余部分留作下批培养的种子，然后再加入新鲜的培养基反复进行培养。与补料分批培养不同，在整个培养过程中，没有底物溶液的流加，培养基的加入为分次以一定的量加入。

上述各种操作方式的共同之处是，它们都在分批培养的基础上，以补料方式和在同一批次中进行加入底物和放出部分培养物的方式对分批培养过程进行优化。其中，补料分批培养是以连续流加底物的方法为细胞的生长与代谢提供最佳条件，反复分批培养和反复补料分批培养在同一批次的过程中，通过阶段性地排出一定量的培养液进行多次的分批培养或补料分批培养。它们的差别在于培养基的加入方式和培养液排出方式上的不同。在上述各种操作方法中，应用最广泛的是补料分批培养，若要对过程进行进一步的优化，一般使用反复补料分批培养。

对补料分批培养，过程的关键在于控制限制性底物的加料速率和选择加料方式。加料方式的选择是依据对细胞的生理学、生物化学以及遗传学特性的认识，通过观察关键的过程变量与参数的变化进行。从流加控制方式与过程参数的关系分析，基本的流加方式分为无反馈控制与反馈控制（图 5-21）。在操作时，若底物流加速率按预先设定的规律变化，这种控制方式属于无反馈控制，而反馈控制的底物流加方式的选择则与过程参数的数值与变化关联。由于补料分批培养过程的关键问题是控制培养液中限制性底物的浓度，故对控制方式也可分为直接控制

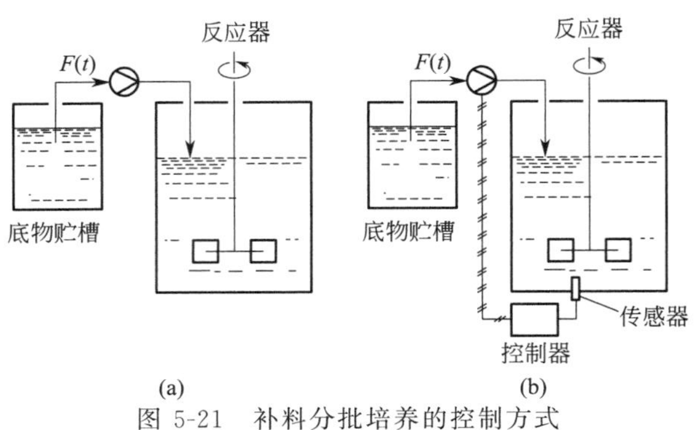

图 5-21 补料分批培养的控制方式

(a) 无反馈控制；(b) 反馈控制

和非直接控制两种方式。直接控制通过在线检测培养液中的底物浓度，反馈调节加料速率；非直接控制通过测量 pH、溶氧等参数，经过控制模型对过程状态的估计实现控制作用。

实际上底物的流加控制应属于优化控制，对特性各异的培养过程，优化方式应该不同，因此在上述两种基本控制方式中分别存在不同的类型，如表 5-1 所示。

表 5-1 补料分批培养的控制方式

类别	控制方式
无反馈控制	恒流量流加、指数流加、间歇流加以及最优化流加
反馈控制	直接控制流加、间接控制流加、定值控制流加、程序控制流加、最优控制流加

5.3.1.3 补料分批培养的适用范围

补料分批培养过程主要适用于代谢产物得率或生成速率受到底物影响、细胞的生长状态和培养环境需要调节的过程。这类过程多属于以下情况：

(1) 存在底物和代谢产物抑制的过程 有些过程的细胞生长和产物生成受到葡萄糖、氨等底物，甲醇、乙醇、醋酸等代谢产物的抑制，并且抑制产物来源于细胞本身的代谢过程，这时通过底物流加可以调节细胞的生长速率和代谢反应，降低抑制作用的影响。

(2) 存在葡萄糖效应（Crabtree 效应）的代谢过程 受此效应影响的过程在操作时要求控制培养液中葡萄糖浓度的影响。例如，在葡萄糖上生长的酿酒酵母在表达外源基因时，必须使培养液中的葡萄糖浓度控制在很低的水平。

(3) 受分解代谢物阻遏的系统 细胞的分解代谢物形成与葡萄糖等底物有关，也与细胞的比生长速率有关，因此控制营养物流加速率可控制底物浓度和比生长速率，避免分解代谢物的形成。例如高密度培养大肠杆菌表达外源基因的过程就属此类。

(4) 利用营养突变体的系统 利用此类细胞主要是为了控制细胞的生长。有时遗传学研究造成突变体的产生，细胞的生长能力很低。对前者，在反应中加入过多的营养物，只能使细胞过分生长，而后者的生长过程要求有连续的营养物加入，故营养物流加速率需要严格控制。

(5) 提高重组细胞质粒稳定性 质粒稳定性主要受比生长速率、限制性底物浓度和操作方式的影响。已有研究发现连续培养的质粒稳定性较差，而补料分批培养则较高。

(6) 细胞的生长与产物生成相关较小的过程 这类过程也包括细胞生长阶段必须与产物生成阶段分离的过程。这类过程操作时，流加底物的种类和速率随培养时间变化较大。例如对抗生素等次级代谢物生成的过程，一般先将加料速率控制在菌体能够进行大量增殖的水平，然后逐渐降低加料速率，使细胞生长速率降低，进行稳定的产物生成过程。

(7) 细胞的高密度培养过程 细胞高密度培养时，往往会有抑制生长的代谢副产物生成。通过控制底物加入速率，可以避免这类副产物的生成，并同时避免底物浓度对生长的抑制，获得高浓度的细胞培养物。例如大肠杆菌的菌体密度可达 125 kg/m^3（干重），补料分批培养相对分批培养，菌体得率增大 10 倍以上。这类过程需要对细胞的生长状态进行阶段性的调控，往往关键底物组分的流加对获得细胞的高密度起决定性的作用。

(8) 延长反应时间的过程 若在分批培养过程将近结束时细胞仍然在生成目标产物，通过加入营养物延长反应时间，可使产物不断积累，提高过程结束时的产物浓度。

(9) 反应介质高黏稠的系统 对此情况，通过流加营养物和阶段性地排出培养物，可控制反应介质的黏度，以优化操作的手段改善宏观反应速率。

(10) 防止水分蒸发 若好氧培养过程的操作周期较长，通入气体，增高温度，会造成水分的蒸发。因此，通过调节补料速率补充水分，可控制培养物体积。

5.3.2 补料分批培养的操作模型

5.3.2.1 基本模型方程

补料分批培养反应器的优化操作与控制是以对过程的分析和数学模型的建立为基础的，为此必须明确过程的各种变量与参数的性质及其相互关系。这些变量与参数分为控制变量、状态变量和过程参数。控制变量包括加料速率、加料中的底物浓度、搅拌速度和通气速率等；状态变量有 pH，温度，培养液中的细胞浓度、底物浓度、产物浓度和反应器有效体积等；过程参数包括比生长速率、得率系数、氧和二氧化碳的传递速率等。在补料分批培养时，对由加料速率这一控制变量引起的状态变量的变化，一般用过程的状态方程描述。状态方程与质量平衡和能量平衡有关。

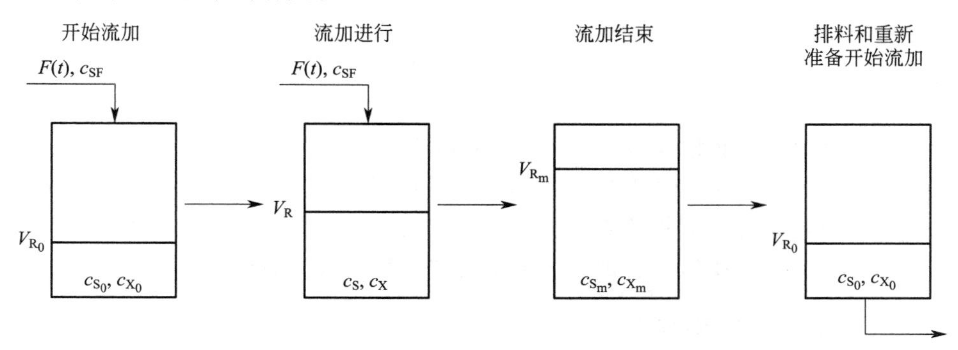

图 5-22 补料分批培养的加料与排料

以反复流加操作过程为分析对象（图 5-22），状态参数的变化如下所述：

① 在加料开始时，反应器有效体积为 V_{R_0}，细胞质量浓度为 c_{X_0}，限制性底物浓度为 c_{S_0}。

② 经过流加过程的时间 t，反应器有效体积改变为 V_R。

③ 在流加过程结束时间 t_F，反应器有效体积为 V_{R_m}；对反复流加操作，在出料后反应器有效体积为 V_{R_0}。

④ 对反复流加操作，步骤②～③反复进行；对单纯的补料分批操作，过程在步骤③之

前完成。

由于补料分批培养属于分批培养与连续培养之间的过渡态操作，因此随着底物流加速率的变化，培养液的组成、细胞浓度和培养液体积等过程状态变量均随时间发生变化，状态变量的估计与质量衡算都以总量的变化来进行。

若作总质量平衡，设加入物料和反应器内培养物的密度分别为 ρ_F 和 ρ_C，则有：

$$\frac{d(V_R\rho_C)}{dt}=F\rho_F \tag{5-110}$$

假定 $\rho_F \approx \rho_C$，则得出反应器有效体积变化与加料速率的关系：

$$\frac{dV_R}{dt}=F \tag{5-111}$$

若作组分质量平衡，以 c 表示培养液中各组分的浓度（包括细胞质量浓度和底物浓度），以 r 表示各组分为基准的反应速率，以 c_F 表示加料中的组分浓度，假定反应器内物料完全混合，由于补料进行时没有出料，其总量衡算式为：

$$\frac{d(cV_R)}{dt}=V_R r+Fc_F \tag{5-112}$$

或

$$V_R\frac{dc}{dt}+c\frac{dV_R}{dt}=V_R r+Fc \tag{5-113}$$

由式(5-111)，并且 $D=F/V_R$，对上式整理可得：

$$\frac{dc}{dt}=r+D(c_F-c) \tag{5-114}$$

由此式，可得出对细胞、底物和产物的质量衡算方程：

$$\frac{dc_X}{dt}=\mu c_X-Dc_X \tag{5-115}$$

$$\frac{dc_S}{dt}=-\frac{1}{Y_{XS}}\mu c_X+D(c_{SF}-c_S) \tag{5-116}$$

$$\frac{dc_P}{dt}=q_P c_X-Dc_P \tag{5-117}$$

式中，Y_{XS} 为细胞对底物的表观得率系数；q_P 为产物生成比速率。

式(5-115)～式(5-117)和式(5-111)即为补料分批培养的基本模型方程。在此模型的基础上，以下重点讨论补料分批培养的加料方式，研究加料方式对操作特性的影响。这些加料方式主要有恒速流加、指数式流加、恒 pH 流加、恒溶氧流加和反复流加等。

5.3.2.2 恒速流加操作

以恒定的流量流加限制性底物溶液是一种简单的常用加料方式。恒速流加的基本过程变化如图 5-23 所示。模型模拟计算参数为：动力学参数，$\mu_{max}=0.2\ h^{-1}$，$K_S=0.5g/L$，$Y_{XS}=0.3g/g$；加料流量 $F=20L/h$，$c_{SF}=300g/L$；开始流加时反应器内物料状态，$V_{R_0}=200L$，$c_{S_0}=1.0g/L$，$c_{X_0}=20.0g/L$；流加开始时间，$t_0=0$。

在恒速流加开始时，由于反应器内细胞量较少，加入的底物不能被完全利用，培养液中底物浓度 c_S 逐渐升高，对不受底物抑制的细胞生长过程，比生长速率 μ 不断增大；随着流加不断进行，由于细胞浓度 c_X 不断增高，底物浓度不断下降，比生长速率不断下降；由于加料流量不变，培养液体积不断增大，稀释率 D 始终在下降。

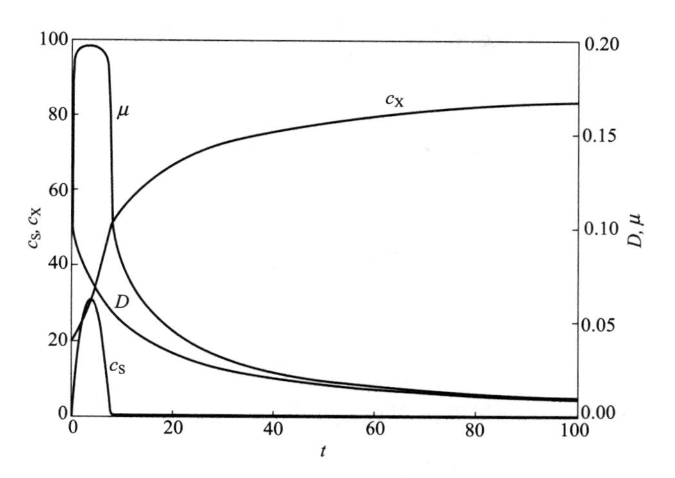

图 5-23 恒速流加分批培养的动态变化

整个过程中实际上存在前期的动态变化和后期的拟稳态变化两个阶段。在拟稳态时，$dc_X/dt \approx 0$，$dc_S/dt \approx 0$，$D \approx \mu$，过程状态与 CSTR 连续培养相似。拟稳态不是严格的稳态，有以下基本特性：

(1) 细胞浓度和比生长速率 在细胞密度较高时，流加的底物全部用于细胞生长，则有：

$$c_X = c_{X,max} = Y_{XS} c_{SF} \tag{5-118}$$

由 $\mu = D$ 和式(5-118)，反应器内细胞总量的变化为：

$$\frac{d(V_R c_X)}{dt} = V_R \mu c_X = F Y_{XS} c_{SF} \tag{5-119}$$

因此，当 Y_{XS}、F 和 c_{SF} 为定值时，细胞总量的变化为常数，它与流加时间 t 呈线性增加的关系。这是恒速流加最重要的特征之一。

注意，上述关系成立的条件为 $F Y_{XS} c_{SF} < \mu_{max} c_X V_R$。

对式(5-119) 进行积分，可得流加时间 t 时反应器内的细胞总量：

$$c_X V_R = c_{X_0} V_{R_0} + F Y_{XS} c_{SF} t \tag{5-120}$$

式中，$c_{X_0} V_{R_0}$ 为流加开始时的细胞总量。

由式(5-111)，在 F 为定值时：

$$V_R = V_{R_0} + Ft \tag{5-121}$$

因此由式(5-120)，可求得细胞浓度：

$$c_X = \frac{c_{X_0} V_{R_0} + F Y_{XS} c_{SF} t}{V_{R_0} + Ft} \tag{5-122}$$

当流加时间较长时，$V_{R_0} \ll Ft$，$V_{R_0} c_{X_0} \ll F Y_{XS} c_{SF} t$，则 $c_X = c_{X,max} = Y_{XS} c_{SF}$ 成立。即拟稳态时细胞浓度保持不变。

比生长速率随时间的变化为：

$$\frac{d\mu}{dt} = \frac{d\left(\frac{F}{V_R}\right)}{dt} = \frac{d}{dt}\left(\frac{F}{V_{R_0} + Ft}\right) = -\frac{F^2}{(V_{R_0} + Ft)^2} \tag{5-123}$$

当流加时间很长时，$V_{R_0} \ll Ft$，有：

$$\frac{d\mu}{dt} = -\frac{1}{t^2} \tag{5-124}$$

这表明，拟稳态时比生长速率与稀释率一样一直在下降，拟稳态初期下降较快，在之后的时间内则以较慢的速率下降。因此，对某些细胞反应，若要保持比生长速率不变，不能采用恒流量流加。

(2) 底物浓度 由 $\mu=D$，根据 Monod 方程，有：

$$c_S=\frac{K_S D}{\mu_{max}-D} \tag{5-125}$$

由此可见，由于 D 随流加时间一直在减小，因此 c_S 一直在减小，直至趋近于零，$c_S\approx 0$。

(3) 产物浓度 对产物总量的变化，可用类似式(5-119) 的推导方法得出，即：

$$\frac{d(c_P V_R)}{dt}=Y_{PS}Fc_{SF} \tag{5-126}$$

因此，当 Y_{PS} 为定值时，产物的总量随时间线性增加。

对产物浓度变化，由式(5-117) 可见，它取决于其产物比生成速率和稀释率。

如果 q_P 与 μ 正相关，则当 D 下降，q_P 随 μ 或 D 下降时，可以达到 $dc_P/dt\approx 0$，产物浓度可稳定在一定的数值。

如果 q_P 与 μ 无关，为一常数时，在流加开始的一段时间内，由于加料的稀释作用，可能会使 $Dc_P>q_Pc_X$，$dc_P/dt<0$，c_P 随时间而下降；随着流加过程进行，在 D 下降，c_X 增大时，会有 $Dc_P<q_Pc_X$，$dc_P/dt>0$，c_P 则随时间而升高。

5.3.2.3 指数流加操作

前面讨论的恒速流加操作存在的主要问题是随加料的进行，比生长速率始终在下降。由于比生长速率一般是限制性底物浓度的函数，因此若通过调节加料速率保持底物浓度不变，可使比生长速率在整个加料过程中恒定。为此，可采用加料速率按指数规律增加的加料方法，即指数流加操作。

设开始流加时的比生长速率为 μ_0，根据比生长速率的定义，$\mu_0=[d(c_XV_R)/dt]/(c_XV_R)$，可得到：

$$c_XV_R=c_{X_0}V_{R_0}\exp(\mu_0 t) \tag{5-127}$$

若消耗的底物仅用于细胞生长，根据底物的衡算式(5-116)，当 $dc_S/dt=0$ 时，有：

$$F(c_{SF}-c_S)=\frac{1}{Y_{XS}}\mu_0 c_X V_R \tag{5-128}$$

由以上两式联立可求得加料速率：

$$F(t)=\frac{\mu_0 c_X V_R}{Y_{XS}(c_{SF}-c_S)}=F_0\exp(\mu_0 t)$$

$$F_0=\frac{\mu_0 c_{X_0}V_{R_0}}{Y_{XS}(c_{SF}-c_S)} \tag{5-129}$$

流加过程中，反应器有效体积变化为：

$$V_R=V_{R_0}+\int_0^t F(t)\,dt=V_{R_0}+\frac{c_{X_0}V_{R_0}}{Y_{XS}(c_{SF}-c_S)}[\exp(\mu_0 t)-1] \tag{5-130}$$

或

$$\frac{V_R}{V_{R_0}}=1-Ac_{X_0}+Ac_{X_0}\exp(\mu_0 t) \tag{5-131}$$

其中

$$A=\frac{1}{Y_{XS}(c_{SF}-c_S)} \tag{5-132}$$

由此，根据式(5-127)和式(5-131)，求得流加过程中的细胞浓度：

$$\frac{c_X}{c_{X_0}}=\frac{\exp(\mu_0 t)}{1-Ac_{X_0}+Ac_{X_0}\exp(\mu_0 t)} \tag{5-133}$$

上述指数流加操作的加料速率满足在整个流加过程中保持比生长速率为 μ_0 的要求。因此它的 F_0 为确定的数值。实际上，F_0 为任意数值时的加料操作也属指数流加操作。

对 F_0 为不定值时，反应器有效体积为：

$$V_R=V_{R_0}+\int_0^t F_0\exp(\mu_0 t)\,dt=V_{R_0}+\frac{F}{\mu_0}[\exp(\mu_0 t)-1] \tag{5-134}$$

则

$$D=\frac{F}{V_R}=\frac{F_0\exp(\mu_0 t)}{\frac{F_0}{\mu_0}\exp(\mu_0 t)+\left(V_{R_0}-\frac{F_0}{\mu_0}\right)} \tag{5-135}$$

当 t 很大时，$\frac{F_0}{\mu_0}\exp(\mu_0 t)\gg\left(V_{R_0}-\frac{F_0}{\mu_0}\right)$，这时：

$$D\approx\mu_0 \tag{5-136}$$

因此，$D\approx\mu$。再由式(5-115)，$dc_X/dt\approx 0$。而且 $\mu=\mu_0$ 时，$dc_S/dt\approx 0$。因此，拟稳态条件可以满足。

如图 5-24 为对 F_0 为不定值时的指数流加操作过程的模拟运算结果。模拟计算条件：动力学参数，$\mu_{max}=0.55\ h^{-1}$，$K_S=0.025g/L$，$Y_{XS}^m=0.3g/g$，$Y_{PS}^m=0.05g/g$，$q_P=\alpha\mu$，$\alpha=0.0167g/g$；加料速率 $F=0.15\exp(0.286t)$ L/h，$c_{SF}=500g/L$；开始培养时反应器内物料状态，$V_{R_0}=200L$，$c_{S_0}=40g/L$，$c_{X_0}=2g/L$，$c_{P_0}=0.1g/L$；流加开始时间，$t_0=3.40h$。

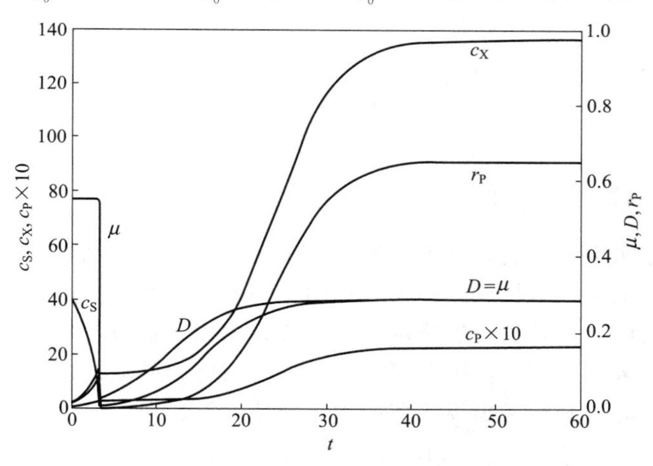

图 5-24 指数流加分批培养的动态变化

【例 5-6】 对产碱杆菌胞内生成 β-羟丁酸（PHB）的补料分批培养过程。已知：细胞生长符合 Monod 方程，$\mu_{max}=0.3\ h^{-1}$，$K_S=1.5g/L$，$Y_{XS}=0.37g/g$；加料中的蔗糖浓度 $c_{SF}=500g/L$；开始流加时反应器的状态，$V_{R_0}=2L$，$c_{S_0}=3g/L$，$c_{X_0}=10g/L$。

（1）若采用指数流加操作，并且最终反应器有效体积达到 $V_R=4L$，求所需流加时间、所能达到的细胞浓度和细胞总量。

（2）若采用恒速流加，控制加料速率使过程达到拟稳态，在底物浓度 $c_S=3g/L$、$V_R=4L$ 时结束培养，试求所需流加时间、所能达到的细胞浓度和细胞总量。

解 （1）指数流加时的比生长速率：

$$\mu_0=\mu_{max}\frac{c_{S_0}}{K_S+c_{S_0}}=0.3\times\frac{3}{1.5+3}=0.2(h^{-1})$$

$$A=\frac{1}{Y_{XS}(c_{SF}-c_S)}=\frac{1}{0.37\times(500-3)}=0.0054(L/g)$$

则：

$$\begin{aligned}t&=\frac{1}{\mu_0}\ln\left[\frac{1}{Ac_{X_0}}\left(\frac{V_R}{V_{R_0}}-1\right)+1\right]\\&=\frac{1}{0.2}\ln\left[\frac{1}{0.0054\times10}\left(\frac{4}{2}-1\right)+1\right]=14.9(h^{-1})\end{aligned}$$

$$\begin{aligned}c_X&=\frac{c_{X_0}\exp(\mu_0 t)}{1-Ac_{X_0}+Ac_{X_0}\exp(\mu_0 t)}\\&=\frac{10\times\exp(0.2\times14.9)}{1-0.0054\times10+0.0054\times10\times\exp(0.2\times14.9)}=98.0(g/L)\end{aligned}$$

$$c_XV_R=98.0\times4=392(g)$$

(2) 过程结束时 $c_S=3g/L$ 的稀释率：

$$D=\mu_{max}\frac{c_S}{K_S+c_S}=0.3\times\frac{3}{1.5+3}=0.2(h^{-1})$$

故，加料流量 $F=DV_R=0.2\times4=0.8(L/h)$

流加时间 $t=\frac{V_R-V_{R_0}}{F}=\frac{4-2}{0.8}=2.5(h)$

$$\begin{aligned}c_XV_R&=c_{X_0}V_{R_0}+FY_{XS}c_{SF}t\\&=2\times10+0.8\times0.37\times500\times2.5=390(g)\end{aligned}$$

$$c_X=\frac{390}{4}=97.5(g/L)$$

5.3.2.4 恒溶氧流加操作

恒溶氧流加操作属定值控制，它的基本点在于通过关联主要细胞反应的碳源代谢和氧的消耗，来进行底物流加速率与摄氧率的关联控制。一般在细胞培养过程中，培养液中的溶氧浓度增大时，代谢反应速率较大，底物浓度则下降；而当底物浓度较高，并且细胞生长速率与浓度较大时，溶氧浓度将下降，因此可对溶氧浓度与底物的流加速率进行关联控制。

进行恒溶氧流加时，必须考虑反应器的供氧速率 OTR。它的计算式为：

$$OTR=K_La(c_{OL}^*-c_{OL}) \tag{5-137}$$

式中，K_La 为体积氧传递系数，h^{-1}；c_{OL}^* 和 c_{OL} 分别为培养液中的饱和溶氧浓度和溶氧浓度。

对多数细胞培养过程，培养液中的溶氧浓度 c_{OL} 为工艺参数，要求保持定值，因此氧传递的推动力$(c_{OL}^*-c_{OL})$不能改变。在一定的搅拌转速和通气速率下，即 K_La 为一定值时，细胞的摄氧率 OUR 必然与氧传递速率 OTR 相等。因此：

$$OTR=\frac{1}{Y_{XO}}\mu c_X \tag{5-138}$$

式(5-138) 说明，若要保持细胞的比生长速率 μ 不变，随细胞浓度的逐渐增大，必须使氧传质系数和传氧速率增大。因此，在恒溶氧法的过程控制时，必须通过不断提高通气速率、搅拌速度或通入纯氧等措施为细胞的生长提供条件，通气速率、搅拌速度和流加速率是相互关联的控制变量。但是，在实际过程中，一般反应器的供氧条件不能随意改变，这时底物的流加速率的控制必须与 OTR 关联。

5.3.2.5 恒 pH 流加操作

恒 pH 流加操作也属定值控制。若对反应器配置一定的控制机构和 pH 传感器，对它的加料速率可实现反馈控制。

pH 为对细胞培养过程有重要影响的生理参数。对多数细胞反应过程，当培养液中关键碳源浓度较高或细胞生长过快时，碳源代谢过程会产生一定量的如乙酸等有机酸，对细胞的生长会造成抑制作用。因此，通过 pH 值的检测与底物的流加关联控制，可调控细胞的代谢过程，使培养液 pH 值保持最佳值。

恒 pH 法的基本控制机制是以同时分别流加作为碳源的底物和作为氮源的氨水等碱性物质的手段控制培养液的酸碱度。例如，对酿酒酵母或大肠杆菌，若以 F_S（L/h）表示葡萄糖等碳源底物的加料速率，F_B（L/h）表示碱液的加料速率，则 pH 控制以碳源底物溶液对碱液的相对流加速率 F_S/F_B 作为重要的控制变量。以细胞质量为基准衡算，可得出临界 F_S/F_B 为：

$$\left(\frac{F_S}{F_B}\right)_C=\frac{Y_{XB}c_{OH,F}}{Y_{XS}c_{SF}} \tag{5-139}$$

式中，c_{SF} 和 $c_{OH,F}$ 分别为流加碳源底物和流加碱液的浓度，mol/L；Y_{XS} 和 Y_{XB} 分别为细胞对底物和氢氧化铵的得率系数，g/mol。

5.3.2.6 反复流加操作

反复流加操作的周期性加料和出料操作模式如图 5-22 所示。在每个加料和出料周期，设加料开始时的反应器有效体积为 V_{R_0}，在进行一段时间 t_F 的恒速流加后，培养液体积达到 V_{R_m}，此时将部分培养液放出，使其体积恢复到 V_{R_0}，并继续进行流加培养。对整个过程，如果出料次数频繁，则过程的连续操作性质会加强。例如，对以恒速流加方式进行的补料分批培养过程，在拟稳态阶段，比生长速率一直在下降。如果实施出料后再进行加料操作，可使细胞的比生长速率重新增大，反应器生成能力会得到提高。因此，Pirt（1974）最先在青霉素发酵上应用了这种操作方式。以下以恒速加料方式进行的反复流加操作为例，对其进行操作特性分析。

定义每一周期的开始与结束时培养液的体积之比 γ：

$$\gamma=\frac{V_{R_0}}{V_{R_m}} \tag{5-140}$$

每次流加结束在拟稳态时的稀释率 D_m 为：

$$D_m=\frac{F}{V_{R_m}} \tag{5-141}$$

一个流加周期的时间为：

$$t_F=\frac{V_{R_m}-V_{R_0}}{F}=\frac{1-\gamma}{D_m} \tag{5-142}$$

由此研究反复流加操作的拟稳态特性。以下重点分析产物浓度的变化。

由 q_P 的定义式，$\mathrm{d}(V_Rc_P)/\mathrm{d}t=q_PV_Rc_X$，应有：

$$c_P=\frac{V_{R_0}}{V_R}c_{P_0}+\frac{1}{V_R}\int_0^{t_F}q_PV_Rc_X\mathrm{d}t \tag{5-143}$$

由式(5-143) 可计算拟稳态时的产物浓度 $c_{\mathrm{P_m}}$：

$$c_{\mathrm{P_m}}=\gamma c_{\mathrm{P_0}}+\int_0^{t_{\mathrm{F}}} q_{\mathrm{P}} c_{\mathrm{X}}(\gamma+D_{\mathrm{m}} t)\,\mathrm{d}t \tag{5-144}$$

设第一周期结束时的产物浓度为 $c_{\mathrm{P_1}}$，并有：

$$K=\int_0^{t_{\mathrm{F}}} q_{\mathrm{P}} c_{\mathrm{X}}(\gamma+D_{\mathrm{m}} t)\,\mathrm{d}t \tag{5-145}$$

因此

$$c_{\mathrm{P_1}}=\gamma c_{\mathrm{P_0}}+K \tag{5-146}$$

同理对第二周期的产物浓度 $c_{\mathrm{P_2}}$，有：

$$c_{\mathrm{P_2}}=\gamma c_{\mathrm{P_1}}+K=\gamma^2 c_{\mathrm{P_0}}+\gamma K+K \tag{5-147}$$

第 n 周期结束时，其产物浓度 c_{P_n} 为：

$$\begin{aligned} c_{\mathrm{P}n} &=\gamma^n c_{\mathrm{P_0}}+K(\gamma^{n-1}+\gamma^{n-2}+\cdots+\gamma+1) \\ &=\gamma^n c_{\mathrm{P_0}}+K\frac{1-\gamma^n}{1-\gamma} \end{aligned} \tag{5-148}$$

所以当 n 很大时，有：

$$c_{\mathrm{P}}=\frac{K}{1-\gamma} \tag{5-149}$$

由以上分析可见，实施反复流加操作时，过程开始时产物浓度增加较快，随着流加操作的反复进行，产物浓度趋于定值；又由于可长时间进行加料和出料，可以获得恒定的产物浓度，获得大于反应器体积的培养液，因而单位反应器体积的产物生成速率较高。

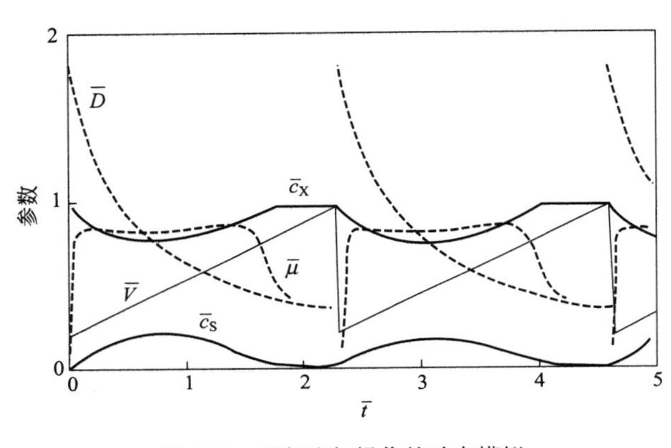

图 5-25　反复流加操作的动态模拟

对各种状态变量与参数的变化，也可用模型模拟运算分析。如图 5-25 表示对底物抑制动力学的动态过程模拟计算的结果。模拟计算时有关变量与参数分别以无量纲数值表示，即：

$\bar{c}_{\mathrm{X}}=c_{\mathrm{X}}/(Y_{\mathrm{XS}} c_{\mathrm{SF}})$　　$\bar{c}_{\mathrm{S}}=c_{\mathrm{S}}/c_{\mathrm{S_0}}$

$\bar{\mu}=\mu/\mu_{\max}$　　$\bar{V}=V_{\mathrm{R}}/V_{\mathrm{R_0}}$

$\bar{D}=D/\mu_{\max}$　　$\bar{t}=t_{\mathrm{F}}\mu_{\max}$

5.4　补料分批操作的最优化

5.4.1　补料分批操作优化概论

5.4.1.1　优化类型与步骤

补料分批培养的最优化属动态优化，根据过程的输入变量与反应时间的关系，它的优化问题有两种类型。其一称为时间曲线优化［impulse optimization，time profile (trajectory) optimization］。它的控制变量为时间的函数，过程优化的主要工作是确定在各时间点控制变量的最佳数值，即控制变量的时间序列，通过加料速率的调节，使底物浓度和培养基组成、温度、pH 等变量与参数保持最佳数值。其二称为参数优化（parameter optimization）。这类优化的主要工作是通过确定初始反应器有效体积、接种量、初始培养基组成、温度、pH、反应时间等参数的最佳数值，使操作条件保持最优。例如，培养基优化问题就属此类。

对补料分批培养应用最优化技术，基本目的是在满足一定过程条件下获得反应器操作与设计的最优方案。按最优化技术的一般原理，其优化步骤如下：

① 明确过程的目标函数或优化准则。

② 分析影响反应过程速率的主要因素及其相互关系，建立数学模型。

③ 明确过程的现有初始条件和最终要达到状态变量的范围。

④ 按目标函数和状态方程选择最优操作与控制策略。

上述过程的基本问题是，在一定的操作方法或工艺参数约束条件下，以现有的初始状态变量为条件，确定控制变量的数值及其函数形式，以使目标函数达到极大值（或极小值）。优化过程关键步骤在于数学模型的建立和过程的状态估计。

5.4.1.2 优化的目标

补料分批培养过程优化基于不同的优化目标进行。优化的总体目标为产物生成体积速率、产物得率和产物浓度，而在过程最优化问题求解时，则量化为目标函数的最大化或最小化问题。通常确定如下一般化目标函数 $P[\boldsymbol{x}(t_f)]$：

$$P[\boldsymbol{x}(t_f)]=p_X[c_X(t_f)V_R(t_f)-c_X(0)V_R(0)]+p_P[c_P(t_f)V_R(t_f)-c_P(0)V_R(0)]-(p_S c_{SF}+p_M)[V_R(t_f)-V_R(0)]-p_{op}t_f-p_{am}V_R(t_f) \tag{5-150}$$

式中，$\boldsymbol{x}$ 为状态变量向量；t_f 为最终反应时间；p_X 为单位细胞生物质的价格；p_P 为单位产物的价格；p_S 为单位限制性底物的成本；p_M 为单位体积培养基的成本；p_{op} 为单位时间的操作成本系数；p_{am} 为偿债成本系数。

式(5-150) 的第一和第二项分别表示由细胞生物质和目标产物的生成所获得的收益；第三项表示限制性底物和培养基的成本；第四项为操作成本，与操作时间成正比；第五项为债务成本，与反应器体积成正比。对补料分批培养，设培养基和底物的成本固定，当反应时间 t_f 和最终反应器体积 $V_R(t_f)$ 一定，在初始反应器体积 $V_R(0)$ 和细胞浓度 $c_X(0)$ 得到优化后，且忽略初始产物和细胞的存在，目标函数简化为：

$$P[\boldsymbol{x}(t_f)]=p_X c_X(t_f)V_R(t_f)+p_P c_P(t_f)V_R(t_f) \tag{5-151}$$

如果生物质对收益的贡献不计，或生物质为目标产物时，过程优化目标转化为以最小反应时间获得一定量的产物的目标函数最小化问题，即：

$$P[\boldsymbol{x}(t_f)]=-t_f,\ c_P(t_f)=c_{Pf} \tag{5-152}$$

式中，c_{Pf} 为最终产物浓度。

此最小化问题的求解实际是确定产物浓度与反应时间的关系，寻找产物生成速率 $c_P(t_f)/t_f$ 最大的操作条件。

在工业上，通常计算单位反应时间的细胞生物质或产物的产量，因此有如下将反应时间 t_f 显式包含在目标函数中的两种目标函数：

$$P[\boldsymbol{x}(t_f)]=\frac{c_X(t_f)V_R(t_f)}{t_f} \tag{5-153}$$

或

$$P[\boldsymbol{x}(t_f)]=\frac{c_P(t_f)V_R(t_f)}{t_f} \tag{5-154}$$

5.4.1.3 约束条件

从目标函数的表达式可见，优化问题的约束条件包括反应时间、初始状态和最终状态。

对反应时间，可以预先固定，也可以不固定，或通过最优化方法选定。反应时间作为约束条件时，它根据生产能力要求或最终底物浓度等约束条件确定。

初始状态主要指初始细胞浓度 $c_X(0)$、底物浓度 $c_S(0)$ 和初始反应器体积 $V_R(0)$。最终状态主要指最终底物浓度 $c_S(t_f)$ 和反应器体积 $V_R(t_f)$。对不同的优化问题，其中某些参数用作边界条件。一般最终底物浓度小于某个数值，$c_S(t_f) \leqslant c_{S,min}$，最终底物浓度是重要的约束条件，因为它对下游分离过程是重要的控制参数。同样，为充分利用反应器的工作体积，对最终反应器体积也设定了上限，$V_R(t_f)=V_{R_m}$。

对某些重组微生物高密度培养过程，与通气和搅拌有关的反应器供氧速率往往是细胞生长和外源蛋白质表达的主要限制，因此反应器氧传递效率也是过程的约束条件。

5.4.1.4 控制变量的选择

控制变量主要有加料速率 $F(t)$、反应器中的底物浓度 $c_S(t)$、加料中的限制性底物浓度 $c_{SF}(t)$ 和质量速率 $c_{SF}F(t)$ 等。

选择加料速率 $F(t)$ 作为控制变量的直接性和可操作性较强。但是，在最优化计算时，会产生难以求解的奇异控制问题。因此，在问题公式化时，可以采用转换方法，使 $F(t)$ 在转形后的方程中不出现，问题求解时获得最优底物浓度曲线 $c_S(t)$，将奇异控制问题化归为具有可计算性的较简单的非奇异控制问题。但是，在求解最优 $c_S(t)$ 曲线时，必须确定相关的 $F(t)$，这会在计算时引起与底物和总质量衡算有关的最小或最大流量约束的问题。另一种将 $F(t)$ 在方程中以非线性形式出现的方法也可避免奇异控制问题，但有数值计算时的收敛性问题。

在 $F(t)$ 恒定时，可将 $c_{SF}(t)$ 作为控制变量。这种方法的优化求解较容易。但是，将加料中的底物浓度设置为时间的函数，有实施上的困难。

选择加料中底物的质量速率 $c_{SF}F(t)$ 的方法实际上忽略了总质量平衡，会引起较大的偏差。有研究认为，选择 $c_{SF}F(t)$ 作为控制变量等价于选择加料速率 $F(t)$ 或反应器有效体积 $V_R(t)$。

有关研究还认为，选择 $c_S(t)$、$c_{SF}(t)$、$c_{SF}F(t)$ 作为控制变量，相比选择 $F(t)$，所得出的优化策略是次优解，并且没有考虑比速率与细胞浓度、产物浓度、底物质量平衡之间的关系。因此，选择加料速率 $F(t)$ 作为控制变量有合理性。而与上述方法不同，选择反应器中的底物浓度 $c_S(t)$ 作为控制变量，考虑了底物的质量平衡关系。

5.4.2 优化问题的表示与求解方法

5.4.2.1 优化问题的一般表示

将补料分批培养过程用一组动态质量和能量平衡方程组表示，则有：

$$\frac{d\boldsymbol{x}}{dt}=\boldsymbol{f}[\boldsymbol{x}(t),\boldsymbol{u}(t)], \ \boldsymbol{x}(0)=\boldsymbol{x}_0 \tag{5-155}$$

式中，$\boldsymbol{x}(t)$ 表示组分、反应器有效体积和温度等状态变量组成的向量，$\boldsymbol{x}(t)=[x_1(t),x_2(t),\cdots,x_n(t)]^T$；$\boldsymbol{x}(0)$ 和 $\boldsymbol{x}_0$ 均表示状态变量向量的初始值；$\boldsymbol{u}(t)$ 表示加料速

率等影响状态变量的控制变量，$\boldsymbol{u}(t)=[u_1(t),u_2(t),\cdots,u_m(t)]^{\mathrm{T}}$。

当式(5-155)的初始值给定，且微分方程组右边项 $\boldsymbol{f}$ 不可用时间 t 显式表示时，此式表示的过程为自主过程（autonomous processes）。在有些情况下，当此式的右边项可用时间 t 显式表示时，例如有些参数是时间 t 的显函数时，则此式表示的过程为非自主过程。

过程优化目标和约束条件一般表示为：

$$\begin{aligned}&\underset{u_1,u_2,\cdots,u_m}{\mathrm{Max}}\quad P[\boldsymbol{x}(t_{\mathrm{f}})]\\&u_{i,\min}\leqslant u_i(t)\leqslant u_{i,\max}\quad i=1,2,\cdots,m\end{aligned}\tag{5-156}$$

5.4.2.2 Pontryagin 最大值原理

(1) 基于 Pontryagin 最大值原理的优化问题表示 过程的优化目标是在控制变量的约束条件下使目标函数达到最大值。优化问题一般根据 Pontryagin 最大值原理应用变分法求解。以下不作推导介绍应用此原理的优化问题求解方法。详细的内容请参阅 Lim 等（2013）的有关文献。

这种方法将目标函数的最大化问题转化为哈密尔顿函数 H（H 函数）的最大化问题。通过定义状态变量的伴随变量，H 函数表示为伴随向量 $\boldsymbol{\lambda}$ 与式(5-155)右边项函数 $\boldsymbol{f}$ 的数量积，即：

$$H=\boldsymbol{\lambda}^{\mathrm{T}}\boldsymbol{f}=\sum_{i=1}^{n}\lambda_i f_i\tag{5-157}$$

因此优化问题表示为：

$$\begin{aligned}&\underset{u_1,u_2,\cdots,u_m}{\mathrm{Max}}\quad H\\&u_{i,\min}\leqslant u_i(t)\leqslant u_{i,\max}\quad i=1,2,\cdots,m\end{aligned}\tag{5-158}$$

伴随向量由下列微分方程组定义：

$$\frac{\mathrm{d}\boldsymbol{\lambda}}{\mathrm{d}t}=-\frac{\partial H}{\partial \boldsymbol{x}}=-\frac{\partial(\boldsymbol{f}^{\mathrm{T}}\boldsymbol{\lambda})}{\partial \boldsymbol{x}}=-\left(\frac{\partial \boldsymbol{f}}{\partial \boldsymbol{x}}\right)^{\mathrm{T}}\boldsymbol{\lambda}\tag{5-159}$$

对一定的目标函数 P，它的变分表示为 δP，则伴随变量满足关于边界条件的横向性条件：

$$\delta P=\left[\frac{\partial P}{\partial \boldsymbol{x}(t_{\mathrm{f}})}\right]^{\mathrm{T}}\delta\boldsymbol{x}(t_{\mathrm{f}})=\boldsymbol{\lambda}^{\mathrm{T}}(t_{\mathrm{f}})\delta\boldsymbol{x}(t_{\mathrm{f}})-\boldsymbol{\lambda}^{\mathrm{T}}(0)\delta\boldsymbol{x}(0)\tag{5-160}$$

在所有状态变量的初始条件给定时，$\boldsymbol{x}(0)$一定，状态向量的变分 $\delta\boldsymbol{x}(0)=\boldsymbol{0}$，因此有伴随变量的最终条件：

$$\boldsymbol{\lambda}(t_{\mathrm{f}})=\frac{\partial P}{\partial \boldsymbol{x}(t_{\mathrm{f}})}\tag{5-161}$$

若某个状态变量的初始值不给定，例如 $x_j(0)$不给定，则令相应的伴随变量的初始值为零，式(5-160)仍可满足。

$$\lambda_j(0)=0，若\ x_j(0)不给定\tag{5-162}$$

若某组分在操作时周期性加入，则它的边界条件周期性地改变，则对此组分的状态变量 x_k 和伴随变量 λ_k，有相应的周期性条件：

$$\frac{\partial P}{\partial x_k(t_{\mathrm{f}})}=\lambda_k(t_{\mathrm{f}})-\lambda_k(0)\tag{5-163}$$

若对某个状态变量设定为它的最终值，例如 $x_p(t_{\mathrm{f}})=x_{p\mathrm{f}}$，则 $\lambda_p(t_{\mathrm{f}})$值不确定。

若用$\boldsymbol{u}^*$、$\boldsymbol{x}^*$ 和 $\boldsymbol{\lambda}^*$ 表示控制变量、状态向量和伴随变量的最优解，在一定的目标函数

P 达到最大时，在最优轨迹上：

$$H(\boldsymbol{u}^*, \boldsymbol{x}^*, \boldsymbol{\lambda}^*) = 常数 \tag{5-164}$$

当最终时间 t_f 不确定时：

$$H(\boldsymbol{u}^*, \boldsymbol{x}^*, \boldsymbol{\lambda}^*) = 0 \tag{5-165}$$

(2) 哈密尔顿函数与控制变量的关系 过程优化时，主要研究 H 函数控制变量 $\boldsymbol{u}$ 的关系。H 函数与各个控制变量之间有非线性和线性两种关系。

① H 与 $\boldsymbol{u}$ 呈非线性关系对这种情况，优化计算时通常利用式（5-166）：

$$\frac{\partial H}{\partial \boldsymbol{u}} = 0 \text{ 或 } \frac{\partial H}{\partial u_i} = 0 \quad i = 1, 2, \cdots, m \tag{5-166}$$

但是，当最优解在约束边界上时，$\partial H / \partial u_i \neq 0$。

② H 与 $\boldsymbol{u}$ 呈线性关系 对这种情况，将式(5-155）的右边项改写为与控制变量 $\boldsymbol{u}$ 的非关联项和关联项之和，则有：

$$\frac{\mathrm{d}\boldsymbol{x}}{\mathrm{d}t} = \boldsymbol{f}[\boldsymbol{x}, \boldsymbol{u}] = \boldsymbol{f}_1(\boldsymbol{x}) + \boldsymbol{f}_2(\boldsymbol{x})\boldsymbol{u} \tag{5-167}$$

H 函数：

$$H = \boldsymbol{\lambda}^{\mathrm{T}}[\boldsymbol{f}_1 + \boldsymbol{f}_2\boldsymbol{u}] = \sum_{i=1}^{n} \lambda_i f_{1_i}(\boldsymbol{x}) + \sum_{i=1}^{n} f_{2_i}(\boldsymbol{x}) \lambda_i u_i = \sum_{i=1}^{n} \lambda_i f_{1_i}(\boldsymbol{x}) + \sum_{i=1}^{n} \phi_i u_i \tag{5-168}$$

式(5-168）通过切换函数 ϕ_i 表示了 H 与 u_i 的线性关系，$\phi_i = f_{2_i} \lambda_i$。若 ϕ_i 为正值，对控制变量 u_i 选用最大值对增大 H 有利；反之，若 ϕ_i 为负值，对 u_i 应选用最小值；若 $\phi_i = 0$，对 u_i 控制则为所称的奇异控制（singular control)，它的最优控制变量 $u_{i,\mathrm{sin}}$ 的值处于最大值和最小值之间，它在时间轴上的轨迹称为奇异弧（singular arc）。

$$u_i = \begin{cases} u_{i,\min} & 若\ \phi_i < 0 \\ u_{i,\max} & 若\ \phi_i > 0 \\ u_{i,\mathrm{sin}} & 若在有限区间上 \phi_i \equiv 0 \end{cases} \tag{5-169}$$

当切换函数在有限的区间内为零时，最大值原理不能直接提供控制变量的最优解。但是，奇异控制却在半分批操作方式的化学和生物反应器操作优化上是常见现象。

如图 5-26 所示为以加料速率作为控制变量的优化问题的加料速率与切换函数的各种关系。图 5-26(a）表示的过程的 ϕ 值随时间依次有 $\phi > 0$、$\phi = 0$ 和 $\phi < 0$ 三种情形，相应的加料速率分别采用 $F_{\max}$、F_{sin} 和 $F_{\min}$，$\phi = 0$ 时的加料速率 F_{sin} 为奇异加料速率。图 5-26(b)的情况与图 5-26(a）的情况正好相反。图 5-26(c）和图 5-26(d）表示过程一开始加料速率就采用奇异控制，而在反应后期，分别采用最小速率和最大速率。图 5-26(e）和图 5-26(f）的分析方法与前几种情况相同。

(3) 普遍化的 Legendre-Clebsch 条件 通常，对加料流量的奇异控制问题，除非知道了加料流量与切换函数的关系，一般应用最大值原理不能求出奇异控制加料速率。为此，可应用普遍化的 Legendre-Clebsch 条件：

$$\begin{aligned} &\frac{\partial}{\partial F} \frac{\mathrm{d}^p \phi}{\mathrm{d}t^p} = 0 && p \text{ 为奇数} \\ &(-1)^q \frac{\partial}{\partial F} \frac{\mathrm{d}^{2q} \phi}{\mathrm{d}t^{2q}} \leqslant 0 && q \text{ 为正整数} \end{aligned} \tag{5-170}$$

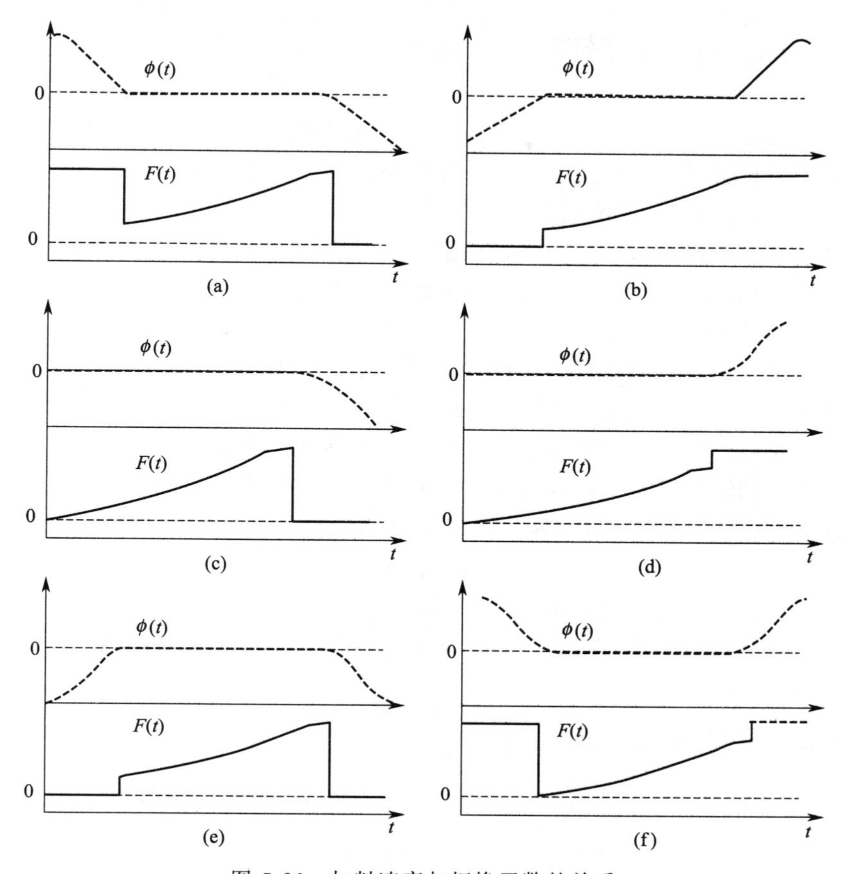

图 5-26 加料速率与切换函数的关系

式中，q 为奇异阶数。q 的确定方法是在对 H 函数求对控制变量的各阶导数时，若 $2q$ 个各阶导数不为零，且控制变量仍然在导数表达式中显式存在，则 q 就可确定。

对简单的情况，在求导数并消除伴随变量时，使用如下条件：$\phi=0$，$\mathrm{d}\phi/\mathrm{d}t=0$，$H=0$（$t_{\mathrm{f}}$ 不给定）。

（4）状态变量的约束条件 对补料分批培养过程的反应器有效体积、细胞浓度和比生长速率等状态变量，有时须限定约束条件。若以不等式表示，则有：

$$h[\boldsymbol{x}(t)]\leqslant 0 \tag{5-171}$$

这时，H 函数须修正为：

$$H=\boldsymbol{\lambda}^{\mathrm{T}}\boldsymbol{f}+\eta(t)h(\boldsymbol{x}) \tag{5-172}$$

式中，$\eta(t)$称为拉格朗日乘数，$\eta(t)\geqslant 0$。当 $h<0$ 时，$\eta=0$，状态变量不在边界上；当 $h=0$ 时，$\eta<0$，状态变量处在边界上。因此，$\eta(t)h(\boldsymbol{x})\equiv 0$。

例如，对以 $F(t)$为控制变量的优化问题，反应器有效体积有约束条件。若将反应器有效体积认作状态变量 x_p，则它的不等式约束条件为：

$$h(x_{\mathrm{p}})=V_{\mathrm{R}}-V_{\mathrm{R,max}}\leqslant 0 \tag{5-173}$$

因此 $\lambda_{\mathrm{p}}(t_{\mathrm{f}})$值不确定。

5.4.2.3 计算方法

最优化计算方法选择必须根据最优化方法的类型才能确定，而最优化方法根据反应过程动力学模型的类型分类。若模型已知，则可采用 Pontryagin 最大值原理的有关计算方法；相反，对模型未知或模型部分已知的情况，则需要使用统计学的有关算法，例如神经元网络法和遗传算法等。

在动力学模型已知时，一般应用最大值原理将问题化归为动态微分方程组的两点边值问题。两点边值是指状态变量的初值、伴随变量的终值。两点边值算法的特征是迭代运算。它包括边界条件迭代计算和控制变量迭代计算。

(1) 边界条件的迭代算法 边界条件的迭代包括伴随变量初值和状态变量终值的迭代运算。对伴随变量初值的迭代，运算开始时假设伴随变量初值 $\boldsymbol{\lambda}(0)$，在伴随变量的终值 $\boldsymbol{\lambda}(t_f)$ 已知时，通过简单打靶法得出迭代值，与终值 $\boldsymbol{\lambda}(t_f)$ 比较，运算终止于满足式(5-161) 表示的条件。状态变量终值的迭代与伴随变量迭代的方向相反，状态变量的初值 $\boldsymbol{x}(0)$ 已知，运算开始时假设状态变量终值 $\boldsymbol{x}(t_f)$，通过简单打靶法得出迭代值，并与初值作比较，直至满足终止条件。对以上两种迭代，迭代算法还可使用多重打靶法。

(2) 控制变量的迭代算法 控制变量的迭代的目的是在满足边值条件和约束条件下，获得使 H 函数最大的控制变量时间序列。迭代运算时，首先假设控制变量的猜值，然后用最速下降法，在整个时间段 $0 \leqslant t \leqslant t_f$，前向迭代状态方程，后向迭代伴随方程，在运算过程中不断获得新的一组控制变量，用之估算 H 函数，直至使其不变并最大化。

(3) 与约束条件有关的计算方法 对受等式或不等式约束的系统，通常应用非线性规划法，例如罚函数法和正交二次型规划等方法。

5.4.3 细胞生物质生成过程的优化

在理想混合的反应器中，对细胞生物质、限制性底物作衡算，可以得到如下状态方程：

$$\frac{\mathrm{d}(c_X V_R)}{\mathrm{d}t} = \mu c_X V_R,\ c_X(0)V_R(0) = c_{X_0} V_{R_0} \tag{5-174}$$

$$\frac{\mathrm{d}(c_S V_R)}{\mathrm{d}t} = c_{SF} F - q_S c_X V_R,\ c_S(0)V_R(0) = c_{S_0} V_{R_0} \tag{5-175}$$

$$\frac{\mathrm{d}V_R}{\mathrm{d}t} = F,\ V_R(0) = V_{R_0} \tag{5-176}$$

设状态变量 $x_1 = c_X V_R$，$x_2 = c_S V_R$，$x_3 = V_R$，则状态方程组变为：

$$\frac{\mathrm{d}}{\mathrm{d}t}\begin{bmatrix} x_1 \\ x_2 \\ x_3 \end{bmatrix} = \begin{bmatrix} \mu x_1 \\ -q_S x_1 \\ 0 \end{bmatrix} + \begin{bmatrix} 0 \\ c_{SF} \\ 1 \end{bmatrix} F \tag{5-177}$$

对所有状态变量的初始条件 $\boldsymbol{x}(0)$，假定均给定。

假定反应时间 t_f 不确定，目标函数为细胞生物质的生成速率，$P = c_X(t_f)V_R(t_f)/t_f$，若以加料速率为控制变量，则优化命题表示为：

$$\begin{aligned} &\underset{F(t)}{\mathrm{Max}} P = x_1(t_f)/t_f \\ &0 = F_{\min} \leqslant F(t) \leqslant F_{\max} \\ &h(\mathrm{x}) = x_3(t) - x_3(t_f) \leqslant 0 \end{aligned} \tag{5-178}$$

由于目标函数必须表示为状态变量的函数，因此对式(5-177) 表示的反应系统，定义新的状态变量，$x_4 = t$，$x_4(t_f) = t_f$，使目标函数变为：

$$P = x_1(t_f)/x_4(t_f) \tag{5-179}$$

x_4 状态方程为：

$$\frac{dx_4}{dt}=1,\ x_4(0)=0 \tag{5-180}$$

将其加入式(5-177)，得出：

$$\frac{d}{dt}\begin{bmatrix}x_1\\x_2\\x_3\\x_4\end{bmatrix}=\begin{bmatrix}\mu x_1\\-q_S x_1\\0\\1\end{bmatrix}+\begin{bmatrix}0\\c_{SF}\\1\\0\end{bmatrix}F \tag{5-181}$$

对状态变量 x_2，它实际表示底物的消耗量，因此：

$$x_2=c_S V_R=x_2(0)+c_{SF}[x_3-x_3(0)]-\frac{1}{Y_{XS}}[x_1-x_1(0)]=g(x_1,x_3) \tag{5-182}$$

当 Y_{XS} 为常数时，由于 x_2 可由 x_1 和 x_3 表示出，因此相关的状态方程可忽略，可将式(5-181) 简化为：

$$\frac{d}{dt}\begin{bmatrix}x_1\\x_3\\x_4\end{bmatrix}=\begin{bmatrix}\mu x_1\\0\\1\end{bmatrix}+\begin{bmatrix}0\\1\\0\end{bmatrix}F \tag{5-183}$$

由此得出 H 函数：

$$H=[\lambda_1\quad\lambda_3\quad\lambda_4]\begin{bmatrix}\mu x_1\\F\\1\end{bmatrix}=(\lambda_1\mu x_1+\lambda_4)+\lambda_3 F \tag{5-184}$$

因此，此过程的优化问题是奇异控制问题。切换函数为：

$$\phi=\lambda_3 \tag{5-185}$$

$$\frac{d}{dt}\begin{bmatrix}\lambda_1\\\lambda_3\\\lambda_4\end{bmatrix}=-\begin{bmatrix}\partial H/\partial x_1\\\partial H/\partial x_3\\\partial H/\partial x_4\end{bmatrix}=-\begin{bmatrix}\lambda_1\mu+\lambda_1 x_1\partial\mu/\partial x_1\\\lambda_1 x_1\partial\mu/\partial x_3\\0\end{bmatrix} \tag{5-186}$$

假定比生长速率是限制性底物浓度的单变量函数，设 $\mu'=\partial\mu/\partial c_S$，式(5-186) 即为：

$$\frac{d}{dt}\begin{bmatrix}\lambda_1\\\lambda_3\\\lambda_4\end{bmatrix}=-\begin{bmatrix}\partial H/\partial x_1\\\partial H/\partial x_3\\\partial H/\partial x_4\end{bmatrix}=-\begin{bmatrix}\lambda_1\mu-\lambda_1 x_1\mu'/(Y_{XS}x_3)\\\lambda_1 x_1\mu'(c_{SF}/x_3-g/x_3{}^2)\\0\end{bmatrix} \tag{5-187}$$

由式(5-161)，伴随变量的终值为：

$$\begin{bmatrix}\lambda_1(t_f)\\\lambda_3(t_f)\\\lambda_4(t_f)\end{bmatrix}=\frac{\partial[x_1(t_f)/x_4(t_f)]}{\partial x(t_f)}=\begin{bmatrix}1/x_4(t_f)\\\text{不确定}\\-x_1(t_f)/x_4{}^2(t_f)\end{bmatrix} \tag{5-188}$$

在以上两式中可见，由于 $d\lambda_4/dt=0$，$\lambda_4(t_f)=-x_1(t_f)/x_4^2(t_f)$，故 $\lambda_4(t)\equiv -x_1(t_f)/x_4{}^2(t_f)$。

在状态变量初值 $\boldsymbol{x}(0)$限定和伴随变量终值 $\boldsymbol{\lambda}(t_f)$部分限定的条件下，加料速率的最优控制策略为：

$$F^*(t)=\begin{cases}F_{min} & 若\ \phi<0\\ F_{max} & 若\ \phi>0\\ F_{sin} & 若在有限区间上\phi\equiv 0\\ F_b=0 & 当\ x_3(t)=V_{R_m}\end{cases} \tag{5-189}$$

式中，F_{min} 和 F_{max} 分别为允许的最低和最大加料速率；F_{sin} 为奇异控制加料速率；F_b 为使底物浓度下降为反应结束时的底物浓度 c_{Sf} 所采用的加料速率。

在奇异控制弧上，$\phi=\lambda_3=0$，当反应时间 t_f 不确定时，对 H 函数，有：

$$H=\lambda_1\mu x_1+\lambda_4=\lambda_1\mu x_1-x_1(t_f)/x_4{}^2(t_f)=0 \tag{5-190}$$

因此，$\lambda_1 x_1\neq 0$。

又由 $\mathrm{d}\phi/\mathrm{d}t=0$，即：

$$\frac{\mathrm{d}\phi}{\mathrm{d}t}=\frac{\mathrm{d}\lambda_3}{\mathrm{d}t}=-\lambda_1 x_1\mu'\left(\frac{c_{SF}}{x_3}-\frac{g}{x_3{}^2}\right)=0 \tag{5-191}$$

由于 $c_{SF}-g/x_3=c_{SF}-c_S\neq 0$，因此：

$$\mu'=\frac{\partial\mu}{\partial c_S}=0 \tag{5-192}$$

由此可见，在奇异控制区间，应使比生长速率达到最大值，$\mu=\mu_{opt}$，相应的底物浓度，$c_S=c_{S,opt}$，且 $\mathrm{d}c_S/\mathrm{d}t=0$，由式(5-175) 可推出最优的加料速率应为：

$$F_{sin}=\frac{\mu_{opt}c_X V_R}{Y_{XS}(c_{SF}-c_{S,opt})} \tag{5-193}$$

在 $\mu=\mu_{opt}$ 时，对式(5-174) 积分可得：

$$c_X V_R=c_{X_0}V_{R_0}\exp(\mu_{opt}t) \tag{5-194}$$

将式(5-194) 代入式(5-193)，则有：

$$F_{sin}=\frac{\mu_{opt}c_{X_0}V_{R_0}}{Y_{XS}(c_{SF}-c_{S,opt})}\exp(\mu_{opt}t) \tag{5-195}$$

式(5-195) 即为指数式流加操作的加料速率方程。加料控制方式是对底物浓度 $c_{S,opt}$ 的反馈控制。

在求出最优加料速率后，对整个过程，要确定加料流量的控制方案。根据反应开始时的底物浓度，有三种情况：①若 $c_{S_0}=c_{S,opt}$，在 $0<t<t_F$，$F=F_{sin}$，$c_S=c_{S,opt}$；在 $t_F<t<t_f$，$F=0$，c_S 由 $c_{S,opt}$ 下降为过程结束时的底物浓度 c_{Sf}。②若 $c_{S_0}<c_{S,opt}$，在 $0<t<t_1$，$F=F_{max}$，c_S 由 c_{S_0} 上升为 $c_{S,opt}$；在 $t_1<t<t_F$，$F=F_{sin}$，$c_S=c_{S,opt}$；在 $t_F<t<t_f$，$F=0$，c_S 下降至 c_{Sf}。③若 $c_{S_0}>c_{S,opt}$，在 $0<t<t_1$，$F=F_{min}=0$，c_S 下降至 $c_{S,opt}$；在 $t_1<t<t_F$，$F=F_{sin}$，$c_S=c_{S,opt}$；在 $t_F<t<t_f$，$F=0$，c_S 下降至 c_{Sf}。这三种加料控制方案分别如图 5-26(c)、图 5-26(a) 和图 5-26(e) 所示。

以上分析结果对比生长速率与限制性底物浓度呈非单调函数关系的细胞生长过程适用。对诸如 Monod 方程表示的比生长速率与限制性底物浓度呈单调函数关系的过程，实际不存在奇异控制。由于在较高底物浓度下比生长速率较大，故流加操作的主要目的是提高培养液中的底物浓度，为此可选择允许的最大速率 F_{max} 进行流加。在 $0<t<t_F$，$F=F_{max}$；在 $t_F<t<t_f$，$F=0$，c_S 下降至 c_{Sf}。

例如，对符合反竞争性抑制细胞培养动力学的过程，过程动态模拟结果如图 5-27 所示。模型计算参数：$\mu_{max}=0.53\ \mathrm{h}^{-1}$，$K_S=1.2\mathrm{g/L}$，$K_I=22\mathrm{g/L}$，$Y_{XS}=0.4\mathrm{g/g}$，$c_{SF}=20\mathrm{g/L}$，

$c_{X_0}=1$g/L，$c_{S_0}=0$，$V_{R_0}=2$L，$V_{R_m}=5$L，$F_{max}=1$L/h。

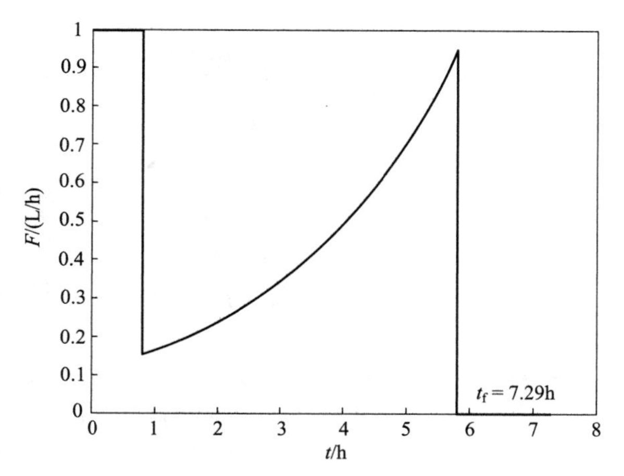

图 5-27　底物抑制时的加料控制策略

5.4.4　产物生成过程的优化

由于在最优化原理上选择限制性底物加料速率作为控制变量可获得最优解，因此在以下对补料分批操作的产物生成过程的优化分析中，重点讨论这类优化问题。由于产物生成的体积速率为过程主要目标，因此我们主要选择单位反应时间的产物生成量为目标函数。由此，优化命题表示为：

$$\begin{aligned}&\underset{F(t)}{\mathrm{Max}}P[\boldsymbol{x}(t_f)]=c_X(t_f)V_R(t_f)/t_f\\&0=F_{min}\leqslant F(t)\leqslant F_{max}\\&V_R(t)-V_{R_m}\leqslant 0\end{aligned}\tag{5-196}$$

若对细胞、限制性底物和目标产物作质量衡算，则有下述方程组：

$$\frac{\mathrm{d}(c_XV_R)}{\mathrm{d}t}=\mu c_XV_R,\ c_X(0)V_R(0)=c_{X_0}V_{R_0}\tag{5-197}$$

$$\frac{\mathrm{d}(c_PV_R)}{\mathrm{d}t}=q_Pc_XV_R,\ c_P(0)V_R(0)=c_{P_0}V_{R_0}\tag{5-198}$$

$$\frac{\mathrm{d}V_R}{\mathrm{d}t}=F,\ V_R(0)=V_{R_0}\tag{5-199}$$

$$\frac{\mathrm{d}(c_SV_R)}{\mathrm{d}t}=c_{SF}F-q_Sc_XV_R,\ c_S(0)V_R(0)=c_{S_0}V_{R_0}\tag{5-200}$$

设定状态变量，$x_1=c_XV_R$，$x_2=c_PV_R$，$x_3=V_R$，$x_4=c_SV_R$。由于反应时间不能在目标函数中出现，故另定义一状态变量，$x_5=t$，$x_5(t_f)=t_f$。由此，可得出优化问题的状态方程组：

$$\frac{\mathrm{d}}{\mathrm{d}t}\begin{bmatrix}x_1\\x_2\\x_3\\x_4\\x_5\end{bmatrix}=\begin{bmatrix}\mu x_1\\q_Px_1\\0\\-q_Sx_1\\1\end{bmatrix}+\begin{bmatrix}0\\0\\1\\c_{SF}\\0\end{bmatrix}F,\ \begin{bmatrix}x_1(0)\\x_2(0)\\x_3(0)\\x_4(0)\\x_5(0)\end{bmatrix}=\begin{bmatrix}c_{X_0}V_{R_0}\\c_{P_0}V_{R_0}\\V_{R_0}\\c_{S_0}V_{R_0}\\0\end{bmatrix}\tag{5-201}$$

底物消耗比速率 q_S 包含关于细胞生长、产物生成和维持代谢的三项，即：

$$q_S=\frac{\mu}{Y_{XS}^{m}}+\frac{q_P}{Y_{PS}^{m}}+m_S\tag{5-202}$$

式中，q_P 为产物生成比速率。

H 函数：

$$H=\boldsymbol{\lambda}^{T}\boldsymbol{f}=(\lambda_1\mu+\lambda_2q_P-\lambda_4q_S)x_1+\lambda_5+(\lambda_3+c_{SF}\lambda_4)F\tag{5-203}$$

$$\phi=\lambda_3+c_{SF}\lambda_4\tag{5-204}$$

伴随变量方程

$$\frac{\mathrm{d}}{\mathrm{d}t}\begin{bmatrix}\lambda_1\\\lambda_2\\\lambda_3\\\lambda_4\\\lambda_5\end{bmatrix}=-\begin{bmatrix}\partial H/\partial x_1\\\partial H/\partial x_2\\\partial H/\partial x_3\\\partial H/\partial x_4\\\partial H/\partial x_5\end{bmatrix}=-\begin{bmatrix}\lambda_1\mu+\lambda_2 q_{\mathrm{P}}-\lambda_4 q_{\mathrm{S}}\\0\\-(\lambda_1\mu'+\lambda_2 q'_{\mathrm{P}}-\lambda_4 q'_{\mathrm{S}})(x_1 x_4/x_3^2)\\(\lambda_1\mu'+\lambda_2 q'_{\mathrm{P}}-\lambda_4 q'_{\mathrm{S}})(x_1/x_3)\\0\end{bmatrix} \tag{5-205}$$

式中，假定 μ、q_{S} 和 q_{P} 为底物浓度 c_{S} 的单变量函数，$\mu'=\partial\mu/\partial c_{\mathrm{S}}$，$q'_{\mathrm{S}}=\partial q_{\mathrm{S}}/\partial c_{\mathrm{S}}$，$q'_{\mathrm{P}}=\partial q_{\mathrm{P}}/\partial c_{\mathrm{S}}$。

由于 $P[\boldsymbol{x}(t_{\mathrm{f}})]=x_2(t_{\mathrm{f}})/x_5(t_{\mathrm{f}})$，伴随变量的终值为：

$$\begin{bmatrix}\lambda_1(t_{\mathrm{f}})\\\lambda_2(t_{\mathrm{f}})\\\lambda_3(t_{\mathrm{f}})\\\lambda_4(t_{\mathrm{f}})\\\lambda_5(t_{\mathrm{f}})\end{bmatrix}=\begin{bmatrix}\partial P/\partial x_1(t_{\mathrm{f}})\\\partial P/\partial x_2(t_{\mathrm{f}})\\\partial P/\partial x_3(t_{\mathrm{f}})\\\partial P/\partial x_4(t_{\mathrm{f}})\\\partial P/\partial x_5(t_{\mathrm{f}})\end{bmatrix}=\begin{bmatrix}0\\1/x_5(t_{\mathrm{f}})\\\text{不确定}\\0\\-x_2(t_{\mathrm{f}})/x_5^2(t_{\mathrm{f}})\end{bmatrix} \tag{5-206}$$

由式(5-205) 和式(5-206) 可见，由于 $\mathrm{d}\lambda_2/\mathrm{d}t=0, \mathrm{d}\lambda_5/\mathrm{d}t=0$，$\lambda_2(t_{\mathrm{f}})$和 $\lambda_2(t_{\mathrm{f}})$为定值，因此：

$$\lambda_2(t)=\frac{1}{x_5(t_{\mathrm{f}})},\lambda_5(t)=-\frac{x_2(t_{\mathrm{f}})}{x_5^2(t_{\mathrm{f}})} \tag{5-207}$$

在奇异弧上，$\phi=0$，$\mathrm{d}\phi/\mathrm{d}t=0$。因此：

$$\frac{\mathrm{d}\phi}{\mathrm{d}t}=\frac{\mathrm{d}\lambda_3}{\mathrm{d}t}+c_{\mathrm{SF}}\frac{\mathrm{d}\lambda_4}{\mathrm{d}t}=0 \tag{5-208}$$

将式(5-205) 代入式(5-208)，整理可得：

$$\frac{\mathrm{d}\phi}{\mathrm{d}t}=(\lambda_1\mu'+\lambda_2 q'_{\mathrm{P}}-\lambda_4 q'_{\mathrm{S}})\left(\frac{x_4}{x_3}-c_{\mathrm{SF}}\right)\frac{x_1}{x_3}=0 \tag{5-209}$$

由于$(x_4/x_3-c_{\mathrm{SF}})(x_1/x_3)=(c_{\mathrm{S}}-c_{\mathrm{SF}})c_{\mathrm{X}}\neq 0$，故：

$$\lambda_1\mu'+\lambda_2 q'_{\mathrm{P}}-\lambda_4 q'_{\mathrm{S}}=0 \tag{5-210}$$

代入式(5-205)，可见 $\mathrm{d}\lambda_3/\mathrm{d}t=0$，$\mathrm{d}\lambda_4/\mathrm{d}t=0$。又 $\lambda_4(t_{\mathrm{f}})=0$，因此 $\lambda_4(t)=0$，$\phi=\lambda_3$。

最优加料策略：

$$F^*(t)=\begin{cases}F_{\min} & \text{若 } \phi<0\\F_{\max} & \text{若 } \phi>0\\F_{\sin} & \text{若在有限区间上 } \phi\equiv 0\\F_{\mathrm{b}}=0 & \text{当 } x_3(t)=V_{\mathrm{R_m}}\end{cases} \tag{5-211}$$

为求出 $F_{\sin}$，对(5-200) 整理可得：

$$\frac{\mathrm{d}(c_{\mathrm{S}}V_{\mathrm{R}})}{\mathrm{d}t}=V_{\mathrm{R}}\frac{\mathrm{d}c_{\mathrm{S}}}{\mathrm{d}t}+c_{\mathrm{S}}\frac{\mathrm{d}V_{\mathrm{R}}}{\mathrm{d}t}=c_{\mathrm{SF}}F-q_{\mathrm{S}}c_{\mathrm{X}}V_{\mathrm{R}} \tag{5-212}$$

故

$$F=\frac{q_{\mathrm{S}}c_{\mathrm{X}}V_{\mathrm{R}}+V_{\mathrm{R}}\mathrm{d}c_{\mathrm{S}}/\mathrm{d}t}{c_{\mathrm{SF}}-c_{\mathrm{S}}} \tag{5-213}$$

为求出 $\mathrm{d}c_{\mathrm{S}}/\mathrm{d}t$，由 $\mathrm{d}^2\phi/\mathrm{d}t^2=0$ 和式(5-210)，可得：

$$\frac{\mathrm{d}^2\phi}{\mathrm{d}t^2}=\frac{\mathrm{d}}{\mathrm{d}t}\left(\frac{\mathrm{d}\phi}{\mathrm{d}t}\right)=\left(\frac{x_4}{x_3}-c_{\mathrm{SF}}\right)\frac{x_1}{x_3}\times\frac{\mathrm{d}}{\mathrm{d}t}(\lambda_1\mu'+\lambda_2 q'_{\mathrm{P}}-\lambda_4 q'_{\mathrm{S}})=0 \tag{5-214}$$

则有： $$-(\lambda_1\mu+\lambda_2 q_P-\lambda_4 q_S)\mu'+(\lambda_1\mu''+\lambda_2 q_P''-\lambda_4 q_S'')\frac{dc_S}{dt}=0 \tag{5-215}$$

由式(5-215)，将 dc_S/dt 代入式(5-213)，得出：

$$F_{sin}=\frac{q_S c_X V_R}{c_{SF}-c_S}+\frac{(\lambda_1\mu+\lambda_2 q_P-\lambda_4 q_S)\mu' V_R}{(\lambda_1\mu''+\lambda_2 q_P''-\lambda_4 q_S'')(c_{SF}-c_S)} \tag{5-216}$$

由于 $H=0$，$\phi=0$，则由式(5-203)，得：

$$\lambda_1\mu+\lambda_2 q_P-\lambda_4 q_S=-\lambda_5/x_1 \tag{5-217}$$

又 $\lambda_4=0$，再由式(5-210)，$\lambda_1=-\lambda_2 q_P'/\mu'$，则：

$$\lambda_1\mu''+\lambda_2 q_P''-\lambda_4 q_S''=\lambda_2(-q_P'\mu''/\mu'+q_P'') \tag{5-218}$$

代入式(5-216)，则有：

$$F_{sin}=\frac{q_S c_X V_R}{c_{SF}-c_S}+\frac{\lambda_5}{\lambda_2}\times\frac{\mu'/[c_X(c_{SF}-c_S)]}{q_P'\mu''/\mu'-q_P''} \tag{5-219}$$

$$\frac{\lambda_5}{\lambda_2}=-\frac{x_2(t_f)}{x_5(t_f)}=-\frac{c_{Pf}V_{R_m}}{t_f} \tag{5-220}$$

由此可见，以单位反应时间的产物生成量为目标的加料速率奇异控制是对细胞浓度、底物浓度和反应器有效体积的反馈控制。在这些状态变量中，由于底物浓度决定各个比速率和它们的对底物浓度导数的大小，因此对它的选择极其关键。对其通常可根据动力学方程和对细胞生理和代谢调控的经验确定。

5.5 连续培养过程的动态特性

CSTR 连续培养在稳定操作时，细胞所处的环境参数保持恒定。但是，当操作变量受到某种干扰时，环境参数会对扰动有一定的响应。这种特性称为瞬态变化特性或动态特性。另外，当过程受操作变量波动的影响后，经过一定时间的非稳态变化，培养系统会趋于稳定态。但是，所达到的稳定态既可能稳定，也可能不稳定，因此，有稳定性问题。CSTR 连续培养的稳定性和瞬态变化特性是两种相互关联的重要特性，有关的研究结果既可用于指导工业反应器的控制方案确定，也可为细胞生理与代谢的瞬态实验研究提供理论基础。

5.5.1 CSTR 连续培养的稳定性

稳定性是指培养系统的状态变量在所受外部干扰消失后恢复为原有状态的特性。若在外界干扰下，系统偏离原有的稳定态而达到另一个新的稳定态，则原有的稳定态被视为不具有稳定性。

对单级 CSTR 中的细胞培养过程，若对状态变量的变化用微分方程表示，应有：

$$\frac{d\boldsymbol{x}}{dt}=\boldsymbol{f}(\boldsymbol{x}) \tag{5-221}$$

式中，$\boldsymbol{x}$ 为状态变量向量；$\boldsymbol{f}$ 为函数向量。$\boldsymbol{x}$ 和 $\boldsymbol{f}$ 的维数均为 n。

稳态时： $$\boldsymbol{f}(\boldsymbol{x})=\boldsymbol{0} \tag{5-222}$$

式(5-222) 解即为稳态点，或称奇异点，可能有多个。稳态点的求取与判别采用 Liapounov 的间接方法。此法将非线性微分方程表示的系统用一组线性方程作局部近似表示。

对式(5-221)，用泰勒级数展开，则有：

$$\frac{d\boldsymbol{x}'}{dt}=\boldsymbol{J}\boldsymbol{x}'+\boldsymbol{N}(\boldsymbol{x}') \tag{5-223}$$

式中，$\boldsymbol{x}'$为系统受扰动时的状态变量；$\boldsymbol{J}$ 为 Liapounov 第一近似矩阵；$\boldsymbol{N}(\boldsymbol{x}')$为表示一阶项的矩阵。

对微小扰动的系统稳定性由矩阵 $\boldsymbol{J}$ 的特征值判别。矩阵 $\boldsymbol{J}$ 的计算式为：

$$\boldsymbol{J}=\begin{bmatrix}\partial f_1/\partial x_1 & \partial f_1/\partial x_2 & \cdots & \partial f_1/\partial x_n\\ \partial f_2/\partial x_1 & \partial f_2/\partial x_2 & \cdots & \partial f_2/\partial x_n\\ \cdots & \cdots & \cdots & \cdots\\ \partial f_n/\partial x_1 & \partial f_n/\partial x_2 & \cdots & \partial f_n/\partial x_n\end{bmatrix} \tag{5-224}$$

稳定性的充分和必要条件是 $\boldsymbol{J}$ 的所有特征值的实部为负数。

对细胞培养系统，状态方程为：

$$\frac{dc_X}{dt}=\mu(c_S)c_X-Dc_X \tag{5-225}$$

$$\frac{dc_S}{dt}=D(c_{SF}-c_S)-\frac{\mu(c_S)}{Y_{XS}}c_X \tag{5-226}$$

假定 μ 为 c_S 的单变量函数，Y_{XS} 为常数，则：

$$\boldsymbol{J}=\begin{bmatrix}\mu(c_S)-D & c_X\dfrac{\partial\mu}{\partial c_S}\\ -\dfrac{\mu(c_S)}{Y_{XS}} & -\left(D+\dfrac{c_X}{Y_{XS}}\dfrac{\partial\mu}{\partial c_S}\right)\end{bmatrix} \tag{5-227}$$

在 $\mu(c_S)-D=0$ 时，可求得满足 $\det(\lambda\boldsymbol{E}-\boldsymbol{J})=0$（$\boldsymbol{E}$ 为单位矩阵）的两个特征根：

$$\lambda_1=-D,\ \lambda_2=-\frac{c_X}{Y_{XS}}\frac{\partial\mu}{\partial c_S} \tag{5-228}$$

例如，对符合 Monod 动力学的 CSTR 连续培养，这两个特征根为：

$$\lambda_1=-D,\ \lambda_2=-\frac{(\mu_{max}-D)[c_{SF}(\mu_{max}-D)-K_SD]}{K_S\mu_{max}} \tag{5-229}$$

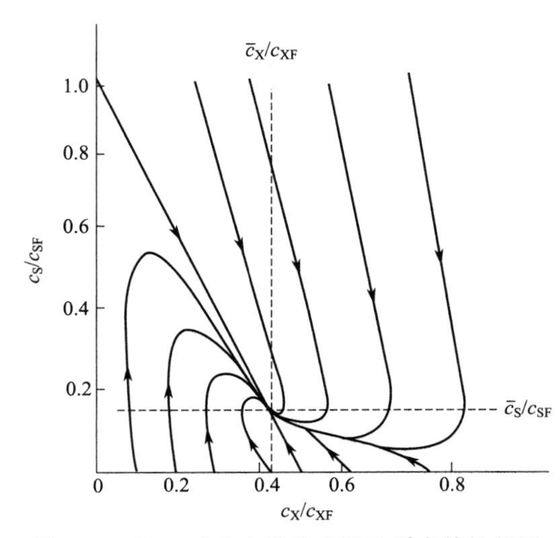

图 5-28　Monod 动力学的 CSTR 瞬态特性相图

由于 $\mu_{max}>D$，$c_{SF}>K_SD/(\mu_{max}-D)$，因此 λ_1 和 λ_2 均为负实数，系统的稳定态有稳定性。

如图 5-28 所示为 Monod 动力学的瞬态特性相图。图中各条线为不同初始状态下无量纲状态变量 c_X/c_{XF} 和 c_S/c_{SF} 随时间变化的轨迹，各轨迹的箭头都指向稳定点。图中稳定点坐标值为 $\bar{c}_X/c_{XF}$ 和 $\bar{c}_S/c_{SF}$，$\bar{c}_X$ 和 $\bar{c}_S$ 分别为稳定点的细胞浓度和底物浓度。

可以验证，对 CSTR 连续培养的洗出状态，当 $c_S=c_{SF}$，$c_X=0$，$\mu=0$，由状态方程，可推出 $\lambda_1=\lambda_2=-D$，洗出状态具有稳定性。

对底物抑制动力学，由其动力学方程：

$$\mu=\frac{\mu_{\max}c_{\mathrm{S}}}{K_{\mathrm{S}}+c_{\mathrm{S}}+c_{\mathrm{S}}{}^{2}/K_{\mathrm{I}}} \tag{5-230}$$

$$\frac{\partial\mu}{\partial c_{\mathrm{S}}}=\frac{\mu_{\max}(K_{\mathrm{S}}K_{\mathrm{I}}-c_{\mathrm{S}}{}^{2})}{(K_{\mathrm{S}}+c_{\mathrm{S}}+c_{\mathrm{S}}{}^{2}/K_{\mathrm{I}})^{2}} \tag{5-231}$$

由式(5-231) 和式(5-228)，可见：

当 $c_{\mathrm{S}}<\sqrt{K_{\mathrm{S}}K_{\mathrm{I}}}$，$\partial\mu/\partial c_{\mathrm{S}}>0$，$\lambda_1<0$，$\lambda_2<0$，系统的稳态点具有稳定性；

当 $c_{\mathrm{S}}>\sqrt{K_{\mathrm{S}}K_{\mathrm{I}}}$，$\partial\mu/\partial c_{\mathrm{S}}<0$，$\lambda_1<0$，$\lambda_2>0$，系统的稳态点不具有稳定性。

如图 5-29 所示，$D=\mu$ 的操作性与动力学曲线相交于两点，在 $c_{\mathrm{S}}<\sqrt{K_{\mathrm{S}}K_{\mathrm{I}}}$ 的左侧的 c_{S_1} 稳态点具有稳定性，而右侧的 $\mu=D$ 点不具有稳定性。

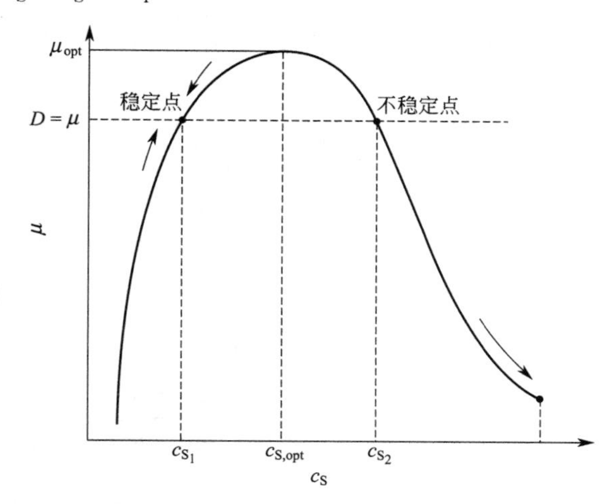

图 5-29 底物抑制时 CSTR 连续培养的稳定性

5.5.2 CSTR 连续培养的瞬态响应动力学

CSTR 连续培养的瞬态变化有各种原因。过程刚开始启动，操作过程中改变稀释率，改变加料中的底物浓度，或脉冲式地往反应器中加料，均可使状态参数发生动态改变。由于状态参数的变化实际是由质量和能量平衡关系确定，因此由这些平衡关系可建立状态变量与时间的关系。

由式(5-42)～式(5-44)，以 c_{SF} 和 c_{XF} 表示加料中的底物浓度和细胞浓度，在 V_{R} 一定，$c_{\mathrm{XF}}=0$ 时，有：

$$\frac{\mathrm{d}c_{\mathrm{X}}}{\mathrm{d}t}=\mu c_{\mathrm{X}}-Dc_{\mathrm{X}} \tag{5-232}$$

$$\frac{\mathrm{d}c_{\mathrm{S}}}{\mathrm{d}t}=-\frac{1}{Y_{\mathrm{XS}}}\mu c_{\mathrm{X}}+D(c_{\mathrm{SF}}-c_{\mathrm{S}}) \tag{5-233}$$

$$\frac{\mathrm{d}c_{\mathrm{P}}}{\mathrm{d}t}=Y_{\mathrm{PX}}\mu c_{\mathrm{X}}-Dc_{\mathrm{P}} \tag{5-234}$$

假定各个得率系数为常数，对没有维持过程的细胞培养，由以上各式，可得：

$$\frac{\mathrm{d}(c_{\mathrm{X}}+Y_{\mathrm{XS}}c_{\mathrm{S}})}{\mathrm{d}t}=-D(c_{\mathrm{X}}+Y_{\mathrm{XS}}c_{\mathrm{S}})+DY_{\mathrm{XS}}c_{\mathrm{SF}} \tag{5-235}$$

$$\frac{\mathrm{d}(c_{\mathrm{X}}-c_{\mathrm{P}}/Y_{\mathrm{PX}})}{\mathrm{d}t}=-D(c_{\mathrm{X}}-c_{\mathrm{P}}/Y_{\mathrm{PX}}) \tag{5-236}$$

由以上两式的解，得出瞬态变化时的底物浓度、细胞浓度和产物浓度的关系。

$$c_{\mathrm{X}}+Y_{\mathrm{XS}}c_{\mathrm{S}}=A\exp(-Dt)+Y_{\mathrm{XS}}c_{\mathrm{SF}} \tag{5-237}$$

$$c_{\mathrm{X}}-c_{\mathrm{P}}/Y_{\mathrm{PX}}=B\exp(-Dt) \tag{5-238}$$

式中，A 和 B 为常数。

设变化开始的时间为 $t=0^{+}$，下标“0”表示开始时间。由以上两式可得：

$$A=c_{X_0}+Y_{XS}c_{S_0}-Y_{XS}c_{SF_0}$$
$$B=c_{X_0}-c_{P_0}/Y_{PX} \tag{5-239}$$

对稀释率由 D_0 阶跃改变为 D 的过程，为求出 $c_X(t)\sim t$ 的关系，将式(5-232) 改写为：

$$\mathrm{d}t=\frac{\mathrm{d}c_X}{(\mu-D)c_X} \tag{5-240}$$

对 Monod 动力学的细胞反应，有：

$$\mu=\mu_{max}\frac{c_S}{K_S+c_S},\ c_S=c_{SF}-c_X/Y_{XS} \tag{5-241}$$

将式(5-241) 代入式(5-240)，积分得到：

$$t=\frac{1}{D_C-D}\left[\ln Z-\left(\frac{\mu_{max}-D_C}{\mu_{max}-D}\right)\ln\left(\frac{Z-Z_\infty}{1-Z_\infty}\right)\right]$$
$$Z=\frac{c_X}{c_{X_0}}$$
$$Z_\infty=\frac{D_C-D}{D_C-D_0}\times\frac{\mu_{max}-D_0}{\mu_{max}-D} \tag{5-242}$$
$$D_C=\mu_{max}\frac{c_{SF}}{K_S+c_{SF}}$$

式(5-242) 说明，以时间 t 表示的瞬态变化速率主要与 D_C 值有关，即与加料底物浓度 c_{SF} 有关。

可由式(5-242) 求出 $c_X(t)$，再由式(5-237) 和式(5-238)，求出 $c_S(t)$和 $c_P(t)$。在加料底物浓度不变时，$A=0$，$B=0$。

如图 5-30 为稀释率阶跃改变时的动态响应曲线，图中 $n=D_C/D$。

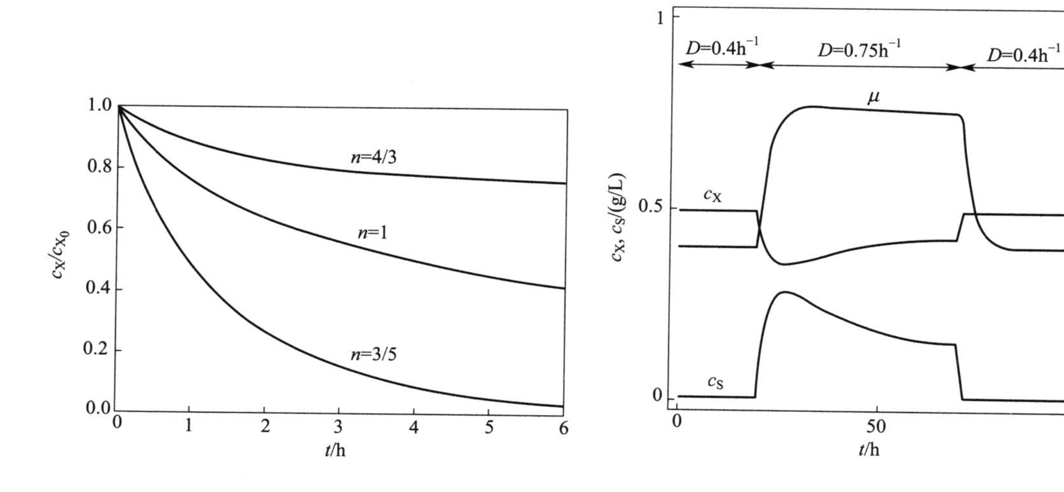

图 5-30 稀释率改变时的动态响应曲线

图 5-31 稀释率改变时有延迟的瞬态响应曲线

前述模型分析假定细胞生长符合 Monod 方程的简单关系。实际在 CSTR 中进行瞬态实验时，会观察到比生长速率对底物浓度变化的延迟现象。例如，有下述 $\mu(c_S,t)$ 关系：

$$\mu(c_S,t)=\mu_{max}\frac{c_S(t)}{K_S+c_S(t)}-t_L\frac{d\mu}{dc_S} \quad 当\frac{d\mu}{dc_S}>0$$

$$\mu(c_S,t)=\mu_{max}\frac{c_S(t)}{K_S+c_S(t)} \quad 当\frac{d\mu}{dc_S}\leqslant 0 \qquad (5\text{-}243)$$

式中，t_L 为延迟时间。

用此动力学方程对瞬态变化过程做模拟计算，当 D 由 $0.4\ h^{-1}$ 改变至 $0.75\ h^{-1}$，再改变至 $0.4\ h^{-1}$ 时，有如图 5-31 所示的瞬态响应曲线。图中显示，当 D 增大时，c_S 会过快上升，之后有单调下降趋势。对此的解释是，细胞生长速率与胞内 RNA 含量正相关，而 RNA 含量与蛋白质合成系统密切有关，当 D 快速上升使 c_S 快速增高时，细胞的蛋白质合成系统并没有快速调整并适应高底物通量，因此不能有效地利用底物，之后，在细胞适应环境变化后，才能充分消耗底物而使底物浓度下降。

5.6 反应-分离耦合过程

对不少细胞反应过程，随着过程进行，会有各种不利的代谢产物积累。有些代谢产物甚至是目的产物对细胞生长和目的产物的生成有抑制作用。有些代谢产物会对重要的酶和蛋白质的合成有阻遏作用。为解决这类问题，反应-分离耦合过程技术得到了发展。

生物反应-分离耦合过程是指在反应发生的同时，以一种合适的分离方式将反应产物或副产物选择性移走的过程。它一般有两种类型：一类是在反应器内直接加入分离剂，通过反应介质与分离剂直接接触，使反应产物部分地通过分配转移到分离剂中，从而实现分离作用；另一类是将反应介质引入反应器外部的分离器中，使产物得到分离，并将分离产物后的介质循环回反应器。前一种方法比较简单，可在反应器中直接进行，但由于分离剂与细胞等直接接触，因此存在分离剂的生物相容性问题；后一种虽然过程较复杂，但由于分离剂不与细胞直接接触，而且有利于产物的进一步分离与纯化，有其合理性。这类过程的耦合方式主要有离子交换和吸附树脂的吸附、水-有机溶剂两相萃取和膜组件透析等方式。对整个过程，虽然分离过程的加入会引起操作复杂性问题，但是如果分离方法选用合理，可以降低下游分离过程的成本。

(1) 反应-膜分离耦合过程 这类过程使用膜分离技术优化酶反应或细胞反应。膜分离一方面可使酶或细胞重复使用，以使反应体系具有较高的酶浓度和细胞浓度，另一方面又可使产物不断地从反应体系中分离出去，以减少产物对反应的抑制作用，提高反应器的生产能力。属于此类反应器的有超滤膜式酶反应过程、透析膜式细胞培养过程等。根据膜性能及其在分离过程中的作用，膜可以起超滤作用，也可进行膜蒸发和膜透析等分离过程。膜式生物反应器现已广泛用于细胞的高密度培养、动物细胞的半连续灌注培养等过程。例如，使用称为 Spinfilter 的透析器的动物细胞培养过程（见第 7 章）。

(2) 萃取发酵过程 此类过程包括有机溶剂萃取和双水相萃取两种类型。对以有机溶剂萃取的过程，选择溶剂时要研究溶剂的生物相容性、对产物的分配系数和在水中的溶解度等物理化学性质。溶剂萃取发酵已应用于乙醇、丙酮-丁醇等产品的工业生产。双水相萃取应用于生物反应，不存在溶剂的生物相容性问题，但要考虑生物催化剂的活性、底物与产物的分配效应以及过程成本等因素。

(3) 以吸附或离子交换树脂为分离介质的耦合过程 对一些可逆酶反应，用吸附或离子交换树脂从反应介质中分离产物可提高酶反应的转化率。例如，在高果糖浆的固定化酶反应混合物的耦合分离过程中，采用移动床吸附可得到含量为90%的高果糖浆。离子交换方法还可通过分离产物控制反应介质的pH。

(4) 通过气体汽提和减压分离的耦合过程 这主要应用于乙醇、丙酮-丁醇等发酵过程。由于这些物质沸点较低、易挥发，可采用这类分离技术优化发酵过程，简化工艺。

5.6.1 膜透析培养过程

膜透析培养系统由反应器、膜透析器和接受槽组成。如图5-32为一种典型的设计。反应器是反应进行的场所，膜透析器将低分子代谢产物透过，透过液进入接受槽贮存。它有四种操作模式：①连续培养-连续透析（$F>0$，$F_D>0$）；②分批培养-分批透析（$F=0$，$F_D=0$）；③分批培养-连续透析（$F=0$，$F_D>0$）；④连续培养-分批透析（$F>0$，$F_D=0$）。

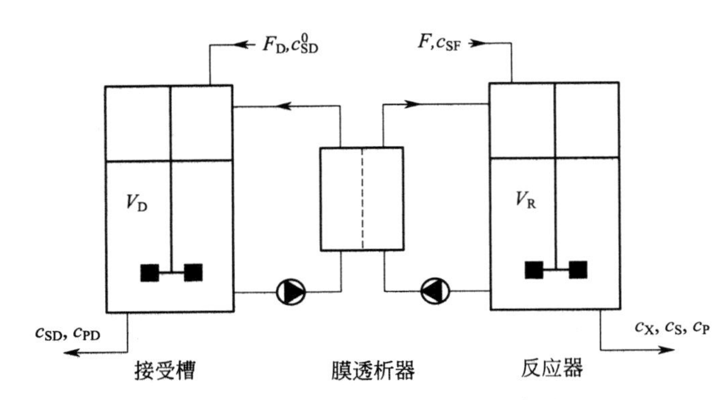

图5-32 膜透析培养反应器示意图

为确定操作特性方程和状态变量，作物料衡算。基本衡算式：

$$\text{累积量}=\text{输入量}-\text{输出量}+\text{透析量}\pm\text{反应量} \tag{5-244}$$

对接受槽的物料衡算式为：

底物S
$$V_D\frac{dc_{SD}}{dt}=F_D(c_{SD}^0-c_{SD})-P_mA_m(c_{SD}-c_S) \tag{5-245}$$

产物P
$$V_D\frac{dc_{PD}}{dt}=-F_Dc_{PD}+P_m{'}A_m(c_P-c_{PD}) \tag{5-246}$$

式中，F_D为接受槽的加料速率；V_D为接受槽的体积；c_{SD}^0和c_{SD}分别为接受槽加料中和槽内的底物浓度；c_S和c_P分别为反应器中的底物浓度和产物浓度；P_m和$P_m{'}$分别为底物和产物的膜渗透系数；A_m为透析膜面积。

对反应器的衡算式为：

底物S
$$V_R\frac{dc_S}{dt}=F(c_{SF}-c_S)+P_mA_m(c_{SD}-c_S)-\frac{1}{Y_{XS}}\mu c_XV_R \tag{5-247}$$

细胞X
$$V_R\frac{dc_X}{dt}=-Fc_X+\mu c_XV_R \tag{5-248}$$

产物P
$$V_R\frac{dc_P}{dt}=-Fc_P-P_m{'}A_m(c_P-c_{PD})+q_Pc_XV_R \tag{5-249}$$

式中，F 为反应器加料速率；c_{SF} 为反应器加料中的底物浓度；c_X 为反应器中的细胞浓度；V_R 为反应器有效体积。

利用这五个物料衡算式，再加上动力学模型方程，完全可以对膜透析过程进行数学描述。

对情况①的连续培养、连续透析的过程，物料衡算式中的时间导数为零，可推出：

$$c_{SD}=\frac{F_D c_{SD}^0+P_m A_m c_S}{P_m A_m+F_D} \tag{5-250}$$

$$c_X=\left[\frac{c_{SD}^0-c_S}{\dfrac{1}{P_m A_m}+\dfrac{1}{F_D}}+F(c_{SF}-c_S)\right]\frac{Y_{XS}}{F} \tag{5-251}$$

假定细胞生长符合 Monod 方程，在稳定态时，稀释率 $D=F/V_R=\mu$ 时：

$$c_S=\frac{K_S D}{\mu_{max}-D} \tag{5-252}$$

由此，在不同的 D 值时，可求出状态变量。图 5-33 为对情况①的反应器中细胞浓度 c_X 和细胞生成速率 Dc_X 与稀释率 D 的关系。图中 $(c_X)_D$ 和 $(Dc_X)_D$ 表示有透析操作时的细胞浓度和细胞生成速率，c_X 和 Dc_X 则为无透析操作时的细胞浓度和细胞生成速率。据此可对透析培养和非透析培养进行比较。模型计算参数：$\mu_{max}=1.0\ h^{-1}$，$K_S=0.2g/L$，$Y_{XS}=0.5g/g$，$c_{SF}=c_{SD}^0=10.0g/L$，$F_D=0.5L/h$，$V_R=1.0L$，$P_m A_m=0.42L/h$。

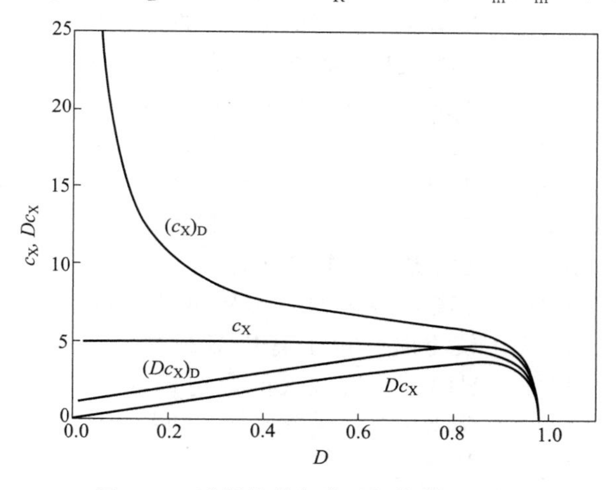

图 5-33　透析培养与非透析培养的比较

比较透析培养和非透析培养两种情况的细胞生长状况，可见连续培养的非透析和透析操作的最明显差别是，后者可以得到的细胞浓度较高，特别是在低稀释率时，透析培养可以得到很高的细胞浓度。透析培养的细胞生成速率也高于非透析培养。但是，由于在接受槽用底物溶液进行透析，有底物利用率较低的缺点。

情况②为反应器分批操作的透析培养，是透析培养的主要操作方法。若利用动力学模型和上述计算式对情况②作模拟计算，可得到图 5-34 所示的结果。可见，细胞的生长过程表现为两个阶段：底物浓度较高时的指数生长阶段和底物扩散速率限制下的线性生长阶段。两个阶段间的时间 t_C 表示组分通过膜的扩散成为限制因素的临界时间。对分批操作的透析培养过程分析说明，膜的分离作用可使培养液中的底物浓度增高而使指数生长期延长；其不足之处是，营养物和代谢产物通过膜的扩散过程很慢，成为反

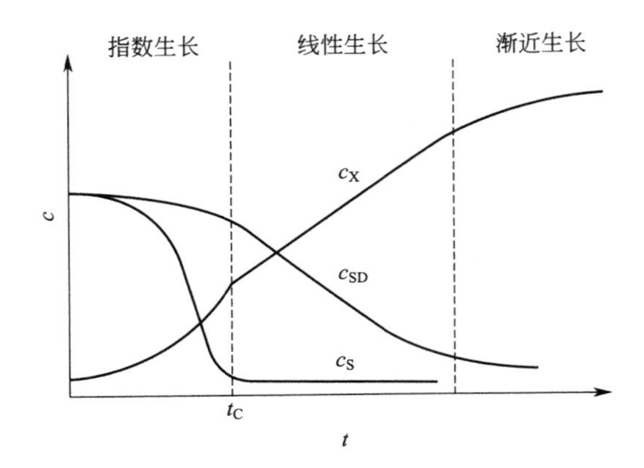

图 5-34　膜透析培养过程底物浓度和细胞浓度的变化

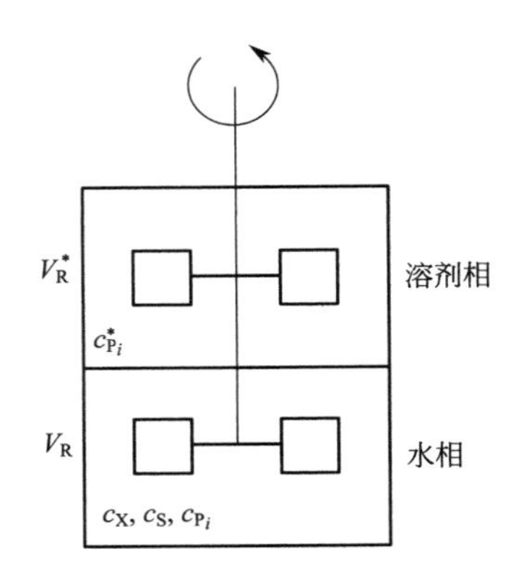

图 5-35　分批操作的萃取发酵反应器

应速率的限制步骤。

5.6.2　萃取发酵过程

萃取发酵的生物反应器也称为两相分配生物反应器（two-phase partitioning bioreactor）。它的反应体系为由与水不互溶的有机溶剂和水组成的两相系统（图 5-35），上层溶剂相用于溶解对细胞生长和代谢反应有抑制作用的组分。抑制性组分在溶剂相和水相的相对含量由液液两相平衡关系决定。当生物反应对抑制组分的消耗或生成会改变此平衡关系时，就会发生由两相间组分浓度差推动的质量传递以建立新的平衡。

采用这种方法进行的细胞反应，具有减缓代谢产物的抑制效应，对产物作浓缩处理，使下游分离工艺得到简化的功效。例如，在丙酮-丁醇发酵中，丁醇对反应的抑制作用较大，若以油醇为溶剂，采用分批发酵方式，丁醇的产率可提高 26 倍。

萃取发酵过程主要采用分批培养、反复分批培养和补料分批培养的操作方式。分批操作方式的优点是易于将产物分离在溶剂相中，从而可缩短反应时间，并且容易放大。它的缺点是当两相分配系数比较小时，由于有机溶剂在整个发酵过程中一直存在，代谢产物和有机溶剂对生物催化剂的活性有较大的影响，目标产物有可能分解。

进行萃取发酵过程设计时，须考虑各相内部和两相间的代谢产物的传质、相分离、萃取相中产物的分离和分离相的循环等问题。

若某产物 P_i 的分配系数 ϕ_i 表示为产物 P_i 在溶剂相和水相中的浓度之比，即：

$$\phi_i = \frac{c_{P_i}^*}{c_{P_i}} \tag{5-253}$$

式中，$c_{P_i}^*$ 为产物 P_i 在溶剂相中的浓度；c_{P_i} 为产物 P_i 在水相中的浓度。

式(5-253) 表明，ϕ_i 值越大，产物在溶剂中的浓度相对较高，萃取效率较高。

萃取发酵过程的优化目标为目标产物的体积生成速率和产物浓度，分别用 J_1 和 J_2 表示，如图 5-36 所示。若目标产物为 P_i，则有：

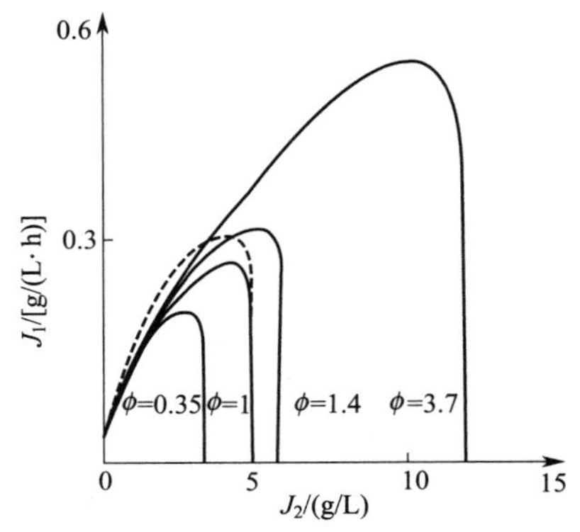

图 5-36　萃取发酵与非萃取发酵的比较

$$J_1=\frac{c_{P_i}(t_f)V_R+c_{P_i}^*(t_f)V_R^*}{(V_R+V_R^*)t_f}=\frac{(1+\phi_i\varepsilon)c_{P_i}(t_f)}{(1+\varepsilon)t_f} \tag{5-254}$$

$$J_2=\frac{c_{P_i}(t_f)V_R+c_{P_i}^*(t_f)V_R^*}{V_R+V_R^*}=\frac{(1+\phi_i\varepsilon)c_{P_i}(t_f)}{1+\varepsilon} \tag{5-255}$$

式中，V_R 和 V_R^* 分别为水相和溶剂相的体积；ε 为溶剂相和水相体积比，$\varepsilon=V_R^*/V_R$；t_f 为反应时间。

对丙酮-丁醇发酵过程，采用不同分配系数的萃取剂进行反应，动力学模拟结果表明，选择 $\phi=3.7$ 的十八烯油醇时的反应器操作性能最佳。如图 5-36 所示，图中虚线表示非萃取分批发酵结果。

重点内容提示

1. 生物反应器操作方式的类型和特点。分批操作的反应时间和反应器有效体积的概念和计算。

2. 理想间歇反应器、全混流反应器和平推流反应器的操作特性方程。酶反应器和细胞反应器的反应时间和空时的计算式。

3. CSTR 连续培养的操作特性。恒化器的概念，浓缩细胞回流的循环式 CSTR 和多级 CSTR 串联培养的模型及其特点。

4. 补料分批培养的基础模型，恒速流加、指数流加、恒 pH 和恒溶氧流加法的基本特性。

5. 补料分批培养过程最优化的基本概念，最大值原理及其在优化计算中的应用。

6. 研究 CSTR 稳定性和瞬态特性的意义。

7. 反应-分离耦合操作的原理和特性。

习题

1. 某符合米氏方程的酶反应，$K_m=0.01$mol/L，初始底物浓度为 3.4×10^{-4}mol/L，分批操作实验测得反应时间 5min 时的底物转化率为 10%。试求：(1) 最大反应速率 r_{max}；(2) 反应 15min 后的底物浓度。

2. 牛肉过氧化氢酶可催化过氧化氢（S）分解为水和氧分子。在 pH 值为 6.76 和温度为 30℃时，反应过程的 H_2O_2 与时间 t 的关系如下表：

t/min	0	10	20	50	100
c_S/(mol/L)	0.02	0.01775	0.0158	0.0106	0.005

(1) 确定米氏方程的动力学参数 r_{max} 和 K_m。

(2) 如果投酶量增加 3 倍，20min 后底物浓度为多少？

3. 对某一符合米氏方程的 S ⟶ P 的均相酶催化反应，$r_{max}=0.03$mol/(L·min)，$K_m=1.2$mol/L。现要设计一个 BSTR，使其产物年产量为 72000mol，并已知 $c_{S_0}=2$ mol/L，$X_S=0.95$，全年反应器操作时间为 7200h，每批操作的辅助时间为 2h，试求反应器有效体积、全年反应批次、每批反应产物量和产物浓度。

4. 某细胞生长动力学符合 Monod 关系，$\mu_{max}=0.3\ h^{-1}$，$K_S=0.7g/L$，$Y_{XS}=0.4g/g$，在体积为 $V_R=100L$ 的 CSTR 中进行培养。底物的加料速率为 $F=10L/h$，加料中底物浓度 $c_{S_0}=100g/L$。

(1) 如果采用两个 CSTR 串联，每个反应器的体积都为 50L，则第二个反应器出口细胞浓度和底物浓度为多少？这种设计合理吗？

(2) 如果采用两个 CSTR 串联，反应器总体积仍为 100L，但各罐体积不同，第一罐体积必须大于多少？

5. 若在一 CSTR 中进行某微生物反应，其生长速率方程为：

$r_X=2c_Sc_X/(1+c_S)$ [g/(L·h)]，$Y_{XS}=0.4g/g$。已知：$c_{X_0}=c_{P_0}=0$，$c_{S_0}=3g/L$，$V_R=500L$。

(1) 试求在单一 CSTR 中在体积生成速率最大时的细胞浓度和底物浓度。

(2) 若不改变最优加料速率，采用菌体提浓后再循环的操作方式，$R=1/3$，$c_{Xr}/c_{Xf}=6$，求反应器系统的出料中的细胞浓度 c_{Xf} 和底物浓度 c_{Sf}。

6. 在 CSTR 中进行的某一受抑制剂抑制的细胞反应。已知：其比生长速率的表达式为 $\mu=\mu_{max}c_S/[K_S(1+c_I/K_I)+c_S]$，$K_S=1g/L$，$K_I=0.01g/L$，$\mu_{max}=0.5\ h^{-1}$，$Y_{XS}=0.1g/g$，$c_{S_0}=10g/L$，$c_{X_0}=0$。试求：

(1) 当 $c_I=0$ 时，出料中的 c_S 和 c_X 分别与稀释率 D 的关系式；

(2) 当 $c_I=0.05g/L$ 时，出料中的 c_S 和 c_X 分别与稀释率 D 的关系式；

(3) 上述两种无抑制和有抑制情况的细胞体积生成速率 r_X 与稀释率 D 的关系式。

7. 使用两个 CSTR 串联的反应器系统，加料流量 $F=10L/min$，加料中的底物浓度 $c_{S_0}=1mol/L$，底物转化率 $X_S=0.99$，反应计量方程和动力学方程分别为：

$$S \longrightarrow A+B,\ r_S=\frac{r_{max}c_S}{K_m+c_S}$$

式中，$r_{max}=0.25mol/(L·min)$，$K_m=0.2mol/L$。试设计总反应器有效体积最小的系统，并计算每个反应器的有效体积。

8. 在填充床反应器中用包埋在球形海藻酸钙颗粒中的固定化酶转化葡萄糖为乙醇。已知颗粒直径 $d_P=2.5mm$，葡萄糖在颗粒中的有效扩散系数 $D_e=10^{-10}\ m^2/s$。本征动力学参数为：$r_{max}=1.66g/(L·min)$，$K_m=200g/L$。反应器的加料流量 $F=1.0L/min$，加料中的葡萄糖浓度 $c_{S_0}=50g/L$，床层中液相体积分数 $\varepsilon_L=0.5$，底物转化率 $X_S=0.99$，反应器横截面积 $A=0.1\ m^2$。假定外扩散限制不存在。试求反应器的高度。

9. 干酪乳杆菌在厌氧条件件下可作为生产瑞士硬干酪的引发剂，其内源代谢可生成副产物乳酸。它的生长动力学符合 Monod 方程，$\mu_{max}=0.33\ h^{-1}$，$K_S=0.15g/L$，$Y_{XS}=0.23g/g$，$\mu_E=0.03\ h^{-1}$。若在搅拌罐反应器中对它进行恒流量流加培养，加料流量为 $F=4000L/h$，加料中的底物浓度 $c_{SF}=80g/L$。假定过程在拟稳态下进行，在流加 8h 时培养液体积达到 $V_R=40000L$。试计算：

(1) 初始流加时的培养液体积 V_{R_0}；

(2) 拟稳态时的细胞浓度 c_X；

(3) 在流加 8h 过程中生成的细胞质量 c_XV_R；

(4) 流加 8h 时培养液中的底物浓度 c_S。

10. 某补料分批培养过程，流加初始时的培养液体积 $V_{R_0}=1L$，葡萄糖溶液以指数方式加入，加料流量 $F=0.2\exp(0.1h^{-1}\times t)$，加料中和初始的葡萄糖浓度分别为 $c_{SF}=200g/L$，$c_{S_0}=1g/L$，初始细胞浓度 $c_{X_0}=50g/L$。已知：细胞的生长符合 Monod 方程，$\mu_{max}=0.3h^{-1}$，$K_S=0.1g/L$，$Y_{XS}=0.5g/g$，$Y_{PS}=0.2g/g$，$q_P=0.1h^{-1}$，流加初始时的产物浓度 $c_{P_0}=0$。应用拟稳态近似法，试计算流加时间 $t=48h$ 时的状态参数：(1) 培养液体积 V_R；(2) 葡萄糖浓度 c_S；(3) 细胞浓度 c_X 和细胞总质量 c_XV_R；(4) 产物浓度 c_P。

6

生物反应器的物理过程特性

生物反应器的物理过程包括流体流动、混合过程、质量传递和热量传递过程。流体流动与反应器中的速度分布、流体剪切力和培养液的流变性质有关，它决定物料混合、质量和热量传递的效率。混合过程主要取决于反应器类型和操作方式，它的效果决定反应器内细胞和组分的浓度分布。质量传递过程涉及生物催化剂与环境的物质交换。对具有气-液-固三相的生物反应体系，传质效率往往是生物反应速率的限制因素。热量传递过程关系到温度控制的有效性、反应器内温度分布状况、能量的有效利用和反应器系统的高效灭菌，它主要取决于热交换方式和传热面积的设计。总之，生物反应器的优良设计应满足对物理过程性能的基本要求。为此，本章重点介绍这方面的基础理论知识。

6.1 流体力学

6.1.1 反应介质的流变特性

流变特性是指流体混合时的流动特性。一般以描述流体剪切力与速度梯度关系的模型来表示流体的流变特性。

在一般情况下，流体流动时，相邻的具有不同速度的流体微元相互施加剪切力。对此过程可用图 6-1 所示的理想实验进行说明。在层流状况下，两块相互靠近的平板之间充满流体，其中下板固定不动，而在上板施加一作用力 F，使上板以一定的速度 u 运动。与上板接触的流体层以相同的速度随上板一起运动，与下板接触的流体则保持静止，中间各层因流体的内摩擦而产生速度梯度。若定义单位流体面积上的切向作用力（F/A）为剪切力 τ（N/m^2），同时定义速度梯度为 du/dy，可建立描述剪切力 τ 与剪切速率 du/dy 之间的流动特性模型。流动特性模型有牛顿型和非牛顿型几种类型。

6.1.1.1 牛顿型流体

剪切力与速度梯度服从正比关系的流体称为牛顿型流体，其流动特性符合下述关系式：

$$\tau=\mu\frac{\mathrm{d}u}{\mathrm{d}y}=\mu\dot{\gamma} \tag{6-1}$$

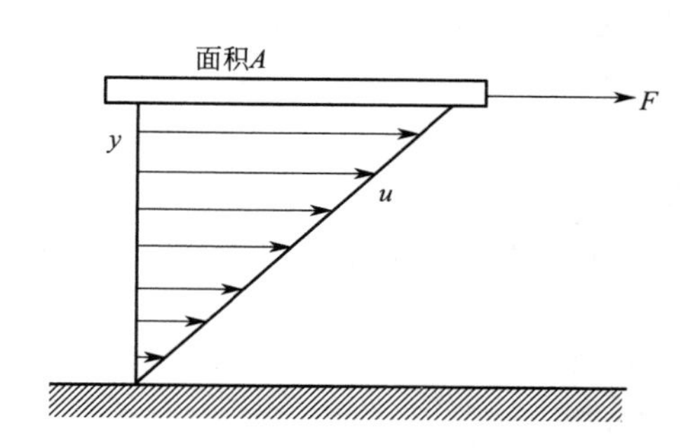

图 6-1 在切向力作用下板内流体的速度分布

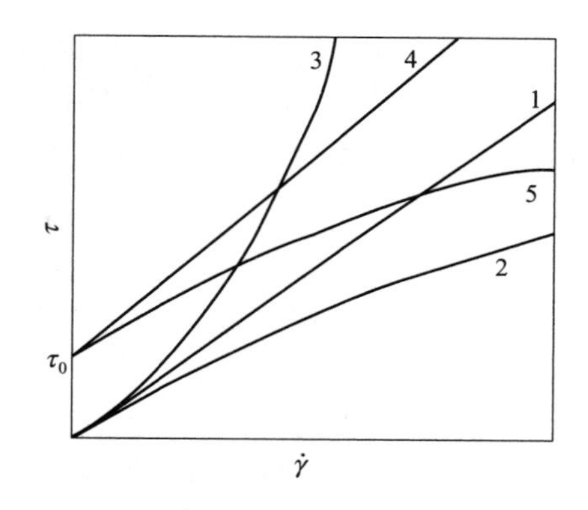

图 6-2 流体的剪切力与切变率的关系

1—牛顿型流体；2—拟塑性流体；3—胀塑性流体；

4—宾汉塑性流体；5—凯松流体

式中，μ 称为流体的黏度，也称为动力黏度，Pa·s。

流体黏度 μ 除以流体密度 ρ（kg/m^3），即为运动黏度 ν（m^2/s）：

$$\nu=\frac{\mu}{\rho} \tag{6-2}$$

式(6-1) 中的 $\dot{\gamma}$（s^{-1}）也称为切变率。将剪切力 τ 对切变率进行标绘，得到一条通过原点的直线，其斜率为黏度，如图 6-2 的曲线 1 所示。

式(6-1) 也称为牛顿黏性定律。流变特性符合此定律的流体称为牛顿型流体。不符合牛顿黏性定律的流体为非牛顿型流体，其剪切力与切变率的比值不是常数，而是随切变率在变化，因而没有确定的黏度值。牛顿型流体有气体、低分子的液体、动物细胞培养血清、低密度的细菌和酵母培养液等。

由于牛顿型流体的黏度与剪切速率无关，因此反应器内搅拌转速的快慢对黏度无影响，反应器内任何空间位置的黏度值均相同。

6.1.1.2 非牛顿型流体

非牛顿型流体有拟塑性流体、胀塑性流体、宾汉塑性流体和凯松流体。

流动特性曲线通过原点的流体的流变特性用 Ostwald-de Waele 模型描述，它们的剪切力与剪切速率之间符合幂律模型，即：

$$\tau=K\dot{\gamma}^{n} \tag{6-3}$$

式中，K 为稠度系数，$Pa\cdot s^n$；n 为流动特性指数。

(1) 拟塑性流体 其流动特性指数，$0<n<1$。流动曲线见图 6-2 的曲线 2。

它的特点是稠度系数 K 越大，流体就越稠厚。n 越小，流体的非牛顿特性越明显。当剪切速率增加时，拟塑性流体表观黏度会降低，这称为剪切稀化流动。例如，在机械搅拌反应器中，在搅拌器附近剪切力比较高的部位，流体表观黏度较低，流动性较好。

拟塑性流体有丝状真菌如青霉菌、曲霉菌、链霉菌和产物为多糖的培养液等。

(2) 胀塑性流体 它的流动特性指数，$n>1$。流动曲线见图 6-2 的曲线 3。

n 的数值越大，流体的非牛顿特性就越显著。当剪切速率增加时它的表观黏度增加，有剪切增稠流动特征。

胀塑性流体有链霉菌、四环素和庆大霉素的前期发酵液、高密度的酵母和细菌培养液等等。

流动特性曲线不通过原点的流体受到剪切作用时存在屈服应力 τ_0（N/m^2），当剪切力 τ 小于屈服应力 τ_0 时，流体不发生流动，只有当剪切力超过屈服应力 τ_0 时流体才发生流动。

（3）宾汉塑性流体　它的流变模型表示为：

$$\tau=\tau_0+K\dot{\gamma}^n \tag{6-4}$$

其特征为，$\tau_0>0$，$n=1$。流动曲线见图 6-2 的曲线 4。

宾汉塑性流体的特点是当剪切力超过屈服应力 τ_0 时流体才发生流动，流动曲线呈牛顿型流体的直线特性。

这种流体有黑曲霉、灰色链霉菌等丝状菌的培养液等。

（4）凯松流体　它的流动特性由 Casson 模型表示：

$$\tau^{1/2}=\tau_0{}^{1/2}+\mu_C{}^{1/2}\dot{\gamma}^{1/2} \tag{6-5}$$

式中，μ_C 为凯松黏度，Pa・s。

流动曲线见图 6-2 的曲线 5。当剪切应力超过 τ_0 时曲线呈非直线特征。一般它们的表观黏度随剪切力的增加而降低。

这种流体有产黄青霉等丝状菌的培养液。

对非牛顿型流体，一般用剪切力与切变率的比值来表示其流动性质，称为表观黏度，即：

$$\mu_a=\frac{\tau}{\dot{\gamma}} \tag{6-6}$$

非牛顿型流体的表观黏度是剪切速率的函数。

6.1.1.3　影响流变性质的因素

在培养过程中随着细胞浓度和形态的变化，以及培养液里底物的消耗和代谢产物的积累，培养液的流动性质和类型会发生明显的变化，表现出时变性。图 6-3 是泡盛曲霉培养液的稠度系数 K 和流动特性指数 n 随发酵时间变化的情况。

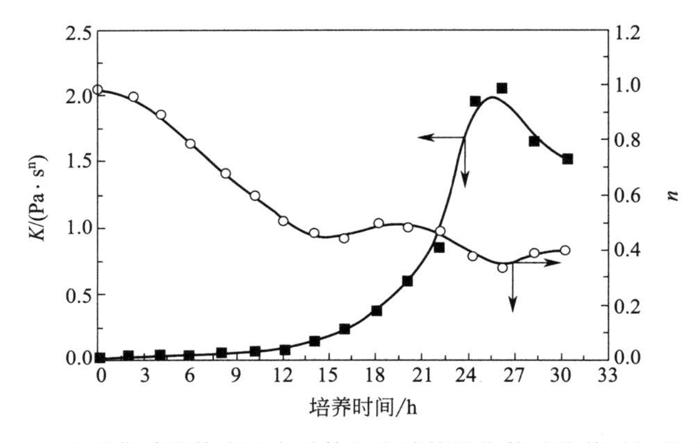

图 6-3　泡盛曲霉培养液稠度系数和流动特性指数随培养时间的变化

培养液流变特性主要取决于细胞浓度。培养液的组成十分复杂，其中水所占的比例最大。除了溶解于水的各种营养成分及细胞的代谢产物外，还有大量的细胞、培养基中存在的不溶性固相物等物质。虽然在培养液中液相部分黏度可能较低，但是随着细胞浓度的增加，培养液的总体黏度也会增大。图 6-4 是多形汉逊酵母培养液黏度与液相黏度之比同培养液中细胞浓度的关系。

当培养介质中的细胞浓度较低、细胞的形态为球形和含有小颗粒悬浮物时，通常为牛顿型流体，酵母和细菌培养液具有这种特性，其黏度可根据 Einstein 公式计算：

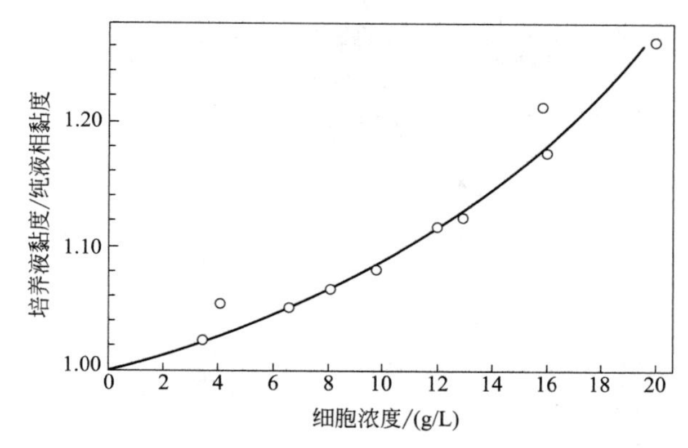

图 6-4 多形汉逊酵母培养液黏度与液相黏度之比同培养液中细胞浓度的关系

$$\mu_S=\mu_L(1+2.5\phi) \tag{6-7}$$

式中，μ_S 为悬浮液或培养液黏度，Pa·s；μ_L 为培养液中的纯液相的黏度，Pa·s；ϕ 为细胞或颗粒的体积分数。

当细胞浓度很高时，如体积分数大于40%时，上述线性关系不再成立。Vand 提出以下关系式：

$$\mu_S=\mu_L(1+2.5\phi+7.25\phi^2) \tag{6-8}$$

还有不少其他经验关联式。

当培养液黏度与细胞浓度的关系明确时，可以通过测定培养液的黏度来确定细胞浓度。

细胞的形态对培养液的流动特性也有很大的影响。对具有拟塑性的丝状真菌悬浮液，由于剪切稀化作用，当切变率较低时，由于菌丝体的互相牵制，因而表观黏度较高；随着切变率的增大，则由于菌丝体被拉直，甚至发生断裂，导致其表观黏度下降。例如，被认为属于凯松流体的青霉素培养液，它的屈服应力和凯松黏度与青霉菌的浓度和形态有关，可表示为：

$$\tau_0 \propto c_X^{2.5} L_e^{0.8} \tag{6-9}$$

$$\mu_C \propto c_X^{2} L_h^{1.2} \tag{6-10}$$

式中，c_X 为细胞质量浓度；L_e 为主干菌丝长度与其直径之比；L_h 为菌丝总长度与菌丝生长端总数之比。

影响培养液流变特性的另一因素为胞外产物。对于一些多糖发酵体系，例如对野油菜黄单胞菌培养液，它的拟塑性则主要是由黄单胞菌分泌的胞外多糖黄原胶引起的，而细胞的存在则对培养液流变特性的影响很小。此时决定培养液流变特性的主要因素则是多糖的浓度。随着多糖浓度的增加，培养液的表观黏度大大增加。

6.1.2 反应器中的流体剪切作用

流体剪切作用的大小是生物反应器设计和优化的一个重要参数。特别是对于剪切作用非常敏感的生物反应体系，如动植物细胞培养、某些丝状菌的培养体系影响明显。表 6-1 表示了各种生物催化剂对剪切的敏感性。

表 6-1 生物催化剂的尺寸与剪切敏感性

种类	尺寸	敏感性	种类	尺寸	敏感性
酶	纳米范围	+/−	微载体上的动物细胞	150μm	+++
微生物细胞	1～10μm	−	植物细胞	100μm	+
微生物细胞团	>1cm	+	植物细胞团	≥1cm	+
动物细胞	20μm	++	固定化酶或细胞	0.015～0.5cm	+/−

注：+表示敏感；−表示不敏感。

在反应器设计时，则必须考虑流体剪切的影响。流体剪切作用主要来自反应器内机械和气流的搅拌作用。图 6-5 表示的就是一种同时具有机械和气流搅拌的典型生物反应器。下面对机械搅拌和气流搅拌所产生的剪切力的估算方法分别加以讨论。

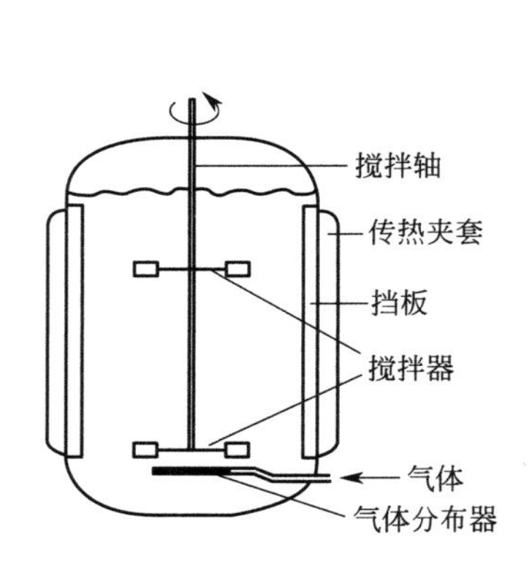

图 6-5 机械搅拌生物反应器示意图

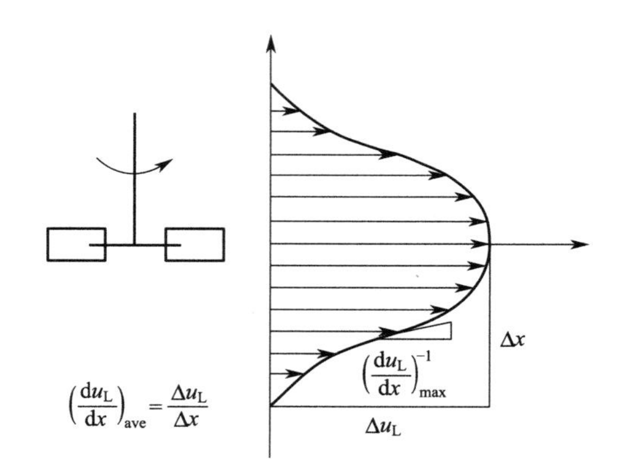

图 6-6 搅拌器桨叶附近的速度分布与切变率估计

6.1.2.1 机械搅拌的剪切力

生物反应器内装有机械搅拌的目的：一方面是使诸如细胞或固定化酶等生物催化剂保持悬浮状态；另一方面是使反应器内物料混合均匀，对于需氧的细胞反应过程，也促进氧从气相传递到培养液中。因此，搅拌转速一般较高，以使流体呈湍流状态，因而也产生了较强的流体剪切力。机械搅拌反应器的流体剪切力有以下几种估算方法：

(1) 积分剪切因子 搅拌器桨叶附近的速度分布如图 6-6 所示。从图中可见，在桨叶叶端附近的流动速度最大。设叶端速度 $u_{L,tip}$（m/s）为：

$$u_{L,tip}=\pi Nd \tag{6-11}$$

式中，N 表示搅拌转速，s^{-1}；d 表示搅拌器桨叶直径，m。

而在器壁上的流动速度为零。

为估计桨叶与器壁之间的剪切场，可计算沿两者之间距离的平均速度差，即积分剪切因子 ISF（s^{-1}），如式(6-12) 所示：

$$\text{ISF}=\frac{\Delta u_L}{\Delta x}=\frac{2\pi Nd}{D-d} \tag{6-12}$$

式中，u_L 为流动速度，m/s；D 为反应器直径，m。

图 6-7 显示贴壁依赖型 FS-4 动物细胞在微载体上培养时相对生长速率与 ISF 的关系。图中相对生长速率是指有剪切力作用下培养所得的细胞数与没有剪切力作用下培养所得的细胞数的比值。可见，当 ISF 增加到一定的数值，由于剪切造成细胞损伤，细胞的生长停止。

一般在较大容量的反应器中，由于桨叶叶端与容器的器壁距离较大，桨叶叶端的速度造成的剪切作用较小，因此，用桨叶叶端与器壁间的平均速度差能较好地反映这种情况。积分法虽然可用于直接估算反应器中的剪切力，但其结果的精确性不够。

(2) 时均切变率 反应器中所产生的流动速度较高的湍流是一种随机变化的流型，故可

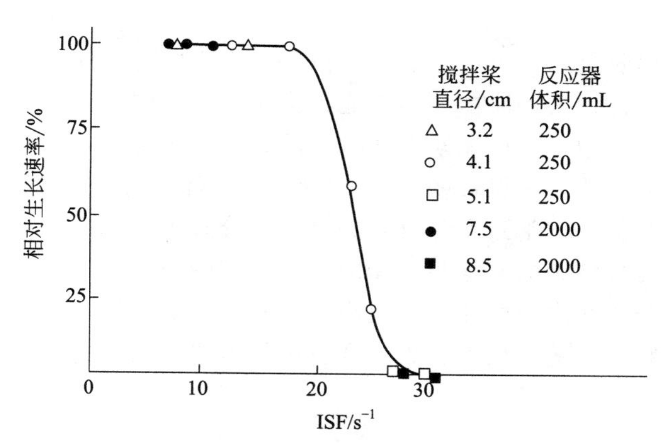

图 6-7　动物细胞相对生长速率与积分剪切因子的关系

用时均切变率估算这种情况的流体剪切作用，以分析反应器内的流体速度分布随空间位置和时间的变化规律。

对于没有挡板的反应器，机械搅拌会产生强制涡流区，在搅拌雷诺数 Re_M 超过 1000 的湍流状态，强制涡流区的直径为：

$$\frac{d_f}{d}=\frac{0.625Re_M}{625+Re_M} \tag{6-13}$$

式中，d_f 为强制涡流区的直径，m。

搅拌雷诺数 Re_M 由式(6-14) 计算，即：

$$Re_M=\frac{Nd^2\rho_L}{\mu_L} \tag{6-14}$$

式中，ρ_L 为流体的密度，kg/m^3；μ_L 为流体的黏度，Pa・s。

则时均切变率 $\dot{\gamma}_{ave}$（s^{-1}）为：

$$\dot{\gamma}_{ave}=\frac{131.1Nd^{1.8}(D^{0.2}-d^{0.2})\left(\frac{d_f}{d}\right)^{1.8}}{D^2-d^2} \tag{6-15}$$

当 $Re_M \gg 625$ 时，$d_f/d \approx 0.625$，由式(6-13) 可得：

$$\dot{\gamma}_{ave}=KN \tag{6-16}$$

式中，K 为常数，K 的大小与流动状态和反应器的几何结构及其尺寸有关。例如，湍流时，当 $d/D=0.5$ 时，$K=2.4$；对层流，则 $K=10\sim13$。

图 6-8 为动物细胞株 FS-4 的相对生长速率与时均切变率的关系。当 $\dot{\gamma}_{ave}$ 约为 2.5s^{-1} 时，细胞停止生长，发生死亡现象。

如果仅考虑切变率在空间上的分布，搅拌反应器中在微载体表面生长的动物细胞受到的最大剪切力由式(6-17) 估算，即：

$$\tau_{max}=3\mu_L\dot{\gamma} \tag{6-17}$$

时均切变率尚不能表示细胞死亡的全部流体力学原因。如搅拌器尾部涡流的影响就

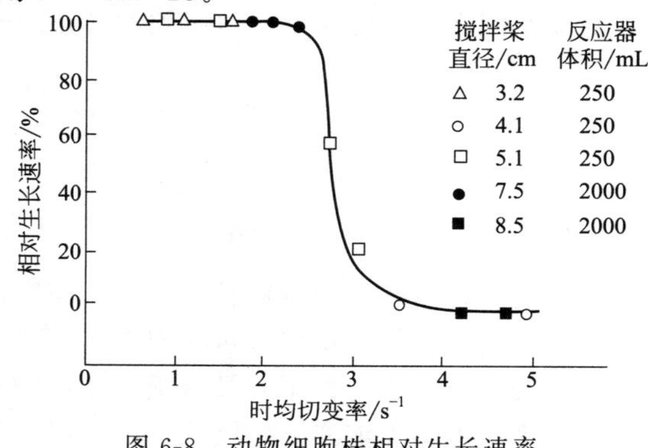

图 6-8　动物细胞株相对生长速率与时均切变率的关系

没有包括在内。

(3) 最小湍流旋涡长度 也可应用 Kolmogorov 提出的各向同性湍流理论对反应器中的剪切力作分析。这种理论认为，流体的湍流能量会转化为各种尺寸的旋涡的旋转动能，在以湍流机制进行的混合过程中，主体流动会随时分散为尺寸越来越小的旋涡，因此，与速度分布有关的剪切力可用最小湍流旋涡长度 λ(m)表示。在湍流条件下，流体的剪切作用与细胞所处环境的速度分布有关，细胞致死与具有一定速度分布的旋涡的相对大小有关。当旋涡尺寸大于细胞尺寸时，并且细胞的密度与流体的密度差别较小时，细胞会随流体一起运动，这时流体的流线与细胞的流线之间的速度差很小，细胞受到的剪切力较小；相反，当旋涡尺寸小于细胞尺寸时，细胞受到的剪切力较大，会有剪切力造成的损伤。

$$\lambda=\left(\frac{\nu_L{}^3}{e}\right)^{0.25} \tag{6-18}$$

式中，ν_L 为流体的运动黏度，为流体黏度与密度之比，$\nu_L=\mu_L/\rho_L$，m^2/s；e 为单位质量流体的局部或平均功率消耗，也称为能量输入密度，W/kg。

此式表明，单位质量流体的功率消耗越大，旋涡长度越小。表 6-2 为工业发酵罐中典型的湍流旋涡长度。

表 6-2 工业发酵罐中典型的湍流旋涡长度

反应器部位	小型罐(100L,10kW/m³)/μm	大型罐(1000L,1kW/m³)/μm
搅拌器区域	9	16
罐主体部分	24	43

对一定的反应器结构，若能量仅通过机械搅拌输入，湍流旋涡长度可通过下述方法求出。不通气时的机械搅拌功率消耗 P_S(W)为：

$$P_S=N_P\rho_L N^3 d^5 \tag{6-19}$$

式中，N_P 为搅拌功率特征数。

因此，单位质量流体的平均功率消耗 e_T 为：

$$e_T=\frac{P_S}{\rho_L V_R}=\frac{N_P N^3 d^5}{V_R} \tag{6-20}$$

式中，V_R 为反应器的有效体积，m^3。

将 e_T 替代式(6-18) 中的 e 即可求出平均旋涡长度 λ 值。可见，单位液体的搅拌功率消耗越大，旋涡长度 λ 值越小。

实质上，一定的能量输入密度造成一定的湍流强度和剪切力，形成一定的空间速度梯度。定义空间平均速度梯度 G (s^{-1}) (Kolmogorov time scale)：

$$G=\left(\frac{e_T}{\nu_L}\right)^{1/2} \tag{6-21}$$

因此

$$G=\frac{\nu_L}{\lambda^2} \tag{6-22}$$

平均速度梯度与湍流旋涡长度等价，与它的平方成反比关系，与流体黏度成正比。

综上所述，用最小旋涡长度估计反应器的湍流剪切力，与运动黏度和搅拌功率消耗有关。过分的搅拌会引起对细胞具有损伤作用的小尺度旋涡的形成。图 6-9 为动物细胞株 FS-4 在各种黏度下的培养液实验的结果，显示反应器中对细胞损伤作用较大的平均旋涡长度小于

100μm，一般这个尺寸是平均微载体直径的1/2～2/3。

Croughan建立了旋涡长度与细胞死亡速率的定量关系式，即：

$$k_d = \frac{A}{\lambda^3} \tag{6-23}$$

式中，k_d为细胞的比死亡速率，s^{-1}；A为模型常数。

由于旋涡体积与λ^3成正比，并且旋涡浓度为旋涡体积的倒数，于是：

$$k_d \propto \frac{1}{\lambda^3} \propto \frac{1}{\text{旋涡体积}} \propto \text{旋涡浓度} \tag{6-24}$$

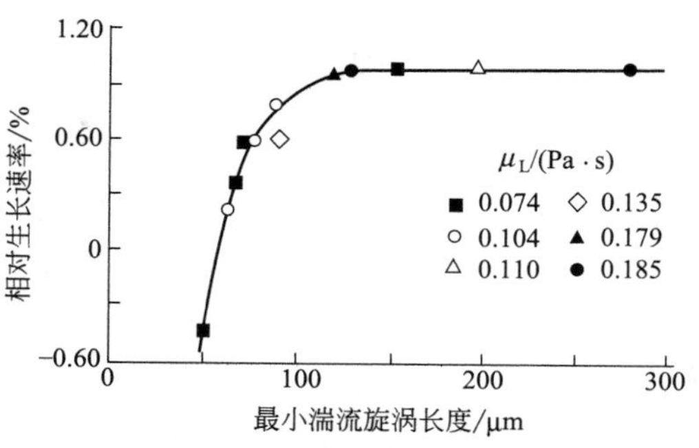

图 6-9 不同黏度下动物细胞相对生长速率与旋涡长度的关系

已有理论和实验表明，机械搅拌并不是流体剪切力的唯一来源，还有如微载体之间和细胞与反应器壁的碰撞等原因，特别是气体搅拌和气泡的运动也有相当大的影响。

6.1.2.2 气流搅拌的剪切力

在一仅有气流搅拌的鼓泡反应器中，同样会产生大小不等的剪切力。如图6-10所示，气泡在鼓泡反应器中经历形成、上升和气液分离三个过程，各个过程都会对细胞造成损伤。其中，气体分布器的气体喷嘴附近的剪切力是反应器中最小的区域，其大小取决于通气速率和喷嘴的内径。在气泡上升过程中，细胞受到的剪切力与喷嘴附近的剪切力在同一数量级范围内。气泡脱离液面的过程对细胞的损伤最大，细胞受到的剪切力最大，主要影响因素是液体的表面张力、密度和气泡的液膜厚度。如图6-11所示，气液分离开始时，气泡的上部被液膜覆盖，然后液膜破裂形成气腔，这时液膜处于气腔的下方。据估算，气液分离过程的剪切力比气泡的形成和上升过程大100～1000倍。

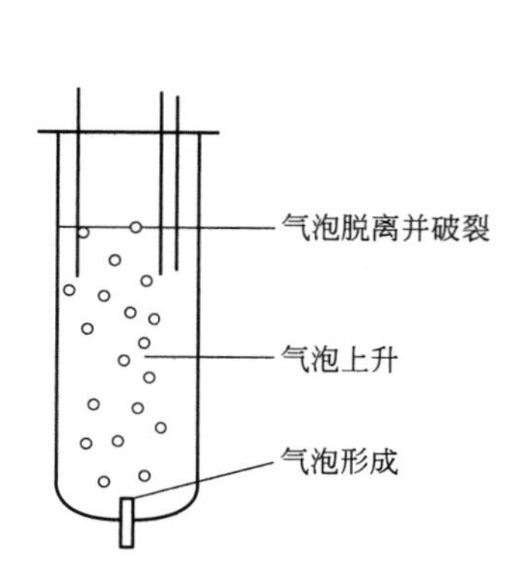

图 6-10 气泡在鼓泡反应器中的经历

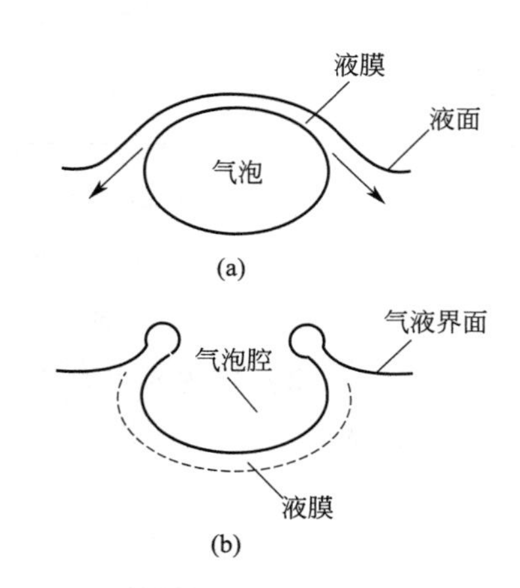

图 6-11 气泡在液面的脱离与消失

(a) 气泡处于液面；(b) 气泡脱离液面破裂

为了分析气泡对细胞的损伤作用，研究与通气有关的反应器设计参数与细胞死亡速率之间的关系，Tramper等提出了致死体积模型。

假设细胞死亡过程符合一阶死亡模型，即：

$$c_V(t) = c_V(0)\exp(-k_d t) \tag{6-25}$$

式中，$c_V(0)$和$c_V(t)$分别为时间0和t时的活细胞质量浓度，kg/m^3；k_d为比死亡速率，s^{-1}。

假定对每个气泡在其存在时间内有一个假设体积V_k，称为致死体积，气泡达到这个体积时所有的活细胞死亡，并有：

$$-V_R\frac{dc_V(t)}{dt}=n_Bc_V(t)V_k=\frac{F_G}{\frac{1}{6}\pi d_B^3}c_V(t)V_k \tag{6-26}$$

式中，V_R为反应器有效体积，m^3；n_B为单位时间内生成的气泡数，s^{-1}；F_G为通气速率，m^3/s；d_B为气泡直径，m。

若V_k不随时间发生变化，对式(6-26)分离变量并积分可得：

$$c_V(t)=c_V(0)\exp\left(-\frac{6F_GV_k}{\pi d_B^3V_R}t\right) \tag{6-27}$$

于是由式(6-25)和式(6-27)可得：

$$k_d=\frac{6F_GV_k}{\pi d_B^3V_R} \tag{6-28}$$

或
$$k_d=\frac{24F_GV_k}{\pi d_B^3D^2H_L} \tag{6-29}$$

式中，H_L为液面高度，m；D为反应器直径，m。

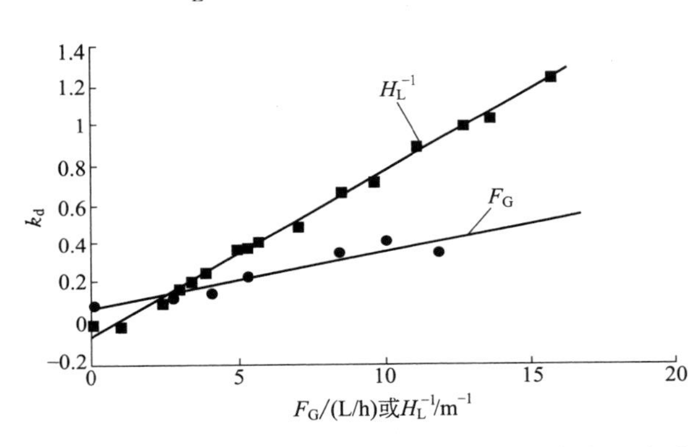

图6-12 细胞比死亡速率与通气速率和液面高度的关系

将k_d与F_G和$1/H_L$对应作图，得到了图6-12所表示的细胞比死亡速率与通气速率和液面高度的关系。

从图6-12可以看出，对符合上述模型假设的鼓泡反应器的细胞培养过程，影响细胞流体力学损伤的主要因素为通气速率和反应器液面高度。通气速率越大，液面高度越低，则k_d值越大，表明细胞死亡速率越大。

气泡直径与致死体积V_k的关系，可表示为：

$$V_k=V_{k_0}+kd_B^p \tag{6-30}$$

式中，V_{k_0}、k和p均为模型常数，p可在2～3的范围内取值。

鼓泡反应器的时均切变率主要决定于气体表观线速度，即：

$$\dot{\gamma}_{ave}=kv_{GS}^{\alpha} \tag{6-31}$$

式中，α为常数，取值范围为0.5～1.0；k为常数，取值范围为1000～5000；v_{GS}为气体表观线速度，其值为通气的体积速率除以反应器横截面积，m/s。

虽然式(6-29)表示降低高径比会导致比死亡速率的增大，但是也有研究发现液柱高度增加时，细胞的死亡速率反而增加。原因是，液柱高度增加时，气泡上升的持续时间较长，细胞吸附在气泡表面的可能性增大，在气泡合并或破裂时，剪切力对细胞损伤的概率加大。因此，这类细胞培养反应器操作时，通常加入Pluronic F68等聚合物，这种表面活性剂吸附在气液界面上时，对细胞有防止剪切力的保护作用。

由于许多生物细胞和酶对剪切作用十分敏感，因而开发出具有低剪切力，并且混合和传质效果好的反应器也是生物反应器研究与开发的发展方向之一。目前低剪切的动物细胞反应器一类是对搅拌器作改进的类型，例如由涡轮桨改型为轴向流搅拌桨；另一类是通气的气泡不与细胞直接接触的类型，例如笼式通气搅拌反应器和膜式通气搅拌反应器等。

【例 6-1】 重组 CHO 细胞培养以生产生长激素的过程。此过程采用直径为 120μm 微载体进行细胞贴壁培养，采用有效体积 3.5L 机械搅拌反应器，反应器中装有一层涡轮搅拌桨用于物料混合和保持微载体悬浮，空气和 CO_2 通过反应器顶部以表面通气方式输入。物料密度近似为 $1010kg/m^3$，黏度为 $1.3\times10^{-3}Pa\cdot s$，涡轮搅拌桨直径为 6cm，功率特征数 $N_P=5$。

试估算允许的最大搅拌转速。在这个搅拌转速以下操作，能避免细胞受到湍流剪切力的损伤。

解 一般认为，如果最小湍流旋涡长度 λ 能维持在大于微载体直径的 1/2～2/3，则由湍流引起的细胞受到的剪切力损伤可以避免。

已知微载体直径，$d_P=120\mu m$，因此：

$$\lambda=\frac{2}{3}d_P=\frac{2}{3}\times120\times10^{-6}=8\times10^{-5}(m)$$

若视反应器中物料为液体，则：

$$\nu_L=\frac{\mu_L}{\rho_L}=\frac{1.3\times10^{-3}}{1010}=1.29\times10^{-6}(m^2/s)$$

所以，单位质量流体的局部功率消耗：

$$e=\frac{\nu_L{}^3}{\lambda^4}=\frac{(1.29\times10^{-6})^3}{(8\times10^{-5})^4}=0.052(m^2/s^3)$$

此为反应器中的单位质量流体的平均功率消耗的最大值。因此，它的计算应以靠近搅拌器桨叶附近的流体质量为基准。此区域的质量约为 $\rho_L d^3$，相应的搅拌功率应为：

$$P_S=e\rho_L d^3=0.052\times1010\times(6\times10^{-2})^3=1.13\times10^{-2}(W)$$

对涡轮搅拌桨，由 $P_S=N_P\rho_L N^3 d^5$，得出：

$$N=\left(\frac{P_S}{N_P\rho_L d^5}\right)^{1/3}=\left(\frac{1.13\times10^{-2}}{5\times1010\times(6\times10^{-2})^5}\right)^{1/3}=1.42(s^{-1})=85.5(r/min)$$

由此可见，在不对培养液直接通气的条件下，当搅拌转速不超过 85.5r/min 时，来自湍流旋涡的细胞的剪切损伤可以忽略。但是，如果对反应器直接作鼓泡式通气，则有可能发生剪切损伤，不过损伤机理不同，而为气泡破裂所致。

6.2 气液传质过程特性

对微生物发酵和细胞培养过程，气体和液体间的传质是重要问题。一般对好氧微生物发酵，主要研究氧的传递过程；而对动物细胞培养，不仅要研究氧的传递，还要研究CO_2 在液体培养基的吸收问题。以下重点讨论生物反应器氧传递方面的基础内容。

6.2.1 氧传递的基本过程与速率方程

在一定的通气条件下，搅拌作用使气泡分散，促进氧在液体中的溶解速率。由于氧在水中的溶解度较小（约为 6～8mg/L），又受到包括气泡与液体间的接触表面积、搅拌强度、培养基的组成和空气中的氧分压等化学和物理因素的影响，因而氧的传递过程常常成为细胞反应过程速率的限制步骤，也成为提高反应器生产能力的关键因素。

6.2.1.1 氧传递的步骤与阻力

氧从气泡传递至细胞内部进行呼吸反应的过程，如图 6-13 所示。

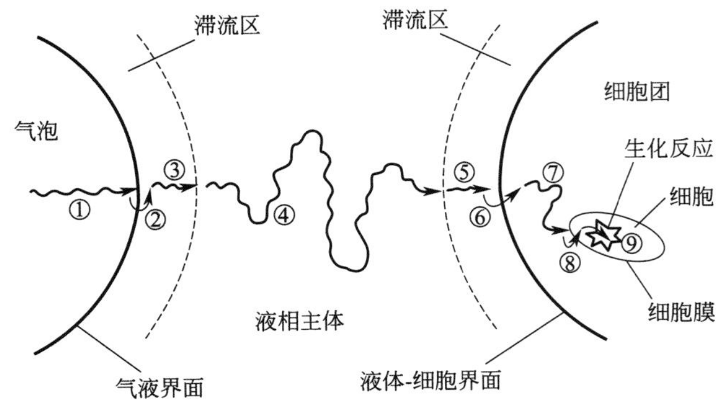

图 6-13　氧从气泡传递到细胞的示意图

从该图中可以看出，各个步骤为串联过程，氧的总传递阻力为各个步骤阻力的总和。整个过程如下：

① 氧从气相主体扩散到气液界面；
② 氧通过气液界面；
③ 通过气泡外侧的滞流液膜，到达液相主体；
④ 在液相主体中溶解；
⑤ 通过细胞或细胞团外的滞流液膜，到达细胞或细胞团与液体的界面；
⑥ 通过细胞或细胞团与液体的界面；
⑦ 在细胞团内或细胞与细胞间的介质中扩散；
⑧ 通过细胞膜进入细胞内；
⑨ 在细胞内部进行扩散与反应。

其中①～④项表示供氧过程及其阻力，⑤～⑨项表示耗氧过程及其阻力。当单个细胞以游离状态悬浮于液体中时，第⑦项过程及其传质阻力不存在。氧在克服上述各部分阻力进行传递的过程中，其总推动力消耗于从气相到细胞内的各步骤的传递阻力。在整个过程中，由于气相主体和液相主体呈湍流流动，扩散速率较大，可以忽略其传质阻力。一般也不考虑细胞间的传质阻力。因此，总传质速率主要决定于气液界面间的质量传递。对于气液界面间的传质，主要考虑气泡外侧的液膜中的扩散阻力。若在气泡表面存在细胞的吸附层，在分析整个液膜传质过程时，需要分析细胞吸附层的影响。

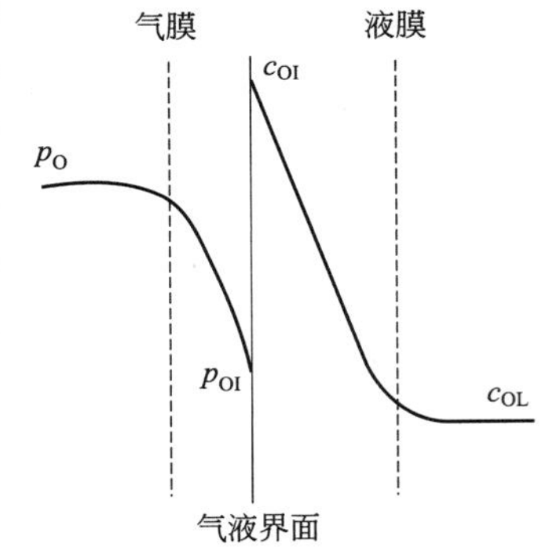

图 6-14　气液界面附近氧分压和溶解氧浓度的变化

6.2.1.2 氧传递的速率方程

如果不考虑细胞反应对气液界面传质的影响，并假定在气泡表面不存在细胞吸附层，可用图 6-14 表示气液界面附近的氧分压和溶解氧浓度的变化。在气液界面的气相一侧，传质阻力存在于气膜，与此相对的液相一侧，传质阻力存在于液膜。

在气膜中，单位界面面积上的传递通量为：

$$J_{OG}=k_G(p_O-p_{OI}) \tag{6-32}$$

式中，J_{OG} 为气膜中的氧传递通量，$mol/(m^2 \cdot s)$；p_O 为气相主体的氧分压，Pa；p_{OI} 为气液界面的氧分压，Pa；k_G 为气膜传递系数，$mol/(m^2 \cdot s \cdot Pa)$。

同样，液膜中的传质通量为：

$$J_{OL}=k_L(c_{OI}-c_{OL}) \tag{6-33}$$

式中，J_{OL} 为液膜中的氧传递通量，$mol/(m^2 \cdot s)$；c_{OI} 为气-液界面上的溶解氧浓度，mol/m^3；c_{OL} 为液相主体中的溶解氧浓度，mol/m^3；k_L 为液膜传递系数，m/s。

气液传递速率也可用气相至液相的总过程传递通量表示，即：

$$J_O=K_L(c_{OL}^*-c_{OL}) \tag{6-34}$$

式中，J_O 为总过程的氧传递通量，$mol/(m^2 \cdot s)$；K_L 为以氧浓度表示推动力的总传递系数，m/s；c_{OL}^* 为与气相主体氧分压相平衡的液体中的饱和溶解氧浓度，mol/m^3。

用亨利定律表示气相主体氧分压与饱和溶解氧浓度的关系，即：

$$p_O=Hc_{OL}^* \tag{6-35}$$

式中，H 为亨利系数，$Pa \cdot m^3/mol$。

在稳态时，应该有：

$$J_O=J_{OL}=J_{OG} \tag{6-36}$$

由此可推出：

$$\frac{1}{K_L}=\frac{1}{k_L}+\frac{1}{Hk_G} \tag{6-37}$$

此式说明总传质阻力 $1/K_L$ 为气膜阻力 $1/Hk_G$ 和液膜阻力 $1/k_L$ 之和。

对于难溶的气体氧，气膜阻力远小于液膜阻力，因此：

$$\frac{1}{Hk_G}\ll\frac{1}{k_L} \tag{6-38}$$

所以

$$K_L\approx k_L \tag{6-39}$$

即总传递系数 K_L 等于液膜传递系数 k_L。

为将单位面积上的传递通量换算为单位液体体积的传递速率，定义单位反应器内液体体积的气液传质比表面积 a（m^{-1}），则因此，氧的气液传递速率方程可表示为：

$$OTR=K_La(c_{OL}^*-c_{OL}) \tag{6-40}$$

式中，OTR 表示单位体积培养液中氧的传递速率，$mol/(m^3 \cdot s)$。

称式(6-40) 中$(c_{OL}^*-c_{OL})$为氧传递的推动力，K_La 为体积氧传递系数。K_La 实际为 K_L 与 a 的乘积。将这两个物理量认作一个物理量的原因是由于单独测量两者的困难较大，因此合并使用。

在计算式(6-40) 中的推动力$(c_{OL}^*-c_{OL})$时，已假定反应器中的物料达到良好的混合。若气相存在混合问题，c_{OL}^* 在各处不一定相等，液相主体混合良好，这时应计算以对数平均值表示的推动力，即：

$$(c_{OL}^*-c_{OL})_{ave}=\frac{(c_{OL,in}^*-c_{OL})-(c_{OL,out}^*-c_{OL})}{\ln(c_{OL,in}^*-c_{OL})-\ln(c_{OL,out}^*-c_{OL})} \tag{6-41}$$

式中，$c^*_{OL,in}$ 和 $c^*_{OL,out}$ 分别为与进气和排气中氧分压相平衡的饱和溶解氧浓度。

6.2.2 氧传递速率的影响因素

根据氧传递速率方程，氧传递速率取决于传质推动力和体积传递系数 K_La，各种影响因素的作用通过饱和溶解氧浓度 c^*_{OL}、总传递系数 K_L 和气液比表面积 a 来实现。

影响 K_La 的主要操作条件参数有温度、搅拌转速和通气速率，结构参数主要有反应器类型和尺寸、搅拌器桨叶类型和尺寸，物性参数主要有培养液的流变性质和黏度、离子强度、表面活性剂种类和加入量等。此外，由于细胞浓度和形态与流变性质有关，它们对 K_La 的影响也较大。

6.2.2.1 影响传质推动力的因素

由于对一般的细胞反应过程，根据工艺要求，培养液中的溶解氧浓度 c_{OL} 设定在一定的数值，因此在提高氧传递推动力时，实际上应增大饱和溶解氧浓度 c^*_{OL}。培养液中饱和溶解氧浓度 c^*_{OL} 主要与操作温度、压力和培养基组成有关。

根据氧在水中溶解的 Henry 定律，有：

$$c^*_{OL}=\frac{1}{H}p_O=\frac{1}{H}y_Op_T \tag{6-42}$$

式中，p_T 为反应器操作气压，Pa；y_O 为气体中氧的摩尔分数，mol/mol。

由于亨利系数是温度的函数，所以式(6-42）表明与气相的氧分压平衡的饱和溶解氧浓度是温度与压力的函数。

在操作时，为提高气相的氧分压，一般是提高反应器的操作气压 p_T，但是对某些细胞的反应过程这种方法不适用，原因是压力 p_T 的提高会使气相中二氧化碳的分压提高，这对细胞的生长和代谢过程不利，抑制产物生成速率。特别是对动物细胞培养过程，这会使培养液中的 pH 值发生改变。也有用通过通纯氧或纯氧与空气混合气体的方式提高氧传递推动力，但是其适用于如生产规模较小的重组大肠杆菌培养等培养周期较短的过程。对大规模的培养过程，应该考虑这种方式的安全问题。而且向反应器通纯氧时，也必须考虑过高的氧浓度对生物反应的抑制。

降低温度可以使溶解氧浓度上升。在标准气压和温度在 4～33℃范围内，纯水中的氧浓度可用下述经验关系求出：

$$c^*_{OW}=\frac{14.6}{t+31.6} \tag{6-43}$$

式中，c^*_{OW} 为与空气平衡时纯水中的氧浓度，mol/m^3；t 为温度，℃。

表 6-3 的数据为在标准大气压下，纯水中的溶解氧浓度随温度的变化。

表 6-3 不同温度下氧在纯水中的溶解度（1.01×10^5 Pa）

温度/℃	溶解度/(mol/m^3)	温度/℃	溶解度/(mol/m^3)
0	2.18	25	1.26
10	1.70	30	1.16
15	1.54	35	1.09
20	1.38	40	1.03

培养基中含有的有机物和无机酸及其盐对溶解氧浓度也有影响。在培养基中加入酸或无机盐时，会改变培养基的离子强度等性质，使氧的溶解度减小。

6.2.2.2 影响液膜传递系数的因素

在不考虑细胞反应对氧的气-液吸收过程影响时，氧的传递阻力主要存在于气液界面附近的液膜中。因此，由于 $K_L \approx k_L$，影响 K_L 的因素对 k_L 的作用相同。

液膜系数 k_L 可由双膜理论和渗透理论的模型计算。若应用双膜理论和 Fick 第一定律分析液膜中的分子扩散，有：

$$k_L = \frac{D_L}{\delta} \tag{6-44}$$

式中，D_L 为氧在液体中的扩散系数，m^2/s；δ 为液膜厚度，m。

可计算得出 $\delta \approx 10\mu m$，而气泡尺寸约为 1～6mm，气泡间的最小距离为 1～10mm，所以气相和液相的主体相对液膜的混合较好，氧传递阻力主要在液膜中。因此，对 k_L 的分析意义较大。

应用 Higbie 渗透理论得出液膜系数的计算模型时，假定气体微元与气液界面接触为非稳态过程，在一定的渗透时间 t_e 下，液膜系数 k_L 为：

$$k_L = 2\sqrt{\frac{D_L}{\pi t_e}} \tag{6-45}$$

渗透时间 t_e 受微观的旋涡和湍流的影响，它表示微小旋涡在界面上的停留时间，其计算式可由 Kolmogorov 湍流理论分析得出。在 t_e 的计算方法确定后，由式(6-45) 可计算 k_L。

对符合幂律模型的流体，则有：

$$k_L = 2\sqrt{\frac{D_L}{\pi}}\left(\frac{e\rho_L}{K}\right)^{\frac{1}{2(1+n)}} \tag{6-46}$$

式中，K 为稠度系数，$Pa \cdot s^n$；n 为流动特性指数；e 为气液界面附近的局部能量输入密度；ρ_L 为流体的密度。

上式对牛顿型流体也适用，这时，K 为液体黏度，且 $n=1$。

对符合凯松（Casson）模型的流体，则有：

$$k_L = 2\sqrt{\frac{D_L}{\pi}}\left(\frac{e\rho_L(1-\sqrt{\alpha_r})^2}{\mu_C}\right)^{\frac{1}{4}} \tag{6-47}$$

式中，μ_C 为凯松黏度，$Pa \cdot s$；α_r 为屈服应力与剪切力的比值。

由此可见，影响液膜系数 k_L 的主要因素包括氧在液膜中的扩散系数、液体的密度、流变特性和黏度、单位质量流体的能量输入密度。

6.2.2.3 影响气液传质比表面积的因素

假设在体积为 V_L 的液体中截留的气体体积为 V_G，气泡直径为 d_B，则以液体体积定义的气液比表面积 a 为：

$$a = \frac{6V_G}{d_B V_L} \tag{6-48}$$

如果以培养液体积定义的气含率 ε_G 为：

$$\varepsilon_G = \frac{V_G}{V_G + V_L} \tag{6-49}$$

则有：

$$a=\frac{6}{d_{B}}\times\frac{\varepsilon_{G}}{1-\varepsilon_{G}} \tag{6-50}$$

一般气泡在上升过程中，随液体静压力的减小，气泡会发生凝并，如果有搅拌作用，气泡又被分散，故存在气泡大小的分布。对此分布下的平均气泡直径 d_m 可采用所称的 Sauter 平均直径的计算式：

$$d_{m}=\frac{\sum n_{j}d_{B_j}{}^{3}}{\sum n_{j}d_{B_j}{}^{2}} \tag{6-51}$$

式中，n_j 表示直径为 d_{B_j} 的气泡个数。

故有：

$$a=\frac{6}{d_{m}}\times\frac{\varepsilon_{G}}{1-\varepsilon_{G}} \tag{6-52}$$

由式(6-52) 可见，培养液中气含率越大，气液比表面积 a 越大。气液比表面积 a 与气泡直径 d_B 的关系说明，较大的比表面积要求有较小的气泡直径。为此目标，操作时可增大通气速率，并使搅拌转速提高。总之，氧传递速率的提高有赖于通气和搅拌条件的选择。

6.2.2.4 氧的消耗对体积氧传递系数的影响

研究 K_La 的影响因素时，通常分别分析气液吸收的物理过程和氧消耗过程，不仅不考虑氧消耗过程对它的影响，而且不考虑两种过程的因素对 K_La 影响的综合作用。但是，实际在有些细胞反应过程的研究中发现，细胞摄氧率增大时，会使 K_La 增大。对此现象，Garcia-Ochoa（2005）作了综合性量化分析。

定义氧消耗过程对 K_La 的增强因子 E：

$$E=\frac{K_{L}a}{k_{L}a} \tag{6-53}$$

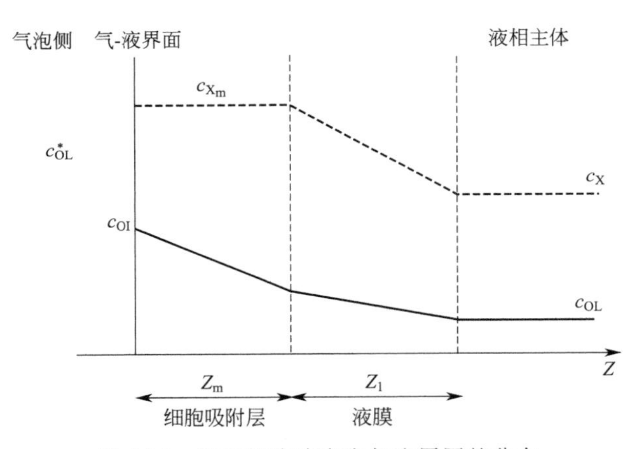

图 6-15　氧和细胞浓度在气泡周围的分布

对于增强因子表示的氧消耗过程的影响，可用关于气液界面的表面活性物质或细胞的吸附模型来分析，如图 6-15 所示。与单纯的气液吸收过程不同，对细胞反应体系，在气泡表面至液相主体，依次存在如下三层的氧传递阻力：①气液表面吸附的表面活性物质层阻力；②气液表面吸附的细胞单层的阻力；③液膜阻力。用 D_i 或 D 表示第 i 层的氧扩散系数，每一层的厚度表示为 z_i 或 z，每一层的细胞浓度为 $c_{X,i}$，则增强因子表示为：

$$E=[1+f(Ha)]g(z/D) \tag{6-54}$$

$$Ha_i = \frac{q_O c_{X,i} z_i^2}{2D_i (c_{OL}^* - c_{OL})} (i=1, m) \tag{6-55}$$

$$f(Ha) = Ha_m \left(1 + 2\frac{z_1 D_m}{z_m D_1} + \frac{2z_1^2}{3z_m^2}\right) + \frac{1}{3} Ha_1 \tag{6-56}$$

$$g(z/D) = \frac{z_1/D_1}{\sum_i z_i/D_i} \tag{6-57}$$

式中，下标 l 和 m 分别表示液膜和细胞吸附层；Ha 为 Hatta 数，无量纲；q_O 为比氧消耗速率。

由于 $g(z/D) \leqslant 1$，$[1+f(Ha)] > 1$，所以 E 值可有 $E>1$、$E=1$ 或 $E<1$ 三种可能的情形。对油菜黄单胞菌和红平红球菌培养的实验结果显示，它们的 E 值分别大于或等于 1，如图 6-16 所示。再由式(6-54) 和式(6-55) 可见，当 $E<1$ 时，一般有两种可能的情况：一是吸附的表面活性物质或细胞对氧传递的阻力较大；二是细胞的氧消耗速率相对氧传递速率较小。所以，$E>1$ 的条件是氧传递速率小于氧消耗速率。

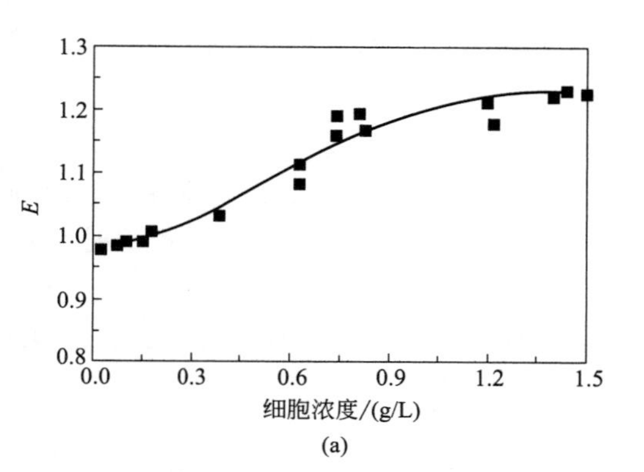

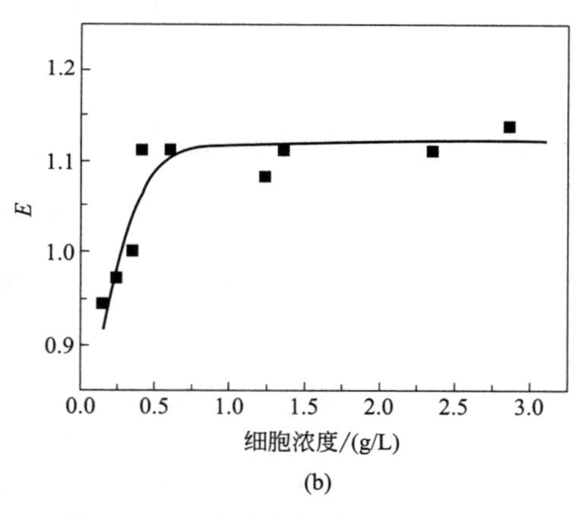

图 6-16 细胞浓度与增强因子的关系

(a) 油菜黄单胞菌培养；(b) 红平红球菌培养

应当注意，对有些青霉菌和黑曲霉菌等丝状真菌微生物的培养过程，随着培养液中菌丝含量增大，K_La 一般会有较大幅度的下降。主要原因是这些过程的培养液通常是非牛顿型流体，菌丝含量和菌丝形态会使培养液的稠度系数变大，培养液变得稠厚，这导致氧传递的条件变差。

6.2.2.5 其他因素的影响

(1) 温度 温度每升高 1℃，溶解氧浓度下降 2.5%。但是温度升高时氧的扩散系数 D_L 会增大，导致液膜传递系数 k_L 增大。因此，温度的这两种效应会相互抵消。

(2) 表面活性剂 在细胞反应中，表面活性剂往往作为消泡剂加入，用于防止泡沫的产生。表面活性剂的存在可使表面张力下降，气泡直径变小，气液传质比表面积增大。但是，由于表面活性剂容易吸附在气-液界面上，因此它会使界面传质阻力增大，使 k_L 值下降。

(3) 离子强度 一般离子强度较大时的 K_La 值较大，原因是电解质存在时生成的气泡直径比在水中小得多，因此气液传质比表面积较大。但是，电解质浓度较高时，氧的溶解度会变低。

6.2.3 体积氧传递系数的计算

K_La 的计算一般有两种方法：一种方法是通过反应体系的气含率 ε_G、平均气泡直径

d_m、气液比表面积 a 和液膜传递系数 k_L 计算得到，这种方法有利于分别分析液膜阻力和气体的分散对传质效率的影响；另一种方法使用 K_La 的直接经验关联式，用这种方法估计反应器的传质效率较方便。以下先介绍前一种方法。对这种方法，本书主要采用 Garcia-Ochoa 等（2009）所总结的计算方法。

6.2.3.1 液膜传递系数 k_L

液膜传递系数 k_L 可由理论计算式(6-45)、式(6-46) 和式(6-47) 得出。但必须计算单位质量液体的搅拌功率消耗 e。

对通气式机械搅拌反应器，通气时的搅拌功率消耗 P_{SG} 有一些重要的计算式。例如，可由下述 Michel 公式计算 P_{SG}。

$$P_{SG}=\alpha\left(\frac{P_S^2Nd^3}{F_G^{0.56}}\right)^{\beta} \tag{6-58}$$

式中，α 和 β 为常数。对装有单层平叶涡轮搅拌桨的反应器，α 和 β 分别为 0.783 和 0.459；而装有两层平叶涡轮搅拌桨时，α 和 β 分别为 1.224 和 0.432。

由于通气消耗的功率一般相对机械搅拌的功率消耗可忽略，并将气-液界面的功率消耗用反应器中的平均功率消耗近似表示，因此：

$$e\approx e_T=\frac{P_{SG}}{\rho_L V_L} \tag{6-59}$$

对鼓泡塔反应器，由通气引起的气-液界面的局部功率消耗 e 为：

$$e=\frac{\varepsilon_G}{1-\varepsilon_G}v_{GS}g \tag{6-60}$$

式中，v_{GS} 为气体表观线速度，m/s；g 为重力加速度。

6.2.3.2 气含率

对通气式机械搅拌反应器，对非黏性液体，在对搅拌器桨叶作标准设计条件下，Garcia-Ochoa 导出的气含率计算式为：

$$\frac{\varepsilon_G}{1-\varepsilon_G}=0.819\frac{v_{GS}^{2/3}N^{2/5}d^{4/15}}{g^{1/3}}\left(\frac{\rho_L}{\sigma}\right)^{1/5}\left(\frac{\rho_L}{\rho_L-\rho_G}\right)\left(\frac{\rho_L}{\rho_G}\right)^{-1/15} \tag{6-61}$$

式中，v_{GS} 为气体表观线速度；N 为搅拌转速；d 为搅拌器桨叶直径；ρ_L 和 ρ_G 分别为液体和气体的密度；σ 为液体表面张力，N/m；g 为重力加速度。

对黏性液体，其气含率的计算方法是对式(6-61) 的计算结果做修正而得出。设黏性液体气含率为 ε_{GV}，则有：

$$\frac{\varepsilon_{GV}}{1-\varepsilon_{GV}}=\frac{\varepsilon_G}{1-\varepsilon_G}\left(\frac{\mu_L}{\mu_G}\right)^{-1/4} \tag{6-62}$$

式中，μ_L 和 μ_G 分别为液体和气体的黏度。

对鼓泡塔反应器，其气含率的计算采用 Godbole（1984）的经验关联式：

$$\frac{\varepsilon_G}{1-\varepsilon_G}=0.255v_{GS}^{0.60}\mu_a^{-0.19} \tag{6-63}$$

$$\mu_a=K(5000v_{GS})^{n-1} \tag{6-64}$$

式中，K 为稠度系数，$Pa\cdot s^n$；n 为流动特性指数。

6.2.3.3 平均气泡直径 d_m

对通气式机械搅拌反应器的平均气泡直径，有 Calderbank（1958）的计算式。

对发生气泡凝并的体系：

$$d_m = 4.15 \times \frac{\sigma^{0.6}}{(P_{SG}/V_L)^{0.4}\rho_L^{0.2}}\left(\frac{\varepsilon_G}{1-\varepsilon_G}\right)^{0.5} + 9.0 \times 10^{-4} \tag{6-65}$$

式中，V_L 为液体体积。

对不发生凝并的体系：

$$d_m = 1.93 \times \frac{\sigma^{0.6}}{(P_{SG}/V_L)^{0.4}\rho_L^{0.2}} \tag{6-66}$$

由上述 k_L、ε_G 和 d_m 的计算式，即可求出 K_La。

6.2.3.4 K_La 的计算式

K_La 的计算方法是采用经验关联式。对通气式机械搅拌反应器，这些关联式的一般形式为：

$$K_La = C\left(\frac{P_{SG}}{V_L}\right)^a v_{GS}{}^b \mu_a{}^c \tag{6-67}$$

式中，C 为系数，它与反应器的结构参数和搅拌器桨叶类型有关。$0.3 \leqslant a \leqslant 0.7$，$0.4 \leqslant b \leqslant 1.0$，$-0.4 \leqslant c \leqslant -0.7$。

van't Riet（1979）根据在通气式机械搅拌反应器中对非黏性流体的气液传质的研究数据，得出如下关联式：

对发生气泡凝并的体系：

$$K_La = 2.6 \times 10^{-2}\left(\frac{P_{SG}}{V_L}\right)^{0.4} v_{GS}{}^{0.5} \tag{6-68}$$

对不发生凝并的体系：

$$K_La = 2.0 \times 10^{-3}\left(\frac{P_{SG}}{V_L}\right)^{0.7} v_{GS}{}^{0.2} \tag{6-69}$$

上述关联式的适用条件为：

$$500\,\mathrm{W/m^3} < \left(\frac{P_{SG}}{V_L}\right) < 10000\,\mathrm{W/m^3}$$

$$v_{GS} < 4.7 \times 10^{-2}\,\mathrm{m/s}$$

$$V_L < 4.4\,\mathrm{m^3}$$

文献上还有不少体积传递系数的经验关联式，这些经验关联式的应用有一定的限制条件，使用时必须注意。

6.2.4 反应器操作时的氧传递过程分析

6.2.4.1 氧的供需关系分析

由反应器中氧的传递速率表示供氧速率，由细胞的摄氧率表示耗氧速率，供氧速率和耗氧速率共同决定培养液中溶解氧浓度。培养液中溶解氧浓度的变化为：

$$\frac{dc_{OL}}{dt}=OTR-OUR=K_La(c_{OL}^*-c_{OL})-q_Oc_X \tag{6-70}$$

式中，OUR为摄氧率，$mol/(m^3 \cdot s)$；q_O 为比氧消耗速率，s^{-1}；c_X 为细胞浓度。

当 OUR>OTR，溶解氧浓度 c_{OL} 升高；反之，则下降。

当供需平衡时，OUR=OTR，可有：

$$c_{OL}=c_{OL}^*\left(1-\frac{q_Oc_X}{K_Lac_{OL}^*}\right) \tag{6-71}$$

可见，在稳态时，在一定呼吸强度 q_O 和细胞浓度 c_X 下，通过增大通气速率和搅拌转速，随着体积氧传递系数 K_La 的增大，溶解氧浓度上升。这是通过增大氧传递系数提高溶解氧浓度的作用原理。

氧的供应促进和限制细胞培养过程所能达到的比生长速率和细胞浓度。因此，反应器供氧系统所能支持的最大浓度为 $c_{OL}\approx 0$ 时的最大细胞浓度，即：

$$c_{X,max}=\frac{K_Lac_{OL}^*}{q_O} \tag{6-72}$$

6.2.4.2 最低溶解氧浓度问题

在第3章已经讨论了关于呼吸强度的临界溶解氧浓度问题。实际上，对其他生长参数，也有各自的临界溶解氧浓度。在反应器操作时，临界溶解氧浓度可理解为所允许的最低溶解氧浓度。

若产物生成速率与氧传递速率有关，并且当细胞的代谢活性较高时，摄氧率往往较大，因此可以假定存在相应的临界摄氧率$(OUR)^*$。对此临界摄氧率，如果反应器供氧能力达不到，培养液中溶解氧浓度将降至很低的水平，当此浓度小于最低溶解氧浓度 $c_{OL,min}$ 时，细胞的代谢特性将发生变化。

在合理的操作条件下，反应器的最大传氧速率应等于临界摄氧率：

$$(OUR)^*=(q_Oc_X)^*=(OTR)_{max} \tag{6-73}$$

这时：

$$(OTR)_{max}=K_La(c_{OL}^*-c_{OL,min}) \tag{6-74}$$

由式(6-73)和式(6-74)可得：

$$c_{OL,min}=c_{OL}^*\left[1-\frac{(q_Oc_X)^*}{K_Lac_{OL}^*}\right] \tag{6-75}$$

由此可见，最低溶解氧浓度与临界摄氧率和此时的体积传递系数 K_La 有关。若在反应过程中摄氧率大于$(OUR)^*$，溶解氧浓度将小于最低溶解氧浓度，传氧速率限制产物生成速率。因此，反应器操作时，一方面必须优化调控细胞的代谢活性，另一方面也必须提高反应器的传质效率。

最低溶解氧浓度不仅与体积传递系数有关，也与反应器中物料的混合程度有关。如在大型的细胞反应器中往往存在溶解氧浓度分布，有些部位的溶解氧浓度较低，因此其最低溶解氧浓度 $c_{OL,min}$ 会与混合和传质性能理想的实验反应器的最低溶解氧浓度不同。图6-17显示这个典型现象，A和B表示的数据分别对应实验反应器和大型反应器的摄氧率和产物生成比速率 q_P 与最低溶解氧浓度的关系。从该图可以看出，对大型反应器若要维持要求的摄氧率OUR和产物比生成速率 q_P，需要保证较高的最低溶解氧浓度。

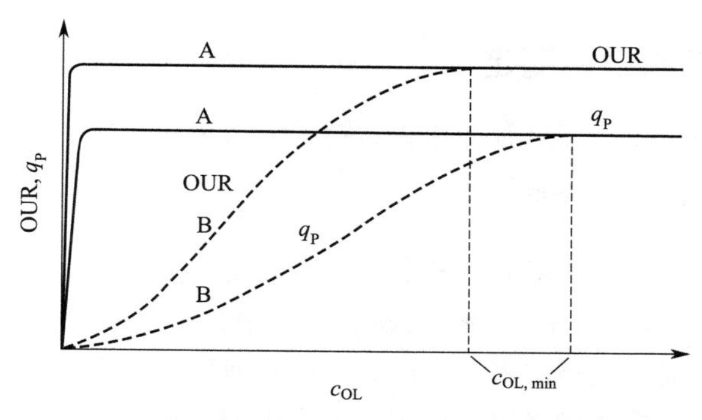

图 6-17　不同规模反应器的最低溶解氧浓度

【例 6-2】 在青霉素发酵的机械搅拌反应器的氧传递研究中，已由实验数据得到：

$$K_La=9.25\times10^{-4}\left(\frac{P_{SG}}{V_L}\right)^{0.7}v_{GS}^{\ 0.2}$$

又已知反应器内培养液体积 $V_L=1\ m^3$，液柱高度与反应器直径之比 $H_L/D=3.0$。

(1) 求 $F_G/V_L=1.0\ min^{-1}$、$P_{SG}=3000W$ 时的表观通气线速度 v_{GS}、体积氧传递系数 K_La。

(2) 若产黄青霉的比氧消耗速率为，$q_O=q_{O,max}c_{OL}/(K_O+c_{OL})$，$q_{O,max}=0.65$ mmol/(kg·s)，$K_O=0.015$mmol/L。青霉素无抑制生成时的最低氧浓度 $c_{OL}=0.3c_{OL}^*$，$c_{OL}^*=0.26$mmol/L。求供氧速率最大时可能达到的最大细胞浓度 $c_{X,max}$。

解 (1) 已知 $H_L=3.0D$，则：

$$V_L=\frac{\pi}{4}D^2H_L=\frac{3\pi}{4}D^3$$

$$D=\left(\frac{4V_L}{3\pi}\right)^{1/3}=\left(\frac{4\times1.0}{3\pi}\right)^{1/3}=0.752(m)$$

反应器横截面积　$S=\frac{V_L}{H_L}=\frac{1}{3\times0.752}=0.443(m^2)$

通气速率　$F_G=\frac{1.0}{60}\times V_L=0.0167m^3/s$

表观通气线速度　$v_{GS}=\frac{F_G}{S}=\frac{0.0167}{0.443}=0.0377(m/s)$

体积氧传递系数

$$K_La=9.25\times10^{-4}\left(\frac{P_{SG}}{V_L}\right)^{0.7}v_{GS}^{\ 0.2}$$

$$=9.25\times10^{-4}\left(\frac{3000}{1.0}\right)^{0.7}0.0377^{0.2}=0.130(s^{-1})=468(h^{-1})$$

(2)当供氧和需氧达到平衡时

$$c_X=\frac{K_La(c_{OL}^*-c_{OL})}{q_O}=\frac{K_La}{q_{O,max}}(K_O+c_{OL})\left(\frac{c_{OL}^*}{c_{OL}}-1\right)$$

当 $c_{OL}=0.3c_{OL}^*$ 时

$$c_{X,max}=\frac{K_La}{q_{O,max}}(K_O+0.3c_{OL}^*)\left(\frac{1}{0.3}-1\right)$$

$$=\frac{0.130}{0.65}(0.015+0.3\times0.26)\left(\frac{1}{0.3}-1\right)=0.0434(kg/L)=43.4(g/L)$$

6.2.5 体积氧传递系数的测定

体积氧传递系数测定方法主要有动态法、物料平衡法和亚硫酸氧化法。

6.2.5.1 动态法

动态法利用发酵过程中细胞的呼吸活性，通过测量氧的非稳态质量平衡估算 K_La。测定方法如图 6-18（a）所示。开始时停止向培养液中通气（图中 A 点），当溶解氧浓度下降至一定的水平，并且不低于最小溶解氧浓度时，恢复通气（图中 B 点），随后让溶解氧浓度逐渐升高，直至达到新的稳态（图中 C 点）。过程中氧的物料平衡式为：

$$\frac{\mathrm{d}c_{OL}}{\mathrm{d}t}=K_La(c_{OL}^*-c_{OL})-r_O \tag{6-76}$$

当停止通气后，由于不存在气液两相的氧传递，则 $K_La(c_{OL}^*-c_{OL})=0$，并且溶解氧的下降速率等于氧的消耗速率，故求得的 AB 线的斜率等于摄氧率 r_O。

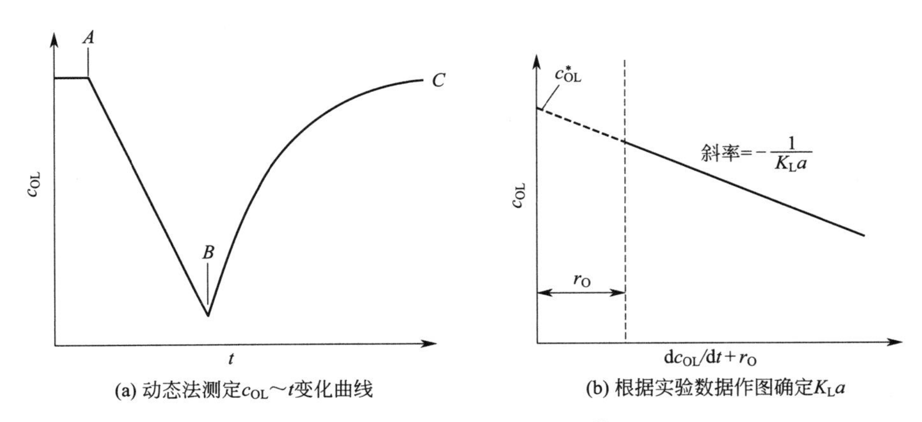

图 6-18 动态法测定 K_La 值

式(6-76) 可改写为：

$$c_{OL}=\left(-\frac{1}{K_La}\right)\left(\frac{\mathrm{d}c_{OL}}{\mathrm{d}t}+r_O\right)+c_{OL}^* \tag{6-77}$$

根据恢复通气后溶解氧变化的曲线，求出一定的溶解氧浓度对应的$\frac{\mathrm{d}c_{OL}}{\mathrm{d}t}$（即曲线的斜率），将 c_{OL} 对 $\left(\frac{\mathrm{d}c_{OL}}{\mathrm{d}t}+r_O\right)$作图可以得一直线，其斜率为$-\frac{1}{K_La}$，在 c_{OL} 轴上的截距为 c_{OL}^*，见图 6-18（b）。

动态法的优点是可用溶解氧电极测定溶解氧随时间的变化而简单地求出 K_La，但存在传感器的响应滞后问题。

6.2.5.2 物料平衡法

物料平衡法通过用顺磁氧分析仪检测反应器进气和排气中的氧含量，根据对氧的物料平衡式计算出 K_La。

在培养过程中，稳态时，由式(6-76) 可求得摄氧率 r_O：

$$r_O=K_La(c_{OL}^*-c_{OL}) \tag{6-78}$$

由稳态过程物料平衡可得：

$$r_O[mol/(L\cdot h)]=\frac{1}{V_L}(\text{单位时间进气中的氧含量}-\text{单位时间排气中的氧含量})$$

$$=\frac{1}{V_L}\times F_G\times 60\times\frac{1}{22.4}\times 10^3(y_{O,in}-y_{O,out}) \tag{6-79}$$

式中，V_L 为培养液反应器有效体积，L；F_G 为通气速率，L/min；$y_{O,in}$ 和 $y_{O,out}$ 分别为进气和排气中的氧含量，mol/mol。

由式(6-79) 得出的摄氧率 r_O，结合式(6-78)，可求出：

$$K_La=\frac{r_O}{c_{OL}^*-c_{OL}}(h^{-1}) \tag{6-80}$$

式中，c_{OL}^* 的数值可查物性手册并校正得到，并且将随时间变化的有关变量代入上式后可计算出整个过程的 K_La。

6.2.5.3 亚硫酸氧化法

亚硫酸氧化法一般适用于在非培养情况下测定反应器的氧传递系数。其基本原理为：在反应器中加入含有铜离子或钴离子为催化剂的亚硫酸钠溶液，进行通气搅拌，亚硫酸钠与溶解氧生成硫酸钠。由于反应进行得很快，反应速率由气液相间的氧传递速率控制，而与亚硫酸钠的浓度无关，并且由于氧化反应速率很快，液相中氧浓度 $c_{OL}=0$，因此，氧的传递速率可表示为：

$$r_O=K_Lac_{OL}^* \tag{6-81}$$

据此式可求出 K_La。但由于亚硫酸钠溶液与实际的培养液在性质上有很大差别，故不能很好地模拟实际培养液的情况。

以上仅介绍 K_La 的测定原理，详细的测定方法可参阅有关书籍和文献的相关内容。

6.3 传热过程基本原理

6.3.1 反应过程的传热

生物反应器操作时对温度控制要求比较严格，并且反应器设计时传热系统配置也是重要内容，因此必须分析过程的热量平衡和反应器的传热速率。

6.3.1.1 过程的热量衡算

当生物反应器反应温度保持不变时，对反应器的热量平衡方程为：

$$Q_E=Q_B+Q_A-Q_S-Q_V-Q_R \tag{6-82}$$

式中，Q_E 为反应器传热；Q_B 为生物反应热；Q_A 为搅拌造成的放热；Q_S 为通气带出的显热；Q_V 为蒸发热；Q_R 为反应液对环境的辐射热。式中各个参数的单位均为 W。

① 反应器传热 Q_E　指反应器通过换热面对反应液带出或补充的热量。对微生物培养过程，常称其为发酵热。以链霉菌为主的抗生素发酵过程的最大发酵热约为 12000～21000

kJ/(m^3 · h)。在控制反应器温度时，此传热速率主要决定于冷却水的温度。

② 生物反应热 Q_B　指细胞的生长与代谢过程中的反应热。它与能量代谢过程有关，其数值取决于细胞的种类、培养时间、碳源的种类以及浓度的变化。

③ 搅拌放热 Q_A　机械搅拌带动流体流动，造成流体之间、流体与设备之间的摩擦而产生的热量，可根据搅拌功率消耗近似算出。对通用式发酵罐，搅拌功率消耗值的范围为0.5～5kW/m^3。

④ 通气带出或带入的显热 Q_S　可根据式(6-83) 计算：

$$Q_S = F_G \rho_G c_{PG}(T_G - T_B) \tag{6-83}$$

式中，F_G 为通入空气流量，m^3/s；ρ_G 为空气密度，kg/m^3；c_{PG} 为空气比热容，J/(kg · ℃)；T_G 为空气进入时的温度，℃；T_B 为反应器内温度，℃。

若 $T_G > T_B$，则为带入热量；若 $T_G < T_B$，则为带走热量。

⑤ 蒸发热 Q_V　由于通入的空气在压缩过程中已被干燥，而在通过反应液后又被水饱和，这导致由于水的蒸发而造成的热量损失。由式(6-84) 计算：

$$Q_V = \Delta H_V F_G \left(\frac{p_n}{p_T} \rho_{V,out} - \rho_{V,in} \right) \tag{6-84}$$

式中，ΔH_V 为水蒸发潜热，J/kg；F_G 为通入空气流量，m^3/s；p_n 为标准压力，即定义 F_G 时的压力，Pa；p_T 为反应器顶部压力，Pa；$\rho_{V,out}$ 为在反应器温度和顶部压力时水蒸气质量浓度，kg/m^3；$\rho_{V,in}$ 为进入反应器的空气中的水蒸气质量浓度，kg/m^3。

⑥ 辐射热 Q_R　指向环境散失热量的速率，它与换热装置带走的热量有区别。可用式(6-85) 计算：

$$Q_R = h_T A (T_B - T_E) \tag{6-85}$$

式中，h_T 为总传热系数，W/(m^2 · ℃)；A 为反应器的传热比表面积，m^{-1}；T_B 和 T_E 分别为反应器内温度和环境温度，℃。

6.3.1.2 反应器的换热计算

生物反应器的传热速率或总热负荷可用式(6-86) 表示：

$$Q = h_T A \Delta T_m \tag{6-86}$$

式中，h_T 为总传热系数，W/(m^2 · ℃)；A 为反应器的总传热面积，m^2；ΔT_m 为培养液与冷却水的平均温差，℃。

平均温差 ΔT_m 可按式(6-87) 计算：

$$\Delta T_m = \frac{(T_B - T_{in}) - (T_B - T_{out})}{\ln\left(\frac{T_B - T_{in}}{T_B - T_{out}} \right)} \tag{6-87}$$

式中，T_B、T_{in} 和 T_{out} 分别表示反应器内、冷却水入口和冷却水出口温度，℃。

总传热系数的一般计算式为：

$$\frac{1}{h_T} = \frac{1}{h_1} + \frac{d_F}{\lambda_F} + \frac{d_W}{\lambda_W} + \frac{1}{h_2} \tag{6-88}$$

式中，h_1 为反应液侧的传热系数，W/(m^2 · ℃)；h_2 为冷却水侧的传热系数，W/(m^2 · ℃)；d_W 为冷却盘管或反应器壁的厚度，m；d_F 为污垢的厚度，m；λ_W 为冷却盘管或反应器壁的热导率，W/(m · ℃)；λ_F 为污垢的热导率，W/(m · ℃)。

一般传热阻力在反应液侧，$h_T \approx h_1$，因此传热系数 h_1 实际等于反应器的传热系数。

对机械搅拌反应器，Henzler（1982）由大量实验数据分析得出的传热系数关联式为：

$$\frac{h_1 D}{\lambda_B}=0.6\left(\frac{Nd^2}{\nu_B}\right)^{0.67}\left(\frac{c_{PB}\mu_B}{\lambda_B}\right)^{0.33} \tag{6-89}$$

式中，λ_B 为反应液的热导率，W/(m·°C)；ν_B 为反应液的运动黏度，m^2/s；μ_B 为反应液的黏度，Pa·s；c_{PB} 为反应液的比热容，J/(kg·°C)。

式(6-89) 适用于所有的搅拌器桨叶类型。直径较大的搅拌桨的 h_1 值较大。对非牛顿流体，计算时必须使用表观黏度。

对鼓泡塔反应器，由于液体的循环速度取决于通气表观线速度 v_{GS}，因此其传热特性主要取决于通气表观线速度。Heijnen 和 van't Riet（1984）给出的关联式为：

$$h_1=9391 \cdot v_{GS}{}^{0.25}\left(\frac{\mu_W}{\mu_B}\right)^{0.35} \tag{6-90}$$

式中，μ_W 为水的黏度，Pa·s。

对各种反应器系统，还有其他一些关联式。

【例 6-3】 维生素 C 制造中的古龙酸制备过程的单台塔式反应器的容量为 $200m^3$，装料系数为 70%，发酵热为 16700kJ/(m^3·h)，发酵温度为 30℃，冷却水的进出口温度分别是 15℃和 23℃，设总传热系数为 560W/(m^2·°C)，试计算反应器的总传热面积。

解 反应器有效体积 $V_R=70\%\times200=140(m^3)$

反应器的热负荷 $Q=\frac{16700\times10^3}{3600}\times140=6.49\times10^5(W)$

发酵温度 $T_B=30℃$，冷却水的进出口温度分别是 $T_{in}=15℃$，$T_{out}=23℃$，则平均温差：

$$\Delta T_m=\frac{(T_B-T_{in})-(T_B-T_{out})}{\ln\left(\frac{T_B-T_{in}}{T_B-T_{out}}\right)}=\frac{(30-15)-(30-23)}{\ln\left(\frac{30-15}{30-23}\right)}=10.5(°C)$$

已知总传热系数 $h_T=560W/(m^2\cdot°C)$，故总传热面积 A 为：

$$A=\frac{Q}{h_T\Delta T_m}=\frac{6.49\times10^5}{560\times10.5}=110(m^2)$$

6.3.2 灭菌过程的传热

在培养过程开始前，对培养基一般使用分批或连续两种方式进行灭菌。分批灭菌时，反应器中的培养基通过换热面间接加热和直接通入蒸汽加热两种方式，使培养基在高温下保持一段时间后完成灭菌过程。连续灭菌时培养基在反应器外用连续操作的换热系统加热，同时对没有培养基的反应器进行蒸汽加热以保持一定温度。

6.3.2.1 分批灭菌过程中的传热

此过程的操作由加热、保温和冷却三个阶段组成，如图 6-19 所示。

图 6-19(a) 表示培养基分批灭菌过程中温度随灭菌时间的变化。

图 6-19(b) 则表示在分批灭菌过程中活杂菌随时间减少的情况。图中 N_0 为初始活杂菌总数；N_1 是加热阶段结束时活菌总数；N_2 是保温阶段结束时活菌总数；N_f 是冷却阶段结束时活杂菌总数。t_1、t_2 和 t_f 分别为相应阶段结束时的时间。

分批灭菌主要在保温阶段实现，但是在升温的后期和冷却的初期，由于有较高的温度，

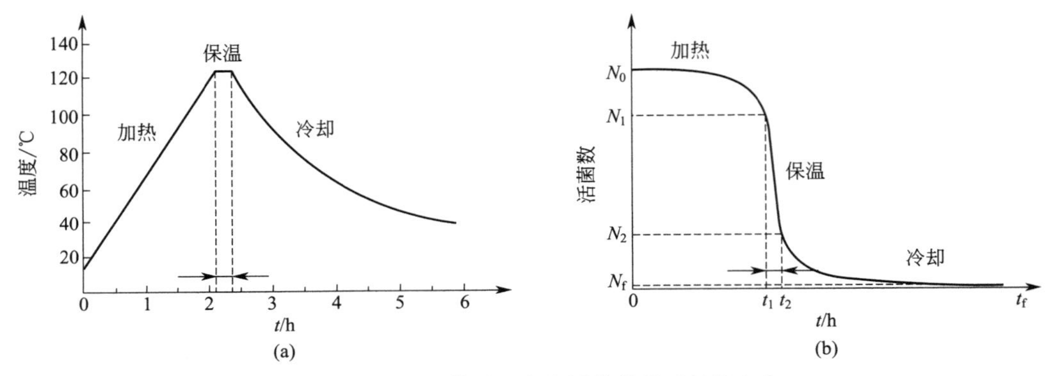

图 6-19 分批灭菌时温度和活菌数随时间的变化

（a）温度随时间变化；（b）活菌数随时间变化

也有一定的灭菌效果。如以∇表示灭菌度，总的灭菌效果表示为：

$$\nabla_{总}=\nabla_{加}+\nabla_{保}+\nabla_{冷} \tag{6-91}$$

式中，$\nabla_{总}$、$\nabla_{加}$、$\nabla_{保}$和$\nabla_{冷}$分别表示总过程、加热、保温和冷却阶段的灭菌度。

在灭菌操作时，主要任务是求出上述各个阶段的时间和灭菌度，故以下分析总过程及其各个阶段的情况。

根据细胞死亡动力学，可知过程的灭菌度∇由式(6-92) 表示：

$$\nabla=\ln\frac{N_0}{N}=\int_0^t k_d \mathrm{d}t \tag{6-92}$$

由于细胞比死亡速率 k_d 是温度 T 的函数，因此在加热和冷却阶段，由于温度随时间发生变化，故$\nabla_{加}$和$\nabla_{冷}$的数值由加热和冷却的换热方式决定，而在保温阶段，由于温度为确定数值，所以$\nabla_{保}$的数值由保温时间决定。

(1) 加热阶段 由于加热为温度 T 随时间变化的非定态过程，因此：

$$T=F(t) \tag{6-93}$$

$$k_d=f(t) \tag{6-94}$$

为求出细胞比死亡速率与时间的关系，必须先求出式(6-93) 的 $T\sim t$ 的具体形式，再利用 $k_d\sim T$ 的函数关系，才可确定 $k_d\sim t$ 的函数关系。对 $T\sim t$ 的关系，可以利用各种换热方式的计算式完成。

对培养基以蒸汽直接通入的加热方式，升温时间为：

$$t=\frac{Gc_P(T-T_0)+Q'}{(H-c_W T_S)m_S} \tag{6-95}$$

式中，T_S、T_0 和 T 分别为蒸汽、升温开始和升温过程的温度；G 为培养基的质量；c_P 和 c_W 分别为培养基和冷凝水的比热容；Q'为操作时的热量损失；H 为蒸汽的热焓；m_S 为蒸汽的质量。

则升温时间与温度变化的关系表示为：

$$T=T_0\left(1+\frac{\alpha t}{1+\beta t}\right)$$

$$\alpha=\frac{Im_S}{Gc_P T_0},\ \beta=\frac{m_S}{G} \tag{6-96}$$

式中，I 为以培养基初始温度为基准的蒸汽潜热。

对培养基以蒸汽通入夹套或蛇管的加热方式，其升温时间可表示为：

$$t=\frac{Gc_P}{h_T A}\ln\frac{T_S-T_0}{T_S-T} \tag{6-97}$$

$$T=T_S[1+\beta\exp(-\alpha t)]$$

$$\alpha=\frac{h_T A}{Gc_P},\ \beta=\frac{T_0-T_S}{T_S} \tag{6-98}$$

(2) 冷却阶段 在此过程中，夹套或蛇管以及培养基的温度都随时间变化，由热量平衡计算可得：

$$Gc_P\frac{\mathrm{d}T}{\mathrm{d}t}=Wc_W(T_{out}-T_{in})=h_T A\Delta T_m \tag{6-99}$$

式中，W 为冷却水的质量流量；c_W 为冷却水的比热容；T_{in} 和 T_{out} 分别为冷却水的进口和出口温度；ΔT_m 为培养基和冷却水的平均温度差。

对式(6-99) 积分可得：

$$t=\frac{Gc_P}{Wc_W}\left(\frac{\beta}{\beta-1}\right)\ln\frac{T_0-T_{in}}{T-T_{in}}$$

$$\beta=\frac{T_0-T_{in}}{T_{in}} \tag{6-100}$$

式中，T_0 和 T 分别为冷却开始时和过程的温度。

则降温时间与培养基温度的关系为：

$$T=T_S[1+\beta\exp(-\alpha t)]$$

$$\alpha=\frac{Wc_W}{Gc_P}\left[1-\exp\left(\frac{h_T A}{Wc_W}\right)\right],\ \beta=\frac{T_0-T_{in}}{T_{in}} \tag{6-101}$$

式(6-101) 表示为指数函数关系。

(3) 保温阶段 由上述两个阶段求出温度与时间的关系式，再利用式(6-92) 即可分别求出$\nabla_{加}$和$\nabla_{冷}$，故可求出保温时间：

$$t=\frac{\nabla_{总}-\nabla_{加}-\nabla_{冷}}{k_d} \tag{6-102}$$

其中$\nabla_{总}$由过程的要求决定，对一定的保温温度其 k_d 一定。

一般情况完成整个分批灭菌周期约需 3～5h，对于各个阶段的灭菌贡献大致为：$\nabla_{加}/\nabla_{总}=0.2$，$\nabla_{保}/\nabla_{总}=0.75$，$\nabla_{冷}/\nabla_{总}=0.05$。由此可见，灭菌过程中保温阶段贡献最大，冷却阶段的灭菌作用最小。

6.3.2.2 连续灭菌过程中的传热

实现连续灭菌，有两种方案：一是利用热交换器对培养基进行间接加热和冷却，其特点是单位体积热交换器具有较高的传热面积；二是用蒸汽直接喷射加热培养基，被加热后的培养基继而通过保温，最后用闪蒸膨胀法或通过冷却蛇管的方法进行冷却。该方法的特点是加热、冷却过程进行很快，有利于实现灭菌要求的高温和较短的停留时间。

图 6-20 表示了上述两种连续灭菌过程的示意图；图 6-21 则表示上述两种连续灭菌过程的温度随时间变化的示意图。

对连续灭菌过程，最为重要的是保证培养基有适宜的保温时间，时间过长或过短都对发酵不利，因此物料在设备内停留时间长短，或称为停留时间分布状况如何，对连续灭菌过程的影响很重要。

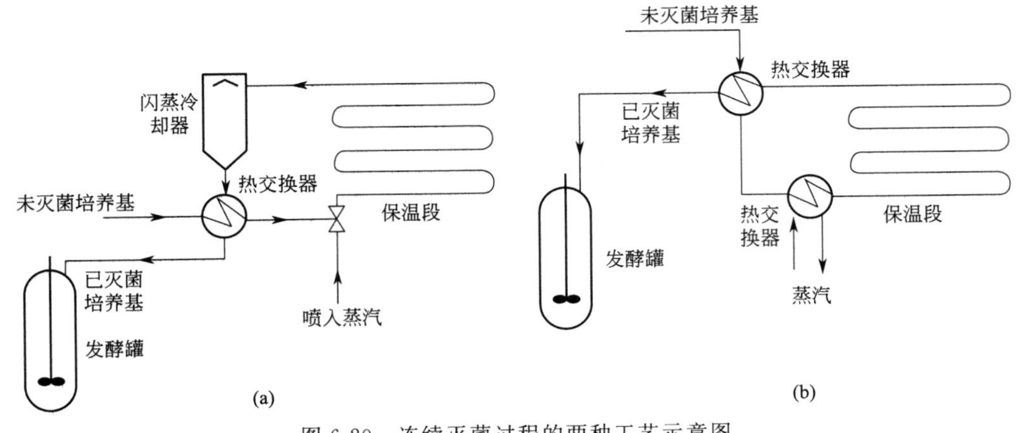

图 6-20　连续灭菌过程的两种工艺示意图

(a) 连续蒸汽喷射同闪蒸冷却；(b) 用热交换器加热和冷却

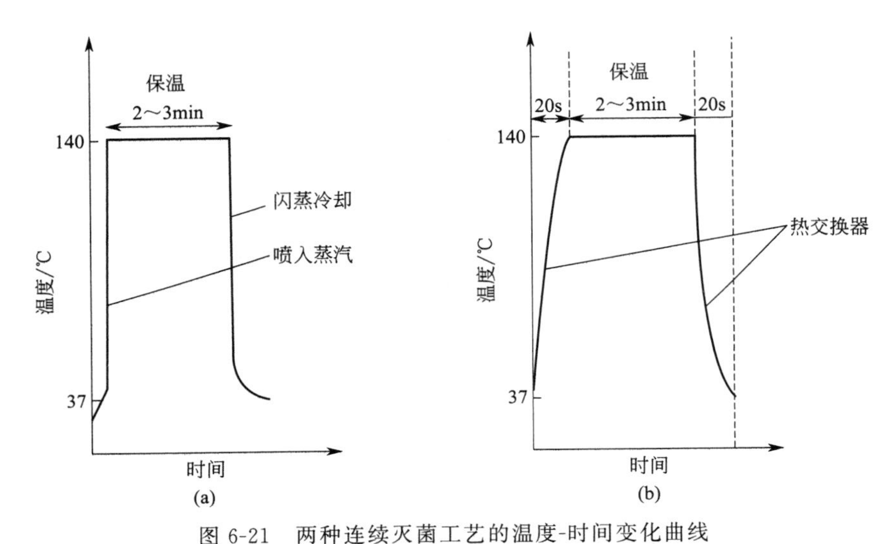

图 6-21　两种连续灭菌工艺的温度-时间变化曲线

(a) 连续蒸汽喷射同闪蒸冷却的温度-时间曲线；(b) 热交换器加热和冷却的温度-时间曲线

6.4　反应器的混合特性

6.4.1　混合的概念

混合是使反应器中的物料性质在空间上获得均一性的物理操作。通过混合，可使反应器中的物料组成、温度、pH 和剪切力等参数分布趋于均匀，为生物反应过程提供适宜的反应环境。在生物反应器中，实际不可能达到完全的均一性，因此，在分析混合过程的特性时，采用混合尺度和混合程度两种特征参数。

混合尺度定义为系统达到的均一性的几何范围。因此，有宏观混合和微观混合的概念区分。宏观混合指设备尺度上的混合过程。它通过反应器中的循环流动而产生的主体对流流动实现。影响宏观混合特性的主要变量为操作方式和反应器类型。微观混合为流体微团尺度上的混合过程，也可认为它是最小湍流旋涡长度下的混合。它是通过这种尺度下的湍流脉动使流体通过微团间相互作用和分子扩散机制以达到分子尺度均匀的过程。微观混合有三种机制：①剪切，即对微观上的层流流动，相邻的流体层之间存在相互剪切作用；②交换，即对湍流流动，流体微团作连续和随机的相对运动；③扩散，指分子扩散，可以理解为分子尺度的交换过程。

混合程度定义为对完全混合的偏离程度。假定在完全混合状态物料有完全均一性，对某组分浓度，反应器内处处有浓度 c_{∞}，当混合过程中反应器内组分浓度为 c 时，混合程度 m 由式(6-103) 估计：

$$m=\left(1-\left|\frac{c_{\infty}-c}{c_{\infty}}\right|\right)\times 100\% \tag{6-103}$$

混合时间 t_m 定义为在一个分批操作的反应器中达到一定混合程度所需要的时间。测量混合时间时所得的 t_m 值通常表示在传感器探头尺度空间位置的混合状况，因此，van't Riet（2011）认为，混合时间表示的是反应器的宏观混合性能。

通常对混合时间采用示踪剂法测量。在示踪剂由反应器的某个部位加入后，用检测 pH 或电导率等参数的传感器测量反应器中某个部位的示踪剂浓度 c 的变化。由于实际达到完全的浓度均一状态需要很长的时间，因此测定 t_m 时，通常在浓度稳定在 $0.95c_{\infty} \leqslant c \leqslant 1.05c_{\infty}$ 范围时确定 t_m 值。常用的混合时间是 $m=0.95$ 时的 t_m 值，表示为 $t_{m,0.95}$。如图 6-22 所示为混合时间与混合程度的关系曲线。可见，随着混合程度的增加，混合时间急剧上升。

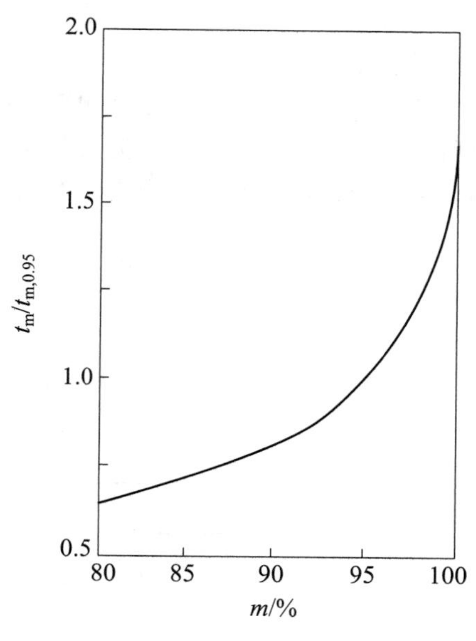

图 6-22　混合时间随混合程度的变化曲线

在混合过程进行时，反应器内组分浓度达到某一值前，组分浓度会经历几个周期性的波动过程。如图 6-23 中的时间 t_C，称为循环时间。循环时间定义为流体微团从一个固定参考位置出发再回到这个位置所需要的时间。对图中所示的环流反应器，这个参考位置可以为测量混合时间的 pH 电极的探头所在位置。循环时间和混合时间一样，可用于估计反应器的混合性能。

6.4.2　宏观混合模型

若沿用研究化学反应器的方法研究生物反应器的混合性能，则一般在连续操作条件下通过测量反应器出口流体微团的停留时间分布，可分析与判别反应器内流体的混合状况。在此实验研究基础上所建立的混合模型，称为宏观混合模型。

6.4.2.1　停留时间及其分布的概念

停留时间是指流体微团从进入到离开反应器所停留的时间。停留时间测量的观察参考点在反应器出口。若观察点在反应器内部，测得的流体微团在反应器内的逗留时间为内部停留时间。停留时间分布（RTD）是指某一时刻离开反应器的所有流体微团的停留时间所组成

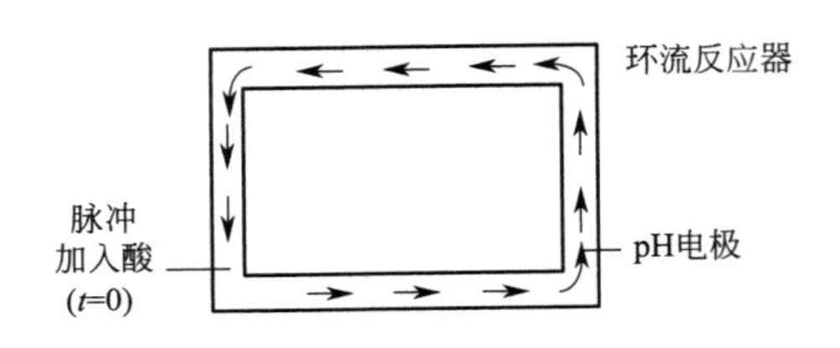

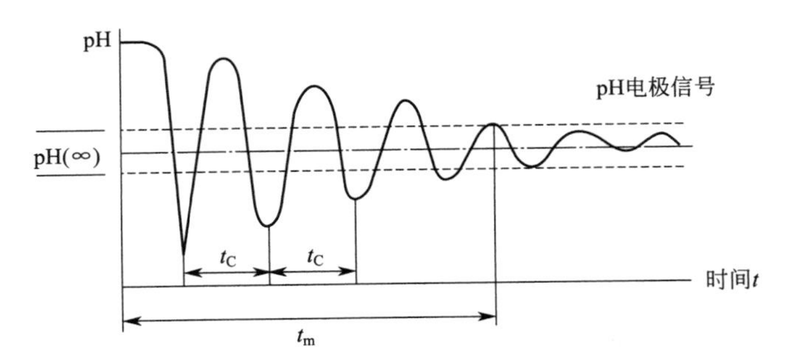

图 6-23　混合时间测量过程示意图

的统计分布状况。

停留时间及其分布的实验测定方法是示踪剂法，它用示踪剂跟踪流体微团在反应器内的停留时间。根据示踪剂加入方式的不同，有脉冲法、阶跃法等方法。如图 6-24 为用阶跃法测定某反应器停留时间分布实验的示意图。

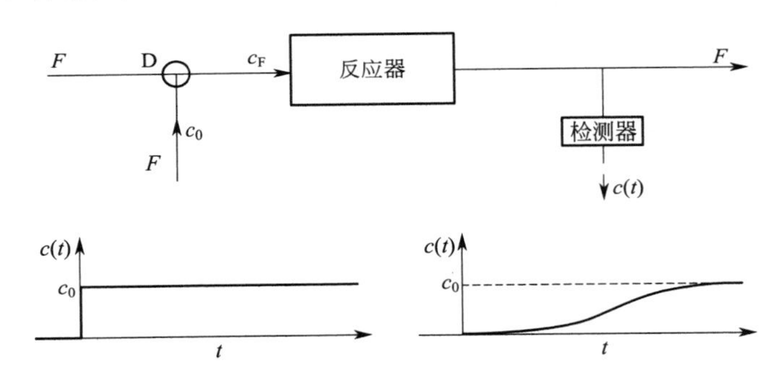

图 6-24　阶跃法测定停留时间分布

假设有一任意形状的反应器，它处于连续操作的稳定状态，进出口的摩尔流量为 F。在 $t>0$ 时，开启阀门 D，对反应器阶跃输入同样流量的浓度为 c_0 的示踪剂，并测定出口的示踪剂浓度 $c(t)$。示踪剂的阶跃输入表示为：

$$c_F(t)=c_0H(t),\ H(t)=\begin{cases}0 & \text{当 } t<0 \\ 1 & \text{当 } t\geqslant 0\end{cases} \tag{6-104}$$

将流体微团的停留时间视为随机变量，由实验数据计算的停留时间分布也就是停留时间密度函数 $E(t)$，即：

$$E(t)=\frac{c(t)}{c_0\tau}=\frac{c(t)}{\int_0^{\infty}c(t)\,\mathrm{d}t} \tag{6-105}$$

式中，τ 为平均停留时间，即：

$$\tau=\frac{\int_0^{\infty} tE(t)\,\mathrm{d}t}{\int_0^{\infty} E(t)\,\mathrm{d}t} \tag{6-106}$$

由于 $E(t)$ 定义为在同时进入反应器的溶质中的微元时间段 $\mathrm{d}t$ 内停留时间介于 t 和 $t+\mathrm{d}t$ 的溶质的分率，故：

$$\int_0^{\infty} E(t)\mathrm{d}t=1 \tag{6-107}$$

则：

$$\tau=\int_0^{\infty} tE(t)\mathrm{d}t \tag{6-108}$$

对各种类型的反应器，由于反应器内流体的循环流动和混合机制的不同，其停留时间密度函数 $E(t)$ 有不同的特征。

6.4.2.2 流动模型

(1) 非理想流动与返混的概念 对连续操作反应器做流动特性分析，可建立理想流动和非理想流动概念与模型。理想流动指全混流反应器和平推流反应器的流动形态，而非理想流动则是偏离这两种流型的流动。在此概念的基础上，在分析连续流动反应器的宏观混合性能时，反应工程学上一般从反应器的停留时间分布特征上进行分析，由此建立了返混的概念。

返混是指不同时刻进入反应器的流体微团或不同内部停留时间的流体微团之间的混合。对全混流反应器，由于机械搅拌在空间上的充分混合作用，新进入的流体微团与反应器中各种内部停留时间的流体微团完全有可能接触，不同内部停留时间的微团之间达到最大混合；对平推流反应器，在流动方向上不同内部停留时间的流体微团之间完全隔离或离析，故在反应器中不存在内部停留时间不同的流体微团的混合。因此，从返混程度上讲，全混流和平推流的返混分别为最大和零；而非理想连续流动反应器中的流动和混合状况则一般介于两者之间。实际反应器的非理想混合的原因是空间上的反向流动和不均匀的速度分布，表现在：一是反应器中存在不同尺度的环流和循环流动；二是流动的死区、沟流、短路造成的速度分布的不均匀。总之，不同反应器在连续流动时的混合性能表现为不同的返混性质，这导致各种反应器有不同的组分浓度分布。

对连续流动的非理想反应器，一般可建立下述非理想流动模型。

(2) 多釜串联模型 该模型用 N 个 CSTR 相串联来模拟实际的连续流动反应器，如图 6-25 所示。模型的特征参数为釜数 N。$N=1$ 时为全混流，$N=\infty$ 时为平推流。不同的非理想流动状况可用一定的 N 值表示。

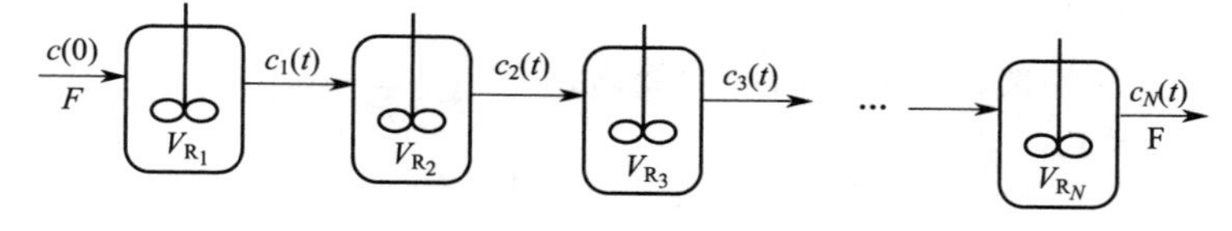

图 6-25 多釜串联模型示意图

多釜串联的模型反应器的停留时间密度函数为：

$$E(\theta)=\frac{N(N\theta)^{N-1}}{(N-1)!}\exp(-N\theta) \tag{6-109}$$

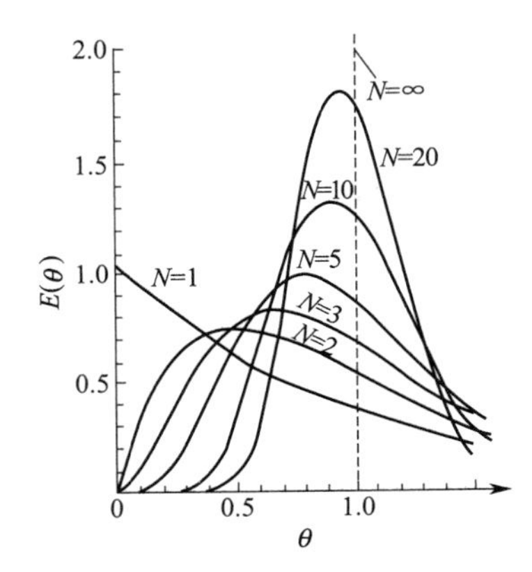

图 6-26 多釜串联模型的 $E(\theta)$ 图

式中，θ 为无量纲停留时间，$\theta=t/\tau$。

式(6-109) 的标绘结果如图 6-26 所示。

(3) 轴向分散模型 该模型是在平推流的基础上再叠加一个轴向分散项，此项描述与流动方向相反的扩散作用。它是一种适合于描述返混程度较小的非理想流动模型，常用于对管式反应器、填充床反应器和塔式反应器的非理想流动状况的模拟与分析（如图 6-27 所示）。

在流动方向上取一微元体，对某组分作质量衡算，可得出描述其在轴向距离 l 上的浓度 c 随时间变化的方程，即：

$$\frac{\partial c}{\partial t}=D_Z\frac{\partial^2 c}{\partial l^2}-u\frac{\partial c}{\partial l} \tag{6-110}$$

式中，D_Z 为轴向分散系数；u 为流体线速度。

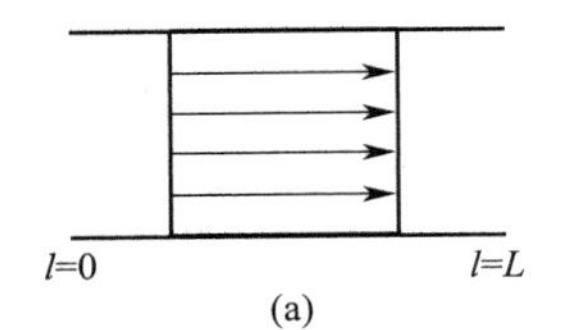

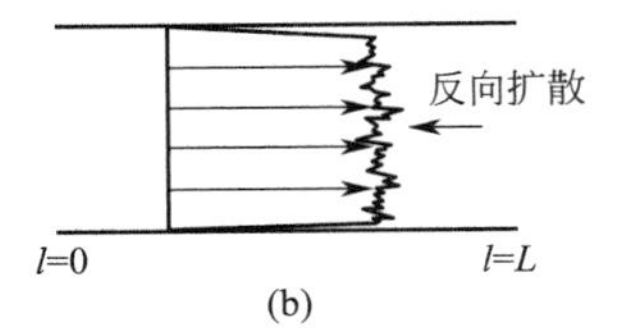

图 6-27 轴向分散模型示意图

(a) 平推流；(b) 具有反向扩散的平推流

式(6-110) 表示的轴向分散模型方程的关键参数为轴向分散系数 D_Z，它表示轴向反向扩散作用的程度。当 $D_Z\to 0$ 时，方程所描述的流型为平推流，而当 $D_Z\to\infty$ 时，则为全混流。

式(6-110) 可化为无量纲形式。设反应器长度为 L，其入口处的底物浓度为 c_F，并令：

$$\theta=\frac{tu}{L},\ C=\frac{c}{c_F},\ Z=\frac{l}{L},\ Pe=\frac{uL}{D_Z} \tag{6-111}$$

则

$$\frac{\partial C}{\partial \theta}=\frac{1}{Pe}\times\frac{\partial^2 C}{\partial Z^2}-\frac{\partial C}{\partial Z} \tag{6-112}$$

Pe 为轴向 Peclet 数。它表示了对流流动与轴向分散流动速率的相对大小，可用于衡量返混程度。当 $Pe\to 0$ 时为全混流，而当 $Pe\to\infty$ 时为平推流。因此。Pe 值越大，表示的轴向分散程度越小。

轴向分散模型反应器的停留时间密度函数为：

$$E(\theta)=\sqrt{\frac{Pe}{4\pi}}\exp\left[-\frac{(1-\theta)^2 Pe}{4\theta}\right] \tag{6-113}$$

对其标绘结果如图 6-28 所示。

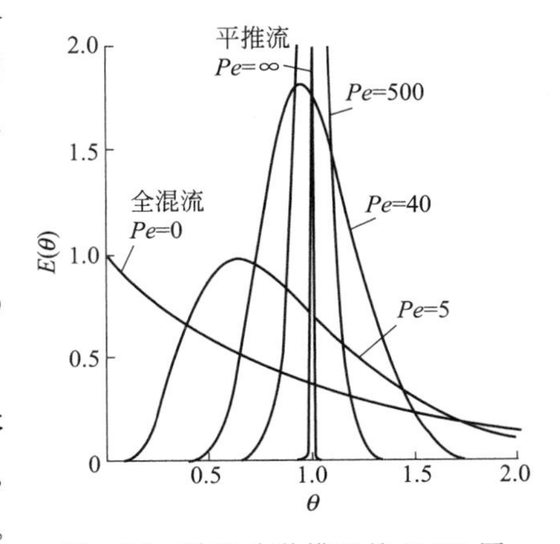

图 6-28 轴向分散模型的 $E(\theta)$ 图

Levenspiel (1972) 将式(6-112) 的求解结果与多釜串联模型的结果作比较，当 Pe 值和 N 值均很大时，两种模型的结果相近，所描述的流型都接近平推流。并有：

$$Pe = 2N - 1, N \gg 1 \tag{6-114}$$

当 $N > 5$ 时，两者结果的差别小于 1%。

以上两个模型建立的目的是为分析工业上的非理想流动反应器提供数学基础。对实际的反应器，通过测量参数 N、D_Z 或 Pe 值，就可判断反应器对全混流和平推流的偏离。

还有其他的非理想流动模型。例如由 CSTR 和 CPFR 组合而成的各种组合模型。

6.4.3 反应器的混合性能分析

以下将混合时间作为主要研究参数，分析机械搅拌反应器、鼓泡塔反应器、气升式反应器的流动机制和混合性能之间的关系。对填充床反应器，则通过对轴向分散模型的轴向 Peclet 数的估算，判断它的流动特征。注意，本小节分析中的一些重要结论主要来自 van't Riet（2011）的总结性研究论文，其他不同作者的结论可能有所不同。

6.4.3.1 机械搅拌反应器

生物反应过程中使用机械搅拌反应器的物系通常呈气体、液体、细胞共存的三种相态，在忽略细胞存在时，也可认为其呈气液两相。由于两相体系的流动机制与单液相体系有较大的不同，而且对单液相体系的分析可为两相体系的分析提供基础，因此，以下先分析单液相体系。

(1) 单液相的液相混合时间 机械搅拌的作用主要是引起循环流动和输入能量。在主体流动上，图 6-29 所示为由能产生径向流流动的搅拌桨形成的流型，搅拌作用能在反应器尺度上形成若干个稳定的循环回路。循环流动状况反映在循环时间 t_C 的大小上，它主要取决于循环回路的体积和循环流量。对装有单层搅拌桨的单纯液相系统，循环流动对混合的作用表现在混合时间与循环时间的关系为 $t_m \approx 4t_C$。从输入能量的作用看，混合时间与能量输入密度的关系为 $t_m \propto e_T^{-1/3}$。因此，对混合时间 t_m，对装有单层涡轮搅拌桨的系统，在完全湍流的条件下，基于主体流动模型和湍流能量耗散模型的分析，可推导得出如下关联式：

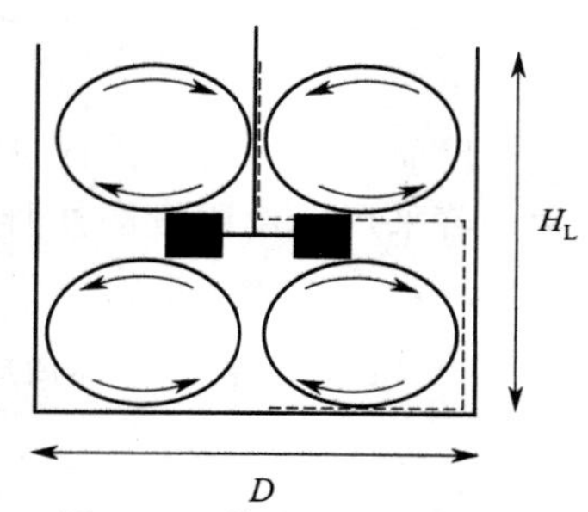

图 6-29 单液相的机械搅拌反应器中的循环流动

$$t_m = \frac{10}{N}\left(\frac{D}{d}\right)^2\left(\frac{H_L}{D}\right)^2 N_P^{-1/3} \tag{6-115}$$

式中，N 为搅拌转速；d 为搅拌器桨叶直径；D 为反应器直径；H_L 为液柱高度；N_P 为搅拌功率特征数。

若定义无量纲的混合特征数 N_m，式(6-115) 可表示为：

$$N_m = \frac{t_m e_T^{1/3}}{D^{2/3}} = 11\left(\frac{D}{d}\right)^{1/3}\left(\frac{H_L}{D}\right)^2 \tag{6-116}$$

式(6-116) 表示混合时间与无量纲搅拌器桨叶直径、高径比和能量输入密度之间的关系，即 $t_m \propto e_T^{-1/3}$、$t_m \propto (d/D)^{-1/3}$、$t_m \propto (H_L/D)^2$。因此，搅拌器桨叶直径越大，t_m 值越小。若要获得较小的 t_m 值，一般应使高径比较小。通常 H_L/D 的取值范围为 1.5～2.5。

由式(6-116) 计算的混合时间与搅拌输入的能量密度有密切的关系。因此，为减小混合时间，可增加搅拌功率。增加搅拌功率输入有两种主要途径，即提高搅拌转速和增加搅拌桨层数。对增加搅拌桨层数的措施，通常有搅拌形成流动分室的问题（如图 6-30 所示）。在各层搅拌桨形成的流动相互不干扰时，流动的分室有利于输入的搅拌功率的有效利用。在分室较彻底时，由于各分室之间的质量传递未被阻止，混合时间是各层搅拌桨的混合时间的加和。

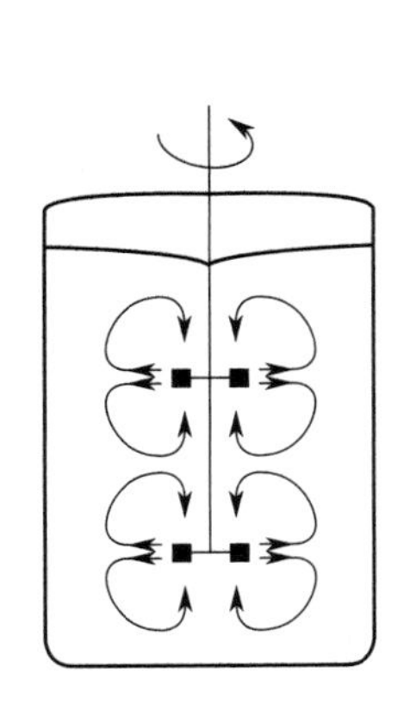

图 6-30 多层搅拌桨形成的分室

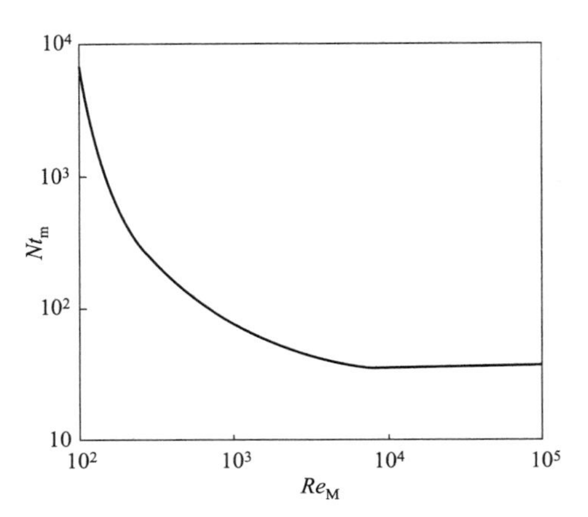

图 6-31 搅拌 Re_M 与混合时间的关系

在反应器放大时，由式(6-116) 可以说明混合时间的放大效应主要来源于反应器体积的增大。若采用单位质量的搅拌功率消耗不变的准则进行放大，在保持反应器尺寸几何相似时，$t_m \propto D^{2/3}$。表 6-4 为用式(6-116) 在各种反应器规模的混合时间计算结果。

表 6-4 不同反应器体积和高径比时的机械搅拌反应器的混合时间 单位：s

H_L	反应器体积/m^3			
	0.01	10	100	1000
$5D$	79	364	607	1011
$2D$	15	71	119	198
D	4	21	35	58

黏度相关的流体力学性质对混合时间的影响较大。黏度主要影响通过搅拌雷诺数 Re_M 表示的流动状态。无量纲混合时间 Nt_m 与 Re_M 之间一般有如图 6-31 所示关系。当 $Re_M>5000$ 时，Nt_m 为常数（$Nt_m=$const.），黏度对其没有影响。由于工业反应器一般处在湍流状态，在这种状态下黏度与混合时间的关系不大。当 $Re_M<1000$ 时，Nt_m 可以很容易地增大 10 倍，黏度的影响可以较大。对高黏性或拟塑性流体，液面和反应器壁面附近存在流动死区，存在混合问题。

(2) 气液两相的液相混合时间 与单液相的情况不同，气液两相体系的流型受通气和机械搅拌的双重控制。机械搅拌作用下，气体在反应器内的分散依赖于与流体的速度分布有关的剪切力，其主要部位是在搅拌桨周围。如图 6-32 所示，在涡轮搅拌桨转动方向的后方存在压力较小的尾部涡流。当气体通入反应器后，总是被吸入涡流中形成涡流气穴，气穴的形状随通气速率发生

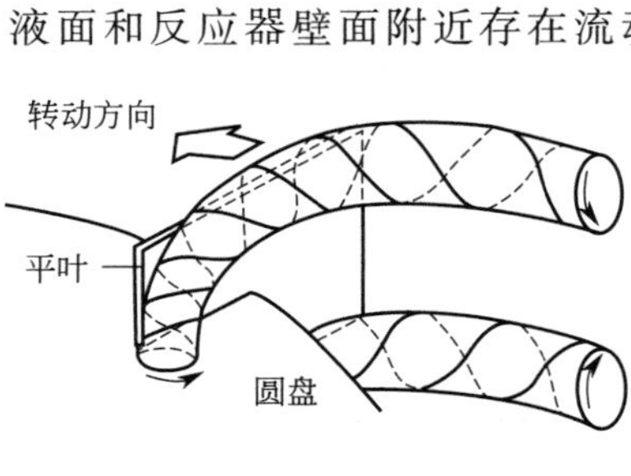

转动方向

平叶

圆盘

图 6-32 平叶涡轮搅拌桨的尾部涡流示意图

变化。当通气速率较小时，气体进入涡流中心；通气速率提高后，涡流将被气体充满；当通气速率很大时，涡流气穴体积会变得较大。在一定通气速率下，当搅拌速度较高时，流体剪切力形成的小气泡进入液相主体，同时反应器内流体通过搅拌作用进行混合和分散。因此，通气速率和搅拌转速的大小对此过程具有决定性的作用，表现为如图 6-33 所示的几种情况。

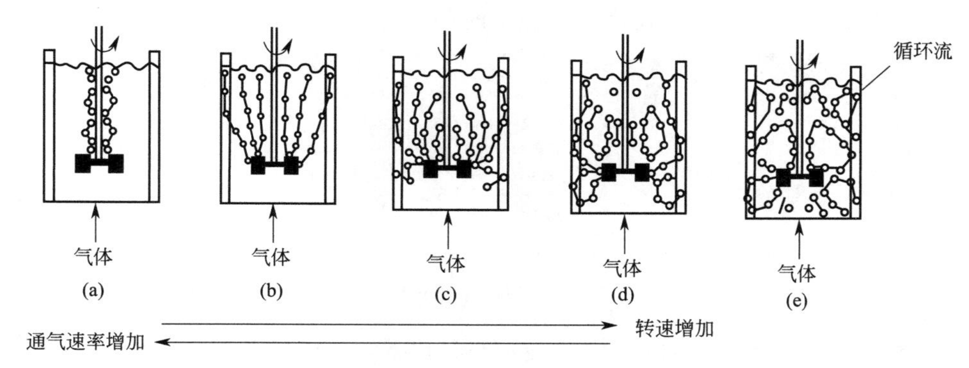

图 6-33　机械搅拌反应器的通气速率和搅拌转速对流型的控制

如果搅拌转速很低而通气速率很高，如图 6-33(a) 所示，此时气体分散效果最差，气体沿搅拌轴逸出，故称其为“搅拌气泛”。当搅拌转速增加后，气体通过搅拌桨分散后虽进入液体，但没有气体循环，虽然气体能分散，但不均匀，如图 6-33(b) 所示。继续增加搅拌速度，可以形成次生循环流，如图 6-33(c)、图 6-33(d) 所示。图 6-33(e) 所示的流型称为“完全再循环流动”，即在高搅拌转速低通气速率的情况，既有主体循环流动，也有次生循环流动，气体的分散和传质效果最好。

上述分析说明，为保证良好的气-液传质和流体混合，对通气式机械搅拌反应器应采用“高搅拌转速和低通气速率”的操作条件。对这种条件下的流体流动状态，van't Riet (2011) 报道的研究认为，在流型主要受机械搅拌控制时，气液两相体系的液相混合时间与单纯液相的情况相同，混合时间的计算仍可采用式(6-115) 和式(6-116)，式中功率特征数 N_P 和能量输入密度 e_T 应由未通气时条件计算。但是，这个结论主要对规模大于 $2m^3$ 的反应器和通气速率较低的情况适用，当反应器体积小于 50L 时，由于通气速率对混合效果的影响较大，通气时的混合时间可增大至未通气时的 2 倍。

(3) 气相混合　对气相混合的现有研究结果说明，对小型反应器 ($D\leqslant 0.6$m)，在完全再循环流动条件下，气体停留时间分布处于单级 CSTR 和两级 CSTR 串联的停留时间分布之间，在接近搅拌气泛的操作条件下，气相混合较不完全，通气速率的影响较明显。但对大型反应器，不仅缺乏研究数据，还要考虑流动分室效应。

6.4.3.2　鼓泡塔反应器

(1) 液相混合　鼓泡塔反应器的流体混合通过通入气流的方式实现。它的混合依赖两种流动机制：均匀鼓泡流控制机制和非均匀鼓泡流控制机制。均匀鼓泡流控制机制如图 6-34(a) 所示。气体分布器对通入的气流均匀分配，且气体表观线速度很低，在没有循环流动时，所有气泡有相同的上升速度，上升时不受到干扰，液体混合依靠每个气泡的尾流对液体的卷吸，混合程度很低。非均匀鼓泡流控制机制如图 6-34(b) 所示。这种流型与它的通气方式有关。当气体分布器上喷嘴孔径较小且排列紧密，但通气速率很高时，或气体分布器上喷嘴孔径较大，形成大气泡和不均匀的气泡尺寸分布时，会引起流动的非均匀性和反应器尺度上的循环流动。在稳定状态时，主体流动呈沿塔中心的上升流动和沿壁面附近的向下流动。非均匀鼓泡流在各种通气速率下均存在，所有工业规模的鼓泡塔反应器均显示有这种流型。

非均匀鼓泡流条件下，鼓泡塔反应器的混合性能参数主要与循环流动速度有关，而循环流动速度主要取决于气体表观线速度。对混合时间，它还与高径比有关。当 $H_L/D<3$ 时，$N_m=16$，混合特征数与液面高度无关；当 $H_L/D>3$ 时，$N_m \propto (H_L/D)^2$。因此：

$$e_T = g v_{GS} \tag{6-117}$$

$$N_m = \frac{t_m e_T^{1/3}}{D^{2/3}} = 16,\ \frac{H_L}{D} < 3 \tag{6-118}$$

$$N_m = \frac{t_m e_T^{1/3}}{D^{2/3}} = 1.6\left(\frac{H_L}{D}\right)^2,\ \frac{H_L}{D} > 3 \tag{6-119}$$

可见，对一定的通气能量输入，在一定的高径比下，与机械搅拌反应器类似，鼓泡塔反应器的混合时间主要受反应器规模的影响，也有 $t_m \propto D^{2/3}$ 的关系。

(2) 气相混合 对均匀鼓泡流，认为气相流动为平推流；对非均匀鼓泡流，循环流动引起一定程度的返混。非均匀鼓泡流的轴向气体分散系数 D_{ZG}：

$$D_{ZG} = 78(D v_{GS})^{1.5} \tag{6-120}$$

影响轴向气体分散系数或返混程度的结构参数主要是反应器直径。原因是，对小直径高径比大的鼓泡塔，气相呈平推流，而对大直径高径比低的鼓泡塔（$H_L/D<3$），气相呈理想混合。

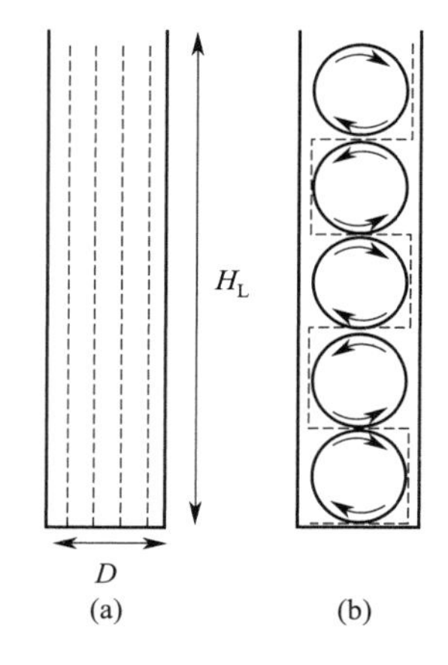

图 6-34 鼓泡塔反应器的流动机制
（a）均匀鼓泡流；（b）非均匀鼓泡流

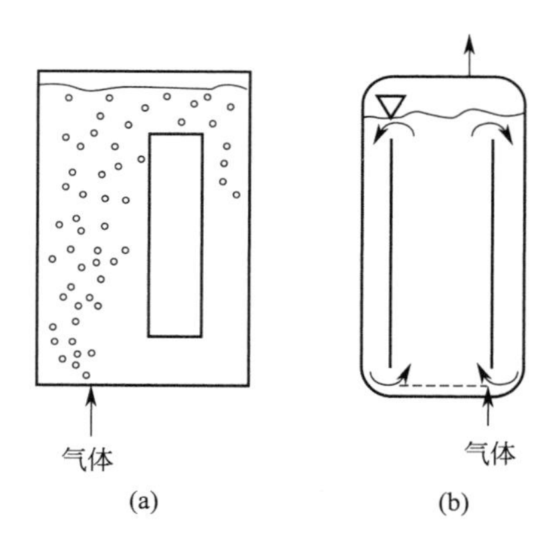

图 6-35 气升式反应器示意图
（a）外循环式；（b）内循环式

6.4.3.3 气升式反应器

气升式反应器有外循环式和内循环式两种类型，如图 6-35 所示。两种类型的气体上升部位为升液管，液体向下流动的部位为降液管，由于降液管中的气含率相对升液管较低，因此通入气体所形成的流体密度差驱动主体的循环流动。

与鼓泡塔反应器一样，影响气升式反应器混合时间的主要因素为气体表观线速度。但与鼓泡塔反应器不同的是，降液管的流道宽度对循环流动造成限制。当降液管横截面积较小时，升液管的混合状况会接近鼓泡塔反应器，而降液管中流动速度很低，实际成为流动死区。因此，有研究报道混合时间与升液管和降液管横截面积之比有关。

一般混合时间和循环时间有线性关系，即：

$$t_{m}=(4\sim7)t_{C} \tag{6-121}$$

在选用的高径比较大时，一般认为气升式反应器的气相流动有平推流的特征。

6.4.3.4 气液传质反应器的混合性能比较与适用性问题

根据 van't Riet（2011）的计算与研究，对上述三种气液传质反应器，总体上鼓泡塔反应器的混合性能最优，混合时间较小。对同样的设计体积，气升式反应器在高径比并不大时混合时间较鼓泡塔反应器大，在高径比必须设置较大时气升式反应器有长处（高径比 10 以上）。总之，两类塔式反应器混合性能均优越于机械搅拌反应器。另外，它们还有能耗较低、平均剪切力较低、机械结构简单和容易放大的长处。但是，对黏性介质，由于氧传递效率和速率较低，这两类塔式反应器有适用性问题。

对黏性介质，机械搅拌反应器较适用，原因是它的供氧能力的上限较高。虽然在反应器放大至很大规模时，机械搅拌反应器和塔式反应器的混合时间增加的幅度近似（与反应器直径的 $D^{2/3}$ 相关），但是在氧传递系数 $K_{L}a$ 上它们有各自不同的上限。在 $Re_{M}<5000$ 时，它的混合时间会大于大多数过程的特征时间，而在工业上一般工况是 $Re_{M}>5000$，而且由于氧传递与 Re_{M} 关联不大而与黏度有关，因此，若不考虑能耗，对与功率输入紧密关联的供氧能力，机械搅拌反应器较适用。工业好氧微生物发酵过程的反应器生产能力主要受限于供氧能力，因此对此问题要选择机械搅拌反应器。此外，机械搅拌反应器还有颗粒悬浮、能量输入与调节方式灵活等其他方面的各种适用性。

6.4.3.5 填充床反应器

描述填充床反应器液体混合性能的特征参数为考虑反应器内颗粒填充率的修正 Pe，即：

$$Pe'=\frac{ud_{P}}{\varepsilon_{P}D_{Z}} \tag{6-122}$$

式中，u 为轴向平均流体线速度；d_{P} 为颗粒直径；ε_{P} 为反应器中颗粒的体积分数。

填充床反应器的混合性能主要与颗粒 Re_{P} 有关，即：

$$\begin{aligned}&2<Pe'<5, &&\text{当 } Re_{P}=\frac{d_{P}u\rho_{L}}{\mu_{L}}<50;\\&0.5<Pe'<5, &&\text{当 } 50<Re_{P}<500;\\&Pe'<0.5, &&\text{当 } Re_{P}>500\end{aligned} \tag{6-123}$$

当 $H_{L}>100d_{P}$ 时，可以认为反应器内的流动近似为平推流型。

【例 6-4】 假定机械搅拌反应器放大时保持几何相似，且有 $t_{m}\propto D^{2/3}$。试证明，在反应器放大时，在湍流条件下，在搅拌雷诺数的变化上，放大反应器的与实验反应器有这样的关系：$Re_{M,2}>Re_{M,1}$。下标“1”和“2”分别表示实验反应器和放大反应器。

解 假定反应器放大时物系的性质不变，有：

$$\frac{Re_{M,2}}{Re_{M,1}}=\left(\frac{\rho_{L}Nd^{2}}{\mu_{L}}\right)_{2}\Big/\left(\frac{\rho_{L}Nd^{2}}{\mu_{L}}\right)_{1}=\frac{N_{2}}{N_{1}}\cdot\left(\frac{d_{2}}{d_{1}}\right)^{2} \tag{1}$$

由于在湍流条件下有 $Nt_{m}=\text{const.}$，则：

$$\frac{N_2}{N_1}=\frac{t_{m_1}}{t_{m_2}}$$

又由于，$t_m \propto D^{2/3}$，故：

$$\frac{N_2}{N_1}=\left(\frac{D_1}{D_2}\right)^{2/3} \tag{2}$$

将式(2) 代入式(1)，可得：

$$\frac{Re_{M,2}}{Re_{M,1}}=\left(\frac{D_1}{D_2}\right)^{2/3}\left(\frac{d_2}{d_1}\right)^2 \tag{3}$$

再由几何相似条件，$D \propto V_L{}^{1/3}$，$d \propto V_L{}^{1/3}$，由式(3) 可得：

$$\frac{Re_{M,2}}{Re_{M,1}}=\left(\frac{V_{L_1}}{V_{L_2}}\right)^{2/9}\left(\frac{V_{L_2}}{V_{L_1}}\right)^{2/3}=\left(\frac{V_{L_2}}{V_{L_1}}\right)^{4/9}>1$$

6.5 生物反应器的放大

工业生物反应过程的建立一般由实验装置中以不同于生产的条件进行的菌种筛选开始，然后进行逐步增大规模的一系列发酵实验，再经反应器容量为 50～5000L 的中试试验确定最终条件，最终将过程放大至工业反应器规模。生物反应器放大的主要目的是将实验反应器中的最优反应结果在放大反应器中重现，使放大反应器与实验反应器中的过程变化保持相似。但是，实际反应器内的整个过程是在生物化学过程和物理过程在相互影响下同时进行的过程。根据前述对基本物理过程的分析，可以认为，随着反应器体积的增大，由于不同规模反应器中物理过程特性存在差异，在放大反应器中有可能达不到实验反应器中的结果。因此，反应器放大是一项具有不确定性的困难工作。生物反应器成功放大的基本条件包括对生物反应动力学和所选用反应器类型的传递过程特性、模型及其原理的充分认识，对细胞的生长和代谢过程和物理过程整合时所出现的多重问题的充分研究，对放大方法的合理选择。对上述基本条件的研究也就是反应器放大的基本任务。

在理解生物反应器基本物理过程特性的基础上，以下以过程机制分析为重点，讨论生物反应器放大原理。

6.5.1 放大原理与方法

6.5.1.1 相似原理和放大准则

生物反应器放大的理论基础是相似原理。相似原理的基本点是：对任何反应系统可用数学方程描述其生物化学反应过程、流体流动与动量传递、热量和质量传递过程，如果两个系统能用相同的微分方程来描述，并具有相同的特征，则两个系统将具有同一的行为方式。如以 m'、m 和 k 分别表示放大模型的变量、原型变量和放大因子，模型反应器与放大反应器的相似性可表述为如下线性关系：

$$m'=km \tag{6-124}$$

上述方程是否对所有变量有效或对部分变量有效，决定系统是否全部或部分相似。按变量的性质，理想的反应器放大应达到的相似条件是：①反应器结构的几何相似；②流体力学条件相似；③热力学性质和换热条件相似；④质量传递性质与组分浓度及其变化相似；⑤生物反应过程动力学性质相似。其中，第①项和第②项最为重要，按此顺序，前一级是后一级的前提。第①项的含义是物理边界的相似性，即放大反应器与模型反应器的形状相似，两者所有部件的线性几何尺寸之比具有相同的数值。第②项则要求放大反应器中的流体流动速率与模型反应器相同，流体单元受到相同大小的各种作用力。

生物反应器放大时保持上述相似条件的实质是使细胞的生长与代谢的环境保持不变，关键的过程参数保持不变。为获得这种相似性，一般我们对宏观动力学过程的分析是从微观的动力学与热力学和反应器的传递与混合两方面进行，如图 6-36 所示。从图中可以看出，反应过程的宏观动力学受系统规模的影响很大。在放大反应器中，pH、温度、底物浓度和压强的分布或梯度一般较大，流体的混合程度相对小型反应器较差，细胞在反应器的不同部位、不同时间均会经历差别较大的培养环境。在反应器放大时，如果这种差异成为细胞生长与代谢的限制性环境条件，就会造成过程放大的失败。总之，传递现象是生物反应器放大过程中必须充分重视的研究对象。

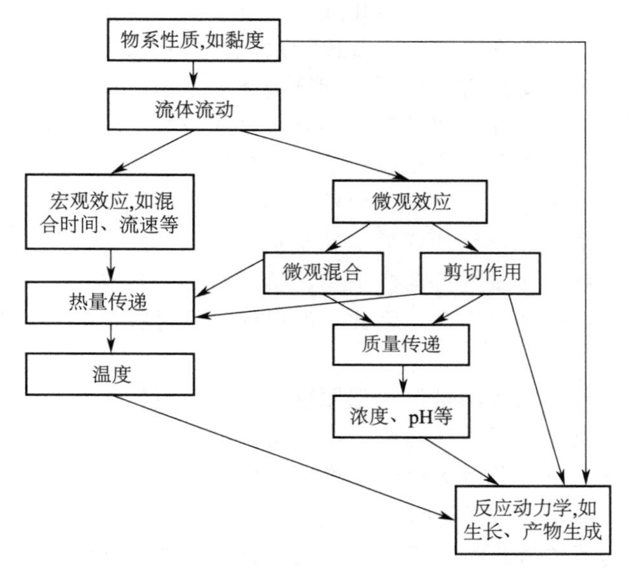

图 6-36　生物反应器中的基本过程与关系

为满足相似性原理的基本要求，主要选择对反应器操作性能影响较大的物理过程参数作为放大准则，这些参数多数归属于混合过程和质量传递过程。在生物反应器放大中主要须保持恒定的过程特性有：①反应器的几何特征；②体积氧传递系数 K_La；③氧传递速率 OTR；④最大剪切力（对机械搅拌反应器，它等效于搅拌器浆叶叶端速度）；⑤单位液体体积的功率输入；⑥单位反应器有效体积的通气速率；⑦气体表观线速度；⑧混合时间。对某些特殊的过程还使用一些不常用的参数作为放大判据。

准则①是绝大多数生物反应器放大时保持不变的基本条件。一般在反应器放大时不对结构作较大的变动。在此前提下，准则②～⑦是常用准则。采用准则②的原因是氧传递问题是大多数微生物发酵过程的核心问题之一，故反应器放大时保持其基本不变极端重要。采用准则③的原因是不少需氧微生物发酵的产物生成速率主要受到氧传递速率的限制。准则④对剪切敏感的动物细胞培养反应器放大至关重要，在大多数微生物反应器放大时重要性不高，仅对部分丝状真菌发酵须作一定估计。准则⑤也是机械搅拌反应器放大时的基本条件，原因是当保持通气表观线速度恒定时，相同的搅拌功率消耗等同于体积氧传递系数 K_La 恒定。准则⑥和准则⑦是气体分散的重要指标，也是反应器流动状态和混合效果的重要参数。例如，对气升式反应器，通气速率和表观线速度决定氧传递系数、液体循环时间和混合时间等关键参数。对准则⑧，由于混合时间与反应器中溶解氧和限制性底物浓度的分布有关，故理论上大型反应器的混合时间应与理想混合的小型反应器的数值相同。

反应器放大时，既有保持上述准则之一不变的放大，也有同时保持满足若干个相互关联准则均不变的情况。

6.5.1.2 放大方法

生物反应器放大主要有基础模型法、量纲分析法、经验规则法等方法。

(1) 基础模型法 基础模型法应用描述生物反应器的操作条件和结构设计对流型影响的数学模型进行放大计算与分析。对这种方法，在反应器放大时，要求建立宏观的动量和质量传递衡算方程，并获得其求解结果。这种方法的缺点是由于其主要采用数学模型进行放大计算，因此较复杂，在应用时要对模型作简化处理。基础模型法的优势在于由于其能用数学方程表示系统的关键特征，因此在确定生产规模的最优操作和设计条件上作用较大。目前在反应器流体力学和放大研究上得到有效应用的计算流体力学法也属此类。

对反应器数学模型作简化和近似计算的基础模型法也称为半基础模型法。由于此法的模型参数与反应器规模有关，因此在应用过程中要用模拟计算检验放大规模的影响。

(2) 量纲分析法 量纲分析法亦称相似模拟法。它依据相似原理，以保持无量纲特征数相等的原则进行放大。由于无量纲特征数实际是不同过程的特征时间或速率的比值，因此此法认为，若放大时保持各种无量纲特征数不变，整个过程的控制机制可基本保持不变。由于不可能保持所有的无量纲特征数不变，因此一般以保持对过程影响最大的无量纲特征数恒定的准则进行放大。

(3) 经验规则法 经验放大法是以相似原理和生物反应器操作与设计的理论知识为其基础，主要根据现有生物反应器的设计经验，在保持放大反应器和模型反应器几何相似的前提下，选择关键的参数作为反应器放大设计的准则。所要保持不变的参数主要有单位液体体积的搅拌功率消耗 P_S/V_L、K_La、搅拌转速 N、溶解氧浓度、空气表观线速度和搅拌器桨叶叶端线速度等。此法是目前进行生物反应器放大的常用方法。在实际设计反应器时，放大准则的选择一般要根据特定生物反应的具体情况决定。如表 6-5 所示（表中数据为放大前后相关参数的比值），采用不同的放大标准，对机械搅拌反应器放大所得到的结果会有很大差别。由于单位液体体积的搅拌功率消耗 P_S/V_L 和 K_La 是决定大多数好氧微生物反应器传递过程特性的主要参数，因此目前仍然以保持这两个参数恒定作为主要的放大计算准则。

表 6-5 不同放大准则下的计算结果（放大因子 $k=10$）

放大准则	恒定 P_S/V_L	恒定 N	恒定 Nd	恒定 Re_M
搅拌功率 P_S	1000	10^5	100	0.1
单位体积功率 P_S/V_L	1	100	0.1	10^{-4}
搅拌转速 N	0.22	1	0.1	0.01
搅拌桨直径 d	10	10	10	10
混合时间 $t_m(\propto N^{-1})$	4.64	1	10	100
最大剪切速率 Nd	2.2	10	1	0.1
搅拌雷诺数 Re_M	22	100	10	1

由表 6-5 中的数据分析可见，按这种放大法，实际不可能全面满足放大原则的要求。例如，若按保持单位液体体积的搅拌功率消耗 P_S/V_L 不变的准则进行放大，放大反应器相对模型反应器的混合时间 t_m 会增大 4.64 倍。按这个准则，有研究显示对各种流变性质的介质平均循环时间会随放大规模的增大而增大。如图 6-37 所示，此系统为安装单层圆盘涡轮搅拌桨的单液相系统，反应器结构参数 $H_L/D=1.0$、$d/D=0.33$，放大时搅拌功率消耗恒定为 $P_S/V_L=1.67\text{kW/m}^3$。由于循环时间可表示细胞在反应器内在底物高浓度区与底物低浓度区之间的振荡运动状况，反映细胞与剪切力最大的搅拌桨叶端的接触频率，因此在放大时循环时间的增大意味着介质不均一性的增大。

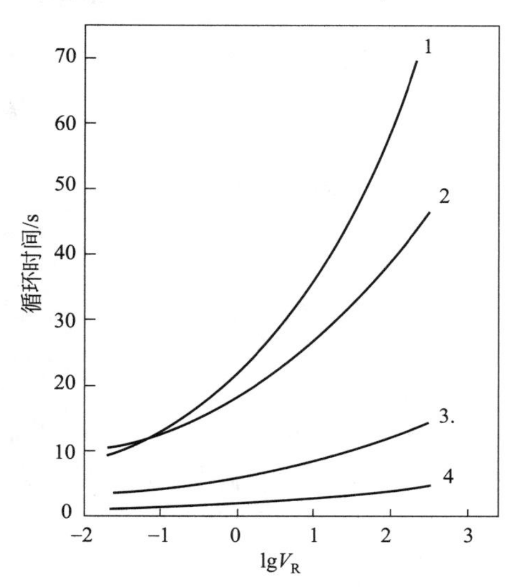

图 6-37　循环时间与反应器有效体积（m^3）的关系

1—拟塑性流体；2—牛顿型流体（$\mu_L=1.0\text{Pa}\cdot\text{s}$）；3—牛顿型流体（$\mu_L=0.1\text{Pa}\cdot\text{s}$）；4—牛顿型流体（$\mu_L=0.01\text{Pa}\cdot\text{s}$）

由于经验规则法过于依赖经验，故只有在放大时细胞的代谢控制和传递过程控制的机制没有改变的情况下才有效。根据迄今应用这种方法的反应器放大实践，通常发现反应器的各项细胞生长的环境参数的分布或梯度的差别较大。这些参数包括关键的限制性底物浓度、溶解氧浓度、pH 等。现有研究说明，若放大后的反应器中浓度分布变化较大，微生物的生长与代谢特性的改变会造成工业反应器的生产能力下降。

6.5.2　基于过程机制分析的放大研究

生物反应器放大中满足相似原理要求的根本目的是保持各个子过程的速率不变，过程在反应机制上保持不变。宏观的生物反应过程动力学速率大体上受本征反应速率和传递过程速率两方面的控制，若它们的各特征时间及其相对比值均不变，放大后的反应控制机制不会改变。按此原理，van' t Riet（1991）等提出了特征时间和过程机制分析的一般方法，Kossen-Oosterhuis（1985 年）建立了基于过程特征时间分析的缩小-放大法（scale-down approach）。缩小-放大法属于反应器放大的研究方法。

6.5.2.1　特征时间与速率控制的概念

特征时间是表示生物反应器中各种子过程速率的参数，也称为时间常数。对生物反应的各种过程用特征时间描述，实际上是沿用热力学中分析复杂体系的松弛时间的方法。在热力学中以松弛时间表示过程变化特征时间，其大小取决于过程由一种状态达到新的稳定态的速率快慢。对生物反应器，例如，对氧传递、热量生成和含碳底物消耗过程，对它们的速率变化过程，也用同样方法分析。特征时间越小的过程变化越快。

特征时间也表示速率过程的效率。因此，它的计算则以分析过程的推动力和效率为基础。对以速率 J、推动力 X 和效率 L 所表征的一般过程，有：

$$J=LX \tag{6-125}$$

其特征时间 τ_R 则为：

$$\tau=1/L \tag{6-126}$$

对一般化学反应，其反应速率 r 表示为组分浓度 c_S 的函数时，即：

$$r=f(c_S) \tag{6-127}$$

若以反应物浓度表示推动力，则有：

$$r=\left(\frac{f(c_S)}{c_S}\right)c_S \tag{6-128}$$

其特征时间则为：

$$\tau_R=\frac{c_S}{f(c_S)} \tag{6-129}$$

可见，对一级反应，$r=kc_S$，应有：

$$\tau_R=\frac{1}{k} \tag{6-130}$$

速率常数 k 越大的反应，反应特征时间 τ_R 越小。

对细胞反应的细胞生长和底物消耗过程，若其速率表示为：

$$r_X=\mu_{max}\frac{c_S}{K_S+c_S}c_X \tag{6-131}$$

$$r_S=q_{S,max}\frac{c_S}{K_S+c_S}c_X \tag{6-132}$$

相应的特征时间分别为：

$$\tau_X=\frac{1}{\mu_{max}}\frac{K_S+c_S}{c_S}\approx\frac{1}{\mu_{max}} \tag{6-133}$$

$$\tau_S=\frac{1}{q_{S,max}}\frac{K_S+c_S}{c_X}\approx\frac{1}{q_{S,max}}\frac{c_S}{c_X} \tag{6-134}$$

由此可见，生长过程和底物消耗过程有不同的特征时间，有不同的特性。生长过程的特征时间可以为常数，而底物消耗的特征时间却可随底物浓度的下降和细胞浓度的升高而逐步减小，底物消耗的速率随时在增大。

对细胞与环境的相互作用进行系统化分析，过程的特征时间可分为属于传递过程和细胞反应的两大类（如表 6-6 所示）。

表 6-6 生物反应器特征时间的参考计算式

名称	计算式	说明
反应时间	$\tau_R=c/r$	
氧消耗时间	$\tau_O=c_{OL}/r_O$	$c_{OL}>K_O$
底物消耗时间	$\tau_S=c_S/r_S$	$c_S>K_S$
细胞生长时间	$\tau_X=1/\mu_{max}$	
扩散时间	$\tau_D=L^2/D_e$	L 为长度；D_e 为有效扩散系数
传质时间	$\tau_{MT}=1/K_La$	
传热时间	$\tau_{HT}=V_R\rho_Lc_P/h_TA$	
混合时间	t_m	按有关关联式计算
平均停留时间	$\tau=V_R/F=L/u$	

由特征时间的计算与分析，可判别过程的控制机制。由于各特征时间均对应其过程速率，故对整个过程而言，特征时间最大的过程是宏观动力学速率的限制步骤，各个过程均以它们的速率和特征时间的大小对整个过程的速率产生控制机制上的影响。表 6-7 列出了微生物发酵的大型反应器和小型反应器的各种特征时间的数值。由表中数据可见，各特征时间数值均有不同的数量级范围。从现有关于生物反应过程一些重要宏观和微观的物理和生化反应的

表 6-7 特征时间的数量级范围 单位：s

过程	小规模（$0.1m^3$）	大规模（$100m^3$）
混合过程	10	100
氧的消耗	10	10
氧的传递	20	20
热量生成	3600	3600
底物 1（$K_S=0.1mg/L$）	<1	<1
底物 2（$K_S=10mg/L$）	20	20

过程的特征时间的数据范围分析，反应器的混合时间一般大于反应时间，与基因控制和酶的诱导过程时间接近，因此混合过程对这些过程的影响较大。

根据以上分析，为确定特定过程受到的其他过程的限制，在它与其他过程作特征时间比较时，将特征时间的概念用限制性的临界时间概念表示。临界时间是指对某个生物反应过程固有的特征时间的限定值，超过此数值时，生物反应会发生问题。

例如，定义临界循环时间 t_{SC}。设 c_{SF} 为加料位置的底物浓度，则底物被消耗尽的时间为：

$$t_{SC}=\frac{c_{SF}}{r_S} \tag{6-135}$$

若设想设计一个理想的平推流型循环流动反应器（见图 6-23），则物料的循环时间必须小于循环临界时间，$t_C<t_{SC}$，否则其中的各个流体微团中的底物会被耗尽，$c_S=0$。而对非理想的平推流，会有某些流体微元的循环时间大于循环临界时间，故这些微团中的底物会被耗尽。因此，临界循环时间对循环流动反应器的设计有指导意义。

以下以机械搅拌反应器为例，以临界时间的概念进行过程控制机制分析。

6.5.2.2 氧消耗过程的机制分析

假定机械搅拌反应器装有单层搅拌桨，通入空气时氧传递首先发生部位在搅拌桨附近，然后传递至其他部位。因此，在整个反应器中存在溶解氧浓度分布，在液面等位置有浓度极低的区域。将搅拌桨区域认作底物氧的加料位置，其溶解氧浓度为 c_{OLS}，并假定摄氧率 OUR 为常数。因此氧消耗过程临界时间为：

$$t_{OC}=\frac{c_{OLS}}{\mathrm{OUR}} \tag{6-136}$$

由于 c_{OLS} 和 OUR 分别处于 $0.1mol/m^3$ 和 $0.01mol/(m^3\cdot s)$ 的数量级，因此 t_{OC} 处于 10s 的数量级。由表 6-7 中的数据 t_{OC} 可见，t_{OC} 可接近小型反应器的混合时间，但小于大型反应器的混合时间，因此，在小型反应器中混合对氧消耗过程影响较小，而在大型反应器中则影响较大。工业规模的反应器中存在溶氧耗尽问题，在反应器操作与设计时，要考虑最低溶解氧浓度问题。

影响最低溶氧浓度的因素有物系性质、微生物的氧代谢活性、体积氧传递系数，更重要的是受混合强度的影响。文献报道中一些重要的研究结果表明，若工业反应器中存在溶解氧梯度，溶解氧的调控作用主要是调节中心代谢及其相关途径的基因的转录与表达。Schweder 和 Enfors 等用野生型大肠杆菌研究时发现，细胞只要在氧限制环境下暴露 13s，就足以造成厌氧代谢基因中的丙酮酸甲酸裂解酶基因 *pfl* 和延胡索酸还原酶基因 *frd* 在转录水平上的表达量增加两倍，而且在工业反应器的中部和顶部位置 *pfl* 的 mRNA 浓度水平是其底部的两倍。

工业反应器的溶解氧耗尽问题解决途径主要有：①通过加大反应器顶部气压增大饱和溶解氧浓度；②通过增大体积氧传递系数而增大 c_{OLS}；③降低 OUR；④反应器高径比设置较小；⑤加大通气速率（有液体蒸发问题）。

6.5.2.3 含碳底物消耗过程的机制分析

微生物发酵过程优化的主要考虑的含碳底物是葡萄糖。按经验，一般为防止葡萄糖效应，避免对代谢过程不利的碳分解代谢物生成，对符合 Monod 动力学的微生物生长过程，通过流加葡萄糖溶液的方式将其浓度控制在 $c_S \approx K_S$。但是，一般 $K_S < 1 \sim 10$mg/L，若葡萄糖的消耗速率 $r_S = 1.0$g/(L·h)，则此过程的临界时间 $t_{GC} = 1 \sim 10$s。假定葡萄糖的临界时间定义在其浓度的变化对微生物生理活动有很小影响的范围内，则这个过程的临界时间可比 t_{GC} 更小。由此推断，这个临界时间比混合时间小一定的数量级。

另外，由于工业反应器的混合时间较大，并且在整个反应器中存在葡萄糖浓度梯度与分布，因此相对实验反应器，某些微生物的代谢途径会发生迁移，有害代谢副产物会产生与积累，这会造成产物得率下降。

为解决这类问题，可有的措施是：①合理设置底物加料位置，或设计多点加料；②使用脉冲加料的补料分批培养操作方式；③反应器高径比设置较小。

根据一些重要的研究结果，将酶诱导和分解代谢物阻遏过程的特征时间与混合时间作比较，发现反应器的混合强度对两者有影响。Einsele 等实验发现，在葡萄糖利用上生物细胞的响应时间似乎总是相同的 4.3s，当混合时间大于 4.3s，主体混合很重要。Schilling 等研究发现，在赖氨酸生产过程的大型反应器中，对产物合成起核心作用的有关酶的合成受反应器中亮氨酸浓度梯度和浓度水平的影响。Nienow 对机械搅拌反应器的微观混合性能研究发现，底物最佳的加料位置不在液面，而在搅拌桨尾部涡流附近。Bhargava 等在研究由重组米曲霉发酵生产葡萄糖化酶的过程时，曾建立了一种脉冲式加入限制性碳源的操作方式，在确定其最佳加料周期和加料时间的条件下，使该过程操作性能得到大幅度的优化。

6.5.2.4 热量生成过程的机制分析

热量生成过程的特征时间为将物料温度提高 1℃所需的时间，一般其数值为 3600s。假定细胞能忍受 0.1℃的温度变化，则相应的临界时间 $t_{HTC} = 360$s。若混合时间为 10～100s，$t_m < t_{HTC}$，则在反应器放大规模不太大时，一般混合速率对传热速率不造成限制。

6.5.2.5 缩小-放大法

缩小-放大法是一种着眼于过程机制分析的方法，是研究在小规模反应器中重现在大规模反应器中的关键过程机制及其特性的方法。这种方法也可用于在实验反应器中诊断反应过程问题，通过菌种优化和培养基配比实验、操作条件和反应器结构改进等研究，提出反应器放大方案，预测放大结果。缩小-放大法的研究过程主要有以下几个步骤（如图 6-38 所示）：

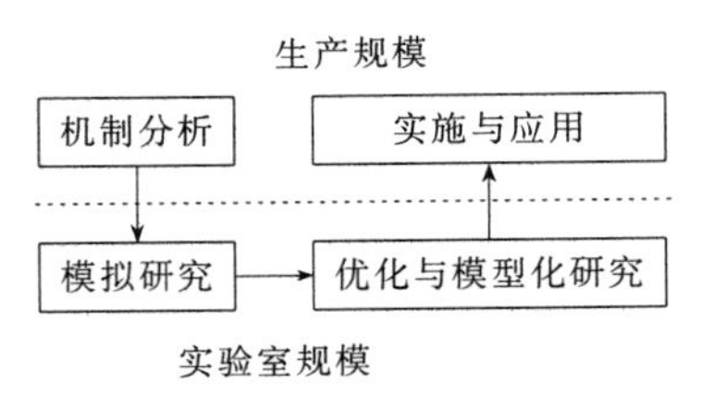

图 6-38 缩小-放大法示意图

（1）机制分析 机制分析通过测定生产规模反应器各过程的特征时间，经过比较，找出特征时间最大的子过程，确定它对反应速率的限制作用与控制机制。在测定和计算特征时间时，主要获取关于反应器结构参数、物理过程和生物反应动力学模型的三方面信息。对胞内过程，若其特征时间与胞外微环境变化的某些特征时间在同一数量级，或胞内过程比胞外过程的特征时间短，则相关的胞外过程对胞内过程有影响。

例如，Nienow 等（1996）在 $8m^3$ 机械搅拌反应器中研究发现，在各种搅拌功率消耗条件下，重组 CHO 细胞的氧消耗过程的特征时间大于氧传递特征时间和混合时间，因此不会存在氧传递和溶解氧浓度梯度对细胞生长的限制和影响的问题；而对 NS0 细胞培养过程，在细胞密度较高、摄氧率较大时，氧消耗特征时间大于混合时间而小于氧传递特征时间，因此氧传递对生长有限制作用，混合问题并不大。由式(6-134) 可见，当细胞密度较高时，在氧作为底物时，氧消耗的特征时间是细胞浓度的函数，并随细胞浓度的增高而减小。因此，对不少植物、动物和微生物细胞，在高密度培养时，氧消耗的特征时间一般小于混合时间，因此若在放大反应器中存在溶解氧浓度梯度，会有混合对细胞生长影响的问题。

(2) 模拟研究 在获得生产规模上的机制分析结果后，一般在小型反应器中进行对生产规模过程的模拟研究。所采用的实验装置称为模拟反应器（或缩小-放大反应器，scale-down reactor)。这种反应器的配置和操作条件不一定与大型反应器相似，但是它的实验依据来自大型反应器的过程机制分析和操作经验。在模拟实验时，关键是使模拟反应器的相关特征时间与放大反应器保持一致。由于一般实验规模反应器有良好的混合性能，而放大反应器混合性能较差，因此对大多数过程在模拟研究时主要研究混合问题。在进行这类研究时，通常对模拟反应器作特殊设计，在模拟反应器中建立与生产规模反应器相似的混合状况，考查各种混合时间或循环时间与反应结果的关系，在测定和计算并比较各主要过程的特征时间后作出判断。该法主要解决的问题是：①反应系统是反应控制，还是传质控制或流体的混合控制；②系统是否由单个机制控制；③起关键作用的控制机制如何；④反应规模改变时，系统的控制机制如何变化。

(3) 优化与模型化研究 在完成机制分析和模拟研究后，则进行过程变量对细胞反应影响的条件实验和优化研究。过程变量包括循环时间、量化的浓度梯度大小和剪切力、pH、温度、溶解氧和 CO_2 浓度水平等细胞所处的主体环境变量。研究时主要观察细胞在反应器中经历环境条件振荡时的生理与代谢响应，评估物理子过程对细胞反应子过程变化的效应，根据优化研究结果改进过程动力学模型。在此阶段对物理过程研究通常采用计算流体力学的模型化研究方法。通过计算流体力学模型的建立与分析，可得到主体环境变量的最大值和最小值及其分布，由这些变量的极值可表示细胞所经历的极端环境条件。

(4) 实施与应用 在缩小-放大法的最终研究阶段，要将上述步骤的研究结果转移至生产规模的反应器上并得到应用。生产规模过程的优化工作主要有最优操作条件的建立、反应器配置的改进等。

(5) 模拟反应器设计 研究细胞在反应器中经历不同溶解氧（DO）浓度环境振荡的模拟反应器设计如图 6-39 所示。这类反应器还可用于模拟 CO_2 浓度的环境振荡。这些反应器可归类为一室系统和两室系统。对一室系统，例如对图 6-39(a) 或图 6-39(b)，不同气体（例如空气和氮气）以交替方式通入机械搅拌反应器或气升式反应器，因此反应器中的细胞可处于富含或缺乏溶解氧的周期性振荡培养环境。图 6-39(a) 所示反应器以开环方式控制溶解氧浓度，而图 6-39(b) 所示反应器则采用溶解氧浓度电极检测的闭环控制方式。若模拟研究时要排除组分浓度随时间的变化，仅研究空间上的浓度梯度的影响，则有图 6-39(c) 所示的采用连续操作方式的反应器设计。图 6-39(d) 所示的设计主要用于模拟反应器操作压力对溶解氧和 CO_2 浓度波动的影响。对两室系统，通常有两个机械搅拌反应器（STR＋CSTR）或机械搅拌反应器与平推流反应器（STR＋CPFR）的两种组合设计，分别如图 6-39(e) 和图 6-39(f) 所示。对 STR 与 CSTR 组合系统，当对两个反应器分别控制不同溶解

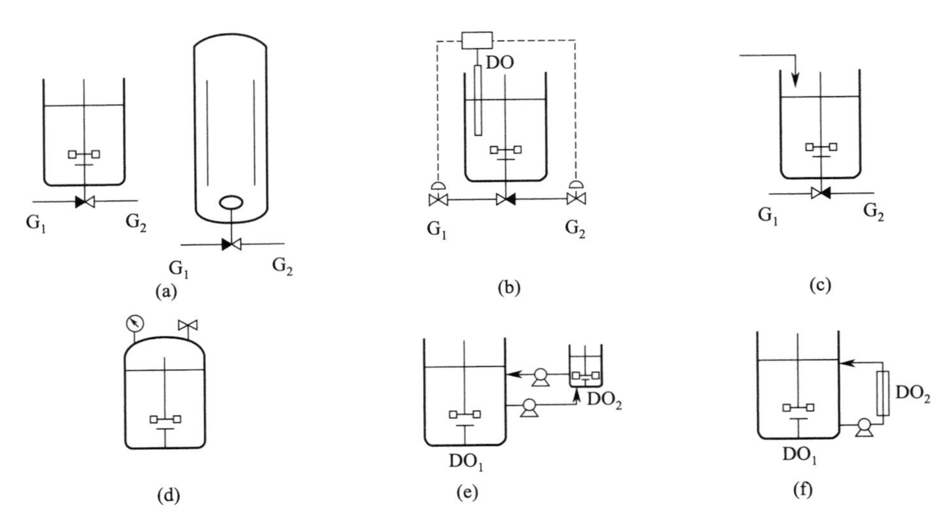

图 6-39 研究溶解氧和CO_2 浓度梯度的模拟反应器设计

G_1，G_2—气体 1 和气体 2；DO，DO_1，DO_2—溶解氧电极

氧浓度时，则它们分别为具有两种不同的溶解氧浓度的分室，用于模拟生产规模反应器中存在的由不良混合造成的有较低或较高溶解氧浓度的区域。可用流体在两个分室中的停留时间分布和在两个分室间的循环流量，模拟生产规模反应器中的循环流动状况。同样，对 STR 与 CPFR 组合系统，也可实现相似的实验目的。由于溶解氧浓度在 CPFR 中的连续变化，采用这种设计可避免 STR 与 CSTR 组合系统的浓度梯度的阶跃性变化问题。

生产规模反应器中的底物浓度梯度主要由补料分批培养的加料所引起，在膜透析培养反应器中，还可能来源于膜的截留作用。pH 梯度则来源于酸或碱的加料区与液相主体之间的酸碱度差别。研究底物浓度和 pH 值梯度的模拟反应器设计如图 6-40 所示。图 6-40(a) 所示的连续操作反应器采用脉冲加料方式，以脉冲的频率模拟循环时间，以脉冲的强度实现组分浓度梯度，由此实现底物浓度和 pH 的振荡变化。图 6-40(b) 和图 6-40(c) 所示两分室系

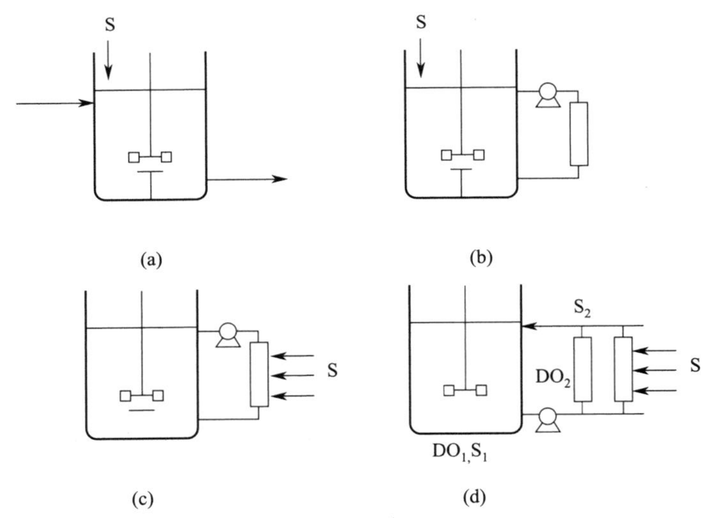

图 6-40 研究底物浓度和 pH 值梯度的模拟反应器设计

S，S_1，S_2—底物、底物 1 和底物 2；DO_1，DO_2—溶解氧电极

统也可用于这类模拟研究。通常采用 STR 与 CPFR 的组合设计。其中 CPFR 分室多用于模拟生产规模反应器的流动死区和加料区域。如果底物在 STR 中加入，如图 6-40(b) 的情况，则在 CPFR 中会发展出底物浓度很低的区域。如果底物由 CPFR 加入，如图 6-40(c) 的情况，则在 CPFR 中会形成底物的高浓度区域。底物由 CPFR 加入还可使这个部位成为低溶解氧浓度区域。因此，STR 与 CPFR 的组合设计可用于模拟大型反应器中存在的高葡萄糖浓度低溶解氧浓度共存的条件区域，研究葡萄糖浓度梯度和溶解氧浓度梯度对细胞生理和代谢过程影响的协同作用。同样，图 6-40 (d) 的设计用两个 CPFR 分别实现高底物浓度和低溶解氧浓度区，因此它也适用于这类研究。

重点内容提示

1. 牛顿型流体和非牛顿型流体的性质和模型，影响反应介质流变性质的因素。

2. 机械搅拌产生的流体剪切力的各种量化表示方法，最小湍流旋涡长度和单位质量流体功率消耗的关系模型。

3. 气流搅拌产生的流体剪切力的模型分析，鼓泡塔反应器的高径比和通气速率对流体剪切力的影响。

4. 氧传递过程的速率方程，体积氧传递系数和氧传递推动力及其影响因素，体积氧传递系数的计算与测定方法，氧的供需关系分析方法。

5. 生物反应器的热量衡算方法，反应器的传热面积计算，灭菌过程的设计计算。

6. 混合尺度、混合程度和混合时间的概念。混合时间的测量方法。

7. 停留时间及其分布、理想流动和非理想流动、返混的概念，多釜串联模型和轴向分散模型及其特征参数。

8. 机械搅拌反应器、鼓泡塔反应器和气升式反应器的流动机制分析，这三种反应器的液相混合时间计算式，影响混合时间的因素，它们的气相混合特性。由修正 Pe 和颗粒 Re 对填充床反应器混合性质的判别。

9. 生物反应器放大的相似原理和相似条件，经验放大法保持 P_S/V_L 和 K_La 不变的放大计算准则。

10. 生物反应过程的特征时间和速率控制的概念，基于特征时间的过程机制分析和缩小-放大法的放大研究方法。

习题

1. 某动物细胞培养过程，若采用机械搅拌反应器，试确定允许的最大搅拌速度。已知：细胞直径为 20μm，培养液运动黏度 $\nu_L=10^{-6}m^2/s$，培养液密度 $\rho_L=1000kg/m^3$，反应器有效体积 $V_R=2\times10^{-3}m^3$，搅拌器直径 $d=0.07m$，搅拌功率特征数 $N_P=1.7$。

2. 试根据某一工业上使用的 $20m^3$ 机械搅拌的丝状菌发酵反应器的现有数据判断其性能，计算平均最小湍流旋涡长度和体积氧传递系数。已知：反应器液体体积 $V_L=15m^3$，反应器直径 $D=2.2m$，搅拌桨直径 $d=0.9m$，搅拌转速 $N=165r/min$，未通气时的搅拌功率 $P_S=37kW$，通气时的搅拌功率 $P_{SG}=0.4P_S$，通气速率 $F_G=900m^3/h$，液体密度 $\rho_L=1000kg/m^3$，液体黏度 $\mu_L=1.0\times10^{-3}Pa\cdot s$。

3. 在好氧条件下，恶臭假单胞菌在 CSTR 中进行连续培养，$\mu_{max}=0.5h^{-1}$，$Y_{XS}=$

0.45g/g，Y_{XO}=0.25g/g，饱和溶解氧c_{OL}^*=8mg/L，细胞的生长速率主要受氧传递速率的控制。操作条件为：进料中的乳糖浓度c_{S_0}=2g/L，加料稀释率D=0.28h^{-1}，出料中乳糖浓度c_S=0.1g/L。试求：

（1）稳态时的细胞浓度c_X和氧消耗比速率q_O。

（2）若要使培养液中溶解氧浓度c_{OL}=2mg/L，体积氧传递系数K_La最低应为多少？

4. 在15m^{3}的机械搅拌反应器中培养棕色固氮菌以生产海藻酸盐。已知K_La=0.17s^{-1}，反应器中饱和溶解氧浓度c_{OL}^*=8×10^{-3}kg/m^3。试求：

（1）若氧消耗比速率为12.5mmol/(g·h)，则可能的最大细胞浓度为多少？

（2）若反应液中意外加入了硫酸铜使生长受到抑制，氧消耗比速率减少到3.0mmol/(g·h)，假定硫酸铜对饱和溶解氧浓度和氧传递系数没有影响，此时的可能的最大细胞浓度为多少？

5. 一个进行酵母连续培养的机械搅拌反应器，氧传递系数K_La=360h^{-1}。酵母的生长符合Monod动力学，μ_{max}=0.4h^{-1}，K_S=2g/L，Y_{XS}=0.5g/g，Y_{XO}=1.8g/g。反应器操作的稀释率D=0.3h^{-1}，加料中葡萄糖浓度为500g/L，饱和溶解氧浓度c_{OL}^*=1.16mmol/L。试判断该体系是传质控制还是反应控制。

6. 由式$K_La \propto e_T^{\alpha} v_{GS}^{1-\alpha}$，$\alpha$=const. 和式$Nt_m$=const.（const. 表示常数），在湍流条件下，求混合过程和氧传递过程的特征时间的比值t_m/τ_{MT}，并说明机械搅拌反应器放大时过程控制机制的变化。它主要受哪些变量与参数的影响？

7. 将一通气式机械搅拌微生物反应器由V_{L_1}=0.6m^{3}放大至V_{L_2}=60m^3，放大过程中保持几何相似。

（1）若放大过程中保持P_S/V_L不变，计算放大前后混合时间的比值t_{m_2}/t_{m_1}。

（2）若放大过程中通过增大P_S/V_L以使混合时间保持不变，则求$\dfrac{(P_S/V_L)_2}{(P_S/V_L)_1}$。

8. 一台机械搅拌反应器，反应器直径为5m，内装有一蛇管用于传热。反应器装有涡轮搅拌桨，其直径为1.8m，搅拌速度为60r/min，反应液性质如下：μ_L=5.0×10^{-3}Pa·s，ρ_L=1000kg/m^3，c_{PB}=4.2kJ/(kg·℃)，λ_B=0.70W/(m·℃)。若忽略冷却蛇管壁的黏度变化，试求其传热系数h_1值。

7

生物反应器的设计

生物反应器的设计是生物反应过程开发工作中的重要环节。生物反应器的正确设计主要根据各类生物反应过程的特点确定反应器的结构类型、计算反应器的几何尺寸和操作参数，使放大反应器的各项技术性能参数满足设计要求。在认识生物反应器的操作特性、传递与混合特性和放大原理的基础上，本章进一步讨论生物反应器的设计方法，并介绍各种典型反应器的结构配置。

7.1 设计要求与内容

生物反应器设计的主要目标是将生物催化剂的活性控制在最佳水平，使反应过程高效率进行，获得高质量的产品，在反应器配置上实现低能耗和操作费用较低的技术经济指标。进行生物反应器设计时，一般在下列因素上考虑设计要求：

① 生物因素　对细胞培养过程，选择的培养容器材料应尽可能有生物相容性，所设计的培养条件应能较好地与细胞在体内的微环境条件保持一致。

② 化学因素　必须确定足够的操作时间和过程的反应程度，满足反应过程动力学上的设计要求。

③ 传质因素　对非均相反应体系，反应过程速率通常被底物的扩散速率所限制，因此所设计的反应器必须具有较高的传质效率。

④ 传热因素　所设计的反应器应具有足够的传热效率，能有效移除生物反应所生成的热量并控制反应温度。

⑤ 安全因素　能将有害反应物和产物隔离，有优良的防污染能力。

⑥ 操作因素　设备的可操作性较强，维修较容易。

由于为了全面满足这些要求，因此生物反应器的设计实际是一项复杂和困难的工作。

生物反应器的主要设计内容如下：

① 反应器选型　在选择反应器类型时，必须综合考虑生物反应过程的特点、反应介质的物理性质、生物反应动力学、生物催化剂的稳定性等多种因素，以确定最佳的结构类型、操作方式、能量传递和流体流动方式。

② 反应器结构设计与各种结构参数的确定　确定反应器的结构及几何尺寸。例如，反应器直径和高度、搅拌器类型、搅拌器桨叶直径、搅拌转速、传热方式和传热面积等。

③ 确定工艺参数及其控制方式　主要参数有温度、pH、搅拌转速、通气速率、操作压力和加料速率等。

进行细胞反应的反应器设计时，还应特别重视防止杂菌污染、高耗氧反应的氧传递速率和大型反应器的热量移除等相关工程问题的解决。

7.2　通气式机械搅拌反应器

机械搅拌反应器既是一种常用的化学反应器，在生物反应过程上也应用较多。在微生物发酵过程上，将通空气操作的机械搅拌反应器称为通气式机械搅拌反应器。经过长期的结构定型规范化过程，这类反应器已发展成所称的通用式机械搅拌反应器或通用式发酵罐。

通气式机械搅拌反应器的主要特征是既有机械搅拌装置，又有通入压缩空气装置。它的主要优点是操作弹性大、适应性强、pH 和温度易于控制、放大容易；主要缺点是内部结构复杂，制造费用高，运行能耗高，易造成杂菌污染，机械剪切力大，易造成某些丝状菌和动植物细胞的损伤。这种反应器较适合需氧量大、反应介质黏度较高，且呈非牛顿型流变性质的细胞反应过程。

7.2.1　反应器结构与操作参数

7.2.1.1　基本结构与尺寸

反应器的主要组成部分有筒体、挡板、空气分布器、搅拌装置、电动机和变速装置、换热装置、消泡器等。在筒体的适当部位，安装有排气、取样、放料、接种、加酸或碱等管道的接口、阀门、人孔和视镜等部件。图 7-1 为通用式机械搅拌反应器的结构示意图。

通用式机械搅拌反应器的标准化尺寸如下（对各符号的说明，参看图 7-2）：

$$H/D=1.7\sim3;\quad d/D=1/3\sim1/2;\quad W/D=1/12\sim1/8;$$

$$B/D=0.8\sim1.0;\quad S/D=1\sim3$$

在反应器内设置的搅拌器的搅拌轴上一般有 2～3 层搅拌桨，搅拌桨层数因反应器内液位高度、培养液的流动特性和搅拌桨桨叶直径等因素而定。搅拌器的作用是使反应器内流体被充分翻动、气泡被打碎并在培养液中分散、增加气液接触面积和使固形物料保持悬浮状态。筒体周围一般设置 4 块挡板，以用于防止搅拌时在液面产生涡流。空气分布器是带有小孔的环形分布管，它使引入培养液中的无菌空气能均匀分布，一般位于底部搅拌桨下方。有时使用开口向下的单口管引入空气，以防止培养液中的固体物料堵塞空气分布器。

在发酵过程中产生的发酵热必须移除以控制温度，并且要保证对培养基加热和灭菌所需要的传热要求，故所安装的换热装置有外部夹套或内部盘管。一般容积为 $5m^3$ 以下的反应器用外夹套，大于 $5m^3$ 的反应器用内置盘管。

由于发酵过程中会产生含有蛋白质等的发泡物质，在强烈的通气和搅拌下会产生泡沫，导致培养液外溢和增加染菌机会，故必须消除泡沫。泡沫消除的方法除了加消泡剂外，也可使用离心式消泡器等装置。

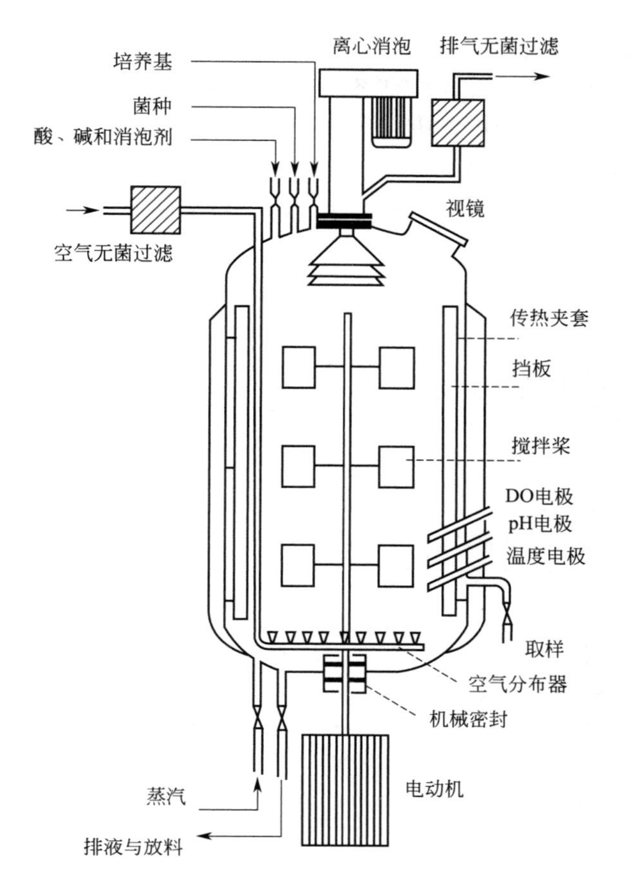

图 7-1　通用式机械搅拌反应器的结构示意图

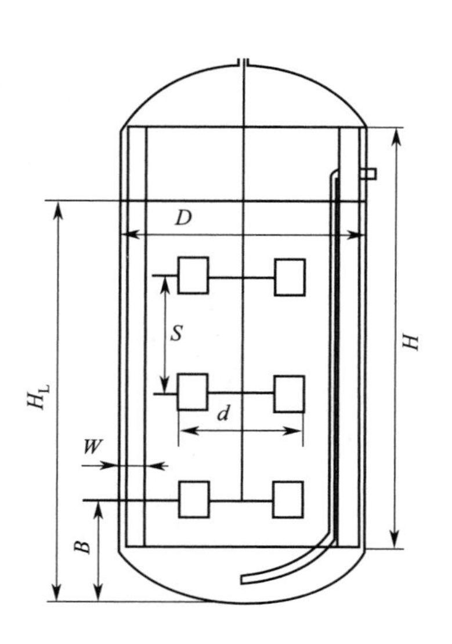

图 7-2　通用式机械搅拌反应器的几何尺寸比例

微生物发酵反应器的核心部件为通气和搅拌装置，操作时需要确定通气和搅拌条件以满足各种发酵过程的要求。依这些部件的特定结构和尺寸、通气速率和搅拌转速的不同，可以达到一定的流体混合与分散状态和传质与传热效果。

7.2.1.2　搅拌器系统的设计

在一定通气速率下，反应器内培养液的流体力学状况主要取决于搅拌桨类型。

搅拌形成的流动形态主要有径向流和轴向流，如图 7-3 所示。径向流为流体被搅拌桨沿径向往外推的运动，又称原生流。流体径向流动时遇到反应器壁和挡板时，会向上流动，并在液面附近沿搅拌轴由上往下折返流动，产生次生流动，又称为轴向流。一般径向流对流体的混合和传质所起的作用较小，而轴向流对其影响较大。径向流动速度仅与搅拌转速成正比，而轴向流动速度则与搅拌转速的平方成正比。因此，当搅拌转速提高时，以产生轴向流动为主的桨形有利于流动速度的加快，产生的混合和传质效果较好。

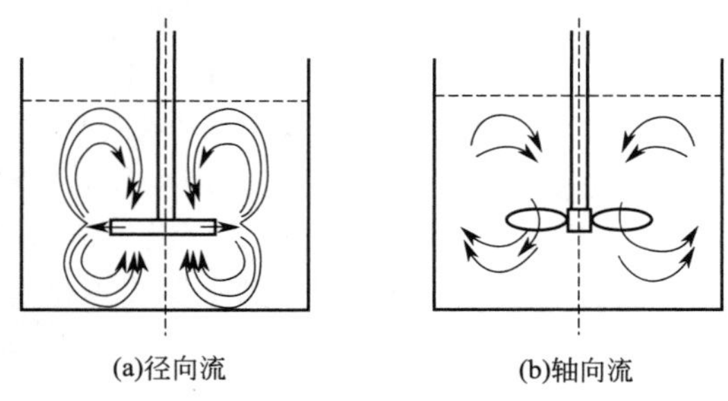

图 7-3　机械搅拌反应器的流动形态

在微生物发酵反应器的设计上通常采用涡轮式搅拌桨，如图 7-4 所示，其中图 7-4(a)

为六平叶涡轮桨，它产生的流动以径向流为主，但能够形成一定的轴向翻动效果；图 7-4(b) 为六箭叶涡轮桨，在形成径向流的基础上，它的轴向翻动效果较好；图 7-4(c) 为六弯叶涡轮桨，形成的流动介于上述两者之间。在相同的搅拌功率下比较它们粉碎气泡并增大气含率的能力，平叶大于弯叶，弯叶大于箭叶，但轴向翻动能力则与上述次序相反。一般工业上主要使用箭叶式，实验反应器使用六平叶涡轮式。涡轮搅拌桨主要用于微生物发酵过程，但对剪切敏感的动物细胞培养不适合。从流体力学原因分析，剪切力形成的条件是流场中的速度分布，而涡轮搅拌桨的叶端湍动速度最大，在离之较远的位置流动速度急剧下降，故在此速度梯度下，流体受到较高的剪切力。

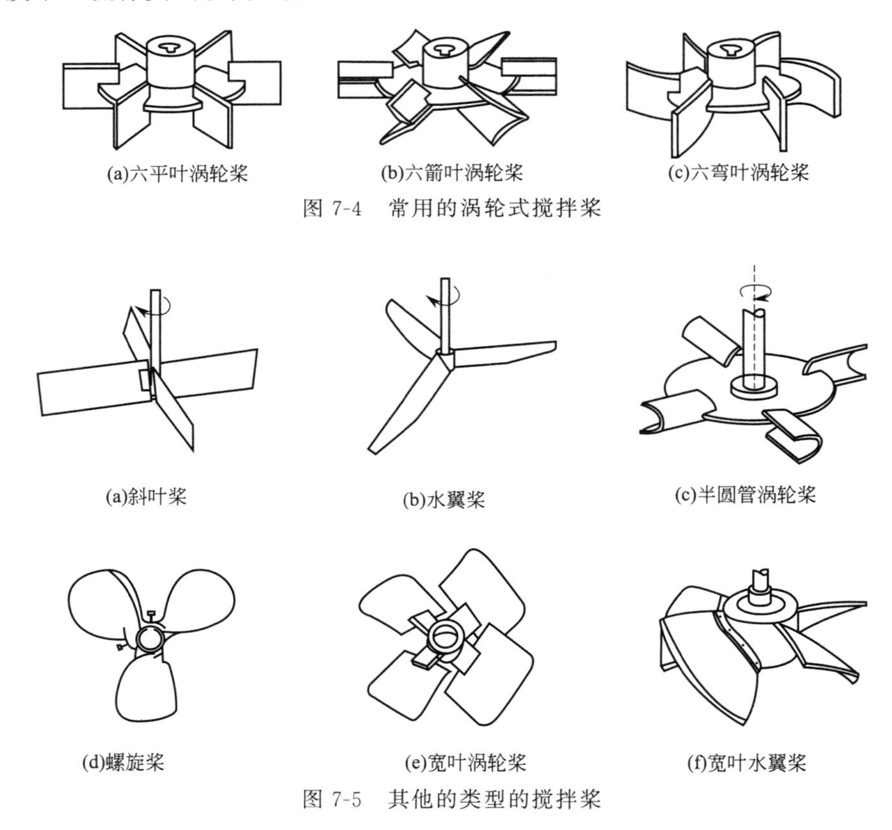

(a)六平叶涡轮桨　(b)六箭叶涡轮桨　(c)六弯叶涡轮桨

图 7-4　常用的涡轮式搅拌桨

(a)斜叶桨　(b)水翼桨　(c)半圆管涡轮桨

(d)螺旋桨　(e)宽叶涡轮桨　(f)宽叶水翼桨

图 7-5　其他的类型的搅拌桨

为避免常用涡轮式搅拌桨所形成的主体流动仅由径向流动主导的问题，设计出混合性能良好的反应器，目前通常采用不同类型搅拌桨组合的优化设计。例如，将涡轮搅拌桨与如图 7-5 所示的一些其他类型的搅拌桨作组合。作这类设计时，通常将主要能产生轴向流动的搅拌桨安装在搅拌轴上部，而将能产生径向流动的搅拌桨安装在底部，轴向流搅拌桨使流体沿搅拌轴方向由上往下流动。例如，图 7-5(a) 所示的斜叶桨为一种常用的中低黏度流体的轴向流搅拌桨；图 7-5(b) 所示的水翼桨不仅能形成轴向流，而且使用时比斜叶桨的搅拌功率消耗低 40%；图 7-5(c) 所示的半圆管涡轮桨是平叶涡轮的改进类型，它操作时允许的气体表观线速度是平叶涡轮的至少 2 倍，能有效避免搅拌气泛的产生；图 7-5(d) 所示的螺旋桨是常用的轴向流桨型，可用于与涡轮搅拌桨的组合设计，这种设计的传递系数较高，搅拌功率消耗和剪切力较低；图 7-5(e) 所示的宽叶涡轮桨属轴向流搅拌桨，它处理的气体负荷通常是水翼桨的 3 倍，气液传递系数比平叶涡轮桨可高 40%，且能耗较低，剪切力较小。

在动物细胞培养反应器设计时，为避免流体剪切力较高的问题，一般采用如图 7-5(b)

水翼桨、图 7-5(e) 宽叶涡轮桨、图 7-5(f) 宽叶水翼桨的轴向流型桨。采用这类桨型时，既有单桨型的设计，也有不同桨型的组合设计。为达到流动速度较小和在较低的湍流切变率下使细胞或微载体悬浮的目的，设计时一般配置较大的搅拌桨直径和较低的搅拌转速条件。

反应器内的挡板具有形成次生流的作用，并且可用于防止搅拌时涡流的形成。一般挡板的设置要达到“全挡板条件”，即在搅拌反应器中再增加挡板或其他附件时，搅拌功率消耗不再增加，基本不形成涡流。满足全挡板条件的挡板数或宽度由式(7-1) 计算：

$$\frac{W}{D}n_B=0.4 \tag{7-1}$$

式中，W 为挡板宽度，m；D 为反应器直径，m；n_B 为挡板块数。

7.2.1.3 操作参数

机械搅拌反应器的最优操作性能与通气速率和搅拌转速有关。对一定的反应器结构，通气速率和搅拌转速决定了流体的流动状态、混合与分散以及传质效率。在进行大型反应器设计时，一般要求降低搅拌功率的消耗，而为达到一定的混合与传质效果，又必须保证一定搅拌转速和通气速率。因此，必须确定这两个关键参数的范围。

搅拌系统对气体的分散能力受到搅拌气泛的限制。在湍流条件下，当 $Re_M>10^4$ 时，允许的通气速率是搅拌转速 N 和搅拌桨直径 d 的函数。用通气特征数 N_A 表示一定搅拌程度下的通气状况，即：

$$N_A=\frac{F_G}{Nd^3} \tag{7-2}$$

式中，F_G 为通气速率，m^3/s；N 为搅拌转速，s^{-1}；d 为搅拌桨直径，m。

用 Froude 数（Fr）表示机械搅拌强度，即：

$$Fr=\frac{N^2d}{g} \tag{7-3}$$

式中，g 为重力加速度。

有研究发现通气特征数 N_A 为 Fr 和 d/D 的函数，$N_A=f(Fr, d/D)$。发生气泛时的最大通气特征数为：

$$N_{A,max}=\frac{0.21Fr^{2.1d/D}}{[(d/D)^{-1}-2.04]^{1.3}}+\frac{0.14Fr^{7.54d/D}}{[(d/D)^{-1}-2.25]^{1.5}} \tag{7-4}$$

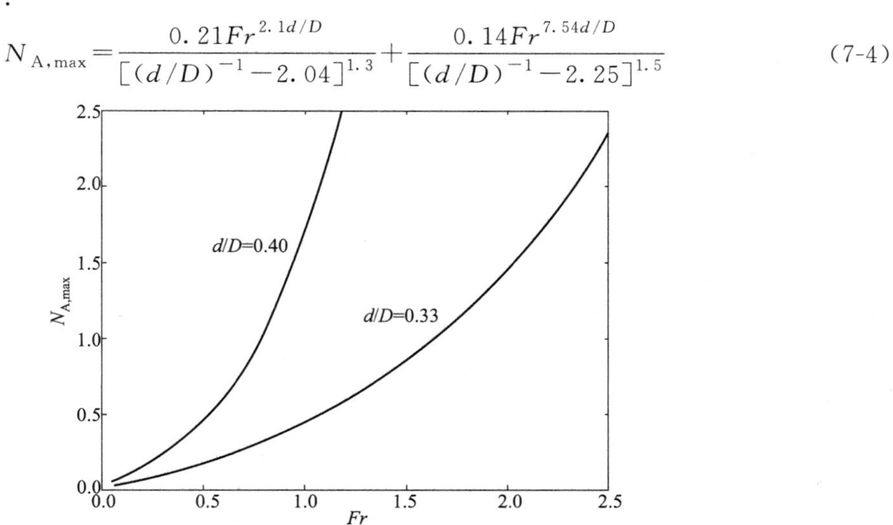

图 7-6 机械搅拌反应器的最大通气特征数

因此，发生气泛的条件是通气速率超过机械搅拌的气体分散能力，只有在搅拌转速和搅拌桨直径达到一定数值时，才能允许有较高的通气速率，气体分散效果较好。若无量纲搅拌桨直径 d/D 越大，在同样的 Fr 值时，$N_{A,max}$ 值较大（如图 7-6 所示）。计算条件：$d/D=0.33$，0.40，$0.3\leqslant d/D\leqslant 0.42$。

也有研究得出的不发生气泛的条件为：

$$N_A < cFr \tag{7-5}$$

式中，c 为经验常数，$c=0.34\sim1.2$，取 $c=0.3$。

此条件对搅拌桨叶端速度要求的范围为：

$$u_{L,tip} > 1.5\sim2.5(m/s) \tag{7-6}$$

7.2.2 搅拌功率计算

7.2.2.1 不通气时的搅拌功率

搅拌功率消耗的原因是流体阻力。搅拌器所消耗功率为轴功率 P_S(W)，它为搅拌轴受到的扭矩 T(N·m) 与角速度 ω(rad/s) 之积，$P_S=T\omega$。它与下述因素有关：反应器直径 D(m)、搅拌桨直径 d(m)、液柱高度 H_L(m)、搅拌转速 N(r/s)、液体黏度 μ_L(Pa·s)、液体密度 ρ_L(kg/m^3)、重力加速度 g(m/s^2) 以及搅拌器的类型和反应器结构等。由于反应器直径 D 和液柱高度 H_L 均与搅拌器直径 d 之间有一定的比例关系，于是：

$$P_S=f(N,d,\rho_L,\mu_L,g) \tag{7-7}$$

对不通气的单液相物系，机械搅拌功率消耗的一般方程为：

$$P_S=N_P\rho_L N^3 d^5 \tag{7-8}$$

式中，N_P 为搅拌功率特征数。对安装挡板的反应器，在完全湍流的条件下，对任何类型的搅拌桨，N_P 为常数；在不完全湍流条件下，N_P 为搅拌雷诺数的函数，$N_P=f(Re_M)$。

表 7-1　不同类型搅拌桨的功率特征数

搅拌桨类型	叶数与叶形	N_P 值
平叶涡轮桨	6 平叶	5.5～6.5
	12 平叶	8～9
	18 平叶	9～10
弯叶涡轮桨		2～4
箭叶涡轮桨	6 叶	4
半圆管涡轮桨	6 叶	1.5
螺旋桨		0.1～1
斜叶桨	45°平叶	0.5～2
宽叶涡轮桨	4 叶	0.8
宽叶水翼桨	6 叶	1.5

表 7-1 的数据为反应器安装挡板时在 $Re_M>10^4$ 的完全湍流的条件下的 N_P 值。图 7-7 所示为当 $D/d=3$、$H_L/d=3$、$B/d=1$、挡板数为 4 时，平叶涡轮、平叶桨和螺旋桨的搅拌功率特征数与搅拌雷诺数的关系。

当搅拌器安装多层搅拌桨时，在合理设置搅拌桨之间的间距使相邻两层搅拌桨引起的流动相互不干扰的情况下，可先分别计算每层搅拌桨的搅拌功率消耗，然后将每层的搅拌功率消耗加和，得出总的搅拌功率消耗。

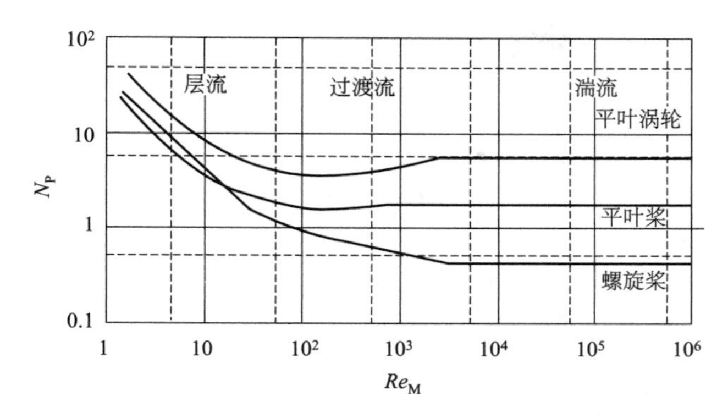

图 7-7　几种搅拌桨的功率曲线

还可用式(7-9) 计算装有多层相同类型搅拌桨的搅拌功率消耗 P_{Sm}：

$$P_{Sm}=P_S(0.4+0.6m) \tag{7-9}$$

式中，m 为搅拌桨的层数；P_S 为单层搅拌桨的功率消耗。

7.2.2.2　通气时的搅拌功率

由于通气时流体的密度降低，并且搅拌桨叶尾部存在气穴，使流动阻力减小，故通气时的搅拌功率通常小于非通气时的搅拌功率。通气时的搅拌功率消耗仍然服从式(7-8) 表示的与 N^3 和 d^5 之间的正比关系，但是功率特征数 N_P 下降至原值的 0.3～0.5 倍。

在通气条件下，通气时的搅拌功率消耗 P_{SG} 用有关 P_{SG}/P_S 比值的关联式计算。

Hughmark (1980) 提出的对各种涡轮搅拌桨的计算式为：

$$\frac{P_{SG}}{P_S}=0.1\left(\frac{F_G}{NV_L}\right)^{-0.25}\left(\frac{N^2d^4}{gH_SV_L^{2/3}}\right)^{-0.20} \tag{7-10}$$

式中，V_L 为液体体积；H_S 为搅拌桨叶轴向宽度，通常 $H_S/d=1/5$。此式的计算值与实际测量值的偏差为 11.7%，原因是尾部气穴形成的随机性。

P_{SG}/P_S 的比值与表示通气速率的通气特征数 N_A 值之间的关系如图 7-8 所示。

根据这种关系，有研究者提出下列近似计算式：

$$\frac{P_{SG}}{P_S}=1-12.6N_A,\quad N_A<0.035 \tag{7-11}$$

$$\frac{P_{SG}}{P_S}=0.62-1.85N_A,\quad N_A\geqslant 0.035 \tag{7-12}$$

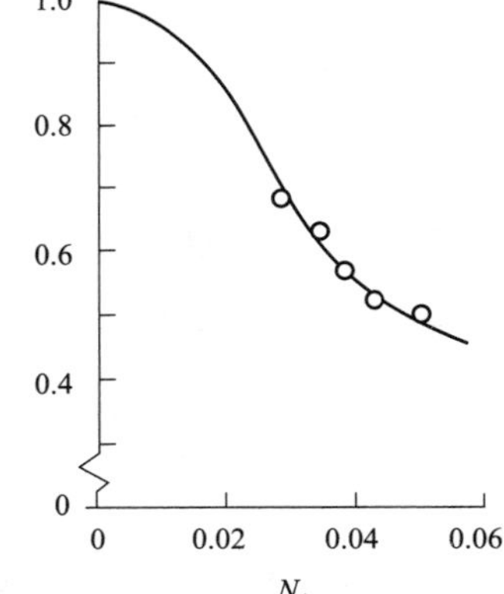

图 7-8　通气时的功率曲线

$d=0.18$m，$H_L=D=0.44$m，$N=3.3\text{s}^{-1}$

7.2.3　放大计算

通气式机械搅拌反应器放大计算时，首先进行保持几何尺寸相似的计算，确定放大反应器的各项几何尺寸，然后分别进行通气速率和搅拌功率消耗的计算。

7.2.3.1　几何尺寸放大

若定义反应器放大时体积增加倍数为放大倍数 m，以下标 1 和 2 分别表示模型反应器和放大反应器，若用 V_L、H_L 和 D 分别表示液体体积、液柱高度和反应器直径，则：

$$m=\frac{V_{L_2}}{V_{L_1}} \tag{7-13}$$

因为几何相似，应有：

$$\frac{H_{L_1}}{D_1}=\frac{H_{L_2}}{D_2} \tag{7-14}$$

$$\frac{H_{L_2}}{H_{L_1}}=\frac{D_2}{D_1}=\frac{d_2}{d_1}=m^{1/3} \tag{7-15}$$

7.2.3.2 通气速率的放大

通气速率可表示为在标准状态下单位液体体积在单位时间内通入的空气量，简称通气比 VVM [单位为 $m^3/(m^3 \cdot min)$]。以单位反应器横截面积在单位时间内通入的空气体积表示的通气速率即为空气表观线速度 v_{GS}。

$$VVM=\frac{F_G}{V_L}\times 60[m^3/(m^3 \cdot min)] \tag{7-16}$$

$$v_{GS}=\frac{F_G(273+t)\times 1.01325\times 10^5}{\frac{\pi}{4}D^2\times 273\times p}=\frac{472.8F_G(273+t)}{pD^2}(m/s) \tag{7-17}$$

$$p=(p_0+1.01325\times 10^5)+\rho_L g\frac{H_L}{2} \tag{7-18}$$

式中，F_G 为标准状态时的通气速率，m^3/s；t 为反应温度，℃；p 为液柱平均压力，Pa；p_0 为反应器顶部气体表压，Pa；ρ_L 为液体密度。

在通气速率放大时，有保持 VVM 或空气表观线速度恒定等各种方法，由于由前者得到的通气速率过大，故通常采用保持空气表观线速度恒定的方法。采用此法时，由于 $v_{GS_2}=v_{GS_1}$，由式(7-17)，有：

$$\frac{(VVM)_2}{(VVM)_1}=\left(\frac{F_G}{V_L}\right)_2\Big/\left(\frac{F_G}{V_L}\right)_1=\frac{p_2D_2^2}{p_1D_1^2}\cdot\left(\frac{D_1}{D_2}\right)^3=\frac{p_2}{p_1}\cdot\frac{D_1}{D_2} \tag{7-19}$$

7.2.3.3 搅拌功率及搅拌转速的放大

搅拌功率和搅拌转速的放大通常采用保持体积氧传递系数 K_La、未通气时或通气时单位液体体积搅拌功率消耗 P_S/V_L 或 P_{SG}/V_L 不变的准则。综合考虑反应器的混合性能和氧传递效率随放大规模的变化，可以采用未通气时单位液体体积搅拌功率消耗 P_S/V_L 不变的准则。

由于 $P_S/V_L=const.$，且 $P_S=N_P\rho_LN^3d^5$，$V_L\propto D^3\propto d^3$，因此：

$$\frac{P_S}{V_L}\propto N^3d^2 \tag{7-20}$$

$$N_2=N_1\left(\frac{d_1}{d_2}\right)^{\frac{2}{3}} \tag{7-21}$$

$$P_{S_2}=P_{S_1}\left(\frac{d_2}{d_1}\right)^3 \tag{7-22}$$

由此，对通气时的搅拌功率消耗，可采用式(7-10)计算。

【例 7-1】 一直径为 1.22m 的通气式机械搅拌反应器。内部物料的液柱高度等于反应器直径，反应器壁对称安装 4 块挡板，挡板宽度为反应器直径的 1/10，安装有直径为 0.36m 的六平叶圆盘涡轮搅拌桨，搅拌器装有 2 层搅拌桨。反应器操作条件是，通气速率为 $4.16\times10^{-3}\text{m}^3/\text{s}$，搅拌转速为 2.8r/s。

(1) 试求其未通气和通气时的搅拌功率消耗。

(2) 若要求按恒定未通气时单位液体体积搅拌功率消耗不变的准则放大至 50m^3 生产规模反应器，设装料系数为 70%，试计算放大反应器的未通气时的搅拌功率消耗和搅拌转速。

解 (1) 水的黏度和密度分别为 $\mu_L=8.904\times10^{-4}\text{Pa}\cdot\text{s}$，$\rho_L=997.08\text{kg/m}^3$。因此有：

$$Re_M=\frac{\rho_L Nd^2}{\mu_L}=\frac{997.08\times2.8\times0.36^2}{8.904\times10^{-4}}=4.06\times10^5>10^4$$

因此，在完全湍流条件下，可取 $N_P=6.0$。非通气情况下单层搅拌器的功率为：

$$P_S=N_P\rho_L N^3d^5=6.0\times997.08\times2.8^3\times0.36^5=794(\text{W})$$

故 2 层搅拌器的非通气搅拌功率为：

$$P_{Sm}=P_S(0.4+0.6m)=794\times(0.4+0.6\times2)=1.27\times10^3(\text{W})$$

通气功率特征数为：

$$N_A=\frac{F_G}{Nd^3}=\frac{4.16\times10^{-3}}{2.8\times0.36^3}=0.0318<0.035$$

故由式(7-11)可求出通气状态的搅拌功率消耗：

$$P_{SG}=P_{Sm}(1-12.6N_A)=1.27\times10^3\times(1-12.6\times0.0318)=761(\text{W})$$

(2) 已知，$H_{L_1}=D_1=1.22\text{m}$，则：

$$V_{L_1}=\frac{\pi}{4}D^2H_{L_1}=\frac{\pi}{4}\times1.22^2\times1.22=1.43(\text{m}^3)$$

又：

$$V_{L_2}=70\%\times50=35(\text{m}^3)$$

则：

$$\frac{d_2}{d_1}=\left(\frac{V_{L_2}}{V_{L_1}}\right)^{\frac{1}{3}}=\left(\frac{35}{1.43}\right)^{\frac{1}{3}}=2.90$$

由 $P_{S_1}=1.27\times10^3\text{W}$，则：

$$P_{S_2}=P_{S_1}\left(\frac{d_2}{d_1}\right)^3=1.27\times10^3\times2.90^3=3.10\times10^4(\text{W})$$

$$N_2=N_1\left(\frac{d_1}{d_2}\right)^{\frac{2}{3}}=2.8\times\left(\frac{1}{2.90}\right)^{\frac{2}{3}}=1.38(\text{r/s})$$

7.3 气流搅拌塔式反应器

该类反应器包括鼓泡塔反应器、气升式反应器，由于高径比较大，称为塔式反应器。它们的流动与混合依靠压缩空气带入的能量。

与通气式机械搅拌反应器相比，塔式反应器的结构简单，没有运动部件，容易放大，维护和操作费用较低；对达到一定的混合和传质效果，由于气流搅拌的平均能量消耗较低，因此流体的平均剪切力较小，能量利用率较高。其不足之处是不适合黏度较大的培养体系，体积氧传递系数较低；且由于气泡表面对悬浮细胞的吸附，气泡的合并和离开气液界面时的破碎所产生的剪切力对细胞的损伤较大，不适合剪切敏感性的动物细胞培养。对微生物发酵过程，塔式反应器主要用于大规模生产过程，例如酵母单细胞培养过程，而在小规模的动物细胞和植物细胞培养过程中，气升式反应器也有应用。

7.3.1 鼓泡塔反应器

鼓泡塔反应器是以气体为分散相、液体为连续相的一种反应器，如图 7-9（a）所示。其主要结构变量为反应器直径和高径比。对一定的结构设计，它的操作性能主要取决于通气速率。但是，由于增加通气速率会引起泡沫增多和培养液气含量加大而造成反应器生产能力下降等问题，因此通气速率的可调节范围较窄。而且，气泡在上升过程中的合并也会使气液接触面积减小，使氧传递系数降低。为此，鼓泡塔反应器有各种改进型，例如 7-9（b）所示筛板塔式反应器，在反应器内安装水平多孔筛板。筛板的作用是提高气液接触效率，它使气液界面不断更新，使气泡与液体的接触时间得到延长，并可避免气泡的合并。

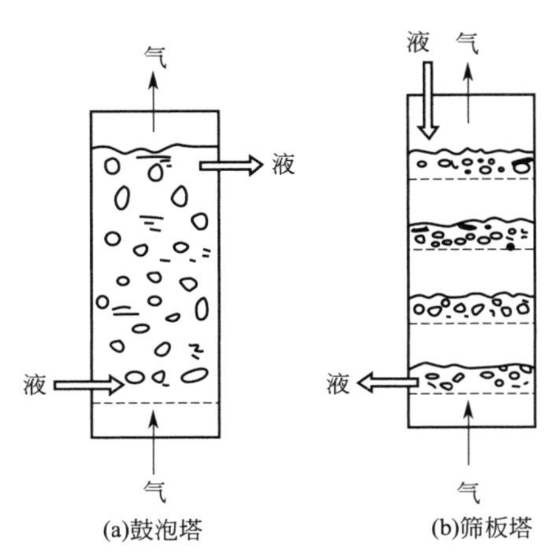

图 7-9　鼓泡塔反应器示意图

鼓泡塔反应器的流体流动的均匀性流动和非均匀性流动两种机制受气体表观线速度的调节。均匀性流动发生在气体表观线速度在 3～5cm/s 的较低范围内，而工业反应器中常见的非均匀性流动的条件是较高的气体表观线速度和湍流流动。在非均匀性流动机制下，气液混合物沿塔中心区域向上流动，并在反应器壁面附近向下流动，两个区域的密度差推动循环流动；对凝并体系，气泡重复发生合并和破裂。

7.3.1.1 气泡直径和气液传质比表面积

对非均匀性流动，由表面张力和湍流剪切力的平衡作用决定平均气泡直径。除非在气体分布器附近区域，在反应器的大部分位置，气泡直径及其分布与气体分布器的设计基本无关，主要取决于气体表观线速度和液体性质。平均气泡直径计算的关联式为：

$$d_B/D = 26Bo^{-0.50}Ga^{-0.12}Fr^{-0.12} \tag{7-23}$$

式中，D 为反应器直径；Bo 为 Bond 数，$Bo = gD^2\rho_L/\sigma_L$；Ga 为 Galilei 数，$Ga = gD^3/\nu_L{}^2$；Fr 为 Froude 数，$Fr = v_{GS}/(gD)^{1/2}$；ρ_L 为液体密度，σ_L 为液体表面张力，ν_L 为液体运动黏度。

现有研究说明，对凝并体系，平均气泡直径约为 6mm；对非凝并体系，气泡不会发生合并，并且由于尺寸较小，不会分裂，故所有的气泡直径均小于 6mm，并与离开喷孔的气泡直径相等。

对液体体积的气液传质比表面积 a 的计算式为：

$$aD = \frac{1}{3}Bo^{0.50}Ga^{0.10}\frac{\varepsilon_G{}^{1.13}}{1-\varepsilon_G} \tag{7-24}$$

式中，ε_G 为气含率。

7.3.1.2 气含率

气含率的计算式为：

$$\frac{\varepsilon_G}{(1-\varepsilon_G)^4}=0.20Bo^{1/8}Ga^{1/12}Fr^{1.0} \tag{7-25}$$

7.3.1.3 氧传递系数

液膜氧传递系数 K_L 由式(7-26) 计算：

$$Sh=\frac{K_L d_B}{D_{OL}}=0.5Sc^{1/2}Bo^{3/8}Ga^{1/4} \tag{7-26}$$

式中，Sh 为 Sherwood 数；Sc 为 Schmidt 数；D_{OL} 为扩散系数。

对非黏性流体的非均匀性鼓泡流，体积氧传递系数主要受气体表观线速度的影响，其关联式为：

$$K_L a=0.32v_{GS}^{0.7} \tag{7-27}$$

因此，为提高氧传递系数，应该采用较大的高径比和较大的通气速率。

7.3.1.4 时均切变率

$$\dot{\gamma}_{ave}=kv_{GS}^{\alpha} \tag{7-28}$$

式中，k、α 为经验参数。

7.3.1.5 功率消耗

$$P_G \approx \rho_L g F_G H_L \tag{7-29}$$

式中，F_G 为通气的体积速率；H_L 为液柱高度。

7.3.1.6 混合时间

混合时间的计算式见第 6 章的相关内容。

7.3.2 气升式反应器

气升式反应器实际也是鼓泡塔反应器的改进型。它通过安装导流管加强液体的循环流动。这类反应器的典型设计有内循环式和外循环式（如图 7-10 所示）。外循环式由直接通入气体的升液管和与之连通的降液管组成，内循环式为内部装有导流筒的鼓泡塔。内循环式的导流管安装在反应器内部，外循环式则安装在外部。对内循环式，当气体分布器使气流进入导流筒内时，导流筒成为升液管，反之空气直接通入导流筒与反应器筒体之间的环隙时，导流筒成为降液管。对外循环式，反应器主体为升液管，外部循环管为降液管。

气升式反应器内部可分为四个流动状况差别较大的区域，即升液管区、降液管区、升液管顶部与反应器物料液面之间的顶部区域（气液分离区）和导流筒底边与反应器底部之间的区域（底部澄清区）。Gavrilescu 等（1998）对气升式反应器进行了较全面的研究，总结出了反应器设计时影响反应器传递特性的重要结构参数。对内循环式，有关参数如表 7-2 所示。

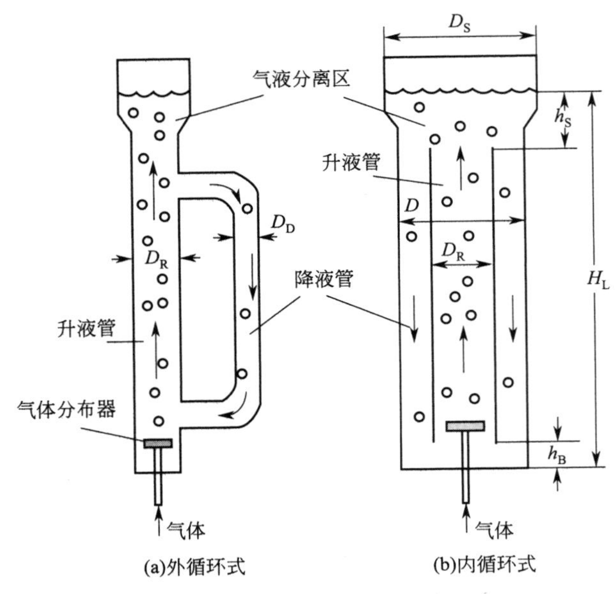

图 7-10　气升式反应器示意图

表 7-2　内循环气升式反应器的主要结构参数

参数类型	计算式	参数类型	计算式
反应器的高径比	$S=H_L/D$	降液管与升液管的横截面积之比	$R=A_D/A_R$
气液分离区的无量纲高度	$T=h_S/D$	气液分离系数	$Y=(h_S+D)/D_S$
底部澄清区的无量纲高度	$B=h_B/D$	反应器直径	D

注：H_L 为反应器液柱高度；D 为反应器直径；h_S 为升液管顶部与反应器物料液面间距离，为气液分离区的特征参数；h_B 为导流筒底边与反应器底部间距离，为底部澄清区的特征参数；A_D 和 A_R 分别为降液管和升液管的横截面积；D_S 为气液分离器的直径。

对外循环气升式反应器，主要结构参数包括降液管与升液管的横截面积之比 A_D/A_R 以及反应器的高径比 H_L/D。

气升式反应器的主要操作参数为气体表观线速度，它会影响到气含率、氧的传递速率、液体流动速度或循环速度以及混合特性等。气体表观线速度通过液体流动速度影响其余各传递特性参数。对具体的反应器结构与尺寸，这些参数有所变化，但其基本性质相同，它们的相互关系及其对反应器性能的影响见图 7-11。

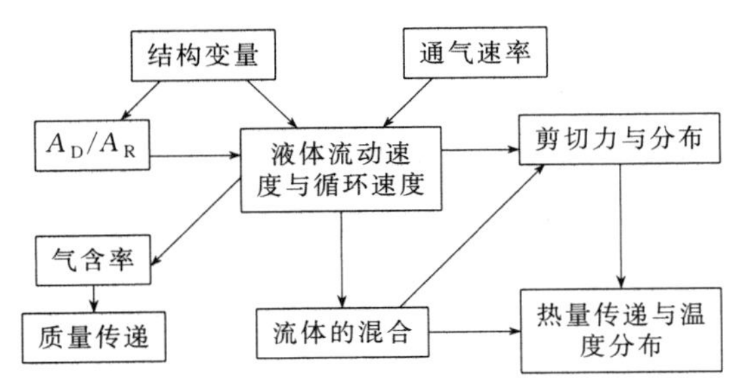

图 7-11　气升式反应器各传递过程参数及其关系

7.3.2.1　流体流动

以外循环反应器为例，对反应器内液体流动速度的分析，可由通气速率对液体循环的作用机制进行。一方面，在对反应器通气时，由于升液管内气泡相对液体的密度较小，一般气泡在反应器上部的气液分离区离开液面，造成进入降液管的气泡量较小，仅有少量气泡进入降液管内得到循环。为提高降液管中的持气量，主要途径是提高通气速率，随之使液体流动速度增加。另外，升液管和降液管内的持气量和两者之间的密度差是循环流动的驱动力，故通气速率与液体流动速度密切关联。另一方面，液体流动速度或循环速度受到降液管与升液管的横截面积的影响，对给定气体表观线速度和升液管的横截面积，增加降液管的横截面积将降低其流动阻力，增加液体的循环速度，因此液体流动速度主要影响因素为通气的表观线速度和降液管与升液管的横截面积之比 A_D/A_R。

对空气-水系统，Gavrilescu 等对外循环反应器得出的升液管内液体上升速度 v_{LR} 的关联式为：

$$v_{LR}=4.25v_{GR}{}^{\alpha}\left(\frac{A_D}{A_R}\right)^{0.95}\left(\frac{H_S}{H_D}\right)^{0.30} \tag{7-30}$$

式中，v_{GR} 为升液管中的气体表观线速度，为单位升液管横截面积的通气速率，m/s；H_S 为升液管和降液管未通气时的液柱高度 H_R 与 H_D 的差值，$H_S=H_R-H_D$；α 为模型参数。

式(7-30) 表明，反应器设计时，对一定的通气速率，为保证流体的循环流动速度，主要须确定 A_D/A_R 和 H_S/H_D 的数值。

对内循环式反应器，导流筒内的液体流动速度 v_{LR} 的关联式为：

$$v_{LR}=1.57Fr^{0.42}B^{0.84}Y^{0.33}R^{0.63}\left(\frac{\mu_L}{\rho_L D}\right)^{0.01} \tag{7-31}$$

式中，μ_L、ρ_L 分别为液体的黏度和密度；Fr 为 Froude 数，$Fr=v_{GR}/(gD)^{1/2}$。

由式(7-31) 可见，内循环式反应器的液体流动速度主要取决于反应器的几何结构，其中底部澄清区的高度和降液管与升液管的横截面积之比 A_D/A_R 的影响最大。

7.3.2.2 气含率

气含率通过气液传质比表面积与氧的体积传质系数关联，液体的气含率较高，氧的传递能力较大；其次，由于升液管和降液管的密度差是液体循环的主要推动力，则气含率与物料的混合效果关系密切。

对气升式反应器，由于各处气含率不同，因此有总体平均气含率、局部气含率、升液管气含率和降液管气含率之分。平均气含率主要与气体表观线速度、升液管和降液管面积比和液体黏度有关。其经验关联式为：

$$\varepsilon_G=kv_{GS}{}^{\alpha}\left(\frac{A_D}{A_R}\right)^{\beta}\mu_L^{\gamma} \tag{7-32}$$

式中，k、α、β、γ 分别为关联式参数。

7.3.2.3 氧传递系数

由于气升式反应器的升液管和降液管的气含率有明显的差别，在同样操作条件下气泡在反应器中的停留时间小于鼓泡塔反应器。因此，对凝并性液体：

$$K_La<0.32v_{GS}{}^{0.7} \tag{7-33}$$

有研究发现气升式反应器的 K_La 会下降至鼓泡塔反应器的 1/3。

对一定的通气速率、反应器结构参数，Gavrilescu 等得出内循环式的 K_La 计算式为：

$$Sh=\frac{K_La D^2}{D_{OL}}=1.204\times10^6 Ga^{0.01}Fr^{0.90}T^{-0.18}Y^{-1.70}R^{-0.18}B^{-0.1} \tag{7-34}$$

式中，Sh 数为修正的 Sherwood 数；Ga 为 Galilei 数，$Ga=g\rho_L{}^2D^3/\mu_L{}^2$。

还有研究者得出内循环式 K_La 的经验式：

$$K_La\propto\frac{F_G}{V_L}H_L{}^{0.75} \tag{7-35}$$

因此，在反应器放大时，在保持通气比 $VVM=F_G/V_L$ 不变的情况下，若要达到较高的氧传递系数，必须设置较大的高径比。一般要求 $H_L=12\sim15m$。

7.3.2.4 时均切变率

$$\dot{\gamma}_{ave}=k\frac{v_{GR}}{1+A_D/A_R} \tag{7-36}$$

式中，k 为常数；v_{GR} 为升液管中的气体表观线速度。

对内循环式，切变率最大的区域为导流筒以下的区域，其次为液面附近的气液分离区，降液管中的切变率最低。

7.3.2.5 功率消耗

$$P_G=F'_GRT\ln\frac{p_S}{p} \tag{7-37}$$

式中，F'_G 为通气的摩尔速率，mol/s；p_S 为空气分布器处的压力；p 为反应器顶部的压力；R 为气体常数；T 为热力学温度。

7.3.2.6 流体的混合

对分批操作的气升式反应器，液体循环时间计算式为：

$$t_C=\frac{V_R}{\frac{\pi}{4}D_R{}^2v_{LR}} \tag{7-38}$$

式中，V_R 为反应器有效体积；D_R 为升液管直径；v_{LR} 为升液管内流体流动速度。

对混合时间，有的研究者提出：

$$t_m=k\left(\frac{A_D}{A_R}\right)^{0.5}t_C \tag{7-39}$$

式中，k 为常数，对内循环式，$k=3.5$，对外循环式，$k=5.2$。

对液相氧组分的混合问题，根据氧传递过程和混合过程的特征时间分析，循环时间与体积氧传递系数应满足式(7-40) 表示的对氧组分达到全混流的必要条件。

$$K_Lat_C<2 \tag{7-40}$$

7.4 固定床和流化床反应器

固定床和流化床反应器主要应用于以固定化酶和固定化细胞为催化剂的生物反应过程以

及固态发酵过程。

固定床反应器的反应物料连续流动并通过静止不动的固定化生物催化剂床层。根据反应器内反应物料的流动方式的差别，可将固定床反应器分为填充床反应器和滴流床反应器两类。与固定床反应器的流动状态不同，流化床反应器通过流体的运动使固定化生物催化剂颗粒在流体中保持悬浮状态。

使用这两类反应器能实现生物催化剂的连续和重复使用，方便固态生物催化剂与反应液的分离。固定床反应器已应用于固定化葡萄糖异构酶催化反应、青霉素选择性水解、氨基酸消旋混合物的选择性反应与分离、固定化酵母催化生产乙醇等过程。流化床反应器已广泛应用于废水生物处理和固定化细胞催化的生产乙醇和低聚糖等产物的过程。

7.4.1 填充床反应器

填充床反应器主要适用于反应物料为液相和生物催化剂呈固相的两相反应体系。根据液相物料的流动方向，填充床反应器又可分为上行方式和下行方式，如图 7-12 所示。对利用空气的氧化反应或生成 CO_2 的反应，由于反应物料呈气-液两相，为避免在固态催化剂床层中气泡的聚集和气穴生成，形成沟流和不均匀流动，一般采用带物料循环的填充床或滴流床反应器。带循环的填充床反应器如图 7-13 所示。

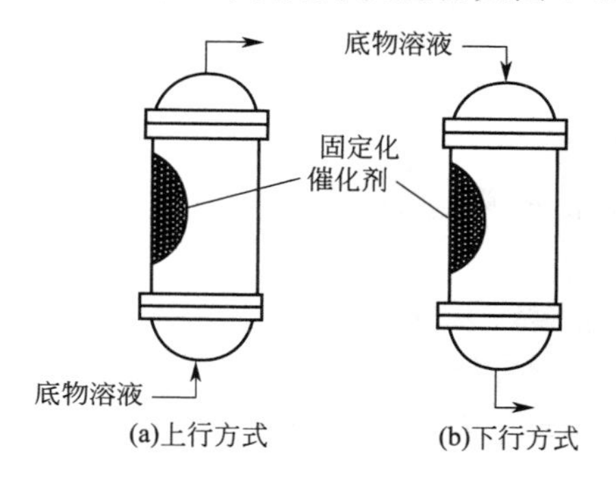

图 7-12 填充床反应器

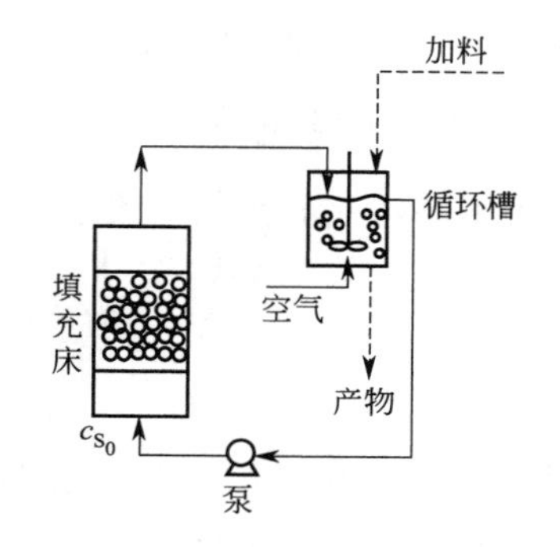

图 7-13 带循环的填充床反应器

从生物反应动力学上看，填充床反应器的优点是：单位反应器体积的固定化生物催化剂的装填密度较高，与生物催化剂浓度有关的最大反应速率较大；反应器内平均底物浓度水平较高，具有较高的反应速率和转化率；由于反应器内平均产物浓度较低，故适合产物浓度对反应速率有抑制的生物反应。填充床反应器的不足是：当液体流速较慢时，液固传递系数较低；当催化剂颗粒较小时，床层阻力较大，易产生压密、堵塞和床层压力降较大的问题。为提高液固传递系数，对填充床作物料循环的设计可使液体高速地通过床层。为避免床层堵塞和降低压力降，可选择合理的催化剂颗粒直径。填充床反应器还有在反应过程中温度和 pH 不易控制，存在温度、pH、底物和产物浓度的轴向分布，可能存在径向不均一的速度分布和产生沟流等缺点。

7.4.1.1 空时和床层高度

假定忽略固定化酶颗粒内部和外部传质的影响效应，考虑符合米氏方程的反应，则单位床层横截面积下在床层位置 z 处的反应速率表示为：

$$u\frac{dc_S}{dz}=-r_{max}\frac{c_S}{K_m+c_S} \tag{7-41}$$

式中，u 为单位床层横截面积上的液体流速，即液体表观线速度，m/s；z 为床层中离开反应器入口的距离；r_{max} 和 K_m 分别为表观的最大反应速率和米氏常数。

对式(7-41) 积分，可得将底物浓度由 c_{S_0} 转化为 c_{Sf} 所需的床层高度 H，即：

$$H=u\left(\frac{K_m}{r_{max}}\ln\frac{c_{S_0}}{c_{Sf}}+\frac{c_{S_0}-c_{Sf}}{r_{max}}\right) \tag{7-42}$$

由此，反应器操作的空时 τ 为：

$$\tau=\frac{H}{u} \tag{7-43}$$

若存在底物对反应速率的扩散限制，所需的空时和床层高度较大。

7.4.1.2 液固传递系数

填充床反应器中颗粒的液膜传递系数 K_L 主要取决于颗粒周围的液体流动速度和床层的液相体积分数。

$$\frac{K_L d_P}{D_L}=(1.0\pm0.2)\left(\frac{ud_P}{\nu_L\varepsilon_L}\right)^{0.5}Sc^{0.33} \tag{7-44}$$

式中，d_P 为颗粒的直径；ε_L 为床层的液相体积分数；ν_L 为液体的运动黏度；D_L 为组分在液体中的扩散系数；Sc 为 Schmidt 数，$Sc=\nu_L/D_L$。

7.4.1.3 床层压力降

假定固定化生物催化剂为不可压缩的球形颗粒，液体通过床层的压力降 ΔP 由式(7-45)估计：

$$\frac{\Delta P}{H}=u\frac{\varepsilon_L}{(1-\varepsilon_L)^3}\left(\frac{170\varepsilon_L\mu_L}{d_P^2}+\frac{1.75\rho_L u}{d_P}\right) \tag{7-45}$$

式中，H 为床层高度；ρ_L 为液体密度，ε_L 为床层的孔隙率或液相体积分数。

在压力降大于颗粒总重量的条件下，床层会膨胀和部分流态化，这时：

$$\Delta P>(\rho_P-\rho_L)gH \tag{7-46}$$

式中，ρ_P 为颗粒的密度。

为防止这种现象发生，可以使用液体向下流动的设计，但是要考虑床层压缩问题。

7.4.2 滴流床反应器

滴流床反应器（trickle bed reactor）是一种包含气-液-固三相的固定床反应器。如图 7-14 所示。该反应器的特征是液体以较小的流量由上向下流动，并在固定化催化剂颗粒表面形成液膜；气体则以逆流或并流的方式连续通过床层孔隙流动；固定化颗粒虽被液体浸润，但未被浸没。

影响滴流床反应器传递特性的主要因素有固定化颗粒床层所具有的表面积、颗粒被下降液体所浸润的程度、气体和液体的流动模式。由于滴流床反应器的液体流动速度比填充床反应器低，因此反应的有效因子较低。为此，应当使用粒度较小的颗粒，但是这会降低床层的孔隙率。

滴流床反应器广泛应用于好氧发酵的废水生物处理过程。由于可在颗粒表面方便地进行气液接触，故这种反应器也适用于底物被空气氧化的固定化生物催化剂催化的氧化反应过程。

7.4.3 流化床反应器

流化床反应器通过气体或液体的向上流动而使固定化生物催化剂保持悬浮状态。流态化床层内的流体混合特征介于全混流和平推流之间，反应器的操作性能主要决定于流体的流速。

考虑一填充床反应器通入流体时流体表观线速度的变化过程（如图 7-15 所示）。当通过整流板（多孔板）向上的流体流速较低时，颗粒静止堆积于床层内，呈固定床阶段，这时压力降随流体流速的增大而增大；当流体流速增大到压力降大于颗粒重量时，床层开始膨胀；当流速继续增大时，床层继续膨胀到颗粒可在其中作自由和随机的运动的状态；当流速增大到很高，床层完全流态化时，由于这时床层孔隙率很高，压力降可几乎保持不变。如图 7-16 所示，对上述过程可概括为固定床、过渡态和流化床三个阶段。

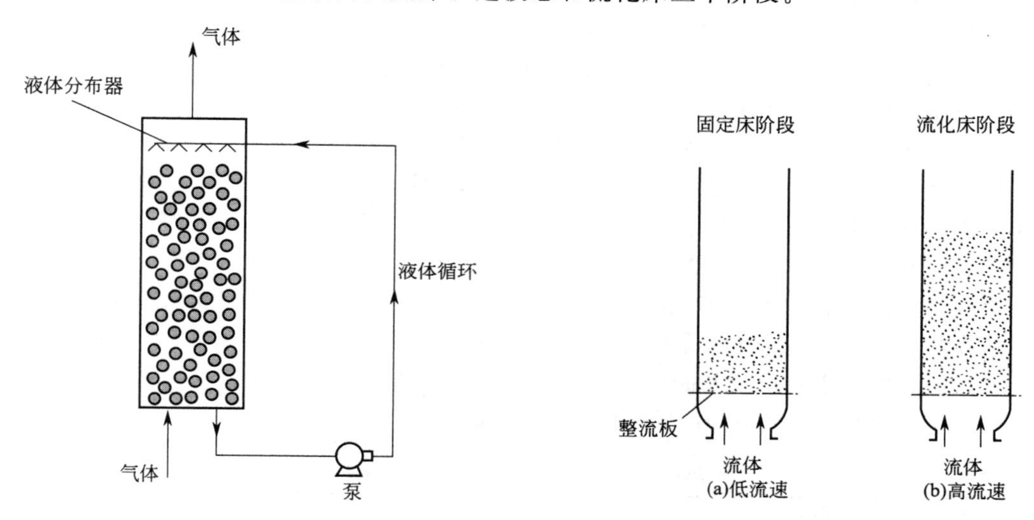

图 7-14 滴流床反应器

图 7-15 颗粒床层的流态化

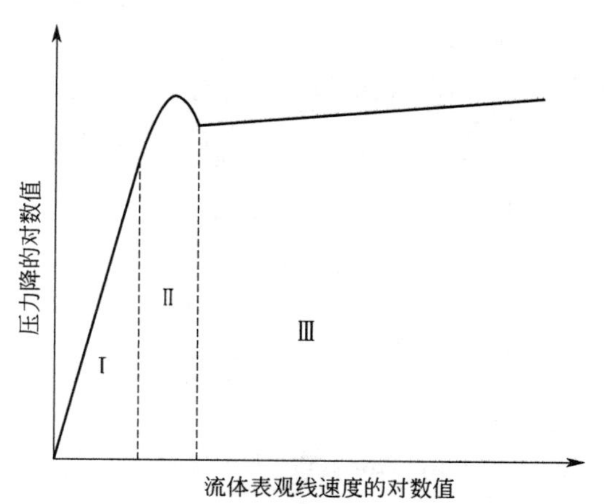

图 7-16 流态化过程中颗粒床层的压力降变化

Ⅰ—固定床阶段；Ⅱ—过渡阶段；Ⅲ—流化床阶段

流化床反应器的主要优点有：与固定床反应器相比，由于流化床反应器具有较好的混合、质量和热量传递性能，故对 pH、温度和溶解氧等参数的控制较容易，容易实现等温操作；由于在反应器中颗粒始终处于流体状的运动过程，因此不会存在在固定床反应器中所产生的流动沟流和床层堵塞问题，并可通过使用颗粒度较小而比表面积较大的催化剂颗粒，减少颗粒内扩散对反应速率的影响；可对反应器直接通入气体，进行气-液-固三相反应。

7.5 膜生物反应器

7.5.1 膜生物反应器概述

膜生物反应器是利用膜的分离功能，使酶和细胞截留或固定化在反应器系统中，同时完成生物反应和产物分离过程的生物反应器。

在设计膜生物反应器时一般根据各种生物催化剂及其反应组分的特性，选用一定的膜组件及其在反应器系统中的配置方式，通过膜对生物催化剂存在状态的作用，实现其高效的催化能力（如表 7-3 所示）。膜既可用作分离单元，也可用作生物催化剂的载体。按照膜对生物催化剂的状态和反应过程的作用，膜生物反应器可分为两大类：第一类反应器的膜仅起分离作用；第二类的膜既有催化，也有分离作用。第一类反应器的生物催化剂不固定化在膜上，或悬浮于反应器的反应液中，或被膜隔离在反应器系统的一定分室中；第二类反应器的生物催化剂通过包埋、凝胶化和各种结合方式固定在膜上。当膜起分离作用时，膜将生物催化剂截留在反应液中，反应在与膜组件连接的反应器中进行，可通过控制膜上组分进入或离开反应环境的传递过程速率间接控制反应速率。生物催化剂附着于载体上时，生物催化剂与膜一同对反应过程起催化作用，反应发生在膜上，组分传递过程直接对反应速率起控制作用。

表 7-3　各类生物催化剂状态和膜的作用

生物催化剂	状态	膜的作用	反应组分的特性
酶	分室化	酶的循环利用、产物分离和反应物加入	酶有辅因子，底物为大分子物质，反应混合物黏度较高
	在膜表面固定化	酶的载体	底物分子量较大，不能进入膜介质，产物可通过膜
	在膜介质内固定化	酶的载体、反应物加入、产物分离	底物和产物能通过膜传递
细菌	分室化	细胞循环、产物分离、反应物加入	细胞在生长期进行底物转化反应
	固定化	细胞的载体、产物分离和反应物加入	细胞能在与生长期不同的阶段进行底物转化反应
真菌	分室化或附着于膜表面	生物催化剂循环、组分分离	细胞在主体相中生长，或附着于载体表面形成生物膜
酵母			
病毒			
藻类或微藻		细胞生长	
哺乳动物细胞	分室化	细胞循环、代谢物加入、副产物去除	细胞，如血红细胞、淋巴细胞和白细胞，需要在主体相保持活性
	附着于膜表面	细胞的载体、代谢物加入、副产物去除	细胞为贴壁依赖性，例如肝细胞、神经元、上皮细胞，需要附着于膜表面进行分化和生物转化反应

一般根据反应体系的特性选择反应器的结构设计。若生物催化剂的均相分布对反应较重要，则应选用将生物催化剂分室化于反应器反应液中的结构，将底物和大分子物质截留在反应器中，产物则透过膜流出系统；对剪切敏感性细胞培养和酶反应，则选择将生物催化剂隔

离在膜组件中的设计；若要提高反应器的操作稳定性和生产能力，获得高纯度的产物，降低废物的生成，则应选用将生物催化剂固定化在膜介质中的反应器设计。

膜生物反应器的反应过程的得率和选择性主要取决于膜的特性。膜的物理化学性质会影响生物催化剂的结构，由此决定反应的选择性。因此，一般根据反应动力学、膜的结构和流体力学特性选用膜介质。膜的类型按孔径由小到大依次分为：反渗透膜（RO）、纳滤膜（NF）、超滤膜（UF）、微滤膜（UF）及普通过滤膜（如表 7-4 所示）。对于膜生物反应器，采用较多的是微滤膜和超滤膜。适用的膜在结构上可以是对称膜和非对称膜。由于生物催化反应通常在常温常压下进行，因此在膜材质的选择上，通常选用有机高分子膜而不是无机膜。常用的膜组件有平板膜、螺旋卷绕膜、微管膜和中空纤维膜。其中以平板膜和中空纤维膜应用居多。

表 7-4　膜及其相关分离过程的主要特性

过程	推动力	传递方式	通过组分	截留组分
微滤	压力差 0.1～0.5MPa	尺寸排阻 对流	溶剂(水)、溶质	悬浮粒子和细颗粒等
超滤	压力差 0.1～0.8MPa	尺寸排阻 对流	溶剂(水)、小分子溶质(<1000Da)	大分子溶质与粒子
纳滤	压力差 0.3～3MPa	尺寸排阻溶质 扩散 Donnan 排阻	溶剂(水)、小分子溶质、单价离子	>200Da 的组分、多价离子
采用膜的溶剂萃取	化学位或浓度差	扩散与分配	萃取溶剂中的溶质	萃取溶剂中的不溶性溶质

从过程经济的角度而言，一般考虑膜的两个重要特征参数：①膜的选择性，即将混合物中组分分离开来的能力，可表示为对某个关键组分的截留率；②膜的通量，即在一定操作条件下单位时间单位膜面积的渗透物的流出量。在这两个参数中，膜的通量相对次要。因为在一定范围内，低的通过效率可用较大的膜面积得到补偿；但是如果膜的选择性较低，则会导致多级过程的使用。

膜反应器中的大多数膜分离过程使用两种过滤方式，即死端过滤和切向流过滤，如图 7-17 所示。在这两种方式中，有进料液、截留液和透过液三种液流。死端过滤方式没有截留液，故这种方式也称为全程过滤。切向流过滤中液流方向与膜表面平行，过滤产生截留液。对上述两种方式的选择一般基于膜的选择性。选择性较强的膜对过滤的阻力较大，故在实际操作中倾向于采用阻力较小的切向流方式。死端过滤限用于固体物含量低的物系和能频繁反冲洗的循环操作。切向流过滤方式可以降低固液界面的污染物累积。超滤膜过滤会产生浓差极化和凝胶化现象，若使用切向流方式，则有可能提高膜表面的流体流动雷诺数，有效克服浓差极化和传质阻力。

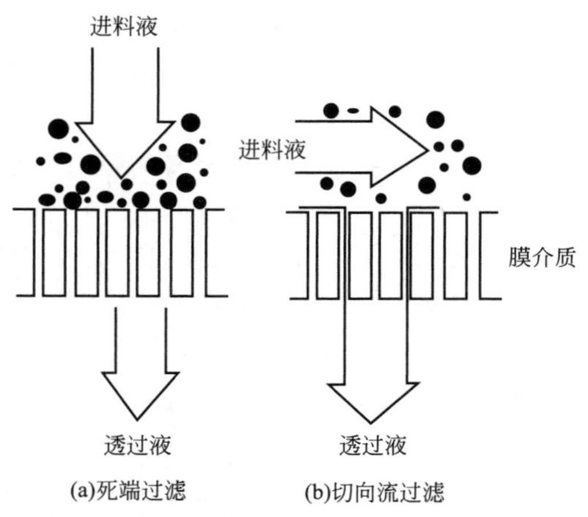

图 7-17　死端过滤和切向流过滤方式

采用膜生物反应器的操作方式通常为连续操作方式，但是由于生物催化剂有失活的可能性，因此对这类过程的设计，要考虑操作周期时间和生物催化剂活性半衰期之间的关系。

7.5.2 膜生物反应器的设计

对膜仅起分离作用的一类反应器，膜组件与反应器之间的配置有分置式和一体式两种形式。分置式的膜组件安装在反应器的侧流上，一体式的膜组件浸没在反应容器的反应液中（如图 7-18 所示）。这两种类型反应器的操作方式多为连续方式，但也采用间歇或半连续操作。无论采用何种操作方式，底物或产物溶液相对于膜都是连续流动的，并且对膜组件与反应器之间有物料循环的情况，反应器的进出物料也为连续流动。

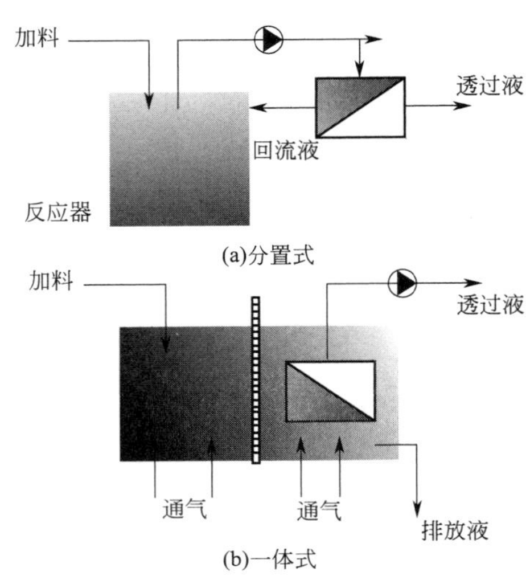

图 7-18　膜生物反应器的配置方式

分置式的反应器一般为全混流反应器，底物加料在反应器中进行，产物由膜的透过液流出系统。由于底物的转化反应通过处在均相反应液中的生物催化剂与底物的直接接触方式，因此没有扩散传质对反应速率的限制问题，适合进行需要生物催化剂悬浮在溶液中进行细胞生长和生成高密度细胞生物质的细胞培养过程。分置式系统常用超滤膜组成 CSTR-UF 系统，也使用疏水性微滤膜作为好氧细胞培养的通气、营养物加入和代谢副产物去除的装置。使用微滤膜可设计出细胞在反应器侧的循环利用系统。分置式系统已应用于微生物发酵、生成次级代谢物的植物细胞培养、淀粉和纤维素水解、酪蛋白和胶原蛋白水解、需要辅因子参与的脱氢反应、废水生物处理等过程。

一体式系统主要应用于废水生物处理过程。对这类过程，降低能耗、长时间不需要对膜清洗的稳定运行是系统设计时的主要考虑因素。由于将膜组件浸没在反应液中的设计不需要循环泵，因此能降低能耗。但是，为保证一定的透过液通量，对不需要液体循环泵的设计，为在较低的过滤压差下操作，需要采用较大的膜面积。对这类过程，应用这种设计的好处是不需要活性污泥的沉降装置，离开系统的受过处理的水中生物质残留量较低，废水的处理量较大。

还有一类将膜组件用作分离单元的设计并不把生物催化剂隔离在反应器中，而是将其隔离在膜组件中的两层膜之间（如图 7-19 所示）。这对膜有截留分子量的要求。比表面积较大的孔径小至 100μm 的管壳式中空纤维膜组件适合这种应用。通过分室化方式，酶、植物细胞或动物细胞始终处于膜组件的腔体中，不会在系统的流出液中丢失，能有效地与流出液中的低分子量产物和抑制剂分离。这种系统若用于细胞培养，为避免细胞生长引起的膜堵塞，必须有效地控制生长，例如使细胞保持在生长的营养体阶段。

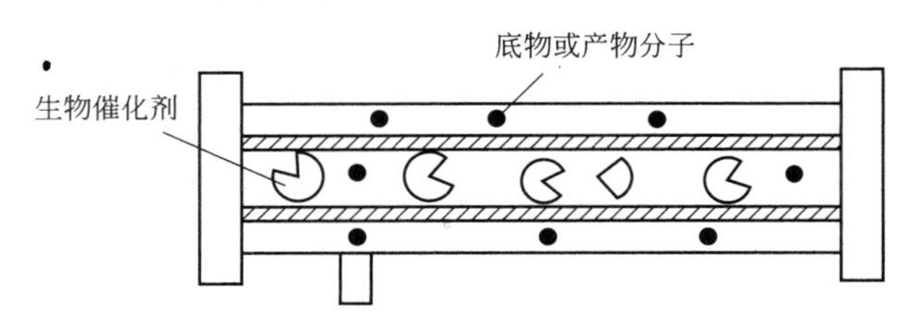

图 7-19　将生物催化剂隔离在膜组件中的设计

膜组件用作生物催化剂固定化的反应器系统的生物催化剂主要通过包埋、凝胶化、离子化和交联或共价结合法固定在高分子膜上。反应器设计时主要考虑固定化步骤、生物催化剂在膜上的微环境、生物催化剂的稳定性、活性和半衰期、单位膜面积上的生物催化剂的固定量、物料在系统内的停留时间、过滤压力差和质量传递有关的参数。由于底物的转化反应在生物催化剂所在的膜微孔上进行，因此反应器操作性能主要与反应动力学和质量传递特性有关，与对流传质效率有关的物料停留时间是反应器设计时需要优化的重要参数。

7.6 动物细胞培养反应器

7.6.1 动物细胞培养反应器概述

动物细胞反应器设计的目的是将小规模滚瓶培养放大至反应器培养规模，由此降低过程的成本，提高产量并使产品质量稳定。反应器设计的要点是根据细胞特性选择适宜的操作方式和反应器类型。

(1) 反应器设计一般要求

① 生物相容性。细胞培养反应器必须对动物细胞具有良好的生物相容性。这种相容性包括能为细胞提供体内培养的相似环境，能提供严格控制的培养条件，反应器中的流体剪切作用较小。

② 反应器操作性能。反应器的设计能达到足够的物料停留时间，使底物的转化率达到要求，过程动力学速率较大，产物浓度较高。设计营养物的流加操作和灌注培养等操作方式，有效地去除抑制性副产物。

③ 传质效率。动物细胞培养体系为非均相系统，过程的速率往往主要受底物（如氧分子）的扩散效率的限制。细胞的高密度的获得必须以较高的传质效率为条件，而传质速率较高的反应器中往往流体剪切作用较大，因此传质方式的选择必须与反应器流体力学状况的确定相关联。培养液的混合和微载体的悬浮要求搅拌程度较大，故为降低剪切力，必须选择合理的搅拌器桨叶类型，确定搅拌转速。

④ 混合性能。采用一定的混合方式，保持反应器中物料混合的均一性。

⑤ 传热效率与温度分布。动物细胞培养对温度的控制要求严格，反应器中必须不存在温度梯度，故反应器设计时应选择良好的传热方式。

⑥ 细胞黏附的比表面积。反应器的结构须有利于增大细胞贴壁所需的比表面积。

(2) 反应器类型 对各种动物细胞培养反应器，有按照生物催化剂的分布方式、固定化方法、操作方式、反应器结构、连续相的类型和能量输入方式等分类的方法。根据多数反应器与能量输入有关的传质和能量传递的特征，动物细胞培养反应器分为静态式和动态式两大类。静态式反应器的能量由非强制方式输入，例子有培养皿、T 形瓶和培养袋。动态式反应器的能量由强制方式输入，有基于机械搅拌、液压和气动机构驱动的三种类型。由机械搅拌机构驱动的反应器分为外部和内部机械搅拌机构驱动的两类。通过外部机械搅拌机构驱动的反应器有摇瓶、滚瓶、波动摇摆式袋式反应器等。通过内部机械搅拌驱动的反应器有转瓶、机械搅拌反应器及其各种改进型等。对液压机构驱动的反应器，其中的物料流动由通入液体的压力驱动，例如中空纤维反应器、填充床反应器和流化床反应器。气动机构驱动流体流动的反应器即为气流搅拌反应器，有鼓泡塔反应器和气升式反应器。

(3) 操作方式 动物细胞培养原则上可采用一般生物反应器的各种操作方式。由于动物细胞生长比较缓慢，培养周期较长，因此大规模培养过程的开发重点是使用半分批式和连续式操作。例如，在采用微载体系统培养基因工程CHO细胞株生产乙肝表面抗原的过程上，是用反复补料分批培养的方式，通过反复收获细胞分泌的产物制备乙肝疫苗。又如单克隆抗体的生产过程，它采用连续培养方式培养杂交瘤细胞。

动物细胞的高密度培养常使用连续式灌注培养。连续灌注法使用反应器与分离细胞和上清液的装置相组合的反应器系统。其基本组成为培养基储槽、培养液上清液储槽和分离器。分离器是通过对培养液进行过滤的作用，使其分离为浓缩的细胞回流液与培养液上清液。分离器的类型有中空纤维膜分离器和离心式过滤器（例如Spinfilter）。连续灌注操作一方面使新鲜培养基不断加入到反应器，另一方面又将培养液的上清液不断取出，但细胞仍留在反应器内，反应器中细胞可保持高密度，培养基的加入使细胞处于一种不断的营养状态，代谢副产物低于抑制水平。连续灌注法也有利于产物的表达和下游纯化工艺的简化。

7.6.2 基于机械搅拌的反应器设计

以下主要介绍动态式的基于机械搅拌机构的反应器设计。

7.6.2.1 小规模生产和实验反应器

常用于疫苗生产的滚瓶是一种由外部机械振荡器驱动液体混合和气液交换的小型细胞培养反应器。它实际是总体积约2.5L和最大内表面积为$1750cm^2$的卧式放置、培养基没装满、缓慢旋转的圆柱体结构的瓶子，瓶子内表面作为细胞贴壁培养介质，不断更新的液体表面是表面通气的界面。它既适合细胞的悬浮培养，也适用于贴壁依赖性细胞培养。

实验室动物细胞悬浮培养实验时常采用容积约为0.1～1.0L的转瓶。它是外形为圆柱体的培养瓶，底部装有磁力搅拌器，侧面有能插入pH电极等传感器的接口，通气方式为在缓慢搅拌下液面卷入气体的表面通气方式，瓶内空气混有5%的CO_2，用于培养液的酸碱度调节。据报道，转瓶培养液中的细胞浓度可达5×10^6个/mL。

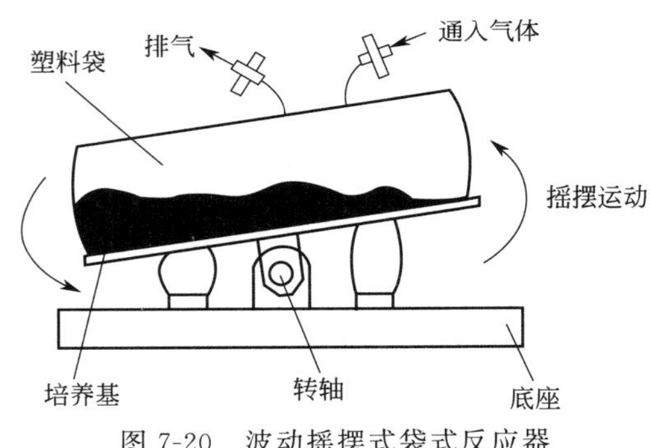

图7-20 波动摇摆式袋式反应器

另一种典型的能用于小规模实验研究的反应器是波动摇摆式袋式反应器（如图7-20所示），它由放置在平板上的预先灭菌过的一次性使用塑料袋和摇动平板的机械机构组成。这种设计能获得良好的混合和传质效果。由于依靠表面通气方式进行气体交换，流体剪切力较低，适合细胞的悬浮培养。

7.6.2.2 通气式机械搅拌反应器

微生物发酵所用的采用直接通气方式的机械搅拌反应器也适用于部分动物细胞株的培养。例如，对杂交瘤细胞培养生产单克隆抗体的过程，反应器规模已放大至$10m^3$。机械搅拌反应器用于动物细胞培养过程，有放大容易、混合和氧传递性能较高、可灵活更换搅拌桨桨型等长处。但是，由于这种反应器的搅拌功率输入较大，因此剪切力较大，不太适合某些剪切敏感性细胞株的培养，使用时需要对它的常用设计作一定改进。

对机械搅拌反应器改进的关键在于改变搅拌器和通气装置结构。对搅拌器改进，多选用搅拌功率特征数较低的能形成轴向流的搅拌桨，例如水翼桨和螺旋桨等。操作时，一般采用每分钟仅数十转的转速。在这样低的搅拌转速下，一般不存在涡流，因此反应器内不需要安装挡板。在通气方式的改变上，一般采用避免直接对培养液喷射通气的设计，以使细胞和气泡不能直接接触，防止细胞在气泡表面的吸附，避免气泡合并和脱离气液界面时气泡破碎所产生的较大剪切力。由于反应器内的体积氧传递系数 K_La 在 5～25h^{-1} 的范围就能满足动物细胞对氧的需求，因此在小规模培养时使用表面通气方式就能达到供氧要求。若进行高密度培养，则用膜透析装置和扩散膜通气装置。通常有笼式通气搅拌反应器、膜管通气搅拌反应器等的典型设计。

7.6.2.3 笼式通气搅拌反应器

笼式通气搅拌反应器（wire-cage bioreactor）的典型设计如图 7-21 所示。

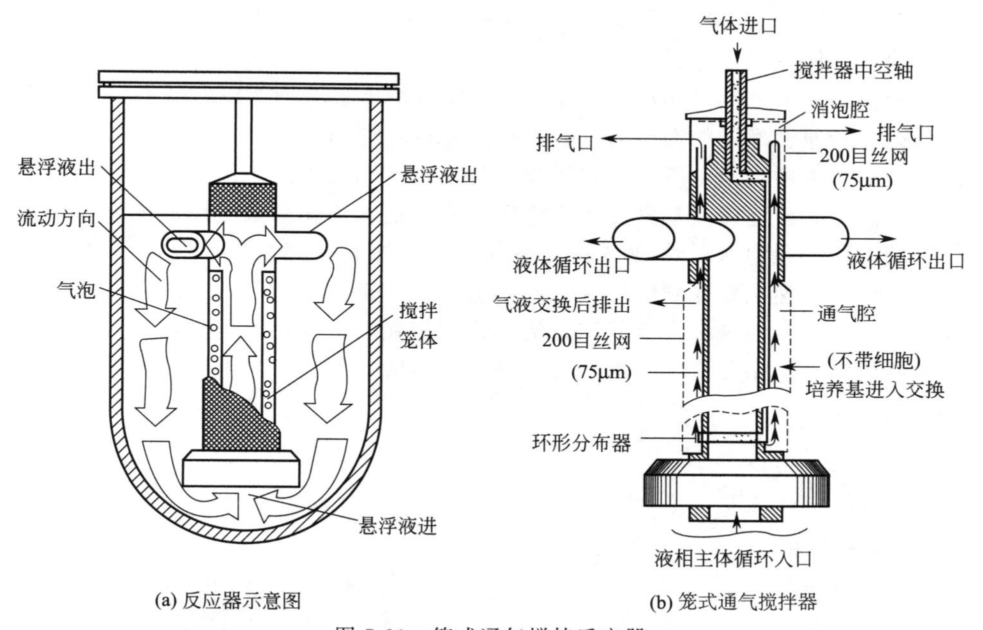

图 7-21　笼式通气搅拌反应器

在该反应器内装有一笼式通气搅拌器。该搅拌器为上下装有消泡腔和通气腔的一个旋转圆筒，在圆筒上部装有 3～5 个中空的导向搅拌桨叶，在圆筒外壁上用 200 目的不锈钢丝网制成的一个环状气腔称为通气腔，气液交换就是在此通气腔内实现的。气腔下面有一圈气体分布管。反应器运转时，圆筒与轴联动，以 0～50r/min 的转速旋转。由于中空导向桨叶的搅动作用，液体与微载体的悬浮液由圆筒下部吸入，从中空导向桨叶流出，形成循环流动。在气腔内气体由分布管鼓泡，气体组分溶于液体中，依靠气腔丝网外液体的循环流动及扩散作用，使溶于液体中的气体组分均匀地分布到反应器内。使用 200 目的丝网的作用是保证微载体不进入到气腔，而气泡也不进入到培养悬浮液中，避免了气泡直接与动物细胞的接触。在鼓泡通气过程中所产生的泡沫经管道进入液面上部的消泡腔内。泡沫经不锈钢丝网破碎分散成气液两部分，从而达到既深层通气又避免泡沫产生的效果。反应器内的流体由于搅拌和循环的作用，混合状况良好。

对反应器中流体的速度分布研究表明，除在导流筒转动平面处存在时均速度和脉动速度较小的分布外，远离此平面的其他区域的速度分布平坦，速度梯度也较小。因此，笼式通气搅拌反应器内流体剪切力较小。已有用这种1.5～20L反应器进行用微载体培养体系的vero细胞、乙脑病毒和CHO细胞培养的研究，均获得满意的结果。

该反应器的设计要点是由搅拌器的丝网单独分割出一个通气空间，在此空间中由于丝网的笼壁作用，只允许液体进出，细胞或微载体被挡在外面，气体鼓泡有关的剪切力无法伤害到细胞。

7.6.2.4 锥形通气搅拌反应器

另一种有笼壁作用的反应器设计如图7-22所示，可称其为锥形通气搅拌反应器或篮式生物反应器（basket-type bioreactor）。锥形动物细胞培养反应器的主要优点是可避免微载体在反应器底部沉降，传质效率较高，能用于动物细胞高密度培养，反应器放大也较方便，已被放大至容积1200L的规模。

该反应器的外壳是一个圆锥形筒体，筒体内装有一个可旋转的丝网气腔，其体积约为反应器体积的7%，在气腔的尖端下方装有一螺旋桨式搅拌器，靠螺旋桨的翻动，使培养液循环流动，也使微载体悬浮于培养液中。在丝网气腔内，有一圈气体鼓泡管，操作时使用混合气体，通过配比调节来控制培养液的pH值和溶解氧浓度。影响此反应器操作性能的因素有通气速率、搅拌转速、丝网的类型与孔径（80μm）和反应器的装料体积。

对此反应器作传递特性分析，可将反应器分为由丝网分隔的流体力学状况不同的两个区域，即锥形丝网内的鼓泡区和丝网外的无泡区，在鼓泡区不存在微载体和细胞，由于丝网起着隔离气泡的作用，无泡区的微载体不会与气泡发生接触，细胞不会受到流体剪切力的损伤。反应器中氧的传递主要受到由通气引起的循环流动的影响（图7-23），氧传递过程由气体喷射推动。由于在鼓泡区中含有气泡，流体密度较无泡区小，氧含量较无泡区高，因此在两区的密度差推动下，循环流在鼓泡区上方进入无泡区，在其下方返回鼓泡区，流体通过此循环，使鼓泡区中的氧带入无泡区。

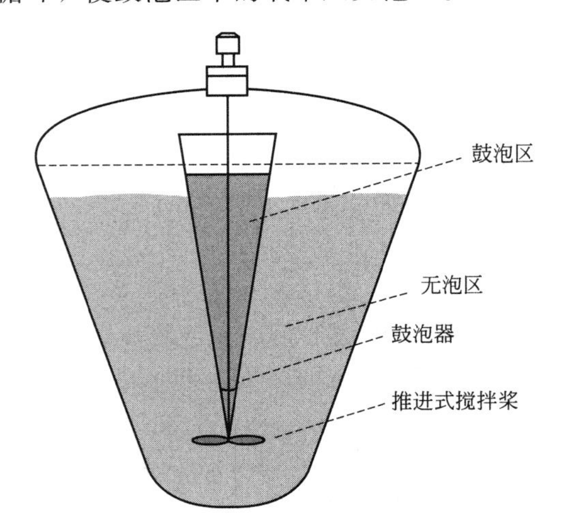

图7-22 锥形动物细胞培养反应器

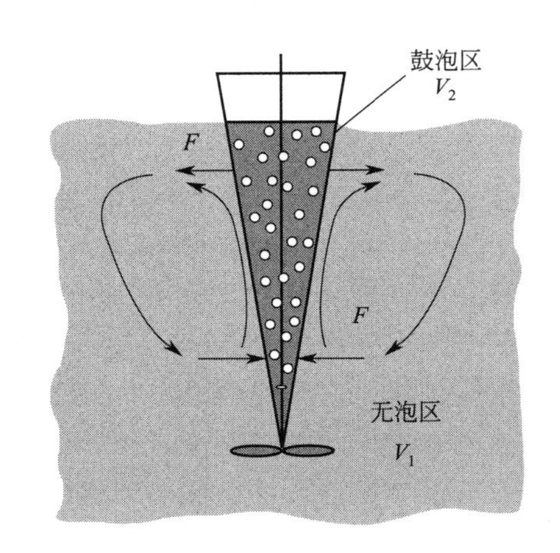

图7-23 锥形动物细胞培养反应器中的循环流动

假定无泡区的氧浓度分布均匀，则其中氧的衡算式为：

$$\frac{dc_{OL,1}}{dt}=(K_La)_1(c^*_{OL}-c_{OL,1})+\frac{F}{V_1}(c_{OL,2}-c_{OL,1}) \tag{7-47}$$

式中，$c_{OL,1}$ 和 $c_{OL,2}$ 分别为无泡区和鼓泡区的溶解氧浓度；c_{OL}^* 为培养介质的饱和溶解氧浓度；$(K_La)_1$ 为无泡区的体积氧传递系数；F 为循环流流量；V_1 为无泡区的体积。

对鼓泡区，假定完全混合，氧的衡算式为：

$$\frac{dc_{OL,2}}{dt}=(K_La)_2(c_{OL}^*-c_{OL,2})-\frac{F}{V_2}(c_{OL,2}-c_{OL,1}) \tag{7-48}$$

式中，$(K_La)_2$ 为鼓泡区的体积氧传递系数；V_2 为鼓泡区的体积。

这种反应器鼓泡区的液体体积仅是反应器有效体积的 6.2%，因此相对无泡区，由于其体积较小，到达氧的溶解平衡较快，在恒定态时，式(7-48) 可变为：

$$(K_La)_2(c_{OL}^*-c_{OL,2})-\frac{F}{V_2}(c_{OL,2}-c_{OL,1})=0 \tag{7-49}$$

于是：

$$c_{OL,2}=\frac{(K_La)_2c_{OL}^*+\frac{F}{V_2}c_{OL,1}}{(K_La)_2+\frac{F}{V_2}} \tag{7-50}$$

式(7-50) 代入式(7-47) 中，经计算可得：

$$\frac{dc_{OL,1}}{dt}=(K_La)_{eff}(c_{OL}^*-c_{OL,1}) \tag{7-51}$$

式中，$(K_La)_{eff}$ 为有效体积氧传递系数，即：

$$(K_La)_{eff}=(K_La)_1+\frac{\frac{F}{V_1}(K_La)_2}{(K_La)_2+\frac{F}{V_2}} \tag{7-52}$$

有效体积氧传递系数 $(K_La)_{eff}$ 表示反应器整体的氧传递效率，经测定其数值范围为 $0\sim3.5h^{-1}$。当 $(K_La)_2$ 很大时，$(K_La)_2\gg(K_La)_1$，$(K_La)_2\gg\frac{F}{V_2}$，于是：

$$(K_La)_{eff}\rightarrow\frac{F}{V_1} \tag{7-53}$$

式(7-53) 表明，反应器内部的循环流动对氧传递的作用明显。由于循环流量的大小与丝网的孔径和通气速率有关，故反应器设计时必须合理确定丝网孔径和通气速率，以保证反应器有一定的物料循环程度。

对这种类型的反应器在不同规模下进行实验研究，结果说明，通气速率较大时 $(K_La)_{eff}$ 较大，搅拌转速对 $(K_La)_{eff}$ 的作用较小，搅拌的作用仅为使微载体悬浮；装料体积增大时，物料的循环流量 F 增大，氧传递系数较高，反应器液面的气液传质可忽略，而较小的装料体积使鼓泡区与无泡区的体积比 V_2/V_1 较小，氧传递系数下降；装料体积的影响也与丝网类型和孔径的作用相关联。

7.6.2.5 Spinfilter 灌注培养反应器

与锥形通气搅拌反应器的设计原理相似，在机械搅拌反应器的罐盖下方安装如图 7-24 所示的称为 Spinfilter 的丝网装置，也可起到将气泡隔离在装置内部的作用。它是孔径 0.25μm 左右的金属丝网制成的圆筒形结构。通常在操作时向其内侧鼓泡通气，而细胞则不能进入通气区与气泡发生接触，避免了与通气有关的流体剪切作用。Spinfilter 还有过滤截留细胞或微载体的作用。用它进行动物细胞连续培养时，新鲜培养基连续进入膜外的反应器

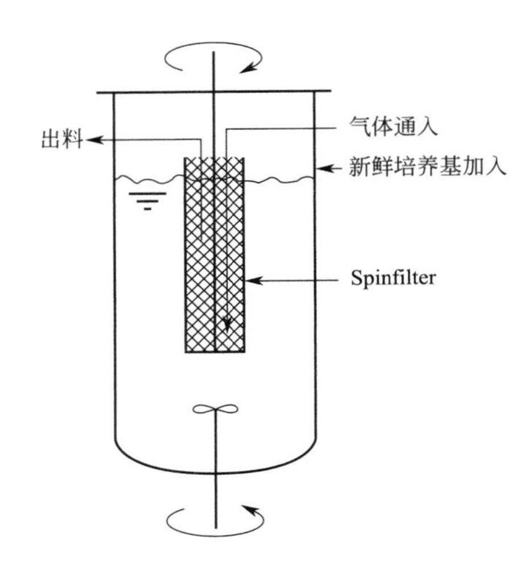

图 7-24 Spinfilter 灌注培养反应器

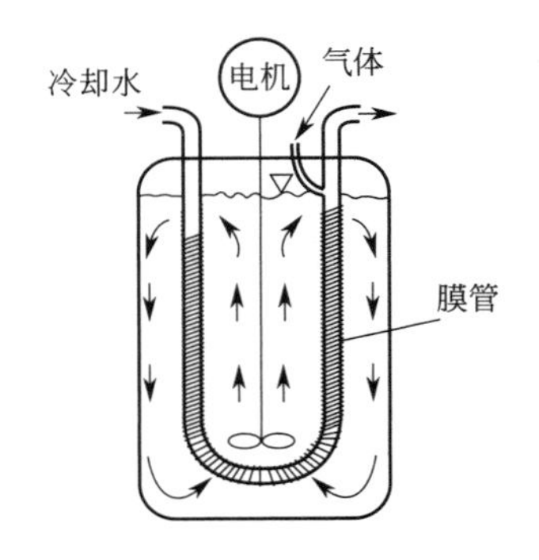

图 7-25 膜管通气搅拌反应器

空间中，细胞反应在此部位进行，而丝网膜将细胞和微载体截留在膜外，含有产物的无细胞液体不断通过透析器内侧导流管流出反应器。丝网的截留作用与 Spinfilter 旋转转速关联。由于这种反应器采用连续灌注操作，动物细胞的培养环境稳定，有害或对细胞生长有抑制的代谢副产物不容易积累。

这种反应器的细胞和微载体的悬浮依赖搅拌转速和搅拌器的浆叶类型。通常安装轴向流搅拌桨。若丝网装置安装在不处于反应器中心轴的位置，则可在搅拌轴上安装两层不同桨型的搅拌桨，以促进流体的混合。

7.6.2.6 膜管通气搅拌反应器

为解决通气搅拌时气泡引起的剪切力对细胞损伤的问题，无泡膜管通气反应器得到研制与应用。膜管通气由于避免了气体的喷射，能使培养介质均相化，培养时不产生泡沫，也能满足动物细胞培养对氧传递的要求，传递系数 $K_{L}a$ 达到 $10h^{-1}$。如图 7-25 为其典型设计。这种反应器已有容积至 200L 的商业化产品，主要用于实验室研究和规模较小的中试生产。

膜管通气搅拌反应器（membrane aeration bioreactor）的主要供氧部件为膜管，膜的材料常为聚硅氧烷类的高分子，膜管缠绕在支撑架上，通气时空气和混合气体进入管内，分子氧通过扩散方式传递至管外的培养介质中，同时细胞呼吸产生的二氧化碳反向扩散至管内，然后与空气一起流出膜管。由于使用膜管通气，搅拌器的作用仅为促进物料混合和使微载体悬浮，故选用大直径低剪切的轴向流搅拌桨，采用较低的搅拌转速。

这种反应器的物质通过多孔膜的交换过程是由气液相间的组分浓度和分压差推动，膜周围的液相可以认为是均相混合，膜与液相的传质界面层的更新受瞬间的流动速度的影响。气相的浓度则由其位置而定，因此不影响物质的传递能力。液体的流动速度和管内气体的质量流量决定孔内的交换过程和沿膜内的浓度分布。气体组分的总传递量取决于单位培养液体积的膜表面积，即膜管的长度。

膜管通气搅拌反应器的主要弱点是氧通过膜的扩散速率较低，对细胞的高密度培养，为增加传质比表面，需要较长的膜管。其次，在细胞培养时会发生细胞在膜管外表面的黏附现象，使多孔膜堵塞。为此，目前膜的材料选用管壁比较薄、传质效率较高的疏水性的高分子膜和聚硅氧烷膜。膜管的直径一般为2.6mm左右，泡点压力（即气泡在膜外表面刚出现的静止内压）一般不超过1.3×10^{-3}MPa。操作时加在管上的压力应比管内流动压力降和泡点压力的总和高出10%，以形成管外的气液界面层。

7.6.3 基于气流搅拌的反应器设计

鼓泡塔反应器和气升式反应器可用于动物细胞的悬浮培养。动物细胞培养一般使用气升式反应器中的内循环式，但也有使用外循环式的情况。气升式反应器的混合性能和氧传递效率能满足动物细胞正常生长的要求，已在BHK 21细胞、人类的淋巴母细胞、CHO细胞、杂交瘤细胞和昆虫细胞的培养上获得成功。例如，应用气升式反应器的杂交瘤细胞培养生产单克隆抗体的过程，已获得在未改进过的机械搅拌反应器中培养的相同的细胞密度和抗体活性，反应器容积已放大至$10m^3$的规模。

在气升式反应器中进行动物细胞的悬浮培养时，存在气泡与培养液的气液界面更新时产生的较大剪切力问题。对此，一般的解决方法是在培养液中加入血清、多聚醇和聚乙二醇等物质，以改变气液界面的物理化学性质。目前主要使用非离子型表面活性剂，例如由聚氧化乙烯和聚氧化丙烯形成的共聚物Pluronic F68。

对气升式反应器中动物细胞培养的流体力学研究表明，特别是对悬浮培养的杂交瘤细胞，气体喷射对某些细胞没有损伤和活性影响。一般气升式反应器放大时，如以氧的传质系数为放大准则，在较大容积的反应器中剪切力会变小。

7.6.4 中空纤维细胞培养反应器

中空纤维细胞培养反应器（图7-26）用途广泛，既可培养悬浮生长的细胞，又可培养贴壁依赖性细胞。中空纤维细胞培养反应器已进入工业化生产，主要用于培养杂交瘤细胞生产单克隆抗体。

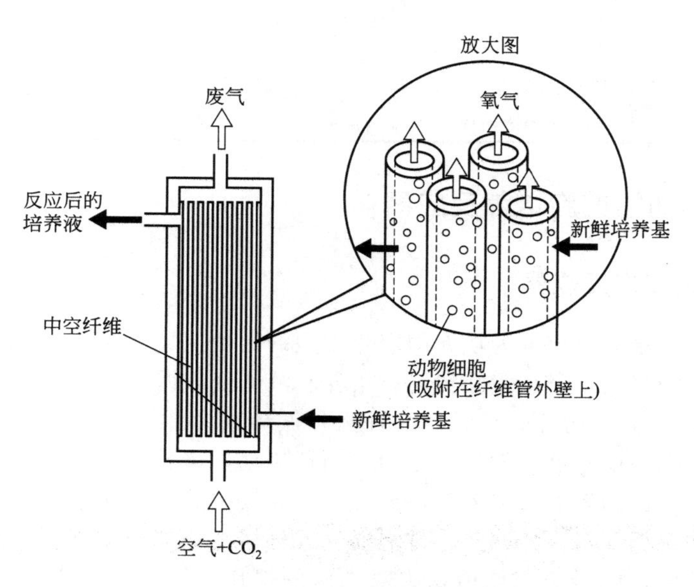

图7-26 中空纤维细胞培养反应器

该反应器由中空纤维管组成，所用的中空纤维是一种细微的管状结构，类似于动物组织内的毛细血管。其材质可以是纤维素、改性纤维素、醋酸纤维、聚丙烯、聚砜及其他聚合物。纤维膜的孔径大小会影响细胞、营养成分及产物的渗透。中空纤维的外径一般为100～500μm，管壁厚度约50～75μm，能截留住分子量分别为10000、50000、100000的物质。中空纤维管的管壁是半透性的多孔膜，氧与二氧化碳等小分子可以自由地透过膜双向扩散，而大分子的有机物则不能透过。动物细胞黏附在中空纤维的外壁生长，可很方便地获取营养物质和溶解氧。由于该装置内可装置成千根的中空纤维管，故其生长表面积与反应器总容积之比可达30～40，由于细胞贴壁的比表面积较大，适合于高密度培养，细胞密度最高可达10^6个/mL的数量级。此反应器氧的传递速率比一般的悬浮培养反应器高3倍，可达0.6mmol/(L·h)，但仍然显得较低。其缺点是管外细胞培养区存在流动静止区，培养介质为非均相，物质传递和生长参数的控制受到限制，有害的细胞生长抑制物会积累。

中空纤维反应器是一种成本较低的细胞培养反应器，并具有良好的生物相容性，如果反应器的控制系统不受污染，这种反应器还能用于连续培养过程。在其操作与设计上，主要应该考虑反应器中培养介质的均匀性、培养液中的细胞密度、纤维的材质与结构、纤维的充填密度、膜组件的结构与大小等因素。

表7-5列出了中空纤维反应器与微载体悬浮培养反应器的性能比较。

表7-5　动物细胞培养反应器的性能比较

性能	中空纤维反应器	微载体悬浮培养反应器
比表面积	30.7	31～35
高细胞密度下氧的传递能力	好，但某些细胞因存在氧浓度梯度，生长受限制	需要用特殊装置才能提高氧的传递能力，防止气泡损伤动物细胞
细胞所处环境	存在浓度梯度	均一
控制环境能力	中等	好
反应器受污染后再生能力	困难	较易
计算机优化控制	实施较困难	实施容易
检测细胞生长	较困难	较方便
最高细胞密度	1×10^6个/mL	分批培养：$(5\sim6)\times10^6$个/mL 灌注培养：$(4\sim5)\times10^7$个/mL
放大的可能性	好，但受到调节和控制方面的限制，由于营养物及氧浓度的梯度，反应器规模受限	好，但受到氧的传递、微载体的成本及操作技术方面的限制

7.6.5 固定化动物细胞培养反应器

7.6.5.1 填充床反应器

填充床动物细胞培养反应器为填充固定化细胞的高径比较大的管式反应器，床层中填充的固定化载体一般为多孔玻璃或大孔树脂，培养基液体依靠循环泵的压力通过床层。一般有如图7-27所示的两种液体循环式设计。一种为外循环式设计，如图7-27(a)所示。液体通过循环泵的功率输入在反应器和循环槽之间做循环流动，培养基溶液由循环槽液面加入，在循环槽中用气体分布器向培养液输入气体成分，培养液中的溢出气体成分通过液面与培养基分离。由于气体是对循环槽中培养基作鼓泡通气，气体组分溶解在液体中进入床层，因此气泡不与细胞直接接触，能避免流体剪切力对细胞的损伤，但是在流体通过床层的流速较高时，会对固定在载体上的细胞产生剪切作用。这种设计的缺点是，由于床层内细胞密度较高，对氧和营养物的需求较大，因此存在传递限制问题，沿床层存在溶解氧和营养物浓度梯度。为避免在床层中产生溶解氧耗尽区，要确定流体通过床层的平均线速度u和床层的高

度 H。应有：

$$c_{\mathrm{OL,in}}-c_{\mathrm{OL,out}}=\frac{q_{\mathrm{O}}c_{\mathrm{X}}H}{u} \tag{7-54}$$

式中，$c_{\mathrm{OL,in}}$ 和 $c_{\mathrm{OL,out}}$ 分别为床层进口和出口的溶解氧浓度；q_{O} 为氧消耗比速率；c_{X} 为床层中固定的细胞浓度。

可见，主要考虑流体剪切力和高流速对固定的细胞的洗出作用选择平均线速度 u，而选择床层高度时主要考虑氧传递的限制作用。

另一种为内循环式，如图 7-27(b) 所示。这种设计的固定化细胞床层浸没于反应器的培养液中，培养液通过循环泵在床层和反应器液相主体之间作循环流动，培养液通过床层的流动方向为径向。由于氧在径向的浓度梯度较小，因此这种设计可降低氧传递限制作用，增加床层高度不会引起氧传递量不足的问题。

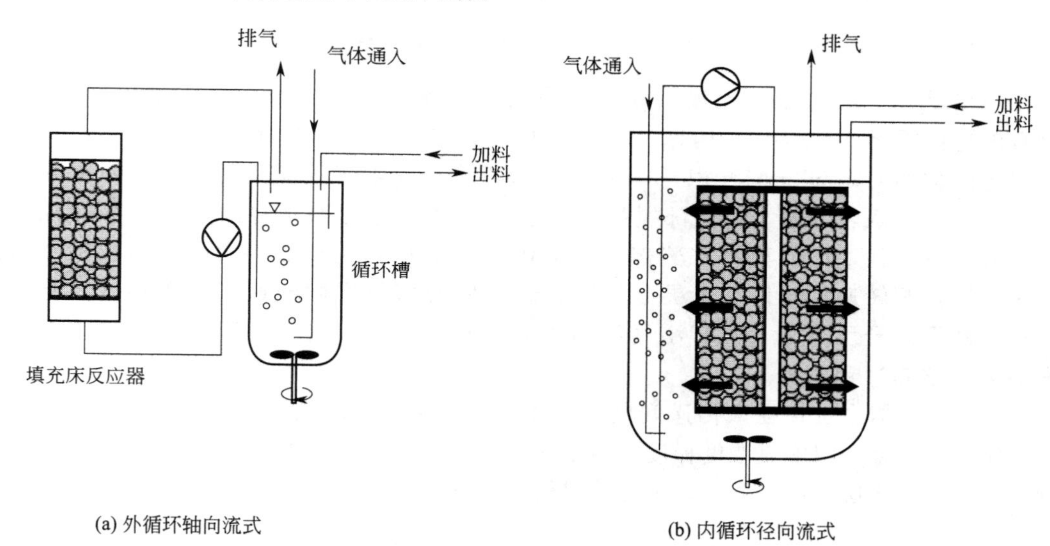

图 7-27 填充床动物细胞培养反应器系统

对细胞培养采用填充床反应器的好处是反应器中的固定化细胞装填密度较高，能实现高密度培养，空时得率较高；通过床层的液体流动速度可被控制，没有颗粒间的碰撞和摩擦作用，流体剪切力较低；既适合于分泌目标蛋白的动物细胞的悬浮培养，也适合于贴壁依赖性动物细胞培养。填充床反应器的主要缺点是反应器系统的灭菌较困难，生产规模较小。

7.6.5.2 流化床反应器

流化床反应器与细胞培养的填充床反应器设计目的相同。这种反应器系统操作时，在液体循环速度较高的情况下，床层膨胀并流态化，固定化细胞呈悬浮状态。相对填充床反应器，流化床反应器的优点是能实现高密度培养，且床层内固定化细胞颗粒能运动，在一定的流动速度下没有颗粒的沉降，流体混合、传质和传热性能较高；但是它也存在灭菌较困难、放大难度较大的缺点。

流化床反应器系统一般有液体内循环式和外循环式两类设计。图 7-28(a) 和图 7-28(b) 为两种外循环式设计。图 7-28(a) 的系统采用外部膜式气体交换器通气，图 7-28(b) 的系统采用通气管作内部通气。图 7-28(c) 为内循环式设计。对外循环式，由于为达到

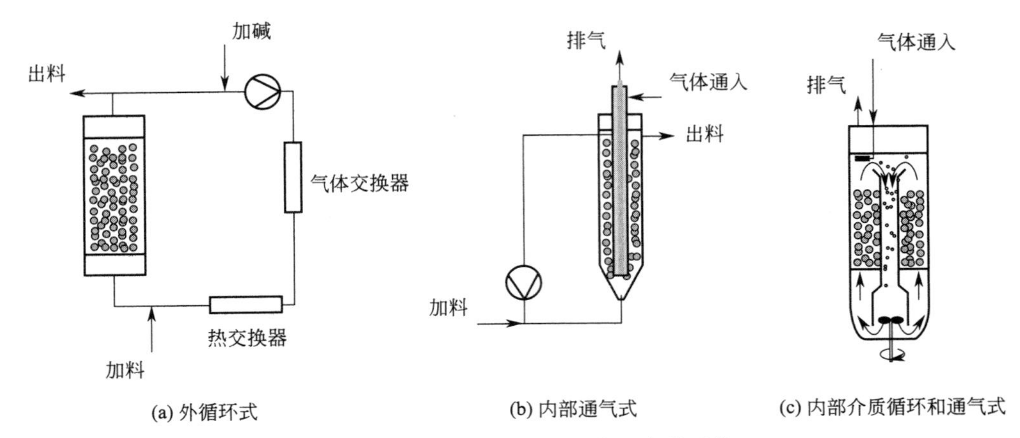

图 7-28 流化床动物细胞培养反应器系统

流态化，要求有一定的流动速度，故循环泵引起的流体剪切力较大。为避免这种问题，因此有液体内循环式的设计。内循环式的典型设计是图 7-28(c) 所示的由 GE Healthcare 公司提供的称为 Cytopilot 的容积至 40L 的实验规模反应器。反应空间中存在由液体分布的多孔板分割的两个分室，由底部搅拌桨驱动的液体通过分布板穿过上部颗粒床层，然后由中心导流管往下回流至搅拌桨部位，液体循环量和多孔板上的微载体床层的膨胀高度取决于搅拌桨转速。气体在床层上部没有微载体的部位用微泡通气装置通入，合并的大气泡在液面离开反应器，只有小气泡加入导流管的液流。这种反应器已用于重组 γ-干扰素的灌注培养过程研究。

流化床反应器中也存在氧传递问题。对液体沿床层往上的循环流动，当供氧速率不足时，沿床层高度存在溶解氧浓度梯度。由于还存在往上的最大流动速度受到颗粒沉降速率的限制问题，因此床层高度有限制，不能获得较高的反应器放大倍数。

7.7 植物细胞培养反应器

7.7.1 植物细胞培养反应器概述

植物细胞培养反应器用于植物细胞悬浮培养和发状根（hairy root）的培养。这类反应器的设计与选型主要根据植物细胞及其组织培养的特点进行。

植物细胞培养的特点如下：①植物细胞的大小约为 10～100μm，比微生物细胞大，有细胞壁，细胞耐拉不耐扭，抵抗流体剪切力的能力较差；②细胞生长速率缓慢，倍增时间较长，无菌操作要求较高；③代谢产物不分泌到胞外而留在细胞内，因此要得到大量次级代谢产物须进行高密度培养；④细胞在培养液中会形成多细胞聚集体，黏度较大，悬浮培养较困难，还会发生细胞在反应器壁黏附的情况；⑤一般来说，愈伤组织和细胞生长不需要光照，但光对植物细胞的培养和代谢产物的合成有很重要的影响，光照时间的长短、光质和光的强度对次生代谢产物的合成都具有一定的作用；⑥植物细胞在培养中是好氧的，但相对需氧微生物，其耗氧量较小，对一般培养过程要求将溶解氧浓度保持在较低的水平。

由于上述原因，利用植物细胞培养的物质，一般仅限于那些难于化学合成、无法用微生物合成和附加值很高的物质。例如人参皂苷、天仙子胺和紫杉醇等一类药物。

在设计植物细胞培养反应器时，主要考虑要达到的细胞密度 c_X 和单位生物质质量的产物得率 Y_{XS}。若要获得最佳的大于 1.0g DW/(L·d) 的细胞生物质空时产率，或进行高密度培养过程，一般要求对反应器系统作最优设计。由于对生成次级代谢产物的过程，对细胞密度的优化目标和对产物得率的优化目标所要求的优化措施有时并不一致，因此优化设计时要综合考虑特定细胞株的形态、剪切敏感性、代谢特性、生长和产物生成动力学和培养液的流变学性质等方面的相关问题。

参数检测和控制方法一般采用生物反应器的通用方法。由于植物细胞的正常生长和代谢对培养液中溶解氧和 CO_2 浓度变化较敏感，因此对培养液要严格检测和控制其中的溶解氧和 CO_2 浓度，要用气体分析仪检测摄氧率（OUR）和 CO_2 释放率（CER）。

在操作方式的选择上，由于植物细胞生长缓慢，故一般使用分批培养方式，有些过程使用流加底物或前体的补料分批操作方式。

在植物细胞培养反应器的放大上，放大反应器中细胞培养不易成功的原因主要是放大反应器与小试验反应器的气相组成和溶解氧浓度的差异，保持反应器内气相组成（O_2、CO_2 和乙烯）及溶解氧浓度的最佳值是反应器放大的重要准则之一。因此，一般采用较低的通气速率，控制溶解氧浓度处于较低的水平，防止培养液中 CO_2 和乙烯遭空气的驱逐。为此，通气系统的配置可有两种方式：一种采用 O_2、N_2 和 CO_2 的混合气体的通气方式；另一种方式在向系统仅通入空气的条件下，将排气的一部分循环进入通入的空气中，由此控制气相和相应的液相组分组成。

植物细胞培养反应器内的物系通常为气-液-固三相混合物，反应器类型按连续相的性质分类。若连续相为液体，则为液相反应器，同样，有气相反应器和混合相反应器。在液相反应器中，细胞始终浸没于液体中，氧通过鼓泡方式输入。液相反应器主要有机械搅拌、液压和气动机构驱动的各种类型。气相反应器有喷雾反应器（spray reactor）或雾反应器（mist reactor）等。在这类反应器中，植物细胞或组织始终暴露于气体中，液态培养基通过喷嘴等装置以液滴形式与细胞接触。在雾反应器中，雾滴的尺寸小至 0.01～10μm 的范围；而对喷雾反应器，液滴尺寸在 10～$10^3\mu$m 范围。由于液体中的溶解氧浓度较空气中低，因此对液相反应器存在氧传递限制问题，而这在气相反应器中不存在。

7.7.2 反应器类型

7.7.2.1 细胞悬浮培养反应器

植物细胞悬浮培养的基本类型主要是机械搅拌反应器，采用机械搅拌反应器可使物料混合均匀，并且体积氧传递系数 K_La 可大于 100h^{-1}，而植物细胞培养所需的 K_La 值一般为 5～20h^{-1}，因此机械搅拌反应器能完全满足细胞对反应器的供氧要求。

机械搅拌式反应器应用于植物细胞培养，存在的主要问题是机械搅拌引起的细胞剪切损伤，因此有许多研究者提出对搅拌式反应器作适当改进以适应植物细胞培养的要求。例如，有研究者采用如图 7-29 所示的搅拌器类型的改进型。这种装置使用了一种离心泵式搅拌器，研究表明该反应器的剪切力和搅拌功率消耗较低，混合效果和氧的传递效率较高，适合于植物细胞培养。

其他各种类型的搅拌桨及其组合类型也在植物细胞反应器的研制中得到了尝试。如应用

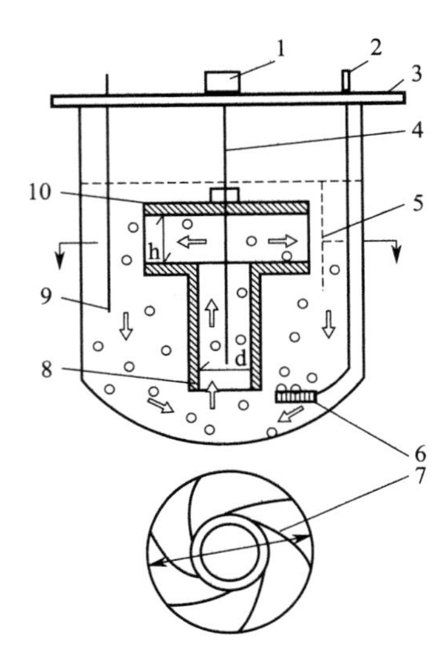

图 7-29 离心式搅拌反应器

1—搅拌器；2—通气管；3—盖板；4—搅拌轴；
5—流速检测点；6—空气分布器；7—叶轮；
8—导流管；9—溶解氧电极；10—转盘

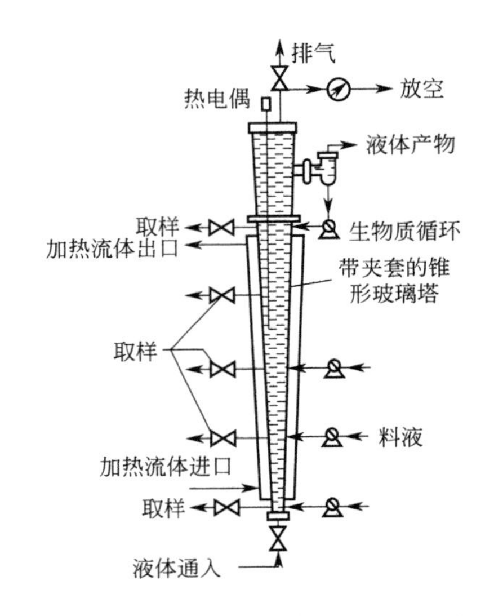

图 7-30 锥形流化床植物组织培养反应器

螺旋桨、各种大叶片的轴向流搅拌桨、帆形搅拌桨和螺带式等搅拌桨。例如，在藜豆细胞培养生产 L-DOPA 过程中，有研究使用框形桨和二层三叶 30°斜叶桨，发现框形桨的剪切力较低，混合时间较小，而斜叶桨的剪切作用相对较大，但氧传递系数较高。

经不少实验测定，气升式反应器的传质系数 K_La 可达到 $40h^{-1}$，因此根据植物细胞的需氧情况，气升式反应器也能够满足该过程的传质要求。有研究在不同的生物反应器中进行柠檬叶鸡眼藤细胞培养生产蒽醌的过程，表明气升式反应器在同样条件下生产率较高。但是，对细胞密度须达到 30g DW/L 以上的高密度培养，气升式反应器的氧传递效率和混合性能不能达到要求。

7.7.2.2 植物组织培养反应器

由于发状根在培养液中呈结团形态存在，是相互连接的非均匀物质，因此对发状根生长的氧传递限制步骤一般不在气液接触过程，而在液固传递过程，发状根大规模培养技术的主要问题是传递问题。而且由于这种形态结构，发状根培养液的流变性质明显不同于悬浮培养细胞。

目前尝试应用的大规模培养反应器已有多种类型，其中以气升式效果为佳。人参发状根培养过程使用 $20m^3$ 气升式反应器，产品已开发成商品投入市场。流化床反应器也较适合植物组织培养。如图 7-30 所示，为一种锥形流化床反应器的设计。流化床反应器曾在黄花蒿发状根培养上获得成功。发状根培养也可使用机械搅拌反应器，其应用的关键在于设置一定的装置阻隔发状根对搅拌器的缠绕。

喷雾反应器或雾反应器适用于发状根培养，不存在发状根对气相中氧的获得性问题。有研究发现，在液相反应器中发状根表面存在一层较厚的黏液层，对营养物和氧的传递造成阻力，而这在气相反应器中不存在。这就是对发状根的培养要选择气相反应器的主要原因之一。对气相反应器，组织生长的主要限制是其对液滴或雾滴中营养物的摄取效率或单位组织表面积上的喷雾量，发状根在载体上的固定化方法、发状根基质在反应器中的均匀分布和反应器空间的利用率是反应器设计的主要问题。

重点内容提示

1. 通气式机械搅拌反应器的结构特征、搅拌功率和放大计算方法。
2. 鼓泡塔反应器和气升式反应器的结构特征和传递特性参数。
3. 填充床反应器与流化床反应器的设计方法与特性参数。
4. 膜生物反应器的类型与设计原理。
5. 动物细胞培养反应器的分类、基于机械搅拌的动物细胞培养反应器的各种结构设计。
6. 鼓泡塔反应器、气升式反应器、填充床反应器、流化床反应器、中空纤维膜反应器在动物细胞和植物细胞培养上的应用。

习 题

1. 某一通气式机械搅拌反应器，已知：搅拌桨功率特征数 $N_P=10$，搅拌桨直径 $d=1.0m$，搅拌转速 $N=60r/min$，通气速率 $F_G=180m^3/h$，液体密度 $\rho_L=1000kg/m^3$，液体黏度 $\mu_L=1.0\times10^{-3}Pa\cdot s$。试求：

（1）未通气时和通气时的搅拌功率消耗 P_S 和 P_{SG}。

（2）若搅拌转速增加至 $N=120r/min$，则 P_S 和 P_{SG} 为多少？

2. 反应器有效体积为 3L 的植物细胞培养反应器，其罐壁对称安装 4 块挡板，搅拌转速为 150r/min。试求：

（1）若在反应器放大时，保持几何相似，并保持单位液体体积未通气时的搅拌功率消耗不变，有效体积为 1000L 的反应器的搅拌转速为多少？

（2）若按搅拌桨叶端速度不变的准则进行放大，放大反应器的搅拌转速为多少？

3. 一台通气式机械搅拌微生物反应器。已知：反应器直径 $D=1.0m$，高径比 $H_L/D=2.0$，装有两层搅拌桨，功率特征数 $N_P=6.0$，搅拌桨直径 $d=0.33m$，通气比 VVM$=1.0$，搅拌转速 $N=200r/min$，液体密度 $\rho_L=1000kg/m^3$，液体黏度 $\mu_L=1.0\times10^{-3}Pa\cdot s$。要求按保持单位液体体积未通气时的搅拌功率消耗不变的准则将反应器放大至有效体积为 $35m^3$ 的反应器，若放大时空气表观线速度恒定，试计算：

（1）放大反应器的单位液体体积未通气时的搅拌功率消耗 P_S 和搅拌转速 N。

（2）放大前后的单位液体体积通气时的搅拌功率消耗的比值 P_{SG}/V_L、体积氧传递系数 K_La 的比值。

4. 有两个机械搅拌反应器，反应器的液柱高度与反应器直径之比为 1。两个反应器内都装有六平叶涡轮，$d=0.4D$，流体流动状态为完全湍流，通气时的搅拌功率消耗均为 $P_{SG}=0.4P_S$。其中一个反应器的有效体积 $V_{L_1}=0.010m^3$，另一个 $V_{L_2}=10m^3$。反应器通气比 VVM 皆为 1.0，搅拌转速均为 120r/min。假定发酵液类似于水溶液，试根据 Van' t Riet 的凝并体系的关联式确定两个反应器的 K_La 比值。

5. 通气式机械搅拌反应器放大时，若按几何相似和单位液体体积不通气功率 P_S/V_L 恒定的准则作放大计算，试证明：$(ISF)_2<(ISF)_1$，$(u_{L,tip})_2>(u_{L,tip})_1$。下标“2”和“1”分别表示大型反应器和小型反应器。已知大型反应器的搅拌转速小于小型反应器的搅拌转速。

6. 对通气式机械搅拌生物反应器，若按同时恒定 P_{SG}/V_L、搅拌桨叶端速度和 K_La 的准则进行放大，试由小型反应器的结构尺寸、搅拌转速和反应器体积放大倍数 k，给出放大反应器的搅拌转速 N 和搅拌桨直径 d 的计算式。注意，可以使搅拌桨直径在放大时不满足几何相似的条件，其余几何参数的尺寸满足相似条件，并且保持流动状态为湍流状态。

7. 有一 $5m^3$ 的机械搅拌反应器，反应器直径 $D_1=1.4m$，装液量 $V_{L_1}=4m^3$，采用两层六弯叶涡轮搅拌桨（$N_P=4.8$），搅拌桨直径 $d_1=0.45m$，搅拌转速 $N_1=190r/min$，通气比 VVM=0.2，液体密度 $\rho_L=1040kg/m^3$，液体黏度 $\mu_L=1.06\times10^{-3}Pa\cdot s$。现需放大至装液量 $V_{L_2}=40m^3$ 的反应器进行工业生产，若按单位体积未通气时的搅拌功率消耗与空气表观线速度均相同的准则进行放大计算，试求放大后反应器的主要尺寸（D_2，d_2，H_{L_2}）和工艺条件（F_{G_2}，P_{S_2}，N_2）。

8. 通过固定化酵母使葡萄糖转化为乙醇的过程在一个填充床反应器中进行。床层直径为 1m，反应器内的流动接近平推流。已知乙醇比生成速率 $q_P=0.2g/(g\cdot h)$，床层中的细胞平均干重浓度 $c_X=25g/L$，产物得率系数 $Y_{PS}=0.49g/g$，该反应近似为零级反应。假设可忽略细胞的生长，即葡萄糖全部转化为乙醇，而且固定化颗粒直径足够小，即 $\eta=1$。若加料速率 $F=400L/h$，加料中的葡萄糖浓度 $c_{S_0}=100g/L$，床层出口处的底物转化率 $X_S=0.98$，试求床层高度和出料中的乙醇浓度。

8 生物反应过程技术

本章重点讨论非水相酶催化、动物细胞培养、高通量微型反应器设计的相关技术。由于对这些技术和相关过程的研究和应用涉及当前生物反应工程发展的热点领域，因此对与之有关的基础知识的了解很有必要。

8.1 非水相酶催化反应过程

非水相酶催化反应是指在非常规介质（non-conventional media）中进行的酶催化反应过程。非常规介质包括主要由有机化合物（溶剂、底物或产物等）组成的介质、超临界流体和气体、离子液体等物系。常规介质是指标准的水溶液，而非常规介质是一类将水含量控制得很低的微水反应介质。历来通常认为作为蛋白质的酶分子只能在水溶液中发挥其催化功能，但是由于酶是一种特殊的蛋白质和两性电解质，酶在非水相介质中也能发挥催化作用。1984年美国MIT（麻省理工学院）的Klibanov教授在《科学》杂志上发表了关于酶在有机介质中的催化条件和特点的论文，报道了在仅含微量水的有机介质中由酶催化合成酯、肽、手性醇等许多有机化合物的研究结果。他明确指出，只要条件合适，酶既可以在水与有机溶剂的互溶体系，也可以在水与有机溶剂组成的双液相体系，甚至在仅含微量水或几乎无水的有机溶剂中表现出催化活性。此后，对酶在非水介质中的催化反应过程的研究不断得到重视，现已报道了两万多种酶催化反应的实例，这些过程大多数涉及生物催化在制药工业上的应用，非水相酶催化技术已表现出在多肽合成、药物合成及立体异构体拆分等方面的巨大潜力。

8.1.1 非水介质与酶的制备方法

8.1.1.1 非水介质的类型

非水相酶催化反应介质可分为均相和非均相两大类。均相体系由与水互溶的有机溶剂和水混合形成，其中的酶被修饰为在介质中呈可溶性状态存在，而非均相体系由水、与水不互溶的有机溶剂、固态酶粉或固定化酶、超临界流体或气体介质组成，介质中的酶处于不溶解状态。

采用非水介质的主要优点之一是可以控制酶催化水解反应的平衡和方向。例如，酯类合成的逆反应是酯的水解反应，使用非水介质时可通过控制反应液中的水分含量使反应向酯的合成方向进行。非水介质还能溶解水溶性较低的疏水性化合物，以及提高酶的稳定性等。非水介质的类型和特性概述如下：

(1) 有机溶剂 有机溶剂是非水介质的主要组成物质。在有机溶剂中，可在控制其含水量的条件下调节水解反应平衡的位置，它有利于增加疏水性化合物的溶解度。

某些溶剂可与水以任何比例互溶，通常所用的这类溶剂有醇类、丙酮、二甲基亚砜、二甲基甲酰胺等，使用这类溶剂的优点是反应介质中没有液液两相之间的传质问题。在使用这类溶剂组成介质时，若其中溶剂所占的体积分数过大，会产生酶的操作稳定性问题。因此，应使用适当的与水不互溶的溶剂，以提高酶的稳定性。

水不溶性的有机溶剂可与水组成液-液两相体系，其中水相含有酶和亲水性底物，而疏水性底物和产物则被分配在有机相中。在两液相体系中，为使生物转化反应进行，底物必须传递至水相中，在水相中进行酶催化反应，而反应生成的疏水性产物则会分配至有机相中。为避免两相体系中存在的传质限制，反应器操作时必须使液液传质界面的面积较大。选择不同性质的溶剂可控制反应物在两相体系中的分布。若底物或产物对反应有抑制作用，选择对抑制组分有分配作用的两相介质体系将较为有利。

(2) 超临界流体 气体在临界温度和压强下呈超临界流体的相态。酶在超临界流体中仍可保留催化活性。将超临界流体用作酶反应介质的优点是它没有毒性，能容易地与产物分离，且由于反应组分在其中的扩散速率与水溶液相比更快，因此反应速率较大。常用的超临界流体由二氧化碳制备，由于它的性质与已烷相似，故可作疏水性化合物的溶剂，而对中等极性的化合物，需要添加有机助溶剂。

(3) 气体介质 某些酶在气体中也有催化作用。例如醇氧化酶能催化气态乙醇的氧化反应。在这类反应系统中酶呈固态，通过气流穿过酶颗粒的方式进行反应，无须使用液体。对这类系统，要求酶的热稳定性较高。

(4) 无溶剂反应介质 无溶剂反应介质（solvent-free reaction media）是指将有机底物本身用作溶剂的反应物系。显然，这类反应介质系统的设计有成本较低的优势，对逆水解反应的过程很合适。

8.1.1.2 酶的制备方法

(1) 酶粉 这种方式将固态酶粉悬浮在有机溶剂中直接使用。为此，在制备酶粉时，往往先将酶溶解在缓冲水溶液中，然后通过冷冻干燥得到酶粉。为避免冻干过程中的酶失活问题，在冻干操作时往往需加入保护剂，例如山梨醇等多元醇类物质。

(2) 交联酶晶体或聚集体 由结晶方式制备所得酶的纯度最高。为提高酶晶体在使用时的稳定性，通常将酶晶体用戊二醛等双功能试剂交联。交联型酶晶体（CLEC）通常表现出很高的催化活性和稳定性。若酶难于结晶，则可将酶沉淀后用戊二醛交联，形成交联酶聚集体（CLEA），应用效果也很好。

(3) 固定化酶 许多非水相酶催化反应过程使用将游离酶吸附固定于多孔载体上的固定化酶。由于可将酶铺展固定在较大的载体表面以促进传质效率，并且在制备时无需冷冻干燥操作，因此，相比以聚集体形式存在的酶粉，固定化酶制剂具有较高的比活性。

由于酶在有机溶剂中的溶解性很差，因此多数固定化酶可用非共价结合法制备，例如采用吸附或沉积在多孔载体上的方式。在固定化操作时，盐类等极性组分也有可能在载体上固定，由于这些物质在非水介质中溶解性较差，故会影响固定化酶的微环境和催化活性。

(4) 有机溶剂可溶性酶 可通过对酶分子作一定化学修饰的方式，使其在有机溶剂中呈可溶性状态。对反应介质为超临界流体和无溶剂反应介质的体系，适合使用可溶性酶。可溶性酶的制备有下述方法：

① 酶的共价修饰 酶与某些高分子聚合物结合后可溶解于有机溶剂中。通常将聚乙二醇链与酶的氨基作共价偶联，也用聚苯乙烯和聚丙烯酸酯作为偶联剂。由于酶溶解于溶剂，因此反应时没有扩散和传质问题。在反应结束后，加入己烷等非极性溶剂，可使酶从反应混合物中沉淀而得到回收。此法的缺点是酶在共价修饰反应时会失活，另外还需要在偶联的聚合物链的数量和酶活性关系上作权衡。

② 酶-高分子聚合物的复合物 酶也可与高分子聚合物以非共价结合方式形成复合物而溶解于溶剂中。适用的聚合物常有乙基纤维素和聚甲基丙烯酸甲酯。用这种结合方式可避免酶的失活。复合物的制备方法是先将含有酶和聚合物的水溶液冷冻干燥，然后将所得的复合物溶解在有机溶剂中。在形成复合物时，无机盐起重要的作用。

③ 酶-表面活性剂复合物 将酶和表面活性剂在水溶液中混合，加入乙醇等亲水溶剂沉淀出酶-表面活性剂复合物，可制备出能溶解于有机溶剂的酶-表面活性剂复合物。这种复合物存在于有机溶剂介质中时，一个酶分子被上百个表面活性剂分子所包围。采用二烷基葡萄糖基谷氨酸和琥珀酸二辛酯等表面活性剂可有较好的结果。

④ 微乳液法 将含少量酶的水溶液加入溶有表面活性剂的有机溶液中通过简单的涡旋振荡，即可获得微乳液。微乳液体系外表透明，宏观上呈均一性，有各向同性和热力学稳定性；微观上微乳液包含分散的酶溶液液滴，反应介质被表面活性剂形成的膜分割成溶剂和水核两个区域。在一定条件下，微乳液呈油包水的微小粒子，称为微乳液或反胶束。微乳液的两相界面积很大，传质阻力较小，并且由于微乳液的水相占两相总体积的比例可以很大，因此它不仅适用于疏水组分，也适用于亲水组分的反应。这种体系的缺点是表面活性剂的加入会造成酶失活和产物分离困难的问题。

实际操作过程中，应根据使用条件选用上述对酶制剂合适的均相和非均相介质体系。对于工业过程，一般选用固态酶的非均相体系，这有利于产物与液相的分离操作，有利于在反应器选型时选用操作较方便的填充床反应器和机械搅拌反应器，而均相介质体系主要适用于基础研究。

8.1.2 影响非水相酶催化反应的因素

非水相酶催化过程的酶催化活性和选择性与酶的使用形式、酶的稳定性、介质的含水量、有机溶剂的性质、反应 pH 和离子强度等因素密切相关。

8.1.2.1 酶的性质

虽然酶在有机溶剂中能够保持其整体和活性中心结构的完整性，能发挥其催化功能，但是有机溶剂在很大程度上会影响酶的稳定性。由于有机溶剂改变了疏水相互作用的精细平衡，会影响到酶与底物的结合部位，使酶与底物结合的自由能发生变化，因此有机溶剂至少会部分地影响酶的底物专一性、立体选择性、区域选择性和化学选择性等性质。

（1）酶的稳定性 与水溶液相比，有机溶剂中酶的热稳定性较高。由酶的结构与功能的关系可知，酶蛋白在水溶液中以一定构象的三级结构存在，这种构象呈既“紧密”（compact）而又有“柔性”（flexibility）的状态。紧密状态主要依赖于蛋白质分子内部的氢键作用，若水分子与蛋白质内的基团形成氢键，就会破坏蛋白质分子内部的氢键，使蛋白质变得松散；而当酶悬浮于存在微量水的有机溶剂中时，蛋白质分子内部的氢键占主导作用，这导致蛋白质结构变得更具有刚性，限制蛋白质构象在疏水环境下向热力学稳定状态的转化，使其维持和水溶液中同样的结构，保持催化活性。有研究认为，由于酶在有机溶剂中缺少使酶失活的水分子，因此与水有关的天冬酰胺和谷氨酰胺的脱氨基作用、天冬酰胺的肽键水解、二硫键的破坏、半胱氨酸的氧化、脯氨酸和甘氨酸的异构化等蛋白质变性失活的过程难以进行。

（2）底物专一性 酶在水溶液中，酶与底物的结合主要依赖于疏水作用，而在有机溶剂中，疏水作用已不重要，而且反应介质由水改变为有机溶剂时，底物在介质和酶活性中心的分配也发生了变化，且底物和介质的疏水性直接影响底物在两者之间的分配，因此用有机溶剂作为反应介质时，酶的底物专一性和催化效率会发生改变。底物专一性由反映催化效率的参数 k_{cat}/K_m 表示（k_{cat} 即速度率常数 k_2，K_m 为米氏常数）。例如，有作者报道了 *N*-乙酰-L-苯丙氨酸（Phe）和 *N*-乙酰-L-丝氨酸（Ser）与丙醇在 20 多种有机溶剂中的酯交换反应，发现 $(k_{cat}/K_m)_{Ser}/(k_{cat}/K_m)_{Phe}$ 值相差最大约 68 倍。

（3）对映体选择性 对映体选择性是指酶识别外消旋化合物中某种构象对映体的能力。有机溶剂中酶对底物的对映体选择性因介质的亲（疏）水性而变化。一般疏水性强的有机溶剂中酶的立体选择性差，原因是由于底物的两种对映体分子将水分子从酶分子的疏水结合位点上置换出来的能力有所不同。例如，胰凝乳蛋白酶和胰蛋白酶等蛋白水解酶对于底物 *N*-乙酰基丙氨酸氯乙酯的立体选择因子 $(k_{cat}/K_m)_L/(k_{cat}/K_m)_D$ 的比值在有机溶剂中为 10 以下，而在水中则为 $10^3 \sim 10^4$ 数量级，因此，当介质的疏水性增大时，L 型异构体分子置换水分子的过程在热力学上较不利，而 D 型异构体分子以不同的方式与酶活性中心结合，只置换出少量水分子。酶的立体选择性还与溶剂的种类、溶剂的介电常数和偶极矩等性质有关系。

（4）区域和化学选择性 对酶催化反应，底物某一位置上的基团被选择性地转化，而另一位置上的相同基团不被转化，这称为酶的区域选择性（regioselectivity）。这种现象可用底物在酶的疏水结合位点之间的分配来解释。

化学选择性（chemoselectivity）是指酶对底物分子上的某种官能团在另一种官能团存在下的选择性反应特性。

8.1.2.2 水的含量与活度

非水相介质中酶的水合程度对酶催化活性的影响很大，介质中的含水量是过程优化的重要参数。在含水量较低时，一般酶活性较低；增加含水量可以使酶活性逐渐增大；但由于含水量较高时，酶活性却会变低，故存在最适含水量，如图 8-1 所示。由于水与酶的许多失活机制有关，增大含水量会使酶的稳定性降低。水也是不少水解酶催化的水解反应底物，增加介质含水量会使水解反应的逆反应产物得率降低。

酶结合一定量的水对其保持活性三维构象状态是必要的。水影响蛋白质结构的完整性、活性位点的极性和稳定性。酶周围水的存在，能降低酶分子的极性氨基酸的相互作用，防止

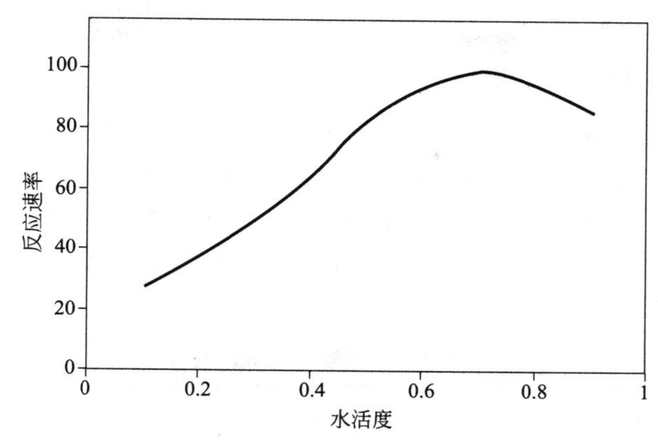

图 8-1　酶的活性与水活度的关系

产生不正确的构象结构。酶分子周围的水合层实际是在酶表面和反应介质之间起缓冲作用，它是酶的微环境主要成分。有机溶剂与酶的结合水之间有相互作用，当加入大量极性溶剂时，它会剥夺酶的水合层而使酶失活。但是，太多的水也会使酶活性降低。只有在最适含水量时，酶蛋白的结构在动力学刚性和热力学稳定性之间达到最佳平衡点，酶表现出最大活性。因此，最适水量是保证酶的极性部位水合和表现活性所必需的，故称其为必需水。对同一种酶，最适水量与有机溶剂的种类、酶的纯度、固定化酶的载体性质和修饰剂性质有关。

对介质中的含水量可用水的浓度（单位为 mol/L）或体积分数（%）量化表示。但是，对水合过程，用水的浓度表示水含量不太合理，为此采用水活度作为确定酶结合水多少的一个参数。水活度（a_W）定义为系统中水的逸度与纯水逸度之比，水的逸度在理想条件下可用水的蒸气压代替。纯水的 a_W 值为 1，完全干的物质的 a_W 值为 0，稀的水溶液的 a_W 值接近 1，非常规介质的 a_W 值处于 0～1 范围内。在 a_W 值较低的情况下，有机溶剂中酶上的结合水量与空气中酶上的结合水量非常相似，即有机溶剂没有影响水与酶的紧密结合；在 a_W 值较高时，极性溶剂和非极性溶剂均能使酶的结合水量减少。现有研究表明，在水活度与酶的水合程度和酶的活性之间存在紧密的关系，因此，必须恒定反应介质中水的活度，以确保合理的酶水合程度。

由于非水相酶反应系统所含的水包括酶的结合水、溶于有机溶剂中的自由水以及固定化载体和其他组分的结合水，另一方面水活度和反应速率之间有确定的关系，因此在研究和确定有机溶剂、载体和其他组分对反应的影响作用时，必须使系统的水活度保持在固定的数值。

在研究水活度对酶反应速率的影响时，有多种方法可用于控制反应介质的水活度。例如，用一个饱和的盐水溶液分别预平衡底物溶液和酶制剂，如用表 8-1 所示的各种盐的饱和溶液平衡，可得到一定的 a_W 值。

表 8-1　饱和盐水溶液的水活度（25℃）

盐	a_W 值	盐	a_W 值
LiCl	0.113	KCl	0.843
$MgCl_2$	0.328	KNO_3	0.936
K_2CO_3	0.432	K_2SO_4	0.973
$Mg(NO_3)_2$	0.529		

还有向反应体系中直接加入一种水合盐，或向每一溶剂中加入不同量水的方法。

8.1.2.3 有机溶剂的选择

有机溶剂会通过使酶分子丧失其二级结构和活性部位的极性降低等机制影响酶的活性、稳定性和反应得率，因此在建立非水相反应系统时，必须正确选择有机溶剂的种类。

由于有机溶剂主要通过它的极性影响酶的活性，因此一般在选择溶剂时要比较溶剂的极性参数。通常用 lg*P* 值表示溶剂极性，*P* 为某种溶剂在辛醇和水混合体系中的分配系数。常用有机溶剂的 lg*P* 值如表 8-2 所示。

表 8-2 常用溶剂的 lg*P* 值

溶剂	lg*P* 值	溶剂	lg*P* 值
二甲基亚砜	−1.3	氯仿	2.0
二甲基甲酰胺	−1.0	苯	2.0
甲醇	−0.76	甲苯	2.5
乙醇	−0.24	环己烷	3.2
丙酮	−0.23	己烷	3.5
乙酸乙酯	0.68	辛烷	4.5
正丁醇	0.80	十二醇	5.0
乙醚	0.85	十二烷	6.6

与水不互溶溶剂的 lg*P* 值较高，其中非极性溶剂的 lg*P* 值大于 4，相比 lg*P* 值较低的极性溶剂，例如甲醇、乙醇和多元醇等，非极性溶剂不易对酶造成失活作用。对 lg*P* 值处于 0～2 范围内的溶剂，相比 lg*P* 值更高或更低的溶剂，它们的失活作用更大，使用时要在酶稳定性和底物溶解性两方面作权衡。

对诸如酯类合成的该类逆水解反应，为提高产物得率，降低介质中的水含量，可用与水互溶的溶剂替代介质中的部分水。另一种方法是使用与水不互溶的溶剂。这种类型的酯化反应在水相中进行，反应生成的酯被萃取作用分配入有机相，反应生成的水留在水相，水相中的酯浓度较低，有利于提高酯合成的化学平衡常数，抑制酯的水解反应。

有机溶剂可以通过改变底物和产物在有机溶剂与酶活性部位微水相之间的分配来影响酶的活性和其他性质。这种分配效应可用来解释当酶从水溶液转移到有机溶剂中时表观 K_m 值的增大。对辣根过氧化酶的底物性质和溶剂性质之间关系的研究表明，酶的活性与底物的疏水性、电荷性质及溶剂的疏水性与极性有关。

通过改变溶剂调节酶的活性和选择性的技术也称为“溶剂工程”，对形成多种产物的过程，可用这种技术选择适当的溶剂，使反应有利于目标产物的生成。

8.1.2.4 温度

由于酶在有机溶剂中的热稳定性高于水溶液，因此适当提高反应温度可以提高酶催化效率。温度既影响酶的活性，也影响酶的选择性。一般认为，与其他催化剂一样，酶在温度低时的立体选择性较高。在反应过程中，通过温度控制，可以有效地提高产量。

8.1.2.5 pH 值

酶处于离子化状态是酶具有催化活性的必要条件。由于在有机溶剂中酶的质子化和去质子化作用很少发生，因此在酶制剂制备时，加入反应介质之前，酶分子已处于特定的离子化状态。因此，在用固定化方法或冷冻干燥法制备酶时，通过调节溶解酶的缓冲水溶液 pH

值，可获得相应的离子化状态。这种酶在转移到非水介质后仍然保持它的离子化状态的现象称为“pH 记忆”。

在非水相酶催化反应操作时控制的最佳 pH 值，可与制备酶时的 pH 值保持一致。为增加反应介质的 pH 缓冲容量，可在有机相中添加三辛胺和三苯基乙酸等缓冲物质。

8.1.3 酶的种类及其催化反应过程

适合于非水相酶催化反应的酶主要包括水解酶、裂解酶和氧化还原酶三大类。以下介绍与这三类酶有关的主要的非水相酶催化反应。

8.1.3.1 水解酶

在水解酶中，以脂肪酶和蛋白酶在非水相酶催化的生物转化过程上应用最广泛，多用于醇类和胺类的选择性酰化反应、外消旋对映体混合物的拆分和多肽合成等过程。大多数脂肪酶来源于南极假丝酵母、猪胰脏、假单胞菌和木瓜属植物，蛋白酶为枯草杆菌蛋白酶、大肠杆菌青霉素酰胺酶和牛胰 α-胰凝乳蛋白酶。这些酶在有机溶剂中的反应机理仍服从乒乓机制，经几小时的反应时间，可获得 5～10g/L 的底物转化。

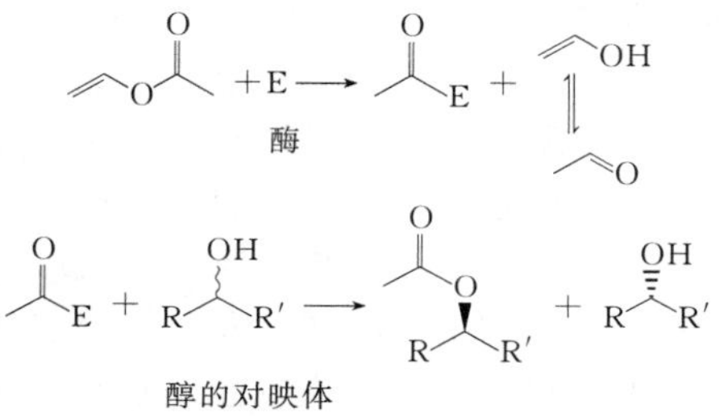

醇的对映体

图 8-2 醇的选择性酰化反应

(1) 外消旋对映体的拆分 水解酶能催化 R 型和 S 型外消旋对映体混合物的选择性反应。图 8-2 为一典型的醇选择性酰化反应。酶 E 首先被乙酸乙烯酯等酰基供体酰化，生成酰基-酶复合物和非亲核性产物乙醛，酰基-酶复合物分子然后与醇的对映体混合物中 R 型或 S 型分子反应，选择性地生成 R 型或 S 型醇的酰化物。胺类的外消旋对映体选择性酰化也服从这种反应机制。通过大规模地进行多功能性醇类和胺类的对映选择性反应，并对反应产物进行色谱法或萃取法分离，即可合成光学纯的手性醇或胺。例如，通过南极假丝酵母脂肪酶催化外消旋醇类与乙酸乙烯酯或琥珀酸酐的对映选择性酰化反应，可实现 (S)-2-戊醇的酶法生产。

酶的对映体选择性也可表示为一种对映体对另一种对映体的专一性常数（k_{cat}/K_m）的比值，即选择因子 E。

$$E=(k_{cat}/K_m)_R/(k_{cat}/K_m)_S \tag{8-1}$$

还可用产物的对映体过量值 ee（%）和底物转化率 X 计算对映体选择性。

$$ee_R=\left(\frac{c_R-c_S}{c_R+c_S}\right)\times 100\% \tag{8-2}$$

$$E=\frac{\ln[1-X(1+ee_P)]}{\ln[1-X(1-ee_P)]} \tag{8-3}$$

式中，c_R 和 c_S 分别表示 R 型和 S 型产物的浓度；下标 R 或 S 和 P 分别表示 R 型或 S 型产物和产物。E 范围为 1～400，通常的范围为 30～200，$E=1$ 表示没有选择性，$E=100$ 为基准值。

① 醇类。水解酶通常对仲醇有良好的对映体选择性，$E>100$；对伯醇的选择性较弱，

$E<10$；对叔醇基本没有选择性。一般增加酰基供体的链长，或在酰基受体上接入大位阻取代基，可提高选择性。如图 8-3 所示，对外消旋环己烯醇拆分，在环己烯醇分子上接入苯硫酚后进行羟基的酰化反应，可分辨两种异构体，反应结束后在产物分子上去除苯硫酚，可得到环己烯醇的特定异构体。

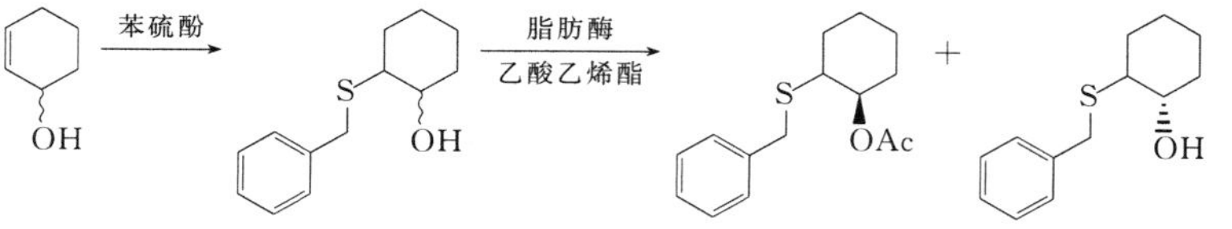

图 8-3　采用大位阻取代基的环己烯醇拆分过程

对仲醇的拆分，由于酶的活性位点几何结构的不同，大多数脂肪酶倾向于与 R 型异构体反应，而枯草杆菌蛋白酶等蛋白酶则倾向于与 S 型异构体的反应。对伯醇则没有这种选择性，例如假单胞菌脂肪酶倾向于识别 S 型伯醇异构体。

水解酶对伯醇的选择性比仲醇低，例如对简单的甲基烷醇，假单胞菌脂肪酶在氯仿中的选择性可低至 $2<E<10$。当采用大分子量的苯环作为酰基受体取代基时，假单胞菌脂肪酶对伯醇的选择性可增大 1 个数量级，$E>100$。

水解酶对叔醇选择性较差的主要原因是叔醇分子与酶活性中心的结合受到空间位阻效应的影响。但是，有些南极假丝酵母脂肪酶具有使几种叔醇酰基化的能力，原因是酶活性中心独特的可变结构能使酶接受大位阻取代基。现有研究表明，若对酶的结合位点作突变操作，可使脂肪酶和蛋白酶在水和有机溶剂两相体系中接受叔醇。

水解酶也能与离反应性羟基部位较远的立体中心结合，对此情况，必须使用多种酶的共同催化方法以获得有效的拆分结果。

② 胺类。水解酶以拆分醇类的相似方式拆分有烷基和芳基取代的胺。它们对异构体构象的选择性与对仲醇的选择性相似，即大多数脂肪酶倾向于识别 R 型结构，而大多数蛋白酶倾向于选择 S 型结构。同样，增加取代基的位阻能增大选择性和 E 值。但是，由于相对醇类而言，胺类对非选择性酰化的反应更敏感，并且这种反应在非极性溶剂中较快，因此对有机溶剂要做适当的选择。

目前已有几种固定化形式和可溶性的水解酶投入工业应用，它们均能催化有机溶剂中的肽键形成和小寡聚体的合成反应。对多肽合成反应，使用有各种活化部位的酰基供体能扩展酶的底物专一性，提高氨基酸偶联反应的得率。

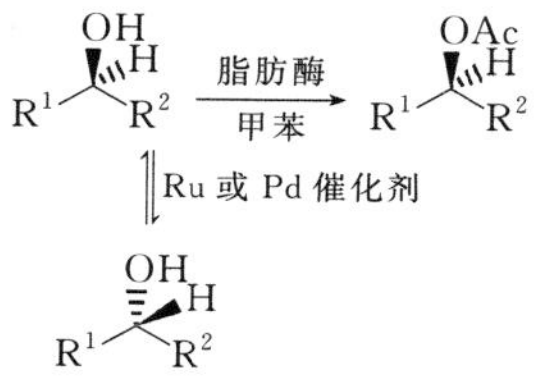

图 8-4　动态动力学拆分反应示意图

③ 动态动力学拆分。外消旋底物的拆分反应一般只有一种构型的异构体能参与反应，这使得反应的理论得率不会超过 50%，因此动态动力学拆分（dynamic kinetic resolution，DKR）技术的应用能克服这种限制。如图 8-4 所示，当一种对映异构体被脂肪酶转化为产物时，它可被另一种对映体的消旋化反应生成的产物所补充。消旋化反应通常由金属催化剂催化，一般金属钌和钯的催化效率较高，使用甲苯作溶剂时消旋化反应的速率较大，可获得 98%的产物得率。

(2) 区域和化学选择性反应　水解酶的区域选择特性可用二羟基甾体的酰基化反应表示。如图 8-5(a) 所示，脂肪酶倾向于在 A 环位置，而蛋白酶则在 D 环位置的羟基位点对底物作酰基化。在一个羟基被酰基化后，另一个羟基可被化学氧化，后续的碱性脱酰化反应无需酶催化。甾体的酰化和脱酰化为有关甾体代谢物的氧化提供途径。在多糖、羧甲基纤维素

和 N-乙酰己糖胺等多种碳水化合物的酰化反应上，也观察到水解酶催化的不同的区域选择性模式。水解酶已应用于甾体类药物、糖-肽结合物、新型维生素 D 和脱氧核苷衍生物等化合物的合成。

水解酶的化学选择特性如图 8-5(b) 所示，氨基醇分子中的氨基和羟基都有被假单胞菌脂肪酶酰基化的可能性。如果在一定条件下提高酶对底物分子的羟基酰基化的选择性，则可为在不需基团保护的情况下合成氨基醇的酯提供可能。

与区域选择性和对映体选择性的调控方式一样，可通过有机溶剂的选择调控化学选择性。有些溶剂通过破坏底物分子内的氢键，使羟基和氨基的亲核性加强；相反，氢键溶剂倾向于与底物的羟基形成氢键，使羟基的亲核性减弱，使酶的化学选择作用转向氨基。

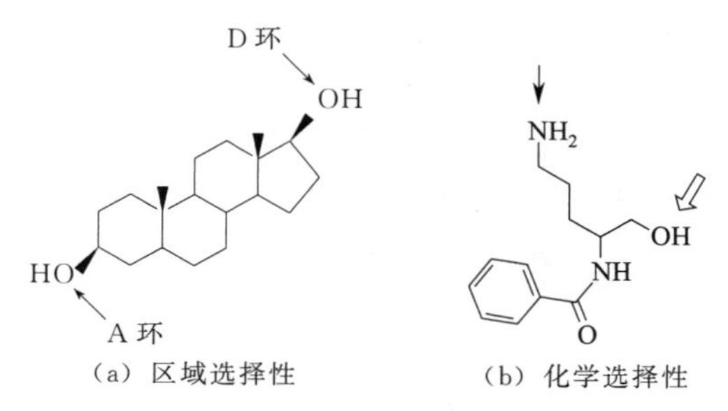

(a) 区域选择性　　(b) 化学选择性

图 8-5　区域选择性和化学选择性反应示意图

8.1.3.2　裂解酶

对裂解酶，在非水相酶催化上主要使用羟腈裂解酶（HNLs）进行合成反应。在适当的条件下，用这类酶可催化醛类分子与氢氰酸（HCN）进行不对称加成反应，它对分支状和多环底物具有较高的选择性，$E>100$。图 8-6 所示为前手性苯甲醛的非对称氢氰酸加成反应示意图。HNLs 有适用于 R 型和 S 型异构体的两类，典型的 S 型专一性酶的反应速率较慢。由 HNLs 催化合成的手性氰醇已用作许多生物活性化合物（例如肾上腺素衍生物）的合成砌块。

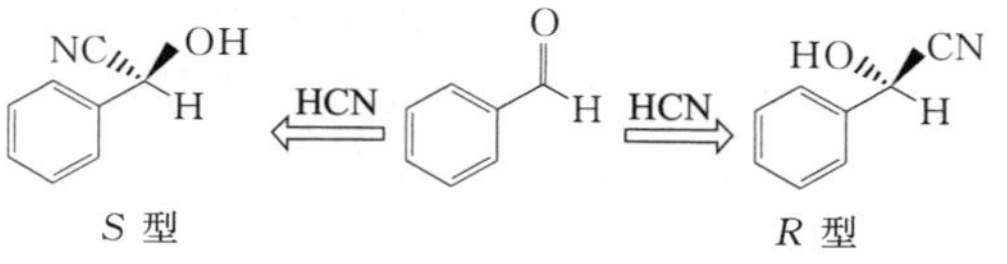

图 8-6　前手性苯甲醛的非对称氢氰酸加成反应

对 HNLs 催化过程介质的研究表明，使用单相介质可改进酶的稳定性，防止不参与反应的非反应性 HCN 的加入。这类溶剂的对映体选择性很高，$E=200$。但是，相比于水-有机溶剂两相体系，单相体系的酶反应速率会低几个数量级。有研究发现，对使用粗酶的反应过程，在反应介质中加入少量的水（体积分数 0.1%～1%），可大幅度提高酶的活性和对映体选择性。由吸附在硅藻土（celite）上的橡胶树 HNLs 催化的 3-苯基丙醛的 HCN 加成反应，在加入 1%（体积分数）的水后，可使反应初速度增加 30 倍，产物对映体过量值 ee_P 可由 15%增加到 85%。

将戊二醛和右旋糖酐聚醛用作交联剂，可制备固定化的 HNLs（CLEAs）。这种酶制剂在单相有机溶剂中呈悬浮状态，含有足量的水，有较高的催化活性。例如，巴旦果杏仁羟腈裂解酶的 CLEAs 的转化率可大于 95%，对映体过量值 ee_P 可大于 95%，酶在反复回收利用后催化活性仍然不会降低。

虽然应用 HNLs 酶可为 HCN 的加成反应提供一种直接的方法，但是也可用其他不同的酶系统进行这类加成反应，具体可参见相关的文献报道。

8.1.3.3 氧化还原酶

在有机溶剂中使用的氧化还原酶主要包括使用过氧化物的过氧化物酶和需要辅因子烟酰胺参与反应的酶（例如醇脱氢酶）。

在有机溶剂中应用氧化还原酶可催化水溶液中难以进行的反应。例如，有研究报道，在氯仿中用固定化在玻璃珠上的多酚氧化酶可催化苯酚转化为二醌，这种酶催化具有区域选择性，且利用了氧在氯仿中溶解度较高的特点。如图 8-7 所示，多酚氧化酶产生的醌已被用于烯烃的“一锅式”（one-pot）环加成反应，以产生有用的双环辛烯酮。由于辣根过氧化酶和氯过氧化酶在有机溶剂中表现出较高的对映选择性，因此它们也用于有机溶剂中的对映选择性磺化氧化反应。例如，在辣根过氧化酶的悬浮液中用叔丁基过氧化氢氧化硫代茴香醚，在异丙醇中选择因子可达 $E=8.0$，而在水缓冲液中则仅为 $E=1.8$。

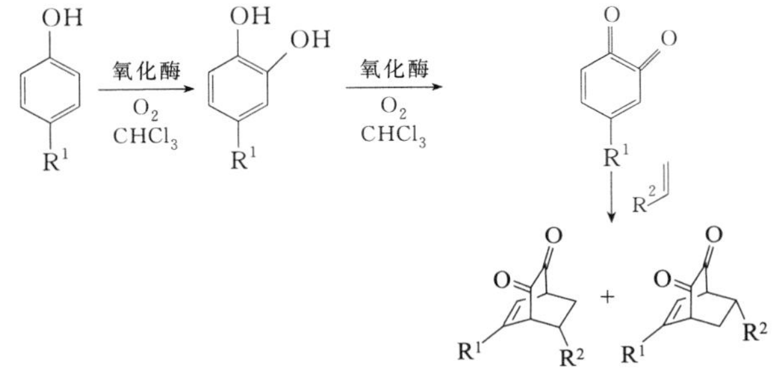

图 8-7 多酚氧化酶转化苯酚为二醌的反应

对需要辅因子的氧化还原酶，例如需要 NAD^+/NADH 的醇脱氢酶（ADH），在制备酶时，必须将酶与辅因子在水缓冲液中进行共沉淀操作，之后要进行共冷冻干燥操作，以确保在有机溶剂中的酶与辅因子的接触。例如，对马肝醇脱氢酶的制备，有研究采用将酶与 NAD^+ 同时固定化在玻璃珠或琼脂糖颗粒上的方法和对混合物水缓冲液进行共冷冻干燥操作的方法。

醇脱氢酶在其催化的反应过程中产生的辅因子，例如酶 ADH 的辅因子 NAD^+/NADH，也由同一种酶催化的第二种底物的转化反应所消耗，如图 8-8 所示为醇脱氢酶催化外消旋醛的选择性还原反应。有不少方法可解决反应过程中存在的辅因子耗尽问题。例如，将醇脱氢酶与另一种酶（例如黄递酶）同时固定化，所得的酶制剂在反应过程中可将醇脱氢酶催化产生的 NADH 由另一种酶转化为 NAD^+。

总之，上述各种酶不仅在有机溶剂中表现出其催化活性，更表现出较高的立体、区域和化学选择性，能较好地应用于复杂化合物的选择性合成，这种特性使非水相酶催化技术可为药物中间体和衍生物制备的传统复杂低效的化学合成路线提供有吸引力的替代方案。对这类酶，水解酶使用得最广泛，裂解酶和氧化还原酶类也有很大的应用价值，其他新型酶类无疑也将得到开发和关注。新的酶制备方法和系统条件的研究，以及多酶级联反应过程的优化和

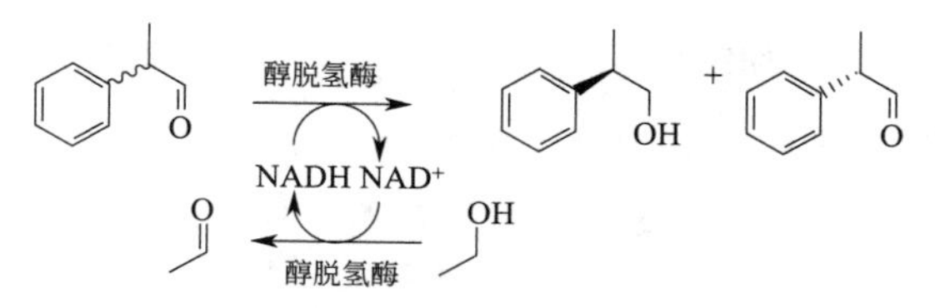

图 8-8　醇脱氢酶催化外消旋醛的选择性还原反应

定向进化提高工程酶的催化性能，将导致新的合成路线的建立，更进一步拓展有机相生物催化的应用范围。

8.2　动物细胞培养过程

动物细胞培养是指在体外条件下使细胞增殖的技术。它利用从机体中取出的动物细胞，在培养装置或生物反应器中模拟机体内基本的正常生理条件和环境，让细胞生存、生长和繁殖。动物细胞体外培养过程的优点是，它简化了细胞所处的环境条件，排除了机体内部存在的各种复杂因素，有利于定向调控细胞生理过程和代谢反应，实现在其他生物细胞中不能实现和替代的生物催化反应。因此，随着基因工程和细胞工程技术的不断发展，基因重组动物细胞作为重要宿主能够表达原核生物和低等真核生物所不能正确表达的糖蛋白和复杂结构与修饰的多肽，杂交瘤技术的建立能实现通过细胞融合生产抗特定抗原的单克隆抗体。

动物细胞培养技术既用于细胞的组织、结构与功能的研究，也用于对细胞的生长和代谢有关的生理学、生物化学和免疫学的研究。更重要的是其作为生物催化剂，可用于大规模生产具有重要价值的生物活性物质，包括疫苗、诊断试剂、干扰素、单克隆抗体和其他生物制品。多数动物细胞培养过程表达的目标蛋白质会分泌至培养液中，因此下游产品纯化过程相对比较简单。这种技术为生物工程产品的生产提供了一条重要的途径。

8.2.1　动物细胞的种类与特点

动物细胞株来源于动物组织和体液，置于体外培养与生长。在其传代之前的细胞称为原代培养物或原代细胞（primary cell）。由哺乳动物组织可建立上皮细胞、成纤维细胞、肌细胞、神经细胞和淋巴细胞等细胞类型。由原代细胞经过转化操作，可形成转化细胞。转化细胞丧失对生长控制机制的敏感性，能无限地分裂和繁殖，成为永久细胞系或已建立细胞系（permanent or established cell line）。已建立细胞系常用作表达重组蛋白质的宿主。由淋巴细胞和骨髓瘤细胞融合所得的细胞称为杂交瘤细胞（hybridoma），它能表达单克隆抗体。

体外培养的动物细胞分为两种类型。一种是非贴壁依赖性细胞。它们来源于血液、淋巴组织。许多肿瘤细胞（包括杂交瘤细胞）和某些转化细胞属于这一类型。对非贴壁依赖性细胞可沿用类似微生物培养的方法。另一种动物细胞为贴壁依赖性细胞。非淋巴组织的细胞和许多异倍体细胞属于这一类型。它们需要附着于带正电荷的固体或半固体的表面上才能正常生长。大多数动物细胞属于贴壁依赖性细胞，如人宫颈癌上皮细胞（HeLa 细胞）、非洲绿猴肾细胞（vero 细胞）、小鼠肾细胞（BHK 细胞）和中国仓鼠卵巢细胞（CHO 细胞）等是其中常用的种类。

所有动物细胞在生长中处于细胞周期的两个阶段，或处于分裂期（M期），或处于间期，经历整个细胞周期后，细胞数目加倍。在间期，细胞进行着生物合成上和结构上的复杂变化。在生物合成上主要进行与DNA分子复制有关的各项活动，在生物大分子合成的基础上产生结构上的变化。在分裂期，细胞作有丝分裂，细胞发生形态结构的急速变化，包括一系列核的变化、染色质的浓缩、纺锤体的出现，以及染色体精确均等地分配到两个子细胞中的过程，使分裂后的细胞保持遗传上的一致性。

在培养过程中，培养液中的动物细胞数目按微生物生长的典型生长模式增长，经历延迟期、指数生长期、减速期、静止期和死亡期。细胞的死亡可通过两条途径，即细胞坏死（necrosis）和细胞凋亡（apoptosis，也称细胞程控死亡）。一般来说，贴壁依赖性细胞主要通过坏死的途径死亡，而悬浮培养的细胞主要通过凋亡的途径死亡。

动物细胞的培养与微生物发酵相比较，在反应器类型、操作条件与操作方式上均有差别，其主要原因在于动物细胞与微生物细胞的性质不同。它们的比较见表8-3和表8-4。

表8-3　动物细胞与微生物细胞的性质比较

性　质	动物细胞	微生物细胞	性　质	动物细胞	微生物细胞
大小	10～30μm	1～10μm	生长速率	倍增时间为12～60h	倍增时间为0.5～2h
代谢调节方式	内部和激素	内部	环境适应性	差	好
营养要求	苛刻	宽松，可利用多种底物	机械强度	很差，缺乏保护性细胞壁	较好

表8-4　动物细胞与微生物细胞培养方法的比较

方法	动物细胞	微生物细胞
pH控制	碳酸缓冲液	添加酸或碱
搅拌转速	较慢	速度快、范围广
溶解氧控制	改变进入气体的氧含量	改变搅拌转速、通气速率和进气氧含量
培养基灭菌方法	过滤	高温蒸煮
培养周期时间	几天到3～4星期	几小时到几天
对水纯度的要求	很高	较低

8.2.2　培养过程的影响因素

影响动物细胞培养的环境因素有pH、温度、溶解氧浓度、培养基及其营养成分和反应器的流体剪切性质等。

8.2.2.1　培养基及其营养成分

动物细胞培养基的作用既是为细胞生长和产物生成提供必要的营养组分，也是为稳定培养液的pH提供缓冲能力。它也为细胞培养环境提供适当的渗透压，防止对渗透压敏感细胞膜的损伤。

动物细胞培养基的基本组分包括血清、各种氨基酸、维生素、葡萄糖、无机盐、激素、生长因子以及各种有机添加物等。以平衡盐溶液为基础，加入如牛血清等各种动物成分制备而成的培养基称为天然培养基，而以上述组分为基础，不添加动物成分制备而成的培养基称为合成培养基。动物细胞培养基配制的关键问题是培养基中是否含有血清。一般将常用的细胞培养基分为血清培养基和无血清培养基。无血清培养基化学组分限定，不含有蛋白质。

对血清培养基，常规动物细胞培养一般使用牛血清，血清的加入浓度为50g/100L。血清中的组分是细胞生长良好的不可缺少的成分，其作用在于向细胞提供生长激素或生长因子、转移蛋白、保护细胞免受剪切力损伤的表面活性组分、微量组分和其他营养物质。含血清培养基的主要弱点是组分复杂、组成不稳定和成本高，由此会造成各批次培养过程的差异，使下游纯化过程困难。血清还可能有病毒污染问题。为达到过程最优化和降低成本的目的，为降低血清用量，可在无血清培养基添加转铁蛋白、胰岛素、乙醇胺、白蛋白、用作贴壁因子的纤维结合蛋白等组分，以部分替代血清，使培养基仍然含有蛋白质。

无血清培养基由结构确定的组分组成，添加铁盐或铁的复合物、胰岛素样生长因子IGF-1、前体、脂肪酸、生物素、胆碱、甘油、乙醇胺、硫醇、激素和维生素等组分以起到动物蛋白的相关作用，添加蛋白胨和酵母提取物也较有利。无血清培养基上的细胞生长和产物生成较慢，细胞对流体剪切力作用敏感，必须添加Pluronic F68等保护剂。

对不同细胞株需要选用组成不同的培养基。细胞在无血清培养基上的生长需要较长的时间适应，不是所有的细胞株都能在无血清和不含蛋白质的培养基上生长。对原代细胞培养和疫苗生产等过程的基础研究，必须使用含血清培养基。对已建立细胞系的工业过程，使用无血清培养基和合成培养基较适合。若细胞对无血清培养基适应较好，培养的细胞密度可大于$5\times10^{6}\sim10^{7}$个/mL，目标产物浓度可达3～5g/L。

影响培养过程的关键组分为氨基酸和葡萄糖。根据细胞系的不同，对各种氨基酸的需要量也不同。氨基酸浓度通常限制可得到的最大细胞密度，其质量平衡关系影响细胞的存活和生长速率。大多数动物细胞培养的主要氨基酸为谷氨酰胺，它既作为细胞的能源，也作为碳源，它的代谢和葡萄糖代谢相互关联。葡萄糖浓度、谷氨酰胺浓度、血清含量、pH和温度等对谷氨酰胺的消耗速率具有重要影响。

8.2.2.2 温度

温度是细胞在体外生存的基本条件之一。来源不同的动物细胞，其最适的生长温度是不尽相同的。例如，昆虫细胞的最适温度是25～28℃，人和哺乳动物细胞的最适温度是37℃。细胞代谢强度与温度成正比，超出最适温度范围，细胞的正常代谢和生长将会受到影响，甚至导致死亡。多数动物细胞的培养温度一般为37℃，对温度必须严格控制，允许波动的范围在±0.25℃之内。

8.2.2.3 pH和CO_2

合适的pH是细胞生存的必要条件之一。在开始培养时培养液理想的pH为7.4。随着培养的进行，培养液的pH会因细胞代谢所释放的CO_2而下降，但必须控制培养过程中的pH不能下降到7.0以下。不同种类细胞的最佳pH不同，但大多在生理pH范围内。

大规模培养时影响培养液pH稳定性的主要因素有缓冲液的缓冲能力及种类、对流空间大小和葡萄糖浓度。

培养液中正常的缓冲系统是$NaHCO_3/CO_2$系统。它是一种弱缓冲系统，其pK值为6.3，碳酸氢钠的浓度约为24mmol/L，通常依赖通入的混合气体中含有的5% CO_2来保持其缓冲作用。

二氧化碳是细胞代谢的终端产物之一，它的浓度对细胞比生长速率、产物生成比速率、产物质量、胞内pH和细胞凋亡有影响。在大规模反应器中，较高的CO_2浓度对细胞有致死效应。在高密度培养的机械搅拌反应器中，已观察到 CO_2 分压超过 170mmHg 的情况，最优的分压应为 40～50mmHg。

8.2.2.4 溶解氧浓度

氧是线粒体呼吸链的最终电子受体，与能量的产生直接关联。由于氧在水中的溶解度很低，对动物细胞高密度培养过程，也存在氧传递限制问题。已有研究表明，对细胞生长、存活和产物生成，最佳溶解氧浓度处在饱和溶解氧浓度 5%～80%的范围，在小于 5%时，细胞的代谢活性会有明显变化。例如，对于杂交瘤细胞，已观察到在由 10%降低至 5%时的葡萄糖和谷氨酰胺比消耗速率的下降；若小于 0.5%，葡萄糖消耗速率增加并产生乳酸。

8.2.2.5 渗透压等其他因素

与微生物发酵相比，动物细胞培养能达到的细胞密度较低。根据不同的细胞类型、培养系统和培养基组成，其细胞密度范围为 $(0.5\sim5)\times10^6$ 个/mL。限制细胞密度的主要因素为培养条件及其调控。其中，谷氨酰胺和葡萄糖代谢产生的乳酸和氨对细胞生长的抑制作用是培养过程的主要问题，因此反应器操作时必须调节和控制底物的加料速率和加料方式。过程中细胞会通过生成刺激其自身生长的因子来调节其培养环境，在培养贴壁依赖型细胞时，细胞的生长还受制于可利用的生长面积。

8.2.3 基本代谢过程特性

8.2.3.1 葡萄糖和谷氨酰胺的代谢

葡萄糖在糖酵解途径中形成丙酮酸，进一步转化成乳酸和乙酰辅酶 A；通过乙酰辅酶 A 进入三羧酸循环，形成各种中间代谢物和 CO_2；在磷酸戊糖途径中形成核苷酸。

谷氨酰胺通过各种氨基酸转移系统进入细胞。它可以转化为谷氨酸盐或天冬氨酸盐，在 TCA 循环中以多种方式代谢，为细胞的生物合成提供中间代谢物，是嘌呤、嘧啶、氨基糖和天冬酰胺的前体物质。

细胞从葡萄糖和谷氨酰胺代谢获得的 ATP 形式能量的多少依细胞种类和培养条件的不同变化较大。谷氨酰胺可提供细胞所需能量的 40%～70%。葡萄糖和谷氨酰胺的消耗速率、氨和乳酸的得率系数依赖于葡萄糖和谷氨酰胺在培养液中的浓度。葡萄糖在培养基中的含量一般为 10～25mmol/L，而谷氨酰胺浓度范围则为 1～5mmol/L。葡萄糖在磷酸戊糖途径中消耗量可低至总量的 4%～8%，一般处在 15%～27%的范围，葡萄糖浓度增高会增加乳酸的生成，使其在磷酸戊糖途径的转化率下降，降低谷氨酰胺和氧的消耗速率。较高的谷氨酰胺浓度一方面会使其消耗速率增大，氧化速率增高，在三羧酸循环中生成中间代谢物的速率增大，另一方面又会促进葡萄糖在磷酸戊糖途径的代谢，使葡萄糖在三羧酸循环中代谢相对减弱。当葡萄糖是生长的限制性底物而谷氨酰胺为非限制性底物时，细胞会通过增加谷氨酰胺消耗量、氨的生成量和耗氧量适应这种条件；而当葡萄糖是非限制性底物而谷氨酰胺为限制性底物时，两者的消耗速率关联不大。细胞在适应环境变化时表现出对葡萄糖和谷氨酰胺的互补性代谢特性。

8.2.3.2 氨和乳酸的影响

氨不仅由谷氨酰胺代谢产生，也由谷氨酰胺分解为吡咯烷酮羧酸和氨的分解反应产生。

在培养过程中，培养液中氨的累积会抑制细胞生长，影响目标蛋白质产物的质量。氨的抑制机制可解释为它对细胞质的酸化作用，这使胞内 pH 下降。

乳酸浓度超过 40mmol/L 时，也会对细胞生长产生抑制作用。乳酸的不利作用表现为比生长速率下降，葡萄糖的累积消耗量过大，比死亡速率增大，补料分批操作的培养周期延长。过高的乳酸浓度还会使培养液的渗透压提高。

8.2.4 培养过程的类型

目前已有多种动物细胞的大规模培养方法。对特定技术与方法的选择，主要考虑所使用的细胞株及其生长过程的特性。

8.2.4.1 悬浮培养

悬浮培养过程中细胞以单细胞或细胞聚集体悬浮于培养基中增殖，这与微生物发酵过程差别较小。但是，由于动物细胞的特点是没有细胞壁保护，不能耐受剧烈的通气和搅拌，因此在许多方面又与常规的微生物发酵过程不同。对于规模培养，多采用转瓶或滚瓶培养，大规模培养多使用与微生物反应器类似的反应器，但其结构比较特殊，可以借鉴微生物反应器的部分设计经验，使其放大效应较小。悬浮培养过程的不足是培养液的细胞密度较低。

8.2.4.2 贴壁培养

对贴壁依赖性细胞培养，细胞黏附的固体表面可以是静态表面，如细胞培养常用的 T 形培养瓶的内表面，也可以是悬浮在培养基中的微载体和大孔载体。贴壁依赖性细胞的大规模培养最初采用滚瓶系统，其结构简单、投资少、技术成熟、重演性好，过程放大只是简单地增加滚瓶数。但是滚瓶系统劳动强度大，单位体积提供细胞生长的表面积较小，占用空间较大，按体积计算的细胞产率低，过程检测和细胞的环境条件的控制受到限制。对贴壁依赖性动物细胞培养过程使用微载体技术，有利于在生物反应器中获得较大的生产能力。

8.2.4.3 微载体技术

(1) 微载体的种类与特性 微载体指直径一般在 60～250μm 的微珠。例如，由 Van Wezel 首先开发的微载体是选用含有叔胺基团（DEAE）的交联葡聚糖颗粒。某些微载体颗粒表面涂有血清蛋白、硝酸纤维素或羧甲基纤维素，以克服微载体表面的正电荷密度过大产生对细胞的“毒性”效应。在制备微载体时，往往使电荷分布在颗粒表面，这使血清中的 IgG 或白蛋白等不被微载体吸附。商业微载体多用交联葡聚糖制备，也有用胶原制备，对这类微载体可用酶消化，有利于细胞收获。

采用微载体技术培养细胞时，细胞贴附于微载体上悬浮于培养基中，在微载体上逐渐生长成细胞单层。这种操作模式把细胞单层培养和悬浮培养融合在一起，故单位体积的生长表面积较大，可实现细胞的高密度培养，使单位反应器体积的细胞产率较高，并且由于细胞的生长环境均一，有利于对影响细胞的环境因素的检测与控制。微载体技术使细胞培养过程的培养基利用率高，采样重复性高，细胞收获和下游加工过程方便，过程放大容易，劳动强度小，占用空间小。影响微载体培养的因素有微载体浓度、细胞接种浓度和搅拌转速等。

由于微载体培养系统的优良特性，它得到了广泛的应用。

(2) 微载体的选择 为优化使用微载体的动物细胞反应器的操作，一般选择微载体时必须满足以下要求：

① 微载体的表面必须有规则，有利于细胞的贴壁和快速增殖。

② 微载体的密度相对培养基密度须略微大些，以利于它与培养基分离。通常培养基的密度与水接近，为使微载体的密度不过大，故微载体的密度的最佳选择范围为1.03～1.0945g/mL。微载体的密度不宜过大，否则为使其悬浮，搅拌转速就必须很大，这样会造成对剪切敏感细胞的损伤，并且过大密度的微载体的沉降会造成细胞生长停止。

③ 微载体的粒度分布必须较窄，以利在一定的混合条件下所有的微载体都能悬浮，反应器整体的细胞群体的生长达到均衡。

④ 微载体的光学性质必须有利于显微观察。

⑤ 微载体必须无毒，不但有利于细胞的存活和良好的生长，也利于代谢产物在临床等方面的应用。

⑥ 微载体的骨架要有一定的强度，在搅拌条件下不会破碎。

⑦ 理想的微载体还应该能被反复使用。

根据上述对微载体的选择原则，目前已有不少商品微载体得到了开发与应用。参见各供应商的产品说明。

8.3 高通量生物反应器技术

8.3.1 高通量技术与微型生物反应器

高通量（high throughput，HT）技术是指以分子水平和细胞水平的实验方法为基础，以微型生物反应器作为实验工具载体，以自动化操作系统执行试验过程，以灵敏快速的检测仪器采集实验结果数据，以计算机分析处理实验数据，在同一时间进行不同条件的培养试验，通过一次实验获得大量的信息，并从中找到有价值信息的实验技术。

微型生物反应器（miniaturized bioreactor，MBR）是指工作体积微型化的生物反应系统。按Kirk（2013）的分类方法，可将反应器工作体积小于1mL的系统称为微反应器（sub-milliliter microbioreactor），而将工作体积处于1～10mL范围的系统称为袖珍型反应器（minibioreactor）。微反应器主要包括微流控反应器（microfluidic bioreactor）。也可将10～100mL的小规模反应器（small-scale bioreactor）划归为此类，将上述各类反应器统称为微型反应器，以与工作体积大于100mL的实验室台式反应器（bench-scale bioreactor）作区别。微型反应器传递特性主要与流体的混合方式有关，因此可有静态培养式、摇动式、机械搅拌式、鼓泡式等类型。

应用微型生物反应器的目的是将其用作微生物和细胞培养过程的高通量研究工具。在微生物菌种和动物细胞株的筛选、培养基的改进和过程优化上，传统方法是在中试研究前进行大规模摇瓶和台式反应器试验。但是，随着分子生物学、代谢工程和细胞工程等生物技术的发展，这类方法还不能满足获得大量的实验数据和信息的要求。而建立能对各种培养条件进行平行试验的微型化系统，才能为高通量操作提供研究手段，因此微型生物反应器的研制在近十多年来不断受到重视。使用高性能的微型生物反应器还能准确模拟实验和中试规模反应器上的过程动力学规律，能为反应器放大提供定量依据，使试验工作量和成本降低。

微型生物反应器的设计要解决的主要问题，是试验通量和与实验数据的质量和数量有关信息获得量之间的矛盾。目前，相比于实验室规模的高性能生物反应器，由于工作空间微小的限制，微型反应器的离线和在线参数检测和控制系统的配置仍然存在不足，因此要对两者作权衡考虑。在微型反应器设计上还存在传递特性方面的问题，它的流体流动、质量和热量传递机制与常规的实验室反应器有所不同。

理想的微型反应器设计应达到的要求是：① 工作体积较小；② 具有与反应器尺寸相匹配的较高的信息获得量；③ 允许的取样量较大，能满足离线检测的要求；④ 工作体积较合理，能为生产规模的应用提供过程设计参考数据。

8.3.2 微型生物反应器主要类型

8.3.2.1 摇动式反应器

摇动式微型反应器有各种形式的设计，例如摇瓶、微滴板（microtiter plate 或 microwell plate，MTP）和旋管（spin tube）等，这些设计均依赖机械摇摆机构实现物料的混合，由于可在同一台摇动装置或同一块板上安置有相同功能的摇瓶、旋管和腔室，因此这类反应器适合对各种试验条件同时作平行进行的高通量操作。

(1) 摇瓶 摇瓶即简单的锥形瓶，它的单个工作体积一般为 10～500mL，有各种形式的设计，影响其操作性能的主要因素包括装液体积、转速、挡板安装和瓶塞类型有关的结构设计。摇瓶具有操作简单、数据重现性较好、成本较低的优点，因此摇瓶机是 20 世纪 40 年代以来抗生素生产上微生物培养的主要实验装置，目前也广泛应用于 90%的各种微生物培养研究上。摇瓶用作微型反应器，以往有不能对其作在线检测和需要手动加料和取样的缺点，但是目前已有对其安装传感器的改进。在培养基中加入染料氧化钌，在氢离子和氧分子存在时用发光二极管（LED）光源作荧光激发，可对培养液 pH 和 DO（溶解氧浓度）作定量分析。还可用气体分析仪在线测量二氧化碳释放率（CER）和呼吸商（RQ）。由于摇瓶通过表面通气方式供氧，因此它的体积氧传递系数受到限制，对于常用的锥形瓶结构，最大的 K_La 值约为 $150h^{-1}$。为此，目前已有不少对结构作改进的设计。

(2) 微滴板 微滴板是一种平行开有许多微孔的塑料或玻璃培养板，主要用于动物细胞培养过程开发早期的细胞株筛选与评估研究。微滴板中培养液的混合可用吸管抽吸和磁力搅拌棒搅拌的方式，目前主要采用将整个板安放在能控制温度的板上作轨道式摇动的方式。微滴板上的开孔数可为 24 或 96 或更多，每个腔室的工作体积约为 0.1～3mL，孔的形状多为长方形或圆柱形，方形底的结构能防止涡流的产生和增加湍流强度。微滴板的氧传递依赖表面通气和培养液相对孔壁的振荡，氧传递速率（OTR）与每孔的装液量和摇动频率有关，若在摇动时培养液不溢出，OTR 与转速或摇动频率成正比，K_La 值可达到$200～1600h^{-1}$ 的范围。

微滴板的特点是工作体积小，故对高通量研究有利。例如，具有 3456 个腔室的单孔体积为 1～2μL 的微滴板已成功应用于 CHO 细胞培养。但是，工作体积太小时，有培养液蒸发的问题，若为减少蒸发而在腔室顶部安装透气膜则又会限制氧的传递速率；且由于培养液体积太小，会使在位传感器的检测较困难，使小体积培养液中的流动状况与较大体积的摇动式反应器中的状况不一致。

(3) 旋管 旋管反应器系统最早由 De Jesus 等（2004）建立，现已由瑞士 TPP Techno Plastic Products AG 公司商业化为工作体积为 1～400mL 的产品。这种反应器实际为带有微滤膜旋塞的塑料离心试管，将多根试管安装于作圆周轨道式摇动的平板上，可做平行操作试验，操作模式类似于摇瓶机。相比用于动物细胞培养过程早期开发的 T 形瓶和转瓶，它的体积更小，因此更适合于细胞株筛选的高通量操作。旋管设计的缺点是不能进行在线传感器检测，取样与检测需在培养过程结束后进行。已有报道，采用旋管系统，每周可得到 1000 个细胞培养样品，操作简单，效率较高。

8.3.2.2 机械搅拌式反应器

微型机械搅拌式反应器（miniature stirred bioreactor，MSBR）在设计上以常规实验室规模机械搅拌反应器为设计原型，制造材料多为聚甲基丙烯酸甲酯（PMMA）、耐热玻璃（Pyrex）和不锈钢等，工作体积处于微滴板和摇瓶之间，装有能检测 pH 和 DO 的光学传感器，检测和控制系统较其他各种微型反应器完善。用这类系统能模拟常规的通气式机械搅拌反应器中介质流变性质、剪切力和耗氧量的变化过程；由于供氧速率较大，混合性能较佳，K_La 值可达到700～1600h^{-1} 的范围，混合时间可小至 4.8s，故适用于耗氧量较大的微生物培养过程和黏性介质的丝状菌发酵过程；由于能控制搅拌转速，因此能控制剪切力对丝状菌的影响；由于能测量单位液体体积的搅拌功率消耗，因此培养过程的结果能用于以此参数为准则的反应器放大研究；在同一装置中可以安装多个反应器进行平行操作，相应的系统可用于高通量操作。

文献已有关于这类反应器设计和性能研究的报道，代表性的是美国 Fluorometrix 公司研制的一台装有 12 个 MSBR 的操作系统（称为 HTBR 反应器系统）。这种系统用光学技术在线检测 pH、DO 和表示细胞浓度的光密度（OD）值，其搅拌系统采用双层宽叶短桨搅拌桨，每个反应器工作体积约 35mL，安装在转盘上，可取样和检测过程参数，转盘由步进电机驱动旋转，转盘内部是中空的结构，内部的恒温水为反应器的温度控制提供水浴环境，空气或混合气体由顶部的气体分布器加入，如图 8-9 和图 8-10 所示。Harms 等（2006）基于这种系统设计，建立了类似的平行安装 24 个 MSBR 的高通量反应器系统。

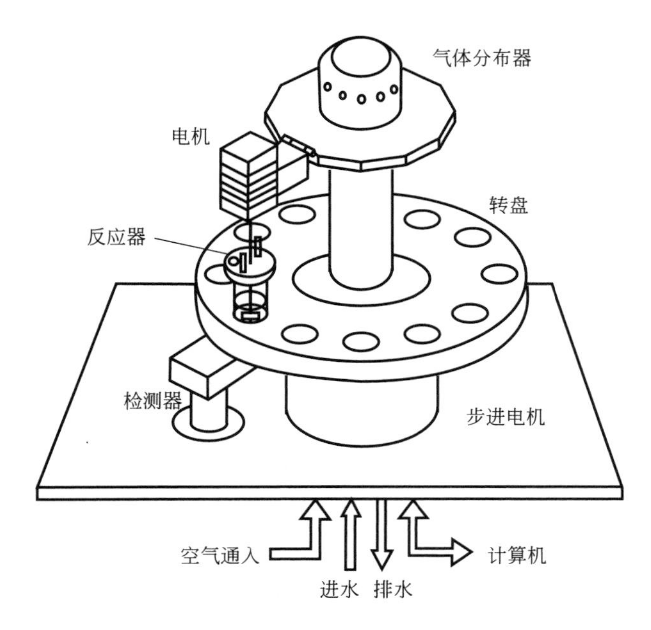

图 8-9 HTBR 反应器系统设计示意图

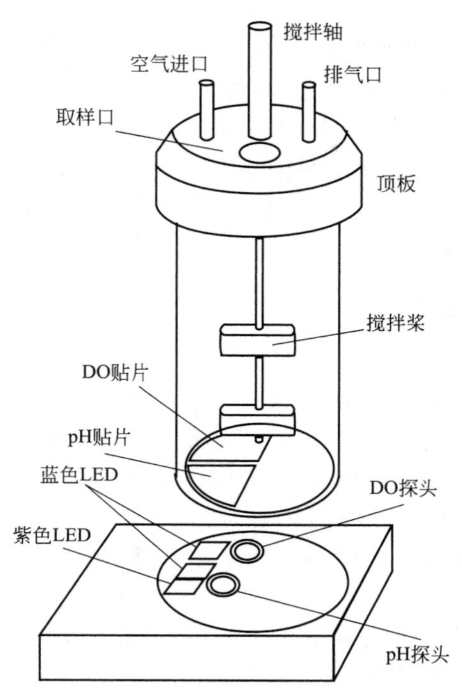

图 8-10 HTBR 反应器的检测系统设计示意图

HTBR 反应器系统的 DO、pH 检测系统，采用非侵入性荧光法的传感器测量原理。在反应器底部安装有一次性 DO 贴片和 pH 贴片。在 DO 贴片上含有对氧有响应的固定化荧光体，pH 贴片上固定有荧光体 6,8-二羟基芘-1,3-二磺酸二钠，DO 贴片的荧光体由蓝色 LED 和紫色 LED 两种光源激发，激发的响应信号均被反应器下方的 DO、pH 探头接受，并输送至计算机以作数据分析。在进行在线检测时，各种传感器仅对一个 MSBR 进行检测，然后在 20s 至 4min 后通过转盘将另一个 MSBR 移至传感器的对应位置，依次对这个 MSBR 进行检测。Ge 等（2006）在应用这种反应器系统的哺乳动物细胞培养上已确认在 70h 的培养时间内的 DO、pH 检测数据的一致性。用荧光法还可测量绿色荧光蛋白（GFP）的含量，由此可检测蛋白质表达和细胞应激反应。

近年来，各种商业化的机械搅拌式微型生物反应器已进入市场销售。典型的有德国 Eppendorf 公司推出的 DASbox 系列的并行生物反应器系统。该系统内平行安装 4 个以上一次性使用的工作体积为 60～250mL 的 MSBR，采用磁力耦合搅拌器和表面通气方式，所有关键工艺参数，如 pH 值、DO 值和细胞密度，均可通过工业化标准电极监测和控制，与罐体集成的管路可以进行加液、取样以及通入由质量流量计控制的气体等操作，采用无需液体的温度控制和尾气冷凝操作技术。

8.3.2.3 鼓泡反应器

微型鼓泡反应器（miniature bubble column reactor，MBCR）以鼓泡方式通气。例如，Betts 等（2006）设计的 MBCR 腔室的底部安装多孔陶瓷膜，用膜通气的方式，使空气穿透膜进入平行安置的各个腔室，各腔室的通气量分布均匀。Doig 等（2005）报道的设计采用直接的气体喷射方式，对腔室工作体积为 2mL 的设计，在气体表观线速度为 0.02m/s 的条件下，K_La 值可达到$220h^{-1}$，氧传递效率较高。由于影响 MBCR 的氧传递过程的操作变量仅为气体表观线速度，因此氧传递特性与气体表观线速度和气泡直径及其分布关联。基于这种特性，由于影响培养过程操作和模型化分析的因素较少，因此这使它的研究结果可用于预测较大规模反应器的操作性能，可用作缩小-放大法研究的模拟反应器。MBCR 系统的设计类似微滴板系统，但是微滴板系统是依赖机械摇动的系统，而 MBCR 在系统中始终处于不移动的静态，因此检测系统的安装较方便，更有利于多腔室的平行操作设计，对高通量研究有效性更高。对这种系统的 DO、pH 检测仍可采用荧光法，对温度控制可采用通过循环泵将反应器与恒温水浴系统连接的设计。

8.3.3 微流控生物反应器

微流控细胞培养技术通过特定反应器结构设计，在集成化和自动控制的芯片上，使流体在微米和纳米尺度的流道中受到控制，以便在单细胞至细胞群体和组织水平上同时进行培养和参数检测操作。由于微流控是使用尺寸为数十到数百微米微管道处理或操纵微小流体的技术，因此在这类系统中流体流动呈层流流动状态，细胞暴露于受控制的化学梯度下，细胞在很小的空间尺度下对各种环境因子作用的响应很快。因此采用微流控技术，可为细胞提供与其在活体中相似的微环境，使在体外的细胞生物化学和形态学等特性的研究更具备可靠性。并且由于可在整个装置中进行相同微反应器的重复性设计，因此相对较大规模的培养系统，它更适用于细胞株筛选和培养条件优化等平行性操作的高通量研究。在实验性生物反应器研究平台的设计上，一般有各方面的特殊要求。相对常规培养系统，对微流控细胞培养系统，有如表 8-5 所示的各项要求和优点。近十多年来，微流控细胞培养技术不仅在传统生物学上，而且在系统生物学、生物医疗和药物开发等方面得到广泛的应用。

表 8-5　微流控培养系统设计要求与特性

设计要求	常规培养系统	微流控培养系统
温度控制与通气控制	较大的工作体积使过程参数变化较慢	工作体积很小，能实现动态控制
营养物加入和代谢产物移除	进出料不频繁，人工更换培养基	精确定量，连续或瞬态更换培养基
药物/蛋白质刺激和同时成像	大多数不可行	可行
细胞分析的平行操作	不可行	平行化程度较高
过程自动化	使用庞大和昂贵的控制系统	紧凑和不昂贵的高效控制系统
单细胞操纵和分析	需要人工操作，不稳定，低通量	精确和高通量

8.3.3.1 微流控培养系统的设计

微流控生物反应器的性能主要与下列因素有关：材料选择与组装技术、操作方式与反应器类型、物理化学参数、流控单元设计、传质和传热、测控技术等。

(1) 材料选择与组装技术　典型的微流控生物反应器制造材料通常为聚甲基丙烯酸甲酯（PMMA）和聚二甲基硅氧烷（PDMS）。这两种聚合物有良好的与细胞的生物相容性、光学透过性和耐用性，能容易地被显微机械直接加工成二维或三维的微流控几何结构。由于这两种材料的成本和加工过程的成本均较低，因此较适合制造一次性使用的反应器。PMMA 是一种抗断性和可加工性较好的热塑性材料，重量较轻，光学透性较好，常用作玻璃替代物。PDMS 是一种流变性能很好的高分子有机硅聚合物，也称为硅酮，适合用作微阀、微泵和微混合器的组装材料。PDMS 最主要的特点是它对氧和二氧化碳具有透过性，这种特性既使它很适合用于细胞培养系统，但有容易使培养液蒸发的缺点。能用于微流控生物反应器制造的其他材料还有聚碳酸酯、聚醚醚酮和玻璃等。

微流控生物反应器的组装主要采用软光刻、热压成型、微注射成型和直接铣削法等技术，其中软光刻法最常用。软光刻法先使用正（反）光刻胶，在光刻机下制备含有微纳结构的模具，再使用软弹性体，例如PDMS，通过化学交联复制生成微纳结构。此法适用于微流控芯片的快速成型，成本低，可用于创建具有不同功能的高度复杂的微结构，例如微过滤器、阀、泵、3D支架和混合器等，这有利于将微反应器制造成包括微阀、泵和能作单独寻址方式的细胞分析的多重阵列式的芯片。

(2) 操作方式与反应器类型 微反应器和宏观反应器一样，也可采用分批、半分批和连续操作方式。大多数过程一般采用分批方式，也有不少采用连续操作方式。根据流动相的不同，微流控反应器有单相反应器，以及由水相和非水相组成的微液滴反应器两种类型。

(3) 物理化学参数

① 温度　与宏观系统相比，微流控过程热传递速率较高，但由于很快升温和散热会导致温度的突然波动，因此微反应器的温度控制具有挑战性。为此，可采用可编程温控培养箱控制温度和恒温水浴等方法。

② pH　可通过使用缓冲液作有效的pH控制，但是也有缓冲容量受限的问题。

③ 溶解氧　膜通气是向微流控反应器供氧最常用的方式。例如，对采用PDMS的系统，膜材料即为PDMS。由于微流控系统中的氧分子扩散距离很短，混合时间很小，并且系统的比表面积很大，因此系统的气-液传质面积很大，气体组分的传递能满足细胞生长代谢的需求。

④ 剪切力　在微流控系统的微通道中，细胞受到的流体剪切力 τ 可用式(8-4)表示：

$$\tau=\frac{6\mu_{\mathrm{L}}Q}{h^{2}w} \tag{8-4}$$

式中，Q 为液体的体积流量；h 和 w 分别为通道的高度和宽度；μ_{L} 为液体黏度。

由于流动通道较窄，细胞一般受到较高的剪切力，因此在反应器设计时要根据式(8-4)考虑结构参数和流体流量的大小。在操作时，为减弱剪切力的作用，一般在培养基中加入血清或Pluronic F68等细胞保护剂。

(4) 流控单元设计 微流控系统中主要集成有以下基本单元：

① 微混合器　微生物反应器中的混合可以通过主动方式和被动方式来实现。主动方式混合通过外力的搅拌作用向系统加入能量，这种微混合器的例子包括磁力搅拌器、蠕动泵等。主动混合器会引起较大的剪切力，并不总是适用于混合系统设计。设计磁力搅拌器时，可以将微磁力搅拌棒设置成在腔室内自由浮动，或安置于腔室底部。例如，Szita等（2005）设计了结构如图8-11所示的工作体积为150μL的微反应器系统。该系统为由上下两层PMMA

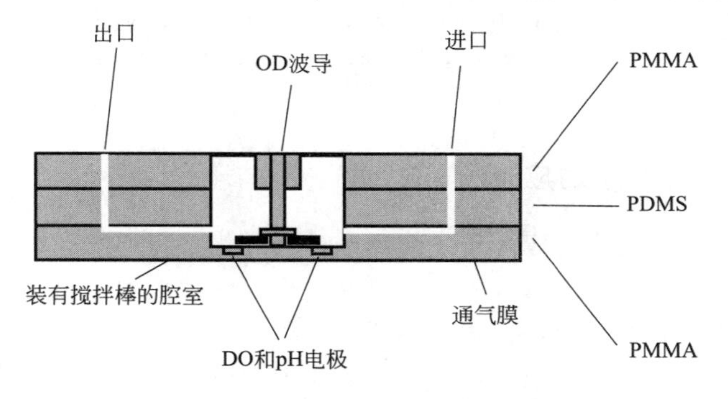

图8-11　微流控反应器的磁力搅拌系统示意图

和中间一层 PDMS 组成的三层结构，整个系统中平行安装 4 个微反应器腔室，腔室与进入微通道和流出微通道连接，每个腔室的通气依靠通过 PDMS 的膜通气，每个腔室底部放置微型磁力搅拌棒。其他的主动混合方式还有使用注射器驱动循环流动的设计等。

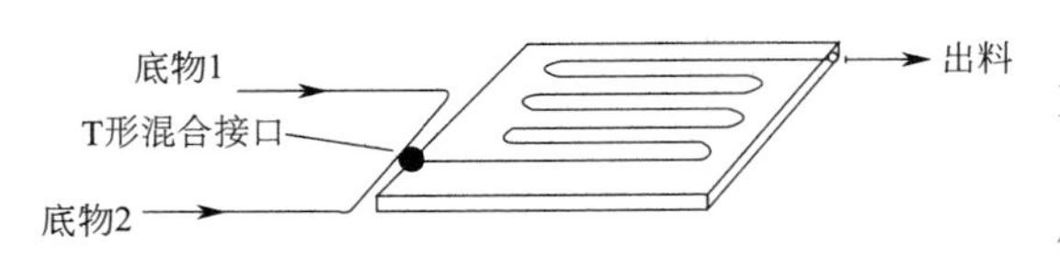

图 8-12　微通道反应器示意图

被动混合方式无需外部的能量输入。譬如，它通过设计微通道，由通道几何形状和由流动提供的能量来搅拌、拉伸和折叠流体，由此增加发生分子扩散的流体界面面积，其混合仅通过扩散和随机的水平对流来实现。例如，有研究设计了一种如图 8-12 所示的微通道固定化微生物细胞的连续反应系统。该系统的通道为疏水性材料制作的盘管结构，细胞固定化在通道底部。被动混合还可通过设计诸如薄层交叉混合器和梯度扩散混合器等结构形式来实现。

② 微阀　微阀的基本功能是通过阻塞和引导流动来精确控制流体的流动路径。微阀分为主动和被动两种类型。对主动型微阀由其外部驱动原理分类，如气动和电磁驱动等。使用主动型微阀的主要优点是可使流体流动的时间、速度和方向得到高度控制，但是由于材料不兼容性和要求外部大系统驱动等方面的问题，其在微反应器系统中的集成仍存在困难。

被动型微阀对流动的控制不采用任何外部驱动力，它将流体限制在一个方向上流动。这类阀有基于聚合物的止回阀、基于表面张力的被动阀和基于水凝胶的仿生阀等设计。被动型微阀有不具运动部件、复杂度较低、制造成本低、不易因疲劳导致击穿等优点。在所有被动型微阀中，由 PDMS 经多层软光刻技术制得的整体性微阀使用得最多。

③ 微泵　微泵的作用是为泵送培养基和液体中的细胞提供压力。微泵可将样品从反应器芯片的一个腔室输送到另一个腔室，因此，微泵是反应器复用性设计的必要单元。大多数微泵为机械式，有或没有移动部件。根据机械式微泵的工作原理，可将其分为压电、热电、静电、电磁和形状记忆合金等类型。常用的机械式微泵主要是外部注射泵和蠕动泵，它们形成的流型多为脉冲式，因此虽然成本较低，但是组装较复杂，不太适合平行操作的复杂芯片的设计。对非机械式微泵，可按将非机械能转换为动能的方式来分类，有与电动学、磁流体动力学、电化学和电流体动力学机制有关的各种方式。它们能在低压力下形成非脉冲式流型。非机械式微泵组装的复杂性相对较低，能低成本大规模生产，适合一次性使用的设计。机械式微泵属于需外部能量输入的主动型。被动型微泵依靠渗透压、表面张力、电渗流动等作用驱动。

(5) 测控技术　微流控反应器的参数检测方法主要有光学法和电化学法两类。温度的主要传感元件是热电偶、热敏电阻和电阻温度检测器（RTD），通常采用铂金 RTD。对 pH、DO 和细胞密度的测量，通常应用光学法，光学法具有非侵入性和不需要取样的优点，如前所述。

8.3.3.2　微流控技术的应用

微流控生物反应器系统主要应用于生物反应过程优化、药物发现、高通量生物处理、单细胞分析、干细胞培养、遗传分析等方面的研究。作为一种技术，微流控生物反应器的研制与使用已是一个迅速扩展的领域，近年来不断有各种新型应用的报道。

(1) 生物反应过程优化　对微生物发酵和动物细胞培养过程，微流控生物反应器系统可用作过程优化的高通量试验平台，相比于实验室台式反应器，这类试验可在短时间获得大量关于 pH、DO 和细胞密度等参数对过程结果影响的数据和结论。这类研究和反应器设计的典型例子有 Szita 等（2005）（图 8-11 的示例）对大肠杆菌培养过程的研究。

（2）组织培养 对细胞组织培养，微流控技术能为细胞及其组织建立具有特定生物和物理参数分布的微结构，有利于研究环境参数对组织生长、细胞扩散与分化等的影响。例如，Yang 等（2011）为研究组织外部的贴壁和结构支持基质与细胞的相互作用，对 PDMS 微流体系统，应用聚薄膜技术发展出一种新的拼接方法，通过建立具有大面积的纳米颗粒表面和微转移方式，组装了具有微通道的纳米级的动态细胞培养系统。这种系统用于人骨髓间充质干细胞（hMSC）培养，已表明系统的纳米结构和流体剪切力有助于促进 hMSC 细胞的黏附、扩散和迁移。Chin 等（2004）报道了微流控生物反应器阵列在干细胞增殖过程的高通量检测上的研究，在此微流体平台上细胞培养能维持较长时间，并且能用活细胞成像技术追踪单个细胞的维持和死亡过程。Lee 等（2010）报道了用一种新型 3D 打印技术建立含有水凝胶支架的微通道组织培养系统。在表皮成纤维细胞培养试验上，此系统细胞存活率高于没有支架的微通道，表明三维支架在细胞增殖和分化中的重要性。

（3）干细胞培养 干细胞研究是生物技术最有前途的领域之一，它提供了开发能修复或替换被损伤的组织或细胞的新方法。干细胞被分为两大类，即起源于胚泡内部细胞团的胚胎发育的最早阶段的多能胚胎干细胞（ESC）和在分化组织中的成体干细胞。成体干细胞存在于身体的不同部位，如骨髓、大脑和皮肤，它用于机体的修复系统，通过替换补充的专门细胞维持再生器官的正常周转。干细胞具有正常细胞分裂和分化为特殊细胞类型的能力，这使其成为现代医学的重要资源，可应用于人类疾病的细胞治疗、生物发现、药物开发、细胞替换和组织工程等领域。因此，近年来微流控技术在干细胞研究中的应用越来越受到人们的关注。

由于微流控反应器中的微通道中的层流对细胞培养有某些生理学作用，微流控系统可提供稳定的可溶性微环境，且比表面积较大，微环境有利于干细胞的自我更新和分化，因此微流控反应器系统对干细胞培养较适合。目前已报道的微流控技术在干细胞培养上的应用主要集中于可溶性生化因子的控制作用、细胞间相互作用和共培养、细胞与微环境的流体力学相互作用、细胞-胞外基质相互作用和高通量筛选等方面的研究上。由于浓度梯度有助于控制生物学和病理学过程，如转移、胚胎发生、轴突引导和伤口愈合，并且在小尺度的微环境中可控性较强，因此用微流控系统可研究不同生长因子的浓度梯度对细胞行为的影响。例如，Chung 等（2005）报道了一种用作浓度梯度生成器的微流控系统，用于在连续流动下研究生长因子浓度对人神经干细胞（hNSC）增殖和分化的影响，系统中 hNSC 暴露在稳定的生长因子浓度梯度下，hNSC 增殖速率与生长因子浓度呈线性相关，而分化为星形胶质细胞的速率则成反比。其他学者的研究也表明，一般信号分子的梯度对细胞分化过程的控制作用较大。

在干细胞分析上可使用集成化微流控生物反应器平台。例如，Gómez-Sjöberg 等（2007）建立了一种多功能自动化微流控平台，其中安装 96 个工作体积为 60nL 的腔室，每个腔室平行进行不同的条件试验，每个腔室被检测系统在一定的循环时间下单独寻址与检测，由此研究 hNSC 的增殖、分化和运动过程。

微流控生物反应器除了在上述各方面的应用之外，还在酶催化、单细胞分析、药物和毒物学筛选、离体受精等方面有应用。对有关内容和研究实例，可参见 Ali 等（2011）的综述。

8.3.4 微型生物反应器在缩小-放大研究中的应用

在生物反应过程开发后期阶段的优化研究中，采用微型生物反应器作为研究工具的高通量实验结果应当能用作反应器放大的依据。譬如，对采用经验规则法的反应器放大，应当在微型生物反应器上做条件实验，以选择关键的用作放大准则的参数，并确定这些参数对过程的影响。但是，这类研究并不一定能完全达到实验目的。因此，有关的实验必须考虑微型生物反应器的流动和传质控制机制与规模较大的常规反应器的差异，在将微型反应器用作缩小-放大法的模拟反应器时，必须根据细胞生理特性和过程优化目的，选择反应器放大时性能影响较大的参数作为模拟参数，合理地确定模拟反应器的类型和操作条件。

微型生物反应器在缩小-放大法研究中的主要应用是进行干扰-响应实验，这种实验能模拟由于混合不均一性造成细胞在放大反应器中经历在不同微环境之间振荡迁移时生理和代谢特性的变化。

重点内容提示

1. 非水相酶催化的反应介质类型、酶的制备方法、影响酶性质和反应选择性的因素。
2. 非水相酶催化过程常用酶的种类及其反应类型。
3. 动物细胞的种类、特点和培养过程类型。
4. 影响动物细胞培养过程的主要因素。
5. 高通量技术和微型生物反应器设计和应用的必要性。
6. 微型生物反应器的主要类型和微流控生物反应器系统的基本组成。

部分习题参考答案

2

1. (1) $r=\frac{k_1k_2k_3}{k_{-1}k_{-2}}c_Ec_S$；(2) $r=\frac{k_1k_2k_3}{k_{-1}k_3+k_{-1}k_{-2}+k_2k_3}c_Ec_S$。

2. $r=\frac{k_1k_2k_3}{(k_{-2}+k_3)(k_{-1}+k_4)}c_Ec_S^2+\frac{k_1k_4}{k_{-1}+k_4}c_Ec_S$。

3. $r_{max}=0.299\text{mol/(L·min)}$，$K_m=5.50\times10^{-3}\text{mol/L}$。

4. $K_m^*=3.98\times10^{-3}\text{mol/L}$，$K_I=2.02\times10^{-6}\text{mol/L}$。

5. $r_{max}=103\text{mmol/(L·min)}$，$K_m=265\text{mmol/L}$，$K_I=2.43\times10^{-4}\text{mmol/L}$，竞争性抑制。

6. 竞争性抑制，$r_{max}=6.40\text{mmol/(L·min)}$，$K_m=1.23\text{mmol/L}$，$K_I=1.92\text{mmol/L}$。

7. 竞争性抑制，$r_{max}=0.287\text{mol/(L·min)}$，$K_m=5.02\times10^{-3}\text{mol/L}$，$K_I=1.38\times10^{-3}\text{mol/L}$。

8. $r/r'=K'_{eq}c_S/(K_{eq}c_{S'})$。

9. (1) $K_m/(K_m+c_{S_j})$，$nK_h/(K_h+c_{S_j}^n)$；(2) $C_1^J=1$，$C_2^J=0$。

10. 10.1%。

3

1. (1) 有多重稳态点；(2) 可能大于1。

2. $\eta_E=\frac{(1-\overline{Da})(\overline{K}\,\overline{K}_I+\overline{K}_I+1)}{\overline{K}\,\overline{K}_I+(1-\overline{Da})\overline{K}_I+(1-\overline{Da})^2}$。

3. $R_S=3.60\times10^{-3}[\text{mol/(L·s)}]$，$\eta_{Em}=0.240$。

4. (1) $\eta_E=3.00\times10^{-7}$，$R_O=3.20\times10^{-3}\text{mol/(m}^3\text{·s)}$； (2) $\eta_E=3.50\times10^{-5}$，$R_O=0.373\text{mol/(m}^3\text{·s)}$。

5. (1) $R_S=4.29\times10^{-5}\text{mol/(L·s)}$；(2) $R_S=5.94\times10^{-5}\text{mol/(L·s)}$。

6. $\phi_1=6.65$，$\eta_1=0.143$；$\phi'_1=0.665$，$\eta'_1=0.665$；当$\eta_1>0.95$，$d_P<0.12\text{mm}$。

7. (1) $R_{max}=0.530\text{mm}$；(2) $R_{max}=1.20\text{mm}$。

8. (1) $\Phi=156$，内扩散影响很大；(2) $R_{O_0}=6.60\times10^{-3}\text{kg/(m}^3$ 颗粒·s)。

9. (1) $\eta_1=0.095$；(2) $k_{v_1}=0.155(\text{s}^{-1})$。

10. (1) $R_{S0}=0.0507\ \text{mol/(m}^3\text{·s)}$；(2) $R_{S0}=0.0388\ \text{mol/(m}^3\text{·s)}$。

4

1. $Y_{XS}=0.55\text{g/g}$，$Y_{XO}=1.71\text{g/g}$，$RQ=1.11\text{mol/mol}$。

2. (1) $a=2.917$，$b=0.011$，$c=0.075$，$d=1.925$，$e=2.953$；(2) $Y_{XS}=0.036\text{g/g}$，$Y_{XO}=0.018\text{g/g}$；(3) $\kappa_S=6$，$\kappa_X=4.44$。

3. $Y_{PS}=\frac{1-1.316Y_{XS}}{0.188 \cdot a \cdot RQ+1.013}$。

4. $\mu_{max}=0.151h^{-1}$。

5. (1) $Y_{XS}=0.65g/g$；(2) $\mu_{max}=0.142h^{-1}$，$K_S=1.31g/L$；(3) $t_d=4.88h$。

6. $K_S=20mg/L$，$\mu_{max}=1.2h^{-1}$。

7. (1) $c_S=0.396g/L$，$c_X=1.84g/L$；(2) $c_S=0.543g/L$，$c_X=1.78g/L$；(3) $c_S=2.76\times10^{-5}g/L$，$c_X=2.00g/L$。

8. (1) $a=0.708$，$b=1.06$，$c=5.30$，$d=0.708$，$e=3.87$；(2) $K_S=0.0980kg/m^3$，$\mu_{max}=1.04\ h^{-1}$；(3) $m_S=0.0519\ h^{-1}$，$Y_{XS}^{m}=0.526kg/kg$；(4) $q_O=0.193D$。

10. 22.1kJ/g。

11. (1) 当维持过程对底物需求较低时，$Y_{PS}=\frac{4.10\mu+0.10}{7.25\mu+0.15}$，$Y_{XS}=\frac{\mu}{7.25\mu+0.15}$；(2) 当维持过程对底物需求较大时，$Y_{PS}=\frac{4.10\mu+0.60}{7.25\mu+0.90}$，$Y_{XS}=\frac{\mu}{7.25\mu+0.90}$。

12. $Y_{PS}=\frac{0.01}{1.818\mu+0.01+m_S}$。

5

1. (1) $r_{max}=2.2\times10^{-4}mol/(L\cdot min)$；(2) $c_S=2.44\times10^{-4}mol/L$。

2. (1) $r_{max}=3.70\times10^{-3}mol/(L\cdot min)$，$K_m=0.273mol/L$；(2) $c_S=8.87\times10^{-3}mol/L$。

3. $V_R=26.6L$，全年反应批次 $n=1425$，每批反应产物量＝50.5mol/批，产物浓度 $c_P=1.9mol/L$。

4. (1) $c_{X_2}=39.4g/L$，$c_{S_2}=1.4g/L$，不合理；(2) $V_{R_1}>33.6L$。

5. (1) $c_{X,opt}=0.8g/L$，$c_{S,opt}=1g/L$；(2) $c_{Xf}=1.08g/L$，$c_{Sf}=0.286g/L$。

6. (1) $c_S=\frac{D}{0.5-D}$，$c_X=\frac{1-2.2D}{1-2D}$；(2) $c_S=\frac{6D}{0.5-D}$，$c_X=\frac{1-3.2D}{1-2D}$；(3) $r_X=\frac{1-2.2D}{1-2D}D$，$r_{XI}=\frac{1-3.2D}{1-2D}D$。

7. $V_{R_1}=108L$，$V_{R_2}=75.6L$。

8. $H=42.3m$。

9. (1) $V_{R_0}=8000L$；(2) $c_{X,max}=18.4g/L$；(3) $\Delta(c_X V_R)=588800g$；(4) $c_S=0.0975g/L$。

10. (1) $V_R=242L$；(2) $c_S=0.05g/L$；(3) $c_X=28.7g/L$，$c_X V_R=6.94\times10^3g$；(4) $c_P=28.7g/L$。

6

1. $N_{max}=15.6s^{-1}$。

2. $\lambda=31.7\mu m$，$K_L a=0.105s^{-1}$。

3. (1) $c_X=3.05g/L$，$q_O=1.12h^{-1}$；(2) $K_L a=569.3h^{-1}$。

4. (1) $c_{X,max}=12.24g/L$；(2) $c_{X,max}=51.0g/L$。

5. 传质控制。

6. $\frac{t_m}{\tau_{MT}}=C\cdot\frac{1}{N}e_T^{\alpha}v_{GS}^{1-\alpha}$。若按单位液体体积搅拌功率消耗不变的准则放大，$e_T$ 不变，影响控制机制的主要参数为搅拌转速和气体表观线速度。

7. (1) 4.64；(2) 100。

8. $h_1=2.02\times10^3 W/(m^2\cdot °C)$。

7

1. (1) $P_S=1.0\times10^4 W$，$P_{SG}=5.28\times10^3 W$；

(2) $P_S=8.0\times10^4 W$，$P_{SG}=5.48\times10^4 W$。

2. (1) 41.3r/min；(2) 21.6r/min。

3. (1) $P_{S_2}=3.10\times10^4 W$，$N_2=99.6r/min$；

(2) $\left(\frac{P_{SG}}{V_L}\right)_2\Big/\left(\frac{P_{SG}}{V_L}\right)_1=1.34$，$(K_La)_2/(K_La)_1=1.12$。

4. 当 $K_La=2.6\times10^{-2}\left(\frac{P_{SG}}{V_L}\right)^{0.4}v_{GS}^{0.5}$，$\frac{(K_La)_2}{(K_La)_1}=20.0$

6. $d_2=d_1k^{0.505}$，$N_2=N_1k^{-0.505}$。

7. $D_2=3.02m$，$d_2=0.97m$，$H_{L_2}=5.61m$，$F_{G_2}=0.062m^3/s$，$P_{S_2}=4.68\times10^4 W$，$N_2=114r/min$。

8. $H=4.89m$，$c_P=98g/L$。

参 考 文 献

[1] 李荣秀，李平作主编．酶工程制药［M］．北京：化学工业出版社，2004.

[2] 李绍芬编著．反应工程［M］．北京：化学工业出版社，2013.

[3] 罗贵民主编．酶工程［M］．第三版．北京：化学工业出版社，2016.

[4] 戚以政，夏杰，王炳武编著．生物反应工程［M］．第二版．北京：化学工业出版社，2009.

[5] 魏东芝，马昱澍，马兴元译．生物催化剂与酶工程［M］．北京：科学出版社，2008.

[6] 谭天伟主编．生物化学工程［M］．北京：化学工业出版社，2008.

[7] 赵学明，白冬梅等译．代谢工程——原理与方法［M］．北京：化学工业出版社，2003.

[8] 张濂，许志美，袁向前编著．化学反应工程原理［M］．第二版．上海：华东理工大学出版社，2007.

[9] 张今，曹淑桂，罗贵民等编著．分子酶学工程导论［M］．北京：科学出版社，2003.

[10] 张元兴，许学书编著．生物反应器工程［M］．上海：华东理工大学出版社，2001.

[11] Villadsen J，Nielsen J，Lidén J. 生物反应工程原理（原著第 3 版）［M］．北京：科学出版社，2012.

[12] Agger T，Spohr A B，Carlsen M，et al. Growth and product formation of *Aspergillus oryzae* during submerged cultivations：Verification of a morphologically structured model using fluorescent probes［J］．Biotechnology & Bioengineering，1998，57（3）：321-329.

[13] Ali Z，O'Hare L，Islam M，et al. Microfluidic Bioreactors for Cell Culturing：A Review［J］．Micro & Nanosystems，2011，3（2）：137-160.

[14] Assirelli M，Bujalski W，Eaglesham A，et al. Study of Micromixing in a Stirred Tank Using a Rushton Turbine：Comparison of Feed Positions and Other Mixing Devices［J］．Chemical Engineering Research & Design，2002，80（8）：855-863.

[15] Baltz R H，Davies J E，Demain A L. Manual of industrial microbiology and biotechnology［M］．3rd ed. Washington：ASM Press，2010：509-523.

[16] Birch J R. Suspension Culture，Animal Cells［M］．Encyclopedia of Bioprocess Technology. New York：John Wiley & Sons，Inc. 2002.

[17] Bisswanger. Enzyme Kinetics：Principles and Methods［M］．2nd ed. Weinheim：WILEY-VCH Verlag GmbH & Co. KGaA，2008.

[18] Blanch H W，Clark D S. Biochemical Engineering［M］．2nd ed. New York：Marcel Dekker Inc，1996.

[19] Betts J I，Baganz F. Miniature bioreactors：current practices and future opportunities［J］．Microbial Cell Factories，2006，5（1）：21-21.

[20] Calvo E G. A fluid dynamic model for airlift loop reactors［J］．Chemical Engineering Science，1989，44（2）：321-323.

[21] Cortassa S，Aon M A，Lloyd D. An Introduction to Metabolic and Cellular Engineering［M］．Singapore：World Scientific Publishing Co. Pte. Ltd.，2002.

[22] Chen A，Chitta R，Chang D，et al. Twenty-four well plate miniature bioreactor system as a scale-down model for cell culture process development［J］．Biotechnology & Bioengineering，2010，102（1）：148-160.

[23] Doran P M. Bioprocess engineering principles［M］．2nd ed. Oxford：Academic Press，2013.

[24] Dunn I J. Biological reaction engineering：Dynamic Modelling Fundamentals with Simulation Examples［M］．2nd ed. Weinheim：WILE Y-VCH Verlag GmbH & Co. KGaA，2003.

[25] Eibl R，Eibl D，Pörtner R，et al. Cell and Tissue Reaction Engineering［M］．Berlin：Springer-Verlag，2009.

[26] Enfors S O，Jahic M，Rozkov A，et al. Physiological responses to mixing in large scale bioreactors［J］．Journal of Biotechnology，2001，85（2）：175-185.

[27] Ensari S，Lim H C. Kinetics of L-lysine fermentation：a continuous culture model incorporating oxygen uptake rate［J］．Applied Microbiology & Biotechnology，2003，62（1）：35.

[28] Esener A A，Veerman T，Roels J A，et al. Modeling of bacterial growth；formulation and evaluation of a structured model［J］．Biotechnology & Bioengineering，1982，24（8）：1749-1764.

[29] Flickinger M C，Drew S W. Encyclopedia of Bioprocess Technology：Fermentation，Biocatalysis，and Bioseparation［M］．New York：John Wiley & Sons，Inc.，1999.

[30] Froment G F，Bischoff K B，Wilde J D. Chemical Reactor Analysis and Design［M］．3rd ed. New York：John Wiley

& Sons, Inc. , 2011.

[31] Garcia-Ochoa F, Gomez E. Theoretical prediction of gas - liquid mass transfer coefficient, specific area and hold-up in sparged stirred tanks [J] . Chemical Engineering Science, 2004, 59 (12): 2489-2501.

[32] Garcia-Ochoa F, Gomez E. Prediction of gas-liquid mass transfer coefficient in sparged stirred tank bioreactors [J] . Biotechnology & Bioengineering, 2005, 92 (6): 761.

[33] Garcia-Ochoa F, Gomez E. Bioreactor scale-up and oxygen transfer rate in microbial processes: An overview [J] . Biotechnology Advances, 2009, 27 (2): 153-176.

[34] Gavrilescu M, Tudose R Z. Concentric-tube airlift bioreactors [J] . Bioprocess Engineering, 1998, 19 (1): 37-44.

[35] Gavrilescu M, Tudose R Z. Effects of downcomer-to-riser cross sectional area ratio on operation behaviour of external-loop airlift bioreactors [J] . Bioprocess Engineering, 1996, 15 (2): 77-85.

[36] Ge X, Hanson M, Shen H, et al. Validation of an optical sensor-based high-throughput bioreactor system for mammalian cell culture [J] . Journal of Biotechnology, 2006, 122 (3): 293-306.

[37] Giorno L, Drioli E. Biocatalytic Membrane Reactor [M] . Encyclopedia of Industrial Biotechnology. New York: John Wiley & Sons, Inc. 2010.

[38] Giorno L, Mazzei R. Membrane Bioreactors [M] . Berlin: Springer-Verlag 2016.

[39] Giorno L, Gebreyohannes A Y, Drioli E, et al. 3. 3 Biocatalytic Membranes and Membrane Bioreactors [M] . In: Comprehensive Membrane Science & Engineering. Amsterdam: Elsevier B. V. , 2017.

[40] Guisan J M. Immobilization of Enzymes and Cells [M] . 2nd ed. New Jersey: Humana Press Inc. , 2006.

[41] Halwachs W, Wandrey C, Schügerl K. Immobilized α-chymotrypsin: Pore diffusion control owing to pH gradients in the catalyst particles [J] . Biotechnology & Bioengineering, 1978, 20 (4): 541-554.

[42] Hanson M A, Rao G. Biominiaturization of Bioreactors [M] . Encyclopedia of Industrial Biotechnology: Bioprocess, Bioseparation, and Cell Technology. 2010.

[43] Harms P, Kostov Y, French J A, et al. Design and performance of a 24-station high throughput microbioreactor [J]. Biotechnology & Bioengineering, 2006, 93 (1): 6-13.

[44] Hegab H M, Elmekawy A, Stakenborg T. Review of microfluidic microbioreactor technology for high-throughput submerged microbiological cultivation [J] . Biomicrofluidics, 2013, 7 (2): 69.

[45] Hewitt C J, Nienow A W. The scale-up of microbial batch and fed-batch fermentation processes [J] . Advances in Applied Microbiology, 2007, 62 (2): 105-135.

[46] Illanes A. Enzyme Biocatalysis: Principles and Applications [M] . New York: Springer US, 2008.

[47] Imanaka T, Aiba S. A perspective on the application of genetic engineering: stability of recombinant plasmid [J] . Annals of the New York Academy of Sciences, 1981, 369 (1): 1.

[48] Jeison D, Ruiz G, Acevedo F, et al. Simulation of the effect of intrinsic reaction kinetics and particle size on the behaviour of immobilised enzymes under internal diffusional restrictions and steady state operation [J] . Process Biochemistry, 2003, 39 (3): 393-399.

[49] Kadic E, Heindel T J. An Introduction to Bioreactor Hydrodynamics and Gas-Liquid Mass Transfer [M] . New Jersey: John Wiley & Sons, Inc. , 2014.

[50] Katoh S, Horiuchi J, Yoshida F. Biochemical Engineering [M] . 2nd ed. Weinheim: WILEY-VCH Verlag GmbH & Co. KGaA, 2015.

[51] Kawase Y, Halard B, Moo-Young M. Theoretical prediction of volumetric mass transfer coefficients in bubble columns for Newtonian and non-Newtonian fluids [J] . Chemical Engineering Science, 1987, 42 (7): 1609-1617.

[52] Klipp E, Liebermeister W, Wierling C, Kowald A. Systems Biology: A Textbook [M] . Weinheim: Wiley-VCH Verlag GmbH & Co. KGaA, 2016.

[53] Kirk T V, Szita N. Oxygen Transfer Characteristics of Miniaturized Bioreactor Systems [J] . Biotechnology and Bioengineering, 2013, 110 (4): 1005.

[54] Lara A R, Galindo E, Ramírez O T, et al. Living with heterogeneities in bioreactors [J] . Molecular Biotechnology, 2006, 34 (3): 355-381.

[55] Leib T M, Pereira C J, Villadsen J. Bioreactors: a chemical engineering perspective [J] . Chemical Engineering Science, 2001, 56 (19): 5485-5497.

[56] Lee J M. Biochemical Engineering [M] . New Jersey: Prentice-Hall Inc, 1992.

[57] Lidén G. Understanding the bioreactor [J] . Bioprocess & Biosystems Engineering, 2002, 24 (5): 273-279.
[58] Lim H C, Shin H S. Fed-Batch Cultures: Principles and Applications of Semi-Batch Bioreactors [M] . New York: Cambridge University Press, 2013.
[59] Linkès M, Afonso M M, Fede P, et al. Numerical study of substrate assimilation by a microorganism exposed to fluctuating concentration [J] . Chemical Engineering Science, 2012, 81 (81): 8-19.
[60] Linkès M, Fede P, Morchain J, et al. Numerical investigation of subgrid mixing effects on the calculation of biological reaction rates [J] . Chemical Engineering Science, 2014, 116: 473-485.
[61] Liu S. Bioprocess Engineering [M] . Amsterdam: Elsevier B. V. , 2013.
[62] Mehling M, Tay S. Microfluidic Cell Culture [J] . Current Opinion in Biotechnology, 2014, 25 (2): 95-102.
[63] Morchain J, Gabelle J, Cockx A. A coupled population balance model and CFD approach for the simulation of mixing issues in lab - scale and industrial bioreactors [J] . AIChE Journal, 2013, 60 (1): 27-40.
[64] Miyanaga K, Unno H. 2.05 - Reaction Kinetics and Stoichiometry [J] . Comprehensive Biotechnology, 2011, 4: 33-46.
[65] Mersmann A, Schneider G, Voit H, et al. Selection and design of aerobic bioreactors [J] . Chemical Engineering & Technology, 1990, 13 (1): 357-370.
[66] Moser A. Bioprocess Technology [M] . New York: Spring-Verlag, 1988.
[67] Najafpour G D. Biochemical Engineering and Biotechnology [M] . Biochemical engineering and biotechnology. Amsterdam: Elsevier, 2007: 619.
[68] Neubauer P, Junne S. Scale-down simulators for metabolic analysis of large-scale bioprocesses [J] . Current Opinion in Biotechnology, 2010, 21 (1): 114-121.
[69] Nienow A W, Langheinrich C, Stevenson N C, et al. Homogenisation and oxygen transfer rates in large agitated and sparged animal cell bioreactors: Some implications for growth and production [J] . Cytotechnology, 1996, 22 (1-3): 87-94.
[70] Nienow, A. W. Impeller selection for animal cell culture [M] . In: Flickinger, M. C. (ed.), Encyclopedia of Industrial Biotechnology. New York: Wiley, 2010.
[71] Palomares, L. A. , Ramirez, Bioreactor scale-down [M] . In: Flickinger, M. C. (ed.), Encyclopedia of Industrial Biotechnology. New York: Wiley, 2010.
[72] Palomares, L. A. , Ramirez, Bioreactor scale-up [M] . In: Flickinger, M. C. (ed.), Encyclopedia of Industrial Biotechnology. New York: Wiley, 2010.
[73] Panikov N S. Kinetics, Microbial Growth [M] . Encyclopedia of Bioprocess Technology. New York: John Wiley & Sons, Inc. 2002: 1513-1543.
[74] Papagianni M. Methodologies for Scale-down of Microbial Bioprocesses [J] . Journal of Microbial & Biochemical Technology, S5, 2011: 1-7.
[75] Pigou M, Morchain J. Investigating the interactions between physical and biological heterogeneities in bioreactors using compartment, population balance and metabolic models [J] . Chemical Engineering Science, 2015, 126: 267-282.
[76] Ratledge C, Kristiansen B. Basic biotechnology [M] . 3rd ed. Cambridge: Cambridge University Press, 2006.
[77] Rehm HJ, Reed G (eds.) . Biotechnology [M], vol 4. Weinheim: VCH, 1991.
[78] Rieger M, Kappeli O, Fiechter A. Role of limited respiration in the incomplete oxidation of glucose by Saccharomyces cerevisiae [J] . Journal of General Microbiology, 1983, 129 (3): 653-661.
[79] Riet K V, Tramper J. Basic Bioreactor Design [M] . New York: Marcel Dekker, Inc. , 1991.
[80] Riet K V, R. G. J. M. van der Lans. 2.07 - Mixing in Bioreactor Vessels [J] . Comprehensive Biotechnology, 2011: 63-80.
[81] Roels J A. Energetics and kinetics in biotechnology [M] . Amsterdam: Elsevier Biomedical Press, 1983.
[82] Rosso L, Lobry J R, Bajard S, et al. Convenient Model To Describe the Combined Effects of Temperature and pH on Microbial Growth [J] . Applied & Environmental Microbiology, 2012, 61 (2): 610-616.
[83] Ruckenstein E, Rajora P. Optimization of the activity in porous media of proton-generating immobilized enzymatic reactions by weak acid facilitation [J] . Biotechnology and Bioengineering, 1985, 27 (6): 807-817.
[84] Schaepe S, Pohlscheidt M, Sieblist C, et al. Bioreactor Performance: Insights into the Transport Properties of Aera-

ted Stirred Tanks [J] . American Pharmaceutical Review, 2012, 15 (6): 1-4.

[85] Sieblist C, Jenzsch M, Pohlscheidt M, et al. 2.06 - Bioreactor Fluid Dynamics [J] . Comprehensive Biotechnology, 2011: 47-62.

[86] Sieblist C, Jenzsch M, Pohlscheidt M, et al. Insights into large-scale cell-culture reactors: I. Liquid mixing and oxygen supply [J] . Biotechnology Journal, 2011, 6 (12): 1532-1546.

[87] Sieblist C, Hägeholz O, Aehle M, et al. Insights into large-scale cell-culture reactors: II. Gas-phase mixing and CO_2 stripping [J] . Biotechnology Journal, 2011, 6 (12): 1547-1556.

[88] Sonnleitner B, Käppeli O. Growth of *Saccharomyces cerevisiae* is controlled by its limited respiratory capacity: Formulation and verification of a hypothesis [J] . Biotechnology & Bioengineering, 1986, 28 (6): 927-37.

[89] Shuler M L, Kargi F. Process Engineering Basic Concepts [M] . 2nd ed. New Jersey: Prentice-Hall Inc. , 2002.

[90] Shuler M L, Varner J D. 2.04 - Cell Growth Dynamics [J] . Comprehensive Biotechnology, 2011: 25-32.

[91] Schügerl K, Bellgardt K H. Bioreaction engineering : modeling and control [M] . Berlin: Springer, 2000.

[92] Tan Y, Wang Z X, Schneider R, et al. Modelling microbial growth: A statistical thermodynamic approach [J] . Journal of Biotechnology, 1994, 32 (2): 97-106.

[93] Tan Y, Wang Z, Marshall K C. Modeling substrate inhibition of microbial growth [J] . Biotechnology & Bioengineering, 1996, 52 (5): 602-608.

[94] Tan Y, Wang Z X, Marshall K C. Modeling pH effects on microbial growth: a statistical thermodynamic approach [J] . Biotechnology & Bioengineering, 1998, 59 (6): 724-731.

[95] Tischer W, Wedekind F. Immobilized Enzymes: Methods and Applications [J] . Topics in Current Chemistry, 1999: 95-126.

[96] Tobajas M, Garcia-Calvo E, Siegel M H, et al. Hydrodynamics and mass transfer prediction in a three-phase airlift reactor for marine sediment biotreatment [J] . Chemical Engineering Science, 1999, 54 (21): 5347-5354.

[97] Tramper J, Vermuë M, Beeftink H H, et al. Biocatalysis in non-conventional media [C] . Amsterdam: Elsevier , 1992: 295-314.

[98] Zhou T, Zhou W, Hu W, et al. Bioreactors, Cell Culture, Commercial Production [M] . Encyclopedia of Industrial Biotechnology. New York: John Wiley & Sons, Inc. , 2010.